陕西省普通高等学校优秀教材二等奖

21 世纪本科院校电气信息类创新型应用人才培养规划教材

发电厂变电所电气部分
（第 2 版）

主　编　马永翔　李颖峰

北京大学出版社
PEKING UNIVERSITY PRESS

内 容 简 介

本书以发电厂变电所电气部分为主，着重叙述发电、变电和输电的电气主系统的构成、设计及运行的基本理论和计算方法，同时介绍了主要电气设备的原理和性能。主要内容包括绪论，电气设备的结构与工作原理，电气主接线与厂、所自用电接线，电气设备选择，配电装置，发电厂和变电所的控制与信号，电气设备的运行与维护等。

本书可作为高等学校电气工程类专业本科生的教材，同时亦可供从事发电厂和变电站的电气设计、运行、管理等工作的人员及相关工程技术人员参考使用。

图书在版编目(CIP)数据

发电厂变电所电气部分/马永翔，李颖峰主编．—2版．—北京：北京大学出版社，2014.2
(21世纪本科院校电气信息类创新型应用人才培养规划教材)
ISBN 978-7-301-23674-1

Ⅰ.①发… Ⅱ.①马…②李… Ⅲ.①发电厂—电气设备—高等学校—教材②变电所—电气设备—高等学校—教材 Ⅳ.①TM6

中国版本图书馆CIP数据核字(2014)第001486号

书　　　名：发电厂变电所电气部分(第2版)
著作责任者：马永翔　李颖峰　主编
策 划 编 辑：程志强
责 任 编 辑：程志强
标 准 书 号：ISBN 978-7-301-23674-1/TP·1318
出 版 发 行：北京大学出版社
地　　　址：北京市海淀区成府路205号　100871
网　　　址：http://www.pup.cn　新浪官方微博：@北京大学出版社
电 子 信 箱：pup_6@163.com
电　　　话：邮购部010-62752015　发行部010-62750672　编辑部010-62750667
印　刷　者：北京虎彩文化传播有限公司
经　销　者：新华书店
787毫米×1092毫米　16开本　22.5印张　525千字
2010年1月第1版
2014年2月第2版　2023年2月第5次印刷
定　　　价：54.00元

第 2 版前言

本书是在 2010 年 1 月出版的《发电厂变电所电气部分》一书的基础上，根据目前电气设备的发展、运行工况的变化及兄弟院校教学成果等方面进行了修订。为了保证内容的完整性，在第 2 版的修订过程中，采用了 7 章的编写体例，并具有以下显著特点。

在内容上做了较大量的修改与完善，主要体现在以下方面：①根据国内外目前电力系统的发展及运行现状，删去目前系统已淘汰的油断路器的原理及相关内容的介绍；②删除了低压电器原理的内容，精简了复合绝缘子的内容；③补充了直流电弧的燃、熄机理及灭弧措施，从而满足从事直流输变电生产及运行工作人员的要求；④对电气主接线编写体例进行了调整，补充了 GIS 的设计，目前编排更合理，便于教学；⑤将第 1 版中第 7、8 章合并，充实了 GIS 运行的内容；⑥更新了有关电力系统发展的数据，从而准确反映目前生产一线状况；⑦根据每章内容调整，充实了相应的习题，且更注重对生产一线知识的反映，从而体现实用性。

在形式上，每章给出了该章的知识构架、教学目标与要求及与该章内容相关的阅读材料，从而体现可读性。

书末附有习题的参考答案，以便读者学习和理解。

本书由马永翔编写第 1、2、3 章及参考答案部分，闫群民编写第 4 章，杨琳霞编写第 5 章，郭云玲编写第 6 章及附录部分，李颖峰编写第 7 章。全书由马永翔统稿。

本书承蒙清华大学董新洲教授、施慎行副教授主审，他们在审阅过程中提出了许多更合理的意见和建议，在此表示衷心的感谢！

在编写本书的过程中，编者参阅了许多国内兄弟单位的相关资料，还得到了电力系统有关部门的帮助，在此一并表示深切谢意！

由于编者水平和实践经验有限，书中疏漏和不足之处在所难免，恳请读者批评指正。

编　者

2013 年 11 月

第2版前言

第 1 版前言

本书为 21 世纪高等院校实用规划教材。根据 2008 年 5 月在北京召开的 21 世纪本科院校电气信息类创新型应用人才培养规划教材建设会议所通过的大纲，针对我国电力工业发展的实际，在总结教学经验、充分吸收兄弟院校教学成果及有关工程技术人员意见的基础上编写的。本书的编写具有如下特点：

（1）先进性。本书反映了现代发电厂、变电站和电力系统的发展现状及特点，注重新技术和新设备在电力系统中的应用，如光电式互感器、新型合成绝缘子、GIS 组合电器、发电厂变电站的中央监控系统的运行及工作原理。

（2）创新性。在形式上，每章给出本章的知识架构、教学目标及要求，并提供丰富的现场照片和相关的阅读材料，便于学习。章末提供了丰富的习题，并附参考答案，以便读者理解和掌握。

（3）实用性。在内容上，本书紧紧围绕培养电气工程创新型应用人才的目标，加强对教学内容的优化，富有针对性和和实用性。编写中，本书淡化繁琐的理论推导及设计论证，力争做到内容精练、重点突出，同时附加了常用电气设备的参数，以便课程设计、毕业设计等实践环节使用。

本书由马永翔编写第 1、2 章及参考答案部分，李颖峰编写第 3、4 章，杨琳霞编写第 5、7 章，郭云玲编写第 6 章及附录部分，闫群民编写第 8 章。全书由陕西理工学院马永翔统稿。

本书承蒙清华大学董新洲教授在百忙之中仔细审阅，并对本书的内容和结构的优化提出了不少宝贵意见和建议，在此表示诚挚的谢意。

编写过程中，还得到了兄弟院校及电力系统部分同志的帮助，在此一并致谢。

限于编者水平，书中不妥之处在所难免，恳请读者批评指正。

编　者

2010 年 1 月

目　录

第3章 电气主接线与厂、所自用电接线

第1章 绪 论

本章知识构架

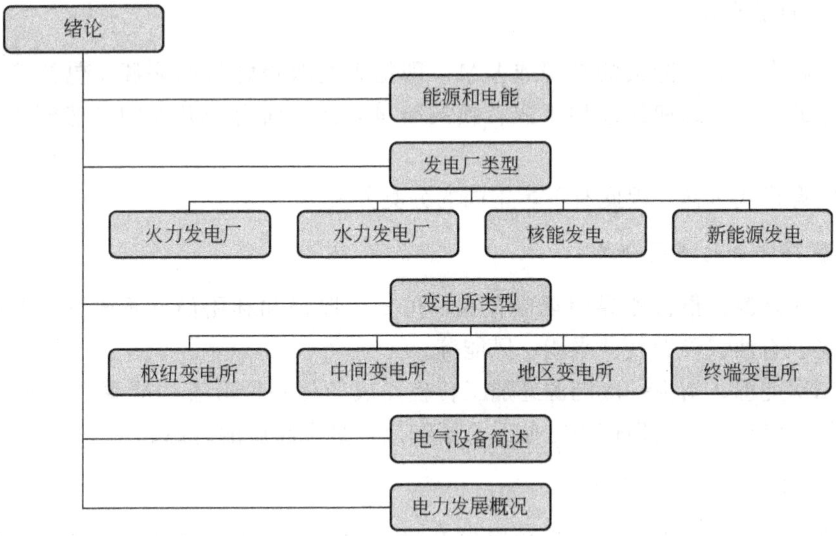

本章教学目标与要求

- 熟悉发电厂、变电所的分类及其各自的工作原理；
- 了解能源的分类及其各自的特点；
- 了解主要电气设备的作用；
- 了解我国电力工业的发展概况。

本章导图　三峡水利枢纽工程图

1.1　能源和电能

1.1.1　能源分类

能源，顾名思义是能量的来源或源泉，即指人类取得能量的来源，包括已经开发可供直接使用的自然资源和经过加工或转换的能量来源，而尚未开发的自然资源称为能源资源。

由于能源形式多样，因此有下述不同的分类方法。

1. 按获得方法的不同分类

(1) 一次能源，指自然界中现成存在，可直接取得和利用而又不改变其基本形态的能源，如煤、石油、天然气、水能、风能等。

(2) 二次能源，指由一次能源经加工转换而成的另一种形态的能源，如电力、蒸汽、煤气、焦炭、汽油等，它们使用方便且易于利用，是高品质的能源。

2. 按被利用程度的不同分类

(1) 常规能源，指在一定的历史时期和科学技术水平下，已经被人们广泛利用的能源，如煤、石油、天然气、水能等。

(2) 新能源，指采用先进的方法加以广泛利用的许多古老的能源，以及用新发展的技术开发的能源，如太阳能、风能、海洋能、地热能、生物质能、氢能等。核能通常也被看成是新能源，因为从被利用程度看，它还远不能和已有的常规能源相比。

3. 按能否再生分类

(1) 可再生能源，指自然界中可以不断再生并有规律地得到补充的能源，如水能、风能、太阳能、海洋能等。

(2) 非再生能源，指随着人类的利用而越来越少，总有枯竭之时的能源，如煤、石油、天然气、核燃料等。

1.1.2 电能

电能是由一次能源经加工转换成的能源，与其他形式的能源相比，它具有如下特点。

(1) 便于大规模生产和远距离输送。用于生产电能的一次能源广泛，它可以由煤、石油、核能、水能等多种能源转换而成，便于大规模生产。电能运送简单，便于远距离传输和分配。

(2) 方便转换和易于控制。电能可方便地转换成其他形式的能，如机械能、热能、光能、声能、化学能及粒子的动能等，同时使用方便，易于实现有效而精确的控制。

(3) 损耗小。输送电能时损耗比输送机械能和热能都小得多。

(4) 效率高。它可取代其他形式的能源，如用电动机代替柴油机，用电气机车代替蒸汽机车，用电炉代替其他加热炉等，可提高效率 20%～50%。

(5) 无气体和噪声污染。例如，用电瓶车代替汽车、柴油车、蒸汽机车等，成为“无公害车”，因此，电能被称为“清洁能源”。

1.1.3 发电厂

将各种一次能源转变成电能的工厂称为发电厂。按一次能源的不同，发电厂分为火力发电厂(以煤、石油和天然气为燃料)、水力发电厂(以水的位能作动力)、核能发电厂以及风力发电厂、太阳能发电厂、地热发电厂、潮汐能发电厂等。此外，还有直接将热能转换成电能的磁流体发电等。

截至 2012 年底，全国发电装机容量达到 11.4 亿 kW，年发电量 4.94 亿 kW·h，同比增长 7.8%；其中水电装机 2.49 亿 kW(含抽水蓄能 2031 万 kW)，占全部装机容量的 21.7%，风电装机 6 300 万 kW，均居世界第一，火电 81 917 万 kW(含煤电 75 811 万 kW、气电 3 827 万 kW)，占全部装机容量的 71.5%；核电 1 257 万 kW，并网太阳能发电 328 万 kW。

1.2 火力发电厂

火力发电厂简称火电厂，是利用煤、石油或天然气作为燃料生产电能的工厂，其能量的转换过程是：燃料的化学能→热能→机械能→电能。

1.2.1 分类

1. 按使用燃料不同分类

(1) 燃煤发电厂，即以煤作为燃料的发电厂。

(2) 燃油发电厂，即以石油(实际是提取汽油、煤油、柴油后的渣油)为燃料的发电厂。

(3) 燃气发电厂，即以天然气、煤气等可燃气体为燃料的发电厂。

(4) 余热发电厂，即用工业企业的各种余热进行发电的发电厂。

此外，还有利用垃圾和工业废料作为燃料的发电厂。

2. 按蒸汽压力和温度不同分类

(1) 中低压发电厂，指蒸汽压力在 3.92MPa、温度为 450℃的发电厂，单机功率小于 25MW。

(2) 高压发电厂，指蒸汽压力一般为 9.9MPa、温度为 540℃的发电厂，单机功率小于 100MW。

(3) 超高压发电厂，指蒸汽压力一般为 13.83MPa、温度为 540/540℃的发电厂，单机功率小于 200MW。

(4) 亚临界压力发电厂，指蒸汽压力一般为 16.77MPa、温度为 540/540℃的发电厂，单机功率为 300MW 直至 1 000MW 不等。

(5) 超临界压力发电厂，指蒸汽压力大于 22.11MPa、温度为 550/550℃的发电厂，机组功率为 600MW、800MW 及以上。

3. 按原动机不同分类

按原动机不同，火电厂可分为凝汽式汽轮机发电厂、燃气轮机发电厂、内燃机发电厂和蒸汽一燃气轮机发电厂等。

4. 按输出能源不同分类

(1) 凝汽式发电厂，即只向外供应电能的发电厂，其效率较低，只有 30%～40%。

(2) 热电厂，即同时向外供应电能和热能的发电厂，其效率较高，可达 60%～70%。

5. 按发电厂装机容量的不同分类

(1) 小容量发电厂，指装机总容量在 100MW 以下的发电厂。

(2) 中容量发电厂，指装机总容量在 100～250MW 范围内的发电厂。

(3) 大中容量发电厂，指装机总容量在 250～1 000MW 范围内的发电厂。

(4) 大容量发电厂，指装机总容量在 1 000MW 及以上的发电厂。

1.2.2 火电厂的电能生产过程

我国火电厂所使用的能源主要是煤，且主力电厂是凝汽式发电厂。下面就以采用煤粉炉的凝汽式火电厂为例，介绍火力发电厂的生产过程。

火电厂的生产过程概括地说是把煤中含有的化学能转变为电能的过程。整个生产过程可分为 3 个系统：①燃料的化学能在锅炉燃烧中转变为热能，加热锅炉中的水使之变为蒸汽，称为燃烧系统；②锅炉产生的蒸汽进入汽轮机，冲动汽轮机的转子旋转，将热能转变为机械能，称为汽水系统；③由汽轮机转子旋转的机械能带动发电机旋转，把机械能变为电能，称为电气系统。凝汽式火电厂电能生产过程如图 1.1 所示。

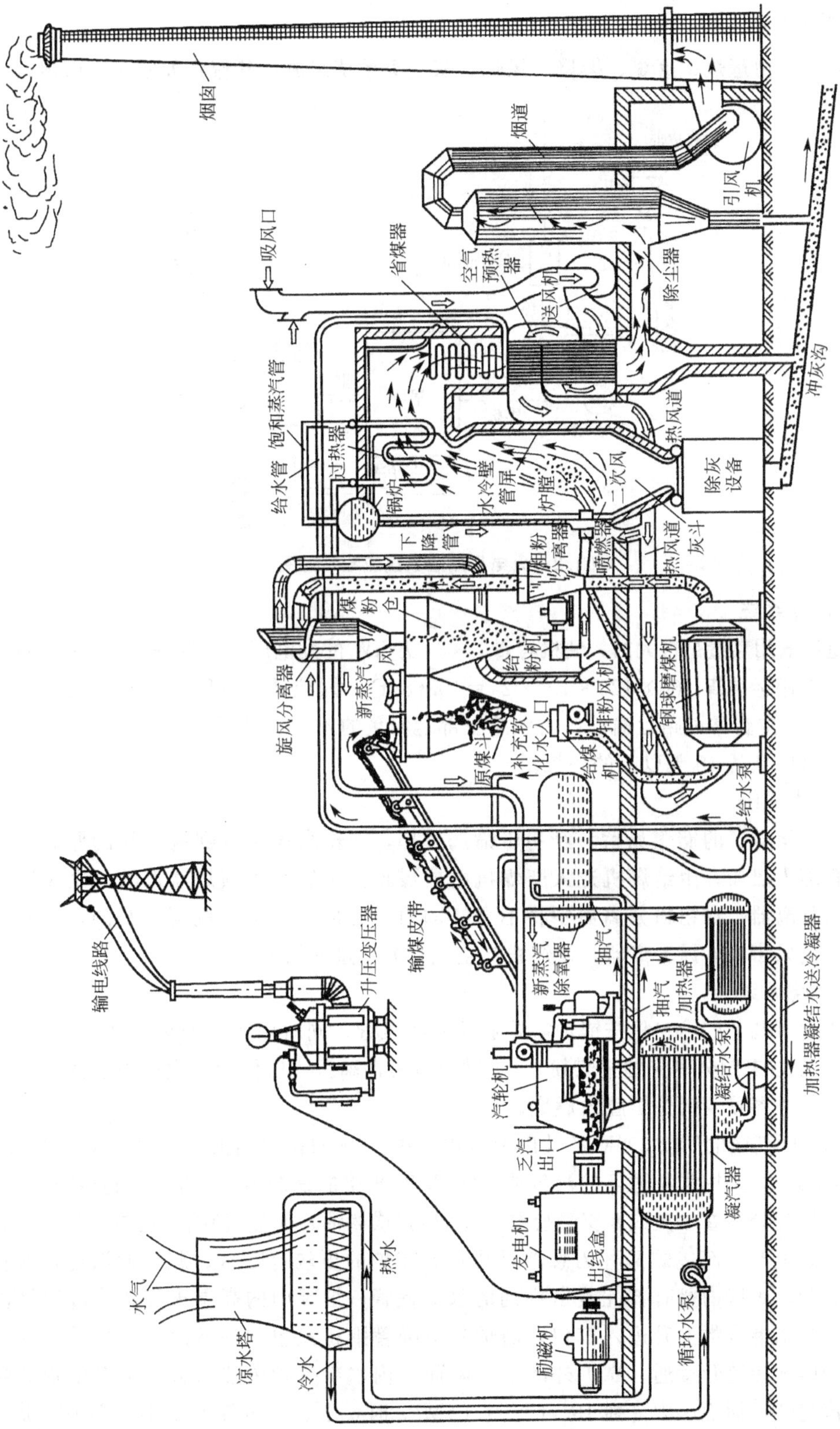

图 1.1 凝汽式火力发电厂电能生产过程示意图

1. 燃烧系统

燃烧系统由运煤、磨煤、燃烧、风烟、灰渣等系统组成，其流程如图 1.2 所示。

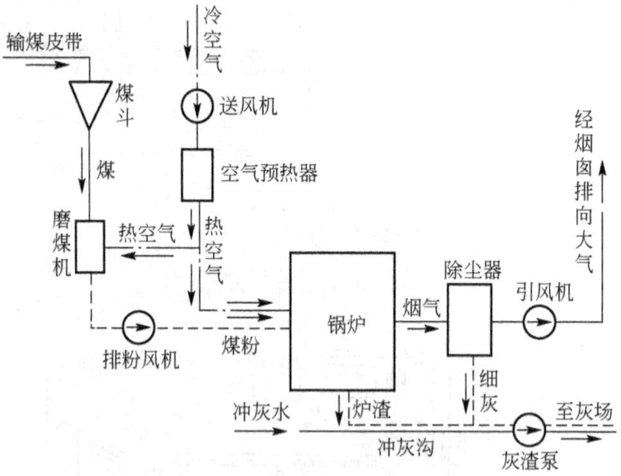

图 1.2　火电厂燃烧系统流程示意图

1）运煤系统

火电厂的用煤量是很大的，装机容量 4×30 万 kW 的发电厂，煤耗率按 360g/(kW·h) 计，每天需用标准煤 $360\times120\times10^4\times24=10368$(t)。据统计，我国用于发电的煤约占总产量的 1/2，主要靠铁路运输，约占铁路全部运输量的 40%。为保证火电厂安全生产，一般要求火电厂储备 10 天以上的用煤量。

2）磨煤系统

将煤运至电厂的储煤场后，经初步筛选处理，用输煤皮带送到锅炉间的原煤仓；煤从原煤仓落入煤斗，由给煤机送入磨煤机磨成煤粉，再经空气预热器来的一次风烘干并带至粗粉分离器；在粗粉分离器中将不合格的粗粉分离返回磨煤机再行磨制，合格的细煤粉被一次风带入旋风分离器，使煤粉与空气分离后进入煤粉仓。

3）燃烧系统

煤粉由可调节的给粉机按锅炉需要送入一次风管，同时由旋风分离器送来的气体(含有约 10%左右未能分离出的细煤粉)，由排粉风机提高压头后作为一次风将进入一次风管的煤粉经喷燃器喷入锅炉炉膛内燃烧。

目前我国新建电厂以 300MW 及以上机组为主。300MW 机组的锅炉蒸发量为 1 000t/h (亚临界压力)，采用强制循环的汽包炉；600MW 机组的锅炉为 2 000t/h 的直流炉。锅炉的四壁上均匀分布着 4 支或 8 支喷燃器，将煤粉(或燃油、天然气)喷入锅炉炉膛，火焰呈旋转状燃烧上升，汽包炉又称为悬浮燃烧炉。在炉的顶端有贮水、贮汽的汽包，内有汽水分离装置，炉膛内壁有彼此紧密排列的水冷壁管，炉膛内的高温火焰将水冷壁管内的水加热成汽水混合物上升进入汽包，而炉外下降管则将汽包中的低温水靠自重下降至水连箱与炉内水冷壁管接通。靠炉外冷水下降而炉内水冷壁管中热水自然上升的锅炉叫自然循环汽包炉，而当压力高到 16.66～17.64MPa 时，水、汽重度差变小，必须在循环回路中加装循环泵的锅炉，即称为强制循环锅炉。当压力超过18.62MPa时，应采用直流锅炉。

4）风烟系统

送风机将冷风送到空气预热器加热，加热后的气体一部分经磨煤机、排粉风机进入炉壁，另一部分经喷燃器外侧套筒直接进入炉膛。炉膛内燃烧形成的高温烟气，沿烟道经过热器、省煤器、空气预热器逐渐降温，再经除尘器除去90%～99%(电除尘器可除去99%)的灰尘，经引风机送入烟囱，排向大气。

5）灰渣系统

炉膛内煤粉燃烧后生成的小灰粒经除尘器收集成细灰排入冲灰沟，燃烧中因结焦形成的大块炉渣下落到锅炉底部的渣斗内，经碎渣机破碎后也排入冲灰沟，再经灰渣泵将细灰和碎炉渣经冲灰管道排往灰场。

2. 汽水系统

火电厂的汽水系统由锅炉、汽轮机、凝汽器、除氧器、加热器等设备及管道构成，包括给水系统、循环水系统和补充给水系统，如图1.3所示。

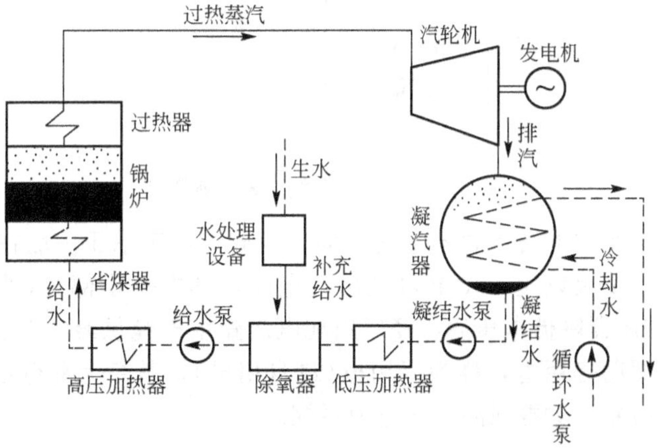

图1.3 火电厂汽水系统流程示意图

1）给水系统

由锅炉产生的过热蒸汽沿主蒸汽管道进入汽轮机，高速流动的蒸汽冲动汽轮机叶片转动，带动发电机旋转产生电能。在汽轮机内做功后的蒸汽，其温度和压力大大降低，最后排入凝汽器并被冷却水(循环水)冷却凝结成水(称为凝结水)，汇集在凝汽器的热水井中。凝结水由凝结水泵打至低压加热器中加热，再经除氧器除氧并继续加热。由除氧器出来的水(称为锅炉给水)经给水泵升压和高压加热器加热，最后送入锅炉汽包。在现代大型机组中，一般都从汽轮机的某些中间级抽出做过功的部分蒸汽(称为抽汽)，用以加热给水(称为给水回热循环)，或把做过一段功的蒸汽从汽轮机某一中间级全部抽出，送到锅炉的再热器中加热后再引入汽轮机的以后几级中继续做功(称为再热循环)。

2）补充给水系统

在汽水循环过程中总难免有汽、水泄漏等损失，为维持汽水循环的正常进行，必须不断地向系统补充经过化学处理的软化水，这些补充给水一般补入除氧器或凝汽器中，即是补充给水系统。

3）循环水系统

为了将汽轮机中做过功后排入凝汽器中的乏汽冷却凝结成水，需由循环水泵从凉水塔抽取大量的冷却水送入凝汽器，冷却水吸收乏汽的热量后再回到凉水塔冷却，冷却水是循环使用的，这就是循环水系统。

3. 电气系统

发电厂的电气系统包括发电机、励磁装置、厂用电系统和升压变电站等，如图 1.4 所示。

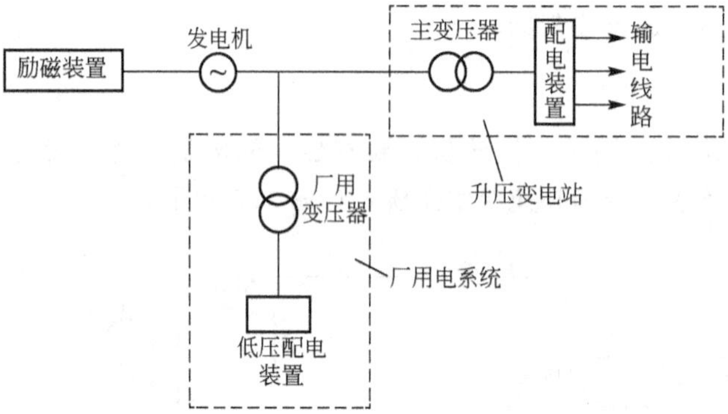

图 1.4　火电厂电气系统示意图

发电机的机端电压和电流随着容量的不同而不同，额定电压一般在 10～20kV 之间，而额定电流可达 20kA 及以上。发电机发出的电能，其中一小部分(约占发电机容量的 4%～8%)由厂用变压器降低电压后，经厂用配电装置由电缆供给水泵、送风机、磨煤机等各种辅机和电厂照明等用电，称为厂用电(或自用电)，其余大部分电能由主变压器升压后，经高压配电装置、输电线路送入电力系统。

1.2.3　火电厂的特点

火电厂与水力发电厂和其他类型的发电厂相比，具有以下特点。

(1) 火电厂布局灵活，装机容量的大小可按需要决定。

(2) 火电厂的一次性建造投资少，仅为同容量水电厂的一半左右。火电厂建造工期短，2×300MW 机组，工期为 3～4 年。发电设备年利用小时数较高，约为水电厂的 1.5 倍。

(3) 火电厂耗煤量大，目前发电用煤约占全国煤炭总产量的 50%左右，加上运煤费用和大量用水，其单位电量发电成本比水电厂要高出 3～4 倍。

(4) 火电厂动力设备繁多，发电机组控制操作复杂，厂用电量和运行人员都多于水电厂，运行费用高。

(5) 大型发电机组由停机到开机并带满负荷需要几小时到十几小时乃至几十小时，并附加耗用大量燃料。例如，一台 12 万 kW 发电机组启停一次耗煤可达 84t 之多。

(6) 火电厂担负急剧升降的负荷时，必须付出附加燃料消耗的代价。例如，据统计某电力系统火电平均煤耗约 400g/(kW·h)，而参与调峰煤耗将增至 468～511g/(kW·h)，平均增加 22%～29%。

(7) 火电厂担负调峰、调频或事故备用时，相应的事故增多，强迫停运率增高，厂用电率增高。据此，从经济性和供电可靠性考虑，火电厂应当尽可能担负较均匀的负荷。

(8) 火电厂对空气和环境的污染大。

1.3 水力发电厂

水力发电厂简称水电厂，又称水电站，是把水的位能和动能转换成电能的工厂。它的基本生产过程是：从河流较高处或水库内引水，利用水的压力或流速冲动水轮机旋转，将水能转变成机械能，然后由水轮机带动发电机旋转，将机械能转换成电能。

因为水的能量与其流量和落差(水头)成正比，所以利用水能发电的关键是集中大量的水和造成大的水位落差。我国是世界上水能资源最丰富的国家，蕴藏量为 6.76 亿 kW，年发电量 1.92×10^4 亿 kW·h。优先开发水电，这是一条国际性的经验，是发展能源的客观规律。

举世瞩目的三峡工程总库容为 393 亿 m^3，装机容量为 2 250 万 kW，年平均发电量为 1 000 亿 kW·h。巴西的伊泰普水电厂(位于南美洲巴西和巴拉圭交界处的巴拉那河中游)总库容 290 亿 m^3，装机容量 1 260 万 kW，年发电量 700 亿 kW·h。

由于天然水能存在的状况不同，开发利用的方式也各异，因此，水电厂的型式也是多种多样的。

1.3.1 水电厂的分类

1. 按集中落差大小的不同分类

1) 坝式水电站

在河流的适当位置建筑拦河坝，形成水库，抬高上游水位，使坝的上、下游形成大的水位差，这种水电站称为坝式水电站。坝式水电站适宜建在河道坡降较缓且流量较大的河段。这类水电站按厂房与坝的相对位置不同又可分为以下 6 种。

(1) 坝后式厂房。坝后式水电站如图 1.5 所示。其厂房建在拦河坝非溢流坝段的后面(下游侧)，不承受水的压力，压力管道通过坝体，适用于高、中水头，如三峡电厂、刘家峡电厂(总装机容量 122.5 万 kW，最大水头 114m)。

(2) 溢流式厂房。溢流式厂房建在溢流坝段后(下游侧)，泄洪水流从厂房顶部越过泄入下游河道，适用于河谷狭窄，水库下泄洪水流量大，溢洪与发电分区布置有一定困难的情况，如浙江的新安江水电站(总装机容量 66.25 万 kW，最大水头 84.3m)及贵州的乌江渡水电站(总装机容量 63 万 kW，最大水头 134.2m)。

(3) 岸边式厂房。岸边式厂房建在拦河坝下游河岸边的地面上，引水道及压力管道明铺于地面或埋设于地下，如松花江上游的白山水电站(总装机容量 150 万 kW，最大水头 126m)的二期厂房(一期厂房为地下式)。

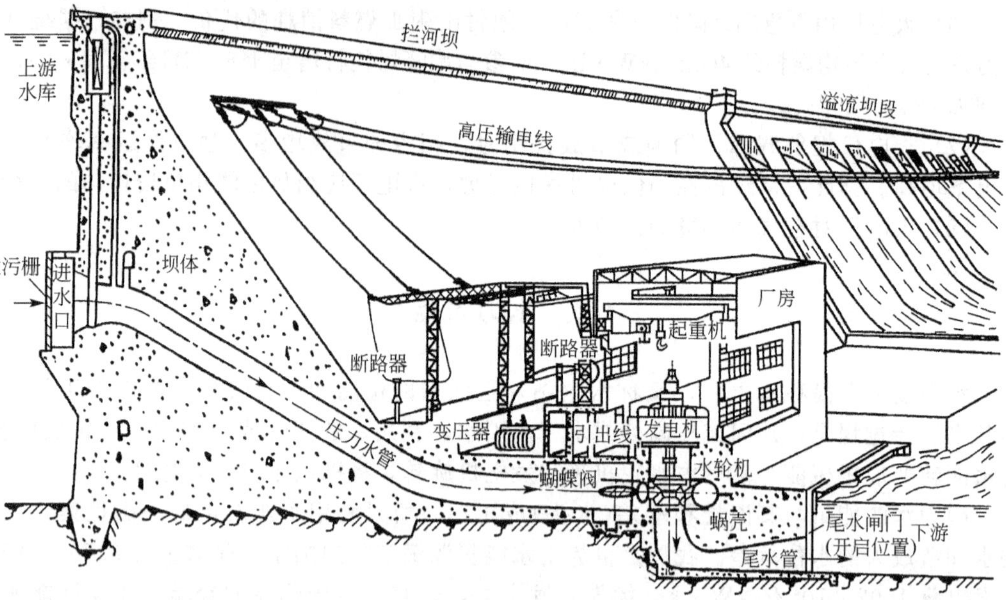

图 1.5　坝后式水电厂示意图

（4）地下式厂房。地下式厂房的引水道和厂房都建在坝侧地下，如四川雅砻江下游的二滩水电站(总装机容量 330 万 kW，最大水头 189m)。

（5）坝内式厂房。坝内式厂房的压力管道和厂房都建在混凝土坝的空腔内，且常设在溢流坝段内，适用于河谷狭窄，下泄洪水流量大的情况。

（6）河床式厂房。河床式厂房的水电站如图 1.6 所示。其厂房与拦河坝相连接，成为坝的一部分，厂房承受水的压力，适用于水头小于 50m 的水电站。图 1.6 中的溢洪坝、溢洪道是为了宣泄洪水、保证大坝安全而设的泄水建筑物，如葛洲坝水电厂，全景如图 1.7 所示(

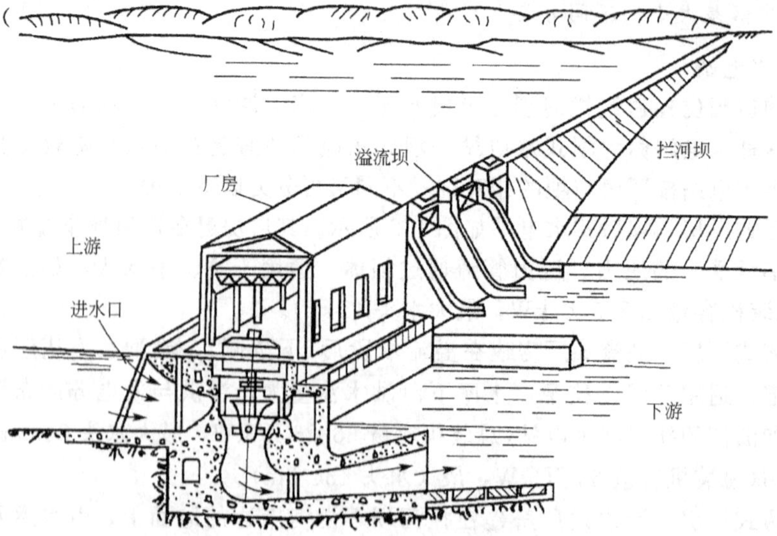

图 1.6　河床式水电站示意图

图 1.7 葛洲坝水电厂全景图

2) 引水式水电站

由引水系统将天然河道的落差集中进行发电的水电站称为引水式水电站。引水式水电站适宜建在河道多弯曲或河道坡降较陡的河段，用较短的引水系统可集中较大的水头；也适用于高水头水电站，避免建设过高的挡水建筑物。

引水式水电站如图 1.8 所示。在河流适当地段建低堰(挡水低坝)，水经引水渠和压力水管引入厂房，从而获得较大的水位差。

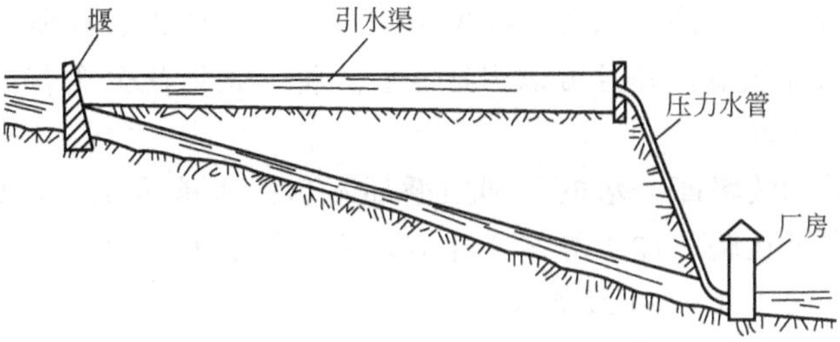

图 1.8 引水式水电站

小河流上的引水式水电站如云南省北部以礼河上的 4 个梯级水电站(总装机容量 32.15 万 kW，最大水头：一级 77m，二级 79m，三、四级均为 629m)。大河流上的引水式水电站如红水河上的天生桥二级水电站(总装机容量 132 万 kW，最大水头 204m)；湖北省清江上的隔河岩水电站(总装机容量 120 万 kW，最大水头 121.5m)。

2. 按径流调节的程度分类

1) 无调节水电厂

河川径流在时间上的分布往往与水电厂的用水要求不相一致。如果水电厂取水口上游没有大的水库，就不能对径流进行调节以适应用水要求，这种水电厂称为无调节水电厂或径流式水电厂。例如，引水式水电厂、水头很低的河床式水电厂，多属此种类型。

这种水电厂的出力变化主要取决于天然来水流量，往往是枯水期水量不足，出力很小，而洪水期流量很大，产生弃水。

2）有调节水电厂

如果在水电厂取水口上游有较大的水库，能按照发电用水要求对天然来水流量进行调节，这种水电厂称为有调节水电厂。例如，堤坝式水电厂、混合式水电厂和有日调节池的引水式水电站，都属此类。

根据水库对径流的调节程度，又可将有调节水电厂分为以下类型。

(1) 日调节水电厂。日调节水电厂库容较小，只能对一日的来水量进行调节，以适应水电厂日出力变化对流量的要求。

(2) 年调节水电厂。年调节水电厂有较大的水库，能对天然河流中一年的来水量进行调节，以适应发电厂年出力变化(包括日出力变化)和其他用水部门对流量的要求。它能将丰水期多余水量存蓄于库中供枯水期使用，以增大枯水期流量，提高水电厂的出力和发电量。

(3) 多年调节水电厂。多年调节水电厂一般有较高的堤坝和很大的库容，能改变天然河流一个或几个丰、枯水年循环周期中的流量变化规律，以适应水电厂和其他用水部门对流量的要求。完全的多年调节水库弃水很少，可使水电厂的枯水期出力和年发电量得到很大提高。

1.3.2 水电厂的特点

水电厂与火电厂和其他类型的发电厂相比，具有以下特点。

(1) 可综合利用水能资源。水电厂除发电以外，还有防洪、灌溉、航运、供水、养殖及旅游等多方面综合效益，并且可以因地制宜，将一条河流分为若干河段，分别修建水利枢纽，实行梯级开发。

(2) 发电成本低、效率高。水电厂利用循环不息的水能发电，可以节省大量燃料。因不用燃料，也省去了运输、加工等多个环节，运行维护人员少，厂用电率低，发电成本仅是同容量火电厂的 1/3～1/4 或更低。

(3) 运行灵活。由于水电厂设备简单，易于实现自动化，机组启动快，水电机组从静止状态到带满负荷运行只需 4～5min，紧急情况只用 1min 即可启动。水电厂能适应负荷的急剧变化，适合于承担系统的调峰、调频和作为事故备用。

(4) 水能可储蓄和调节。电能的发、输、用是同时完成的，不能大量储存，而水能资源则可借助水库进行调节和储蓄，而且可兴建抽水蓄能电厂，扩大利用水的能源。

(5) 水力发电不污染环境。相反，大型水库可能调节空气的温度和湿度，改善自然生态环境。

(6) 水电厂建设投资较大，工期较长。

(7) 水电厂建设和生产都受到河流的地形、水量及季节气象条件限制，因此发电量也受到水文气象条件的制约，有丰水期和枯水期之别，因而发电不均衡。

(8) 由于水库的兴建，淹没土地，移民搬迁，给农业生产带来一些不利，还可能在一定程度上破坏自然界的生态平衡。

1.3.3 抽水蓄能电厂

1. 工作原理

抽水蓄能电厂以一定水量作为能量载体，通过能量转换向电力系统提供电能，如图 1.9 所示。为此，其上、下游均需有水库以容蓄能量转换所需要的水量。

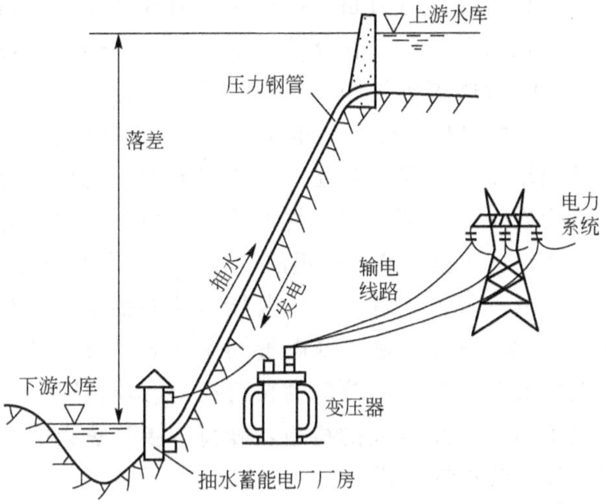

图 1.9 抽水蓄能电厂示意图

在抽水蓄能电厂中，必须兼备抽水和发电两类设施。在电力负荷低谷时(或丰水时期)，利用电力系统待供的富余电能(或季节性电能)，将下游水库中的水抽到上游水库，以位能形式储存起来；待到电力系统负荷高峰时(或枯水时期)，再将上游水库中的水放下，驱动水轮发电机组发电，并送往电力系统，这时，用以发电的水又回到下游水库。显而易见，抽水蓄能电厂既是一个吸收低谷电能的电力用户(抽水工况)，又是一个提供峰荷电力的发电厂(发电工况)。

2. 抽水蓄能电厂在电力系统中的作用

(1) 调峰。电力系统峰荷的上升与下降变动比较剧烈，抽水蓄能机组响应负荷变动的能力很强，能够跟踪负荷的变化，在白天适合担任电力系统峰荷中的尖峰部分。例如，我国广东抽水蓄能电厂，装机容量为 8×300MW，在电力系统调峰中发挥了重要作用。

(2) 填谷。在夜间或周末，抽水蓄能电厂利用电力系统富余电能抽水，使火电机组不必降低出力(或停机)和保持在热效率较高的区间运行，从而节省燃料，并提高电力系统运行的稳定性。填谷作用是抽水蓄能电厂独具的特色，常规水电厂即使是调峰性能最好的，也不具备填谷作用。

(3) 备用。抽水蓄能机组启动灵活、迅速，从停机状态启动至带满负荷仅需 1～2min，而由抽水工况转到发电工况也只需 3～4min，因此，抽水蓄能电厂宜于作为电力系统事故备用。

(4) 调频。抽水蓄能机组跟踪负荷变化的能力很强，承卸负荷迅速灵活。当电力系统频率偏离正常值时，它能立即调整出力，使频率维持在正常值范围内，而火电机组却远远适应不了负荷陡升陡降。

（5）调相。抽水蓄能电厂的同步发电机在没有发电和抽水任务时，可用来调相。由于抽水蓄能电厂距离负荷中心较近，控制操作方便，对改善系统电压质量十分有利。

3. 抽水蓄能电厂的功能

（1）降低电力系统燃料消耗。电力系统中的大型高温高压热力机组，包括燃煤机组和核电机组，不适于在低负荷下工作，在强迫压低负荷后，燃料消耗、厂用电和机组磨损都将增加。抽水蓄能机组与燃煤机组和核电机组联合运行后，可以保持这些热力机组在额定出力下稳定运行，从而提高运行效率和减少电力系统燃料消耗。

（2）提高火电设备利用率。以抽水蓄能电厂替代电力系统中的热力机组调峰，或者使大型热力机组不压负荷或少压负荷运行，均可减少热力机组频繁开、停机所导致的设备磨损，减少设备故障率，从而提高热力机组的设备利用率和使用寿命。

（3）可作为发电成本低的峰荷电源。抽水蓄能电厂的抽水耗电量大于其发电量。运行实践经验证明，抽水用4kW·h换取尖峰电量3kW·h是合算的。抽水蓄能电厂在负荷低谷期间抽水所用电能来自运行费用较低的腰荷机组(运行位置恰处于基荷之上)，在负荷高峰期间发电替代了运行费用较高的机组，峰荷、腰荷热力机组在经济性上差别越大，则抽水蓄能电厂的经济效益越显著。

（4）对环境没有污染且可美化环境。抽水蓄能电厂有上游和下游两个水库。纯抽水蓄能电厂的上游水库建在较高的山顶上，如在风景区，还会美化环境增辉添色。

（5）抽水蓄能电厂可用于蓄能。电能的发、输和用是同时完成的，不能大量储存，而水能可借助上游水库储蓄，应用抽水蓄能机组将下游水库中的水抽到上游水库，以位能形式储存起来，便可实现较大规模的蓄能。

总之，抽水蓄能电站优点较多，却存在致命弱点，即转换效率不是百分之百，因此，该型电站单从运营的角度看绝对是亏本的，一般没有特殊需要，不会建造该型电站。

1.4 核能发电厂

20世纪最激动人心的科学成果之一就是核裂变的利用。实现大规模可控核裂变链式反应的装置称为核反应堆，简称反应堆，它是向人类提供核能的关键设备。核能最重要的应用是核能发电。

核能发电厂简称核电厂，是利用反应堆中核燃料裂变链式反应所产生的热能，再按火电厂的发电方式将热能转换为机械能，再转换为电能，它的核反应堆相当于火电厂的锅炉。

核能能量密度高，每g铀－235全部裂变时所释放的能量为8×10^{10}J，相当于2.7t标准煤完全燃烧时所释放的能量。作为发电燃料，其运输量非常小，发电成本低。例如，一座1 000MW的火电厂，每年约需300～400万吨原煤，同样容量的核电厂若采用天然铀作燃料只需130t，采用3%的浓缩铀－235作燃料则仅需28t。利用核能发电还可避免化石燃料燃烧所产生的日益严重的温室效应。作为电力工业主要燃料的煤、石油和天然气都是重要的化工原料。基于以上原因，世界各国对核电的发展都给予了足够的重视。

我国自行设计和建造的第一座核电厂——浙江秦山核电厂(1×300MW)于1991年并网发电，广东大亚湾核电厂(2×900MW)于1994年建成投产，在安装调试和运行管理方面，都达到了世界先进水平。

1.4.1 核电厂的分类

目前世界上使用最多的是轻水堆核电厂，分为压水堆核电厂和沸水堆核电厂。

1. 压水堆核电厂

图1.10所示为压水堆核电厂的示意图。压水堆核电厂的最大特点是整个系统分成两大部分，即一回路系统和二回路系统。一回路系统中压力为1.5MPa的高压水被冷却剂主泵送进反应堆，吸收燃料元件的释热后，进入蒸汽发生器下部的U形管内，将热量传给二回路系统的水，再返回冷却剂主泵入口，形成一个闭合回路。二回路系统的水在U形管外部流过，吸收一回路系统的水的热量后沸腾，产生的蒸汽进入汽轮机的高压缸做功；高压缸的排汽经再热器再热提高温度后，再进入汽轮机的低压缸做功；膨胀做功后的蒸汽在凝汽器中被凝结成水，再送回蒸汽发生器，形成一个闭合回路。一回路系统和二回路系统是彼此隔绝的，万一燃料元件的包壳破损，只会使一回路系统的水的放射性增加，而不致影响二回路系统的水的品质。这样就大大增加了核电厂的安全性。

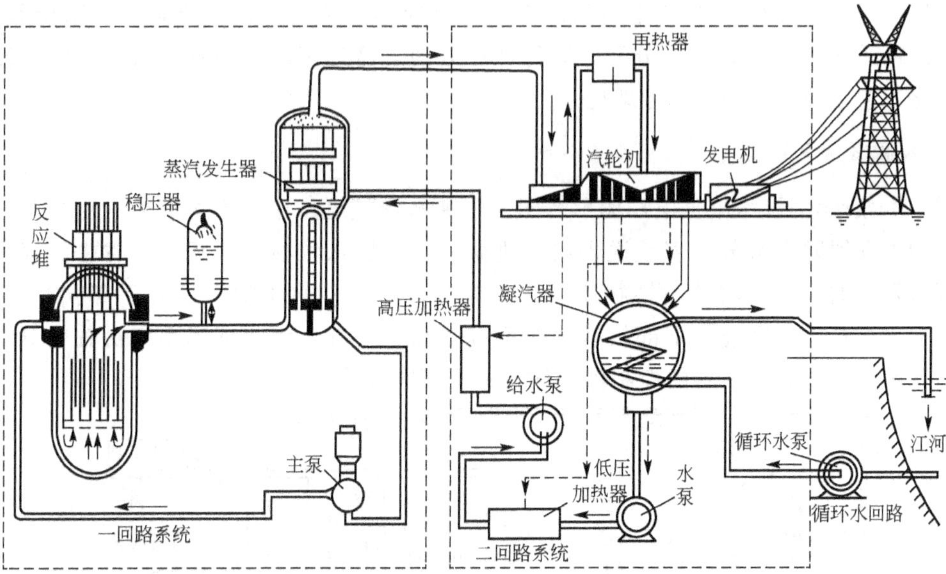

图1.10 压水堆核电厂的示意图

稳压器的作用是使一回路系统的水的压力维持恒定。它是一个底部带电加热器，顶部有喷水装置的压力容器，其上部充满蒸汽，下部充满水。如果一回路系统的压力低于额定压力，则接通电加热器，增加稳压器内的蒸汽，使系统的压力提高。反之，如果系统的压力高于额定压力，则喷水装置启动，喷冷却水，使蒸汽冷凝，从而降低系统压力。

通常一个压水堆有2～4个并联的一回路系统(又称环路)，但只有一个稳压器。每一个环路都有一台蒸汽发生器和1～2台冷却剂主泵。压水堆核电厂的主要参数见表1-1。

表1-1　压水堆核电厂的主要参数

主要参数	环路数		
	2	3	4
堆热功率/MW	1 882	2 905	3 425
净电功率/MW	600	900	1 200
一回路压力/MPa	15.5	15.5	15.5
反应堆入口水温/℃	287.5	292.4	291.9
反应堆出口水温/℃	324.3	327.6	325
压力容器内径/m	3.35	4	4.4
燃料装载量/t	49	72.5	89
燃料组件数	121	157	193
控制棒组件数	37	61	61
一回路冷却剂流量(t/h)	42 300	63 250	84 500
蒸汽量/(t/h)	3 700	5 500	6 860
蒸汽压力/MPa	6.3	6.71	6.9
蒸汽含湿量/%	0.25	0.25	0.25

堆核电厂由于以轻水作慢化剂和冷却剂，反应堆体积小，建设周期短，造价较低；加之一回路系统和二回路系统分开，运行维护方便，需处理的放射性废气、废液、废物少，因此，它在核电厂中占主导地位。

2. 沸水堆核电厂

图1.11所示为沸水堆核电厂的示意图。在沸水堆核电厂中，堆芯产生的饱和蒸汽经分离器和干燥器除去水分后直接送入汽轮机做功。与压水堆核电厂相比，省去了既大又贵的蒸汽发生器，但有将放射性物质带入汽轮机的危险。由于沸水堆芯下部含汽量低，堆芯上部含汽量高，因此，下部核裂变的反应性高于上部。为使堆芯功率沿轴向分布均匀，与压水堆不同，沸水堆的控制棒是从堆芯下部插入的。

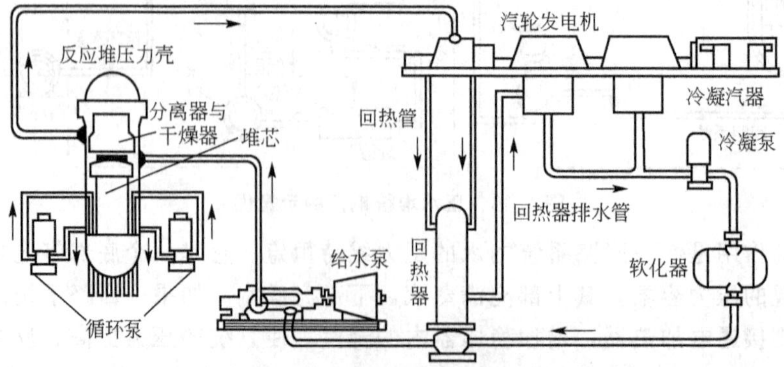

图1.11　沸水堆核电厂示意图

在沸水堆核电厂中，反应堆的功率主要由堆芯的含汽量来控制，因此，需在沸水堆中配备一组喷射泵。通过改变堆芯水的再循环率来控制反应堆的功率。当需要增加功率时，可增加通过堆芯水的再循环率，将气泡从堆芯中扫除，从而提高反应堆的功率。万一发生事故，如冷却循环泵突然断电时，堆芯的水还可以通过喷射泵的扩压段对堆芯进行自然循环冷却，保证堆芯的安全。

由于沸水堆中作为冷却剂的水在堆芯中会产生沸腾，因此，设计沸水堆时一定要保证堆芯的最大热流密度低于所谓沸腾的“临界热流密度”，以防止燃料元件因传热恶化而烧毁。沸水堆核电厂的主要参数见表1-2。

表1-2 沸水堆核电厂的主要参数

主要参数名称	参数值	主要参数名称	参数值
堆热功率/MW	3 840	控制棒数目/根	193
堆热功率/MW	1 310	一回路系统数目	4
净效率/%	34.1	压力容器内水的压力/MPa	7.06
燃料装载量/t	147	压力容器的直径/m	6.62
燃料元件尺寸(外径×长度)/mm	12.5×3 760	压力容器的总高/m	22.68
燃料元件的排列	8×8	压力容器的总重/t	785
燃料组件数	784		

1.4.2 核电厂的系统

核电厂是一个复杂的系统工程，集中了当代的许多高新技术。核电厂的系统由核岛和常规岛组成。为了使核电厂能稳定、经济地运行，以及一旦发生事故时能保证反应堆的安全和防止放射性物质外泄，核电厂还设置有各种辅助系统、控制系统和安全设施。以压水堆核电厂为例，它由以下主要系统组成。

1. 核岛的核蒸汽供应系统

核蒸汽供应系统包括以下子系统。

(1) 一回路系统，包括压水堆、冷却剂主泵、蒸汽发生器和稳压器等。

(2) 化学和容积控制系统，用于实现一回路冷却剂的容积控制和调节冷却剂中的硼浓度，以控制压水堆的反应性变化。

(3) 余热排出系统，又称停堆冷却系统。它的作用是在反应堆停堆、装卸料或维修时，用以导出燃料元件发出的余热。

(4) 安全注射系统，又称紧急堆芯冷却系统。它的作用是在反应堆发生严重事故时，如一回路系统管道破裂而引起失水事故时为堆芯提供应急的和持续的冷却。

(5) 控制、保护和检测系统，它为上述4个系统提供检测数据，并对系统进行控制和保护。

2. 核岛的辅助系统

核岛的辅助系统包括以下子系统。

（1）设备冷却水系统，用于冷却所有位于核岛内的带放射性水的设备。

（2）硼回收系统，用于对一回路系统的排水进行储存、处理和监测，将其分离成符合一回路系统水质要求的水及浓缩的硼酸溶液。

（3）反应堆的安全壳及喷淋系统。核蒸汽供应系统大都置于安全壳内，一旦发生事故，安全壳既可以防止放射性物质外泄，又能防止外来袭击，如飞机坠毁等；安全壳喷淋系统则保证事故发生引起安全壳内的压力和温度升高时能对安全壳进行喷淋冷却。

（4）核燃料的装换料及贮存系统，用于实现对燃料元件的装卸料和储存。

（5）安全壳及核辅助厂房通风和过滤系统。它的作用是实现安全壳和辅助厂房的通风，同时防止放射性物质外泄。

（6）柴油发电机组，为核岛提供应急电源。

3. 常规岛的系统

常规岛的系统与火电厂的系统相似，它通常包括以下部分。

（1）二回路系统，又称汽轮发电机系统，由蒸汽系统、汽轮发电机组、凝汽器、蒸汽排放系统、给水加热系统及辅助给水系统等组成。

（2）循环冷却水系统。

（3）电气系统及厂用电设备。

1.4.3 核电厂的运行

核电厂运行的基本原则和常规火电厂一样，都是根据电厂的负荷需要量来调节供给的热量，使得热功率与电负荷相平衡。由于核电厂由反应堆供热，因此，核电厂的运行和火电厂相比有以下一些新的特点。

（1）在火电厂中，可以连续不断地向锅炉供给燃料，而压水堆核电厂的反应堆却只能对反应堆堆芯一次装料，并定期停堆换料。因此，在堆芯换新料后的初期，过剩反应性很大。为了补偿过剩反应性，除采用控制棒外，还需在冷却剂中加入硼酸，并通过硼浓度的变化来调节反应堆的反应性。反应堆冷却剂中含有硼酸以后，就会给一回路系统及其辅助系统的运行和控制带来一定的复杂性。

（2）反应堆的堆芯内，核燃料发生裂变反应释放核能的同时，也放出瞬发中子和瞬发γ射线。由于裂变产物的积累，以及反应堆的堆内构件和压力容器等因受中子的辐照而活化，所以反应堆不管是在运行中或停闭后，都有很强的放射性，这就给电厂的运行和维修带来了一定的困难。

（3）反应堆在停闭后，运行过程中积累起来的裂变碎片和β、γ衰变将继续使堆芯产生余热（又称衰变热）。因此，反应堆停闭后不能立即停止冷却，还必须把这部分余热排出去，否则会出现燃料元件因过热而烧毁的危险；即使核电厂在长时间停闭情况下，也必须继续除去衰变热；当核电厂发生停电、一回路管道破裂等重大事故时，事故电源、应急堆芯冷却系统应立即自动投入，做到在任何事故工况下，保证对反应堆进行冷却。

（4）核电厂在运行过程中会产生气态、液态和固态的放射性废物，对这些废物必须遵照核安全的规定进行妥善处理，以确保工作人员和居民的健康，而火电厂中这一问题是不存在的。

(5) 与火电厂相比，核电厂的建设费用高，但燃料所占费用较为便宜。为了提高核电厂的运行经济性，极为重要的是要维持较高的发电设备利用率，为此，核电厂应在额定功率或尽可能在接近额定功率的工况下带基本负荷连续运行，并尽可能缩短核电厂反应堆的停闭时间。

压水堆核电厂实际上是用核反应堆和蒸汽发生器代替了一般火电厂的锅炉。反应堆中通常有100～200个燃料组件。在主循环水泵(又称压水堆冷却剂泵或主泵)的作用下，压力为15.2～15.5MPa、温度290℃左右的蒸馏水不断在左回路(称一回路，有2～4条并联环路)中循环，经反应堆时被加热到320℃左右，然后进入蒸汽发生器，并将自身的热量传给右回路(称二回路)的给水，使之变成饱和或微过热蒸汽，蒸汽沿管道进入汽轮机膨胀做功，推动汽轮机转动并带动发电机发电。二回路的工作过程与火电厂相似。

压水堆的快速变化反应性控制，主要是通过改变控制棒(内装银—铟—镉材料的中子吸收体)在堆芯中的位置来实现。

左回路中稳压器(带有安全阀和卸压阀)的作用是在电厂启动时用于系统升压(力)，在正常运行时用于自动调节系统压力和水位，并提供超压保护。

沸水堆核电厂是以沸腾轻水为慢化剂和冷却剂并在反应堆内直接产生饱和蒸汽，通入汽轮机做功发电；汽轮机的排汽冷凝后，经软化器净化、加热器加热，再由给水泵送入反应堆。

1kg铀—235裂变与2 400t标准煤燃烧所发出的能量相当。地球上已探明的易开采的铀储量所能提供的能量，已大大超过煤炭、石油和天然气储量之和。利用核能可大大减少燃料开采、运输和储存的困难及费用，发电成本低；核电厂不释放CO_2、SO_2及NO_x，有利于环境保护。

1.5　新能源发电

1.5.1　风力发电

流动空气所具有的能量称为风能。全球可利用的风能约为2×10^6万kW。至2006年底，全世界风力发电总装机容量达7 500万kW，其中德国为2 062.6万kW，美国为1 195万kW，西班牙为1 161.5万kW，分别居世界第一、二、三位，我国已开始在甘肃河西走廊建设大容量风力发电厂。

风能属于可再生能源，又是一种过程性能源，不能直接储存，而且具有随机性，这给风能的利用增加了技术上的复杂性。

将风能转换为电能的发电方式称为风力发电。风力发电装置如图1.12所示。

风力机1(属于低速旋转机械)将风能转化为机械能，升速齿轮箱2将风力机轴上的低速旋转变为高速旋转，带动发电机3发出电能，经电缆线路10引至配电装置11，然后送入电网。

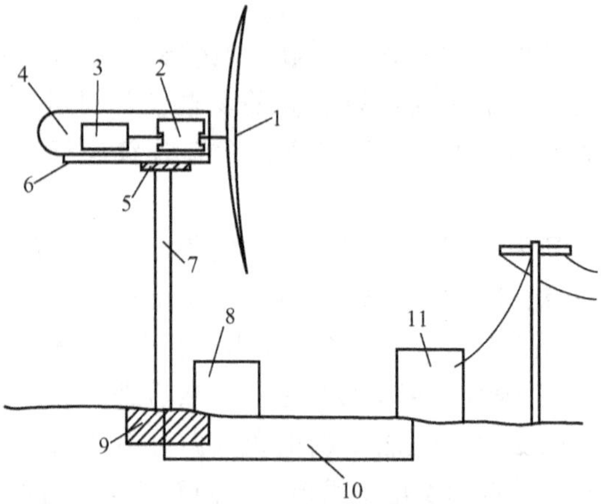

图 1.12 风力发电装置

1—风力机；2—升速齿轮箱；3—发电机；4—控制系统；5—改变方向的驱动装置；
6—底板和外罩；7—塔架；8—控制和保护装置；9—土建基础；
10—电缆线路；11—配电装置

风力机的叶片(2～3 叶)多数由聚酯树脂增强玻璃纤维材料制成，升速齿轮箱一般为 3 级齿轮传动，风力发电机组的单机容量为几十瓦至几兆瓦，100kW 以上的风力发电机为同步发电机或异步发电机，塔架 7 由钢材制成(锥形筒状式或桁架式)，大、中型风力发电机组皆配有由微机或可编程控制器(PID)组成的控制系统，以实现控制、自检、显示等功能。

在风能丰富的地区，按一定的排列方式成群安装风力发电机组，组成集群，称为风力发电场。其机组可多达几十台、几百台甚至数千台，是大规模开发利用风能的有效形式，如图 1.13 所示。

图 1.13 多台风力发电机组分布图

1.5.2 太阳能发电

太阳能是从太阳向宇宙空间发射的电磁辐射能，到达地球表面的太阳能为 8.2×10^9 万 kW，能量密度为 $1kw/m^2$ 左右。太阳能发电有热发电和光发电两种方式。

1. 太阳能热发电

太阳能热发电是将吸收的太阳辐射热能转换成电能的装置，其基本组成与常规火电设备类似。它又分集中式和分散式两类。

集中式太阳能热发电又称塔式太阳能热发电，其热力系统流程如图 1.14 所示。它是在很大面积的场地上整齐地布设大量的定日镜(反射镜)阵列，且每台都配有跟踪系统，准确地将太阳光反射集中到一个高塔顶部的吸热器(又称接收器)上，把吸收的光能转换成热能，使吸热器内的工质(水)变成蒸汽，经管道送到汽轮机，驱动机组发电。

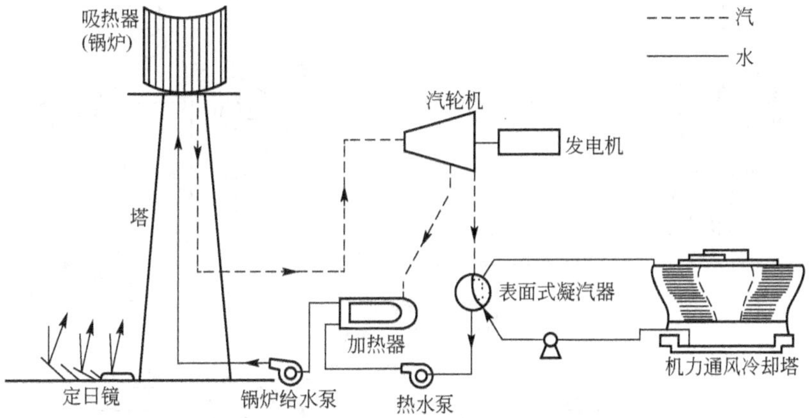

图 1.14 塔式太阳能电站热力系统流程

美国于 1982 年在加州南部建成的塔式太阳能电站，总功率 10 000kW，塔高 91.5m，接收器直径 7m、高 13.72m，共有定日镜 1 818 块，实际运行时所发出的最大功率达 1.31 万 kW。

分散式太阳能热发电是在大面积的场地上安装许多套结构相同的小型太阳能集热装置，通过管道将各套装置所产生的热能汇集起来，进行热电转换，发出电力。

2. 太阳能光发电

太阳能光发电是不通过热过程而直接将太阳的光能转变成电能，有多种发电方式，其中光伏发电方式是主流。光伏发电是把照射到太阳能电池(也称光伏电池，是一种半导体器件，受光照射会产生伏打效应)上的光直接变换成电能输出。

美国加州的一座太阳能光伏电站总功率达 6 500kW，是当今世界上最大的太阳能光伏电站；总功率为 5 万 kW 的太阳能光伏电站正在希腊的克里特岛建设。

目前由于生产技术的限制，太阳能光伏板转换效率较低，因此，太阳能发电还没有大面积推广应用。

随着技术的不断进步，太阳能发电将在世界电力的供应中显现其重要作用，据欧盟委员会联合研究中心的预测，到2030年，太阳能发电将占到整个电力供应的10%以上。

1.6 变电所类型

变电所有多种分类方法，可以根据电压等级、升压或降压及在电力系统中的地位不同分类。图1.15所示为某电力系统的原理接线图，系统中接有大容量的水电厂和火电厂，其中水电厂发出的电力经过500kV超高压输电线路送至枢纽变电所，220kV电力网构成三角环形，可提高供电可靠性。

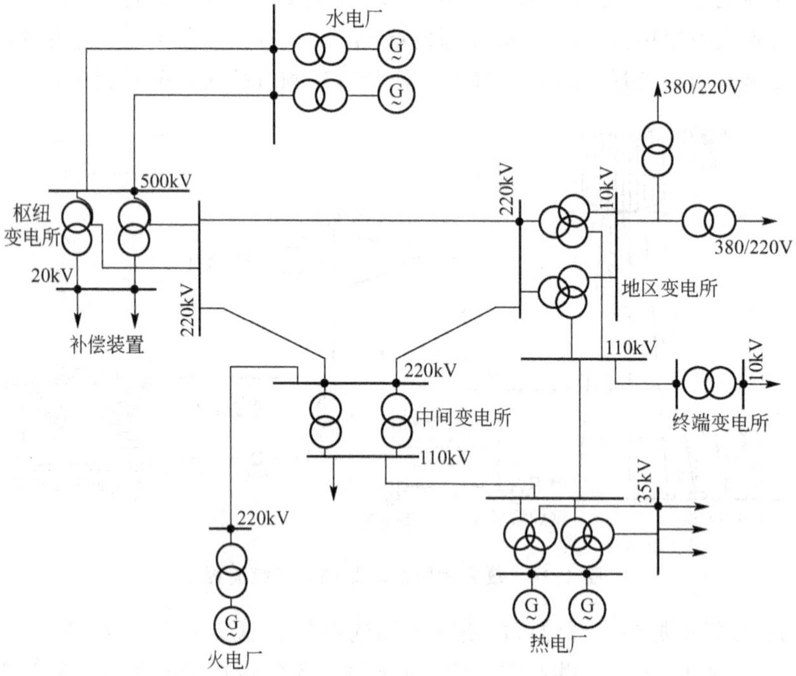

图1.15 电力系统原理接线图

根据变电所在系统中的地位不同，它可分为以下4类。

1. 枢纽变电所

枢纽变电所位于电力系统的枢纽点，连接电力系统高、中压的几个部分，汇集有多个电源和多回大容量联络线，变电容量大，电压(指其高压侧，以下同)为330kV及以上。全所停电时，将引起系统解列甚至瘫痪。随着系统的不断发展，原先的枢纽变电站可能变为非枢纽变电站，某750kV变电站户外配电装置如图1.16所示。

2. 中间变电所

中间变电所一般位于系统的主要环路线路中或系统主要干线的接口处，汇集有2～3个电源，高压侧以交换潮流为主，同时又降压供给当地用户，主要起中间环节作用，电压为220～330kV。全所停电时，将引起区域电网解列。

图 1.16 某 750kV 变电站户外配电装置图

3. 地区变电所

地区变电所以对地区用户供电为主，是一个地区或城市的主要变电所，电压一般为 110～220kV。全所停电时，仅使该地区中断供电。

4. 终端变电所

终端变电所位于输电线路终端，接近负荷点，经降压后直接向用户供电，不承担功率转送任务，电压为 110kV 及以下。全所停电时，仅使其所供的用户中断供电。

1.7 发电厂和变电所电气设备简述

为了满足电能的生产、转换、输送和分配的需要，发电厂和变电所中安装有各种电气设备。

1.7.1 电气一次设备

直接生产、转换和输配电能的设备称为一次设备，主要有以下几种。

1. 生产和转换电能的设备

(1) 同步发电机，将机械能转换成电能。

(2) 变压器，改变电压，以满足输配电需要。

(3) 电动机，将电能转换成机械能，用于拖动各种机械。发电厂、变电所使用的电动机绝大多数是异步电动机，或称感应电动机。

2. 开关电器

开关电器的作用是接通或断开电路。高压开关电器主要有以下几种。

(1) 断路器(俗称开关)。断路器用来接通或断开电路的正常工作电流、过负荷电流或短路电流，有灭弧装置，是电力系统中最重要的控制和保护电器。

（2）隔离开关(俗称刀闸)。隔离开关用来在检修设备时隔离电压，进行电路的切换操作及接通或断开小电流电路。它没有灭弧装置，一般只能切断小电流电路或等电位电路。在各种电气设备中，隔离开关的使用量是最多的。

（3）熔断器(俗称保险)。熔断器用来断开电路的过负荷电流或短路电流，保护电气设备免受过载和短路电流的危害。熔断器不能用来接通或断开正常工作电流，必须与其他电器配合使用。

3. 限流电器

限流电器包括串联在电路中的普通电抗器和分裂电抗器，其作用是限制短路电流，保证发电厂或变电所选择轻型电器。

4. 载流导体

（1）母线。母线用来汇集和分配电能或将发电机、变压器与配电装置连接，根据使用位置的不同分为敞露母线和封闭母线；根据形状的不同分为矩形母线、槽形母线、管形母线、绞线圆形软母线等。

（2）架空线和电缆线。架空线和电缆线用来传输电能。

5. 补偿设备

（1）调相机。调相机是一种不带机械负荷运行的同步电动机，主要用来向系统输出感性无功功率，以调节电压控制点或地区的电压。

（2）电力电容器。电力电容器分并联和串联补偿两类。并联补偿是将电容器与用电设备并联，它发出容性无功功率，供给本地区需要，避免长距离输送无功，减少线路电能损耗和电压损耗，提高系统供电能力；串联补偿是将电容器与线路串联，抵消系统的部分感抗，提高系统的电压水平，也相应地减少系统的功率损失。

（3）消弧线圈。它用来补偿小接地电流系统的单相接地电容电流，以利于熄灭电弧。

（4）并联电抗器。并联电抗器一般装设在330kV及以上超高压配电装置的某些线路侧。其作用主要是吸收过剩的无功功率，改善沿线电压分布和无功分布，降低有功损耗，提高送电效率。

6. 仪用互感器

电流互感器是将交流大电流变成小电流(5A、1A或0.5A)，供测量仪表和继电保护装置的电流线圈；电压互感器的作用是将交流高电压变成低电压(100V、$100/\sqrt{3}$ V或5V)，供测量仪表和继电保护装置的电压线圈。它们能使测量仪表和保护装置标准化和小型化，使测量仪表和保护装置等二次设备与高压部分隔离，以保证设备和人身安全，互感器二次侧均应一点接地。

7. 过电压防护设备

（1）避雷线(架空地线)。将雷电流引入大地，保护输电线路免受雷击。

（2）避雷器。防止雷电过电压及内过电压对电气设备的危害。

（3）避雷针。防止雷电直接击中配电装置的电气设备或建筑物。

8. 绝缘子

绝缘子用来支持和固定载流导体，并使载流导体与地绝缘，或使装置中不同电位的载流导体间绝缘。

9. 接地装置

接地装置用来保证电力系统正常工作或保护人身安全。前者称工作接地，后者称保护接地。

常用一次设备的图形及文字符号见表 1-3。

表 1-3 常用一次设备的图形及文字符号

名 称	图形符号	文字符号	名 称	图形符号	文字符号
交流发电机		G	电容器		C
双绕组变压器		T	三绕组自耦变压器		T
三绕组变压器	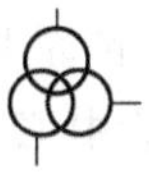	T	电动机		M
隔离开关		QS	断路器		QF
熔断器		FU	调相机		G
普通电抗器		L	消弧线圈		L
分裂电抗器		L	双绕组、三绕组电压互感器	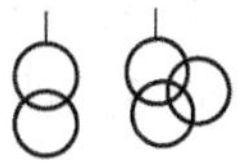	TV
负荷开关		Q	具有两个铁心和两个二次绕组、一个铁心两个二次绕组的电流互感器	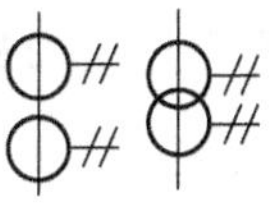	TA
接触器的主动合、主动断触头	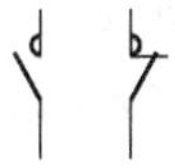	K	避雷器		F
母线、导线和电缆		W	火花间隙		F
电缆终端头		—	接地		E

1.7.2 电气二次设备

对一次设备进行监察、测量、控制、保护、调节的设备称为二次设备。

(1) 测量表计：用来监视、测量电路的电流、电压、功率、电能、频率及设备的温度等，如电流表、电压表、功率表、电能表、频率表、温度表等。

(2) 绝缘监察装置：用来监察交、直流电网的绝缘状况。

(3) 控制和信号装置：主要是指采用手动(用控制开关或按钮)或自动(继电保护或自动装置)方式通过操作回路实现配电装置中断路器的合、跳闸。断路器都有位置信号灯，有些隔离开关有位置指示器。主控制室设有中央信号装置，用来反映电气设备的事故或异常状态。

(4) 继电保护及自动装置：当发生故障时，继电保护装置作用于断路器跳闸，自动切除故障元件；当出现异常情况时发出信号。自动装置的作用是实现发电厂的自动并列、发电机自动调节励磁、电力系统频率自动调节、按频率启动水轮机组；实现发电厂或变电所的备用电源自动投入、输电线路自动重合闸及按事故频率自动减负荷等。

(5) 直流电源设备：包括蓄电池组和硅整流装置，用作开关电器的操作、信号、继电保护及自动装置的直流电源，以及事故照明和直流电动机的备用电源。

(6) 塞流线圈(又称高频阻波器)：是电力载波通信设备中必不可少的组成部分，它与耦合电容器、结合滤波器、高频电缆、高频通信机等组成电力线路高频通信通道。塞流线圈起到阻止高频电流向变电所或支线泄漏、减小高频能量损耗的作用。

1.7.3 电气主接线和配电装置的概念

1. 电气主接线

由电气设备通过连接线，按其功能要求组成接受和分配电能的电路，称为电气主接线。主接线表明电能的生产、汇集、转换、分配关系和运行方式，是运行操作、切换电路的依据，又称一次接线、一次电路、主系统或主电路。用国家规定的图形和文字符号表示主接线中的各元件，并依次连接起来的单线图，称电气主接线图。

发电厂和变电所的主接线，是根据容量、电压等级、负荷等情况设计，并经过技术经济比较，而后选出的最佳方案。

2. 配电装置

按主接线图，由母线、开关设备、保护电器、测量电器及必要的辅助设备组建成接受和分配电能的装置，称为配电装置。配电装置是发电厂和变电所的重要组成部分。

配电装置按电气设备的安装地点不同可分为以下两类。

(1) 屋内配电装置：全部设备都安装在屋内。

(2) 屋外配电装置：全部设备都安装在屋外(即露天场地)。

按电气设备的组装方式不同，配电装置可分为以下两类。

(1) 装配式配电装置：电气设备在现场(屋内或屋外)组装。

（2）成套式配电装置：制造厂预先将各单元电路的电气设备装配在封闭或不封闭的金属柜中，构成单元电路的分间。成套配电装置大部分为屋内型，也有屋外型。

1.8 我国电力工业发展概况

新中国成立60多年来，中国电力工业经历了在不断探索中奋进并获得发展的30年(1949～1978年)，经历了改革开放形势下快速发展并取得巨大成就的30年(1979～2008年)。60多年来，中国广大电业职工和电力科技工作者坚持“人民电业为人民”的宗旨，为中国电力的发展作出了杰出的贡献，使电力工业走上了快速、健康的科学发展之路，步入了大机组、大电厂、超高压、大电网、自动化和信息化全面发展的时代。

1.8.1 电力工业加速发展，全国装机容量突破11亿kW

1949年新中国成立时，全国发电装机容量仅有185万kW，年发电量为43亿kW·h。新中国成立后，尤其是改革开放以来，为满足经济社会发展对电力不断增长的需求，电力工业呈现了加速发展的态势。

1987年，全国发电装机容量达1亿kW，全年发电量4 973亿kW·h。

1995年，全国发电装机容量超过2亿kW，全年发电量超过1万亿kW·h。

2000年，全国发电装机容量超过3亿kW，全年发电量超过13 685亿kW·h。

2005年，全国发电装机容量超过5亿kW，全年发电量超过24 975亿kW·h。

2008年，全国发电装机容量达7.93亿kW，全年发电量达34 510亿kW·h。

2012年，全国发电装机容量达11.4亿kW，全年发电量达4.94万亿kW·h。

(注：统计数字未包括港、澳、台地区，下同)

电气化程度的持续提高不仅为经济发展提供了必要的动力，而且促进了社会的技术进步和生产效率的提高，为人民生活质量的改善和现代化建设提供了物质基础。

1.8.2 发展大机组，建设大电厂

1. 发展高参数、大容量机组

发展高参数、大容量火电机组是我国火电建设的一项重要技术政策，是优化发展火电的主要措施之一。1949年我国最大的火电机组是北京石景山发电厂的2.5万kW机组。新中国建立以来，国产火电机组的单机容量逐步提高。

1959年，首台国产5万kW机组在辽宁电厂投产运行。

1964年，首台国产10万kW机组在高井电厂投产运行。

1969年，首台国产12.5万kW超高压机组在吴泽电厂投产运行。

1972年，首台国产20万kW超高压机组在朝阳电厂投产运行。

1974年，首台国产30万kW亚临界机组在望亭电厂投入运行。

改革开放以来，火力发电技术得到了更快的发展。

1987年，首台国产化引进型30万kW亚临界机组在山东石横电厂投入运行。

1992 年，首台国产化引进型 60 万 kW 超临界机组在华能石洞口二厂投入运行。

2007 年，首台 100 万 kW 超超临界机组在华能玉环电厂投入运行。

优化后的 30 万 kW 和 60 万 kW 国产化机组达到了国际同类机组的先进水平，这些机组的批量投产使火力发电的主力机组由 20 世纪 80 年代的 10～30 万 kW 机组过渡为 90 年代的 30～60 万 kW 机组。进入 21 世纪，我国在大力发展 60 万 kW 超临界机组的同时，还投产了 11 台百万千瓦的超超临界机组。截至 2008 年年底，我国投运的 30 万 kW 及以上大机组共计 893 台，其容量占火电总装机容量的 62%；与此同时，百万千瓦以上的火电厂达到 212 座，最大的火电厂——大唐托克托电厂装机容量达到 540 万 kW。

2. 水电建设在优化发电结构中发挥着重要作用

建国 60 多年来，我国一直十分重视水电发展。1949 年全国水电装机容量只有 16.3 万 kW，2008 年全国水电装机容量达到 1.73 亿 kW，年发电量达 5 655.5 亿 kW·h。

1957 年，我国首座自主设计、自制设备、自行施工的新安江水电站开工兴建，1965 年竣工，1977 年投入运行，总装机容量 66.25 万 kW。

1958 年，我国首座百万 kW 级水电站——刘家峡水电站开工兴建，1974 年全部建成并投入运行，总装机容量 122.5 万 kW，单机容量 22.5 万 kW。

1970 年，全国最大的径流式水电站——葛洲坝水电站开工兴建，1981 年第一台机组投运，1988 年全部建成投入运行，总装机容量 271.5 万 kW。

1994 年，世界最大的已投运的水电站——三峡水电站开工兴建，2003 年第一台机组投运，2008 年全部建成投入运行，总装机容量 1 830 万 kW，单机容量 70 万 kW。

2000 年全国最大的抽水蓄能电站——广州蓄能电站建成投入运行，总装机容量 240 万 kW，单机容量 30 万 kW。

2004 年全国水电装机容量达 10 524 万 kW。

截至 2012 年底，全国水电总装机容量为 2.49 亿 kW，居世界第一位，拥有百万千瓦以上的水电厂 40 余座。

3. 适当发展核电

我国第一座自行设计、建造的工业示范性电站——秦山核电站于 1985 年开工建设，1994 年投入商业运行，装机容量 30 万 kW。秦山核电站的全面运行标志着我国无核电历史的结束。

1987 年我国第一座百万千瓦级核电站——大亚湾核电站开工建设，1994 年投入商业运行，总装机容量 180 万 kW，单机容量 90 万 kW。

进入 21 世纪，我国核电建设加快，先后建成了岭澳、秦山三核、秦山二核、田湾等 4 座百万千瓦级的核电站。

2012 年底，我国核电总装机容量已达 1 257 万 kW，共有百万千瓦以上的核电厂 9 座。但由于受 2011 年 3 月 11 日日本福岛核电站泄漏事故及 1986 年 4 月 26 日前苏联切尔诺贝利核电站泄漏事故的影响，目前我国核电建设稳步推进。

4. 以风电为主的可再生能源发电发展迅速

我国风电建设从 20 世纪 80 年代起步，在近年得到了快速发展。2000 年全国风电装机容量 34.4 万 kW，2005 年增长为 126.6 万 kW，2012 装机容量达 6 237 万 kW。风电场已遍布全国 20 多个省(市、自治区)，风电装机容量超过百万千瓦的省区有内蒙古、甘肃、新疆、辽宁、河北、吉林等，至 2013 年 1 月内蒙古风电装容量机达 1 004 万 kW，甘肃风电装机容量 643 万 kW；到 2015 年底，内蒙古风电装机容量将达 3 300 万 kW，甘肃风电装机容量将达 1 700 万 kW。

2009 年 9 月，位于上海近海地区的我国第一座海上风电场首批 3 台 3MW 机组并网发电，该风电场将安装 34 台 3MW 风电机组，总装机容量将达 10.2 万 kW。

风电等可再生能源的快速发展将对我国发电结构的进一步优化发挥重要作用。

1.8.3 发展特高压、建设大电网，全国联网格局基本形成

新中国成立以来，随着电源建设的发展，特别是大型水电工程的建设，输电电压等级逐步提高，电网规模不断扩大。目前，我国正运行着世界上最高电压等级(1 000kV)的输电线路和系统总容量达 6 亿 kVA 的大型互联电网，互联的 6 大区域电网中，有 3 大区域电网的系统容量超过 1 亿 kVA。

1954 年，新中国首条 220kV 高压线路——松(丰满)东(虎万台)李(石寨)线投入运行。

1972 年我国第一条 330kV 超高压输电线路——刘天关线(刘家峡—天水—关中)投入运行。

1981 年我国第一条 500kV 超高压输电线路——平武线(平顶山—武汉)投入运行。

1990 年我国第一条±500kV 超高压直流输电线路——葛上线(葛洲坝—上海)投入双极运行。

1999 年我国第一条 500kV 紧凑型输电线路——昌房线(昌平—房山)投入运行。

2005 年 9 月我国第一条 750kV 超高压交流示范工程官(亭)—兰(州)750kV 输电线路在西北电网投入运行。

2009 年 1 月我国第一条 1 000kV 特高压交流试验示范工程(晋东南(长治)—南阳—荆门)正式投入商业运行。

2009 年 6 月世界首条±800kV 云南—广东特高压直流输电工程建成投入运行。

2010 年 7 月向家坝——上海特高压直流±800kV 输电工程建成投入运行。

交、直流输电技术的发展为大电网的建设以及实现“西电东送”和全国联网发挥了重要作用。从 1990 年±500kV 葛上线投运实现华中和华东两大区域电网的非同期互联，到 2001 年东北和华北电网通过 500kV 交流线路实现同步互联；从 2004 年和 2005 年，三广直流工程(三峡—广东)和灵宝“背靠背”工程的分别投运实现了华中与南方电网以及西北与华中电网的非同期互联，到 2009 年华北电网与华中电网通过 1 000kV 特高压交流线路实现互联，全国联网的格局基本形成。全国联网对优化资源配置的作用日益明显。

灵活交流输电技术(FACTS)取得突破、实现国产化并在电网中得到实际应用，提高了线路输送能力，增强了对大电网的控制能力。2004 年 12 月，碧成线 220kV 可控串补投入运行。2007 年 10 月，伊冯线 500kV 可控串补投入运行。

1.8.4 电网保护、控制、自动化技术进入国际行列

在输变电技术和大电网不断发展的同时，电网二次系统建设不断加强。20 世纪 80 年代以来，继电保护、电力通信和电网安全监控等技术迅速发展，具有原创性和自主知识产权的 LEP-200 系列输电线路成套保护装置已在全国 220～500kV 系统中广泛应用，其保护性能处于国际领先水平；我国自主研发的 CSC 2000 型分布式变电站自动化系统已在全国 35～500kV 变电站中得到广泛应用，有效提高了变电站自动化水平。

1997 年，我国推出了新一代开放型分布式能量管理系统 OPEN-2000，此平台既可集成 EMS 系统的 AGC、AVC、PAS 和 DTS 等应用，又可集成电能量计量系统、电力市场技术支持系统、水调系统、MIS 和 DMS 等系统。自 1998 年起，具有国际先进水平的 CC-2000 开放式、面向对象的 EMS/DMS 支持系统已在国家电力调度中心及网、省电网等调度中心陆续投入运行。我国已建成了包括 SCADA、EMS/DMS、AGC、AVC 等系统在内的电力调度自动化系统，100%实现了国调、网调、省调三级调度自动化。我国电力自动化已经达到国际先进水平。

随着通信技术和计算机网络技术的发展，2000 年全国电力调度数据网(SPDnet)和全国电力计算机广域网(SPInet)分别建成和投运，目前全国 220kV 以上电力系统通信网已全部实现了光纤通信。计算机技术的广泛应用使生产过程自动化和管理信息化的水平不断提高。电力生产过程自动化由发电厂和变电站的控制发展到电网调度的自动化和配电自动化；企业管理信息化则从单一的 MIS 系统发展为包括地理管理信息系统、企业资产管理信息系统、ERP 系统和地理市场技术支持系统、营销系统在内的多功能管理信息系统，显著提高了电力企业的管理和服务水平。

电网运行和控制技术的现代化为大型互联电网的安全运行提供了有力的技术支撑。

☞ 电能是国民经济发展的基础，是一种无形的、不能大量储存的二次能源。电能的发、变、输、配和用电几乎是在同一瞬间完成的，且须随时保持功率平衡，因此，做好电力规划，加强电网建设、运行、调度、监控和维护就显得尤为重要。

阅读材料

长江三峡水力枢纽工程

1994 年 12 月 14 日 10 时 40 分，国务院总理李鹏向全世界宣告："长江三峡工程正式开工！"第一罐混凝土稳稳地浇筑在大坝江心岩石上。一项伟大的跨世纪工程将从这里崛起，载入中华民族腾飞的史册。

三峡工程全称为长江三峡水利枢纽工程，整个工程包括一座混凝重力式大坝、泄水闸、一座堤后式水电站、一座永久性通航船闸和一架升船机，如本章导图所示。三峡工程建筑由大坝、水电站厂房和通航建筑物三大部分组成。大坝坝顶总长 3 035m，坝高 185m，水电站左岸装设 14 台 70 万 kW 机组、右岸装设 18 台 70 万 kW 机组及 2 台 10 万 kW 站用电机组，总装机容量为 2 250 万 kW，年均发电 1 000 亿 kW·h。通航建筑物位于左岸，永久通航建筑物为双线五级连续梯级船闸及单线一级垂直升船机。

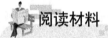

三峡工程分3期，总工期18年。一期工程5年(1992～1997年)，除准备工程外，主要进行一期围堰填筑，导流明渠开挖，修筑混凝土纵向围堰，以及修建左岸临时船闸(120m高)，并开始修建左岸永久船闸、升爬机及左岸部分石坝段的施工。二期工程6年(1998～2003年)，工程主要任务是修筑二期围堰，左岸大坝的电站设施建设及机组安装，同时继续进行并完成永久特级船闸、升船机的施工。2003年6月，大坝蓄水至35m高，围水至长江万县市境内。张飞庙被淹没，长江三峡的激流险滩再也见不到了，水面平缓，三峡内江段将无上、下水之分。永久通航建成启用，同年左岸第一机组发电。三期工程6年(2003～2009年)，主要进行右岸大坝和电站的施工，并继续完成全部机组安装。目前，三峡水库已是一座长600km、最宽处达2 000m、面积达10 000km^{2}水面平静的峡谷型水库，水库平均水深将比以前增加10～100m。

长江三峡水利枢纽工程将产生巨大的效益，主要体现为防洪效益、发电效益和航运效益。

长江三峡工程是当今世界上最大的水利枢纽工程，它不仅为我国带来了巨大的经济效益，同时也为世界水利水电技术和有关科技的发展作出了有益的贡献。

(资料来源：电力发展概论，孙海彬)

习 题

1. 电能有哪些优点？
2. 发电厂和变电所的作用是什么？各有哪些类型？
3. 什么是一次设备？什么是二次设备？请举例说明。
4. 什么是电气主接线？什么是配电装置？
5. 本课程的主要目标和任务是什么？

第2章 电气设备的结构与工作原理

本章知识构架

- 电气设备结构原理
  - 开关电器中的电弧
    - 电弧现象
    - 直流电弧的燃熄
    - 交流电弧的燃熄
  - 高压断路器
    - 分类及基本参数
    - SF_6断路器
    - 真空断路器
    - 操动机构
  - 隔离开关
  - 绝缘与绝缘子
    - 绝缘
    - 绝缘子
  - 母线
  - 电缆
  - 电抗器
  - 互感器
    - 电流互感器
    - 电压互感器
    - 光电式互感器简介

本章教学目标与要求

✓ 掌握开关电器中的灭弧原理及方法；

✓ 掌握SF_6断路器及真空断路器的工作原理；

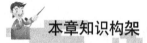

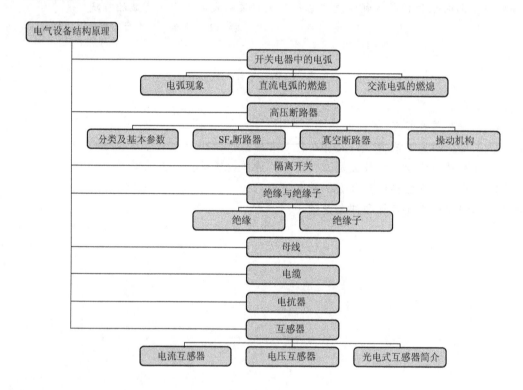

- ✓ 掌握互感器的工作原理及接线方式；
- ✓ 理解电弧产生的机理；
- ✓ 熟悉绝缘子的特点及应用范围；
- ✓ 熟悉隔离开关、操动机构的分类及应用；
- ✓ 了解母线、电缆及电抗器的作用。

本章导图　某750kV变电站GIS电器配电装置图

2.1　电弧的产生及物理过程

用开关电器切断有电流通过的线路时，在开关触头刚分离的瞬间，触头间常常会出现电弧，如图2.1所示。此时触头虽已分开，但是电流通过触头间的电弧仍继续流通，一直到触头分开至足够长的距离，电弧熄灭后，电路才真正被切断。因此，电弧是开关电器开断过程中几乎不可避免的现象。

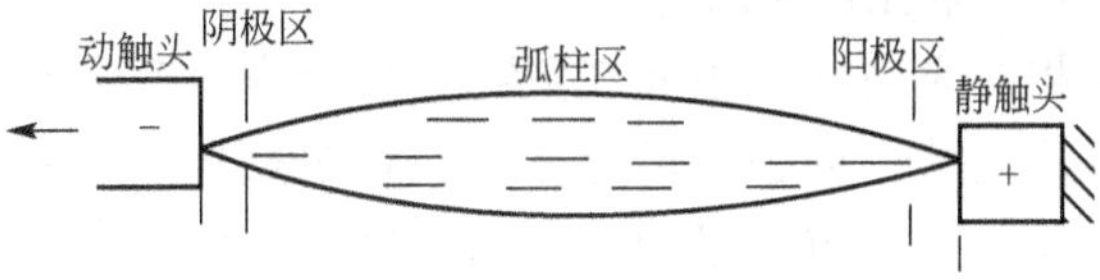

图2.1　电弧

电弧的温度很高，常常超过金属气化点，可能烧坏触头，或使触头附近的绝缘物遭受破坏。如果电弧长久未熄，将会引起电器烧毁，危害电力系统的安全运行。所以，在切断电路时，必须尽快地消灭电弧。

电弧的产生是触头间中性质点(分子和原子)被游离的结果。本节将分析断路器切断电流时触头之间产生电弧的条件及其物理过程。

触头刚分离时，由于触头间的间隙很小，触头间会形成很高的电场强度，当电场强度超过3×10^6V/m时，阴极触头的表面在强电场的作用下将发生高电场发射(由于电场的作用把金属表面中的自由电子从阴极表面拉出来，成为自由电子存在于触头间隙)。从阴极表面发射出来的自由电子在电场力的作用下向阳极作加速运动，它们在奔向阳极的途中碰撞介质的中性质点(原子或分子),只要电子的运动速度足够高,使其自身动能大于中性质点的游离能(能使电子释放出来的能量)时,便产生碰撞游离,原中性质点即游离为正离子和自由电子。新产生的电子将和原有的电子一起以极高的速度向阳极运动,当它们和其他中性质点相碰撞时又再一次发生碰撞游离,如图 2.2 所示。

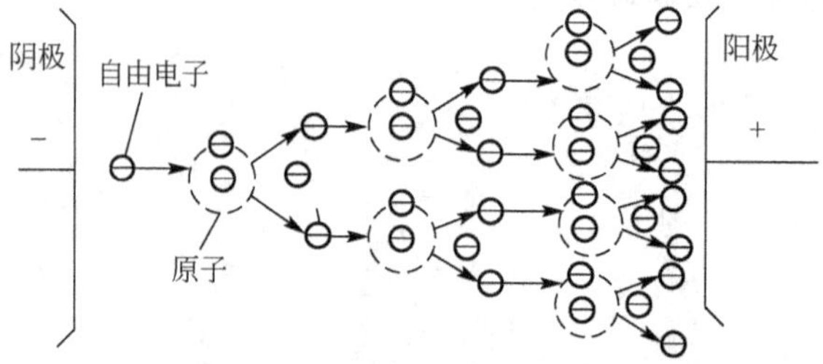

图 2.2　碰撞游离过程示意图

碰撞游离连续进行,触头间隙便充满了电子和正离子,介质中带电质点就会大量剧增,使触头间隙具有很大的电导。在外加电压的作用下,大量的电子向阳极运动,形成电流,这就是介质被击穿而产生的电弧。此时,电流密度很大,触头电压降很小。

电弧产生后,弧隙的温度很高,弧柱温度可达 5 000℃以上。此时处于高温下的介质分子和原子产生强烈运动,它们之间不断发生碰撞,又可游离出电子和正离子,这便是热游离过程。在电弧稳定燃烧的情况下,弧柱的温度很高,电弧电压和弧柱的电场强度很低,因此,弧柱的游离作用就由热游离维持和发展。当电弧温度很高时,一方面阴极表面将发生热发射电子(高温的阴极表面能够向四周空间发射电子),另一方面会引起金属触头熔化、蒸发,以致在介质中混有蒸气,使弧隙的电导增加,电弧将继续炽热燃烧。从以上分析可知,阴极在强电场作用下发射电子。发射的电子在触头电压作用下产生碰撞游离,就形成了电弧。在高温的作用下,阴极发生热发射,并在介质中发生热游离,使电弧维持和发展。这就是电弧产生的过程。

自由电子和正离子相互吸引发生中和现象称为去游离过程。在电弧中,发生游离过程的同时还进行着带电质点减少的去游离过程。在稳定燃烧的电弧中,这两个过程处于平衡状态,如果游离过程大于去游离过程,电弧将继续炽热燃烧;如果去游离过程大于游离过程,电弧便愈来愈小,直至最后熄灭。

去游离的主要方式是复合和扩散。

复合是异号带电质点的电荷彼此中和的现象。电子运动速度远大于离子,电子对于正离子的相对速度较大,所以复合的可能性很小。但是电子在碰撞时,如先附着在中性质点上形成负离子,则速度会大大减慢,而正负离子间的复合比电子和正离子间的复合要容易得多。

既然复合过程只有在离子速度不大时才有可能发生,若利用液体或气体吹弧,或将电弧挤入绝缘冷壁做成的窄缝中,都能迅速冷却电弧,减小离子的运动速度,加强复合过程。此外,增加气体压力,使离子间自由行程缩短,气体分子密度加大,使复合的几率增加,这些均是加强复合过程的措施。

扩散是弧柱内自由电子与正离子逸出弧柱以外,到周围冷介质中去的过程。扩散是由于带电质点的不规则热运动以及空间电荷的不均匀分布，使电弧中的高温离子由密集的空间向密度小、温度低的介质周围方向扩散。电弧和周围介质的温度差以及离子浓度差愈大，扩散作用也愈强。在断路器中还采用高速气体吹拂电弧，带走弧柱中的大量电子和正离子，以加强扩散作用。扩散出来的离子因冷却而互相结合，成为中性质点。

由以上可知，利用各种方法人工地强迫冷却电弧的内部和表面，不仅可增强复合的速度，同时也能增强扩散的速度，从而使电弧很快熄灭。

2.2 直流电弧的基本特性

2.2.1 直流电弧的静态伏安特性

设有如图2.3所示的直流电弧特性测试电路，其中电源电压为U，当动、静触头1和2分开后，将在触头之间产生电弧，通过调整可变电阻R可以改变实验电路的电流(电弧电流)I_h。

在实验过程中，如果保持触头开距不变，则认为电弧的长度(以下简称弧长)l_1保持不变。调节可变电阻使其达到某一电流值I_h，并保持该电流不变，直至电弧达到其稳定燃烧阶段，即电弧的发热和散热达到平衡后，再测取触头间(弧隙)两端的电压U_h。通过改变电阻R，进而改变电弧电流，由此便可以测得电弧电压U_h与电弧电流I_h的关系曲线，如图2.4中曲线l_1所示。由于I_h和U_h是在电弧稳定燃烧时所测量的，因此，这一关系曲线被称为直流电弧的静态伏安特性。

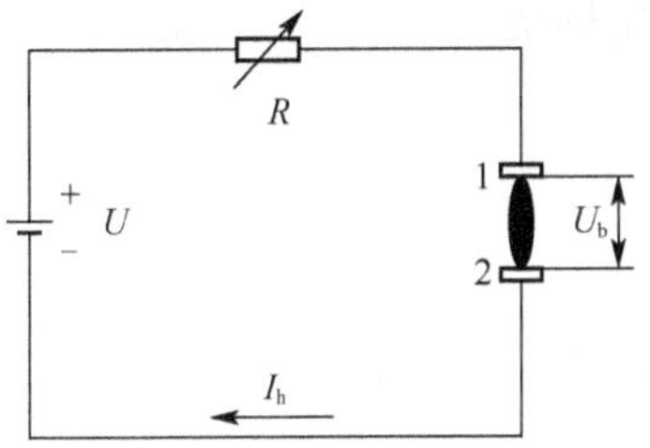

图2.3 直流电弧特性测试电路

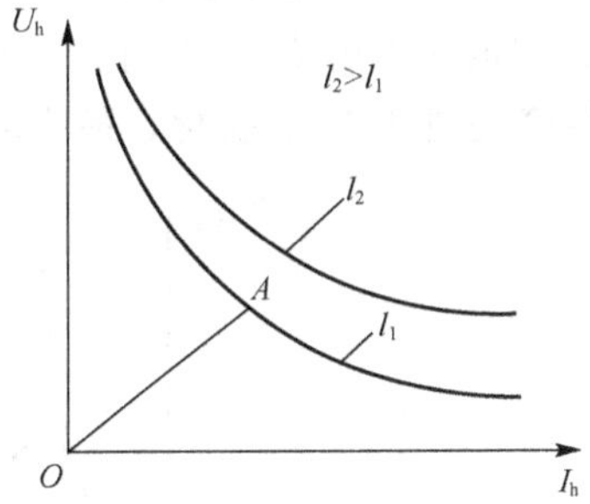

图2.4 直流电弧的静态伏安特性

由图2.4还可以发现，直流电弧静态伏安特性具有和一般金属导体不同的特性，即当电弧电流I_h增大时，电弧电压U_h将减小，这种伏安特性被称为负的伏安特性，因此，直流电弧具有负的伏安特性。直流电弧的这种负的伏安特性的显著特点是电弧电阻R_h将随着电弧电流I_h的增大而减小。

直流电弧静态伏安特性呈如此形状的原因在于当电弧I_h增大时，输入电弧的功率I_hU_h将增加，于是弧柱的温度将升高，电弧直径将增大，因而导致电弧电阻R_h值下降。

如果将触头开距增大，则触头开断电路时电弧的弧长增长至l_2($l_2>l_1$)，重复上述实验过程，便可以获得该弧长下直流电弧的静态伏安特性，如图 2.4 中曲线 l_2 所示。由此可见，当弧隙增长时，直流电弧的静态伏安特性将被升高，即同样电弧电流条件下，电弧越长，电弧电压也越高。

直流电弧的静态伏安特性除了与电弧电流和电弧长度有关外，还与其他许多因素有关，如电极材料、气体介质种类、压力和介质相对于电弧的运动速度等。为了分析方便，通常可以采用经验公式(2-1)来描述直流电弧的静态伏安特性。

$$U_h=U_0+\frac{cl}{I_h^n} \tag{2-1}$$

式中：U_0——近极压降；

U_h——直流电弧弧隙端电压；

l——电弧长度；

c 和 n——常数，视具体情况而定。

2.2.2 直流电弧的动态伏安特性

上述直流电弧的静态伏安特性是在电弧达到其稳定燃烧状态下得到的，实验过程中当 I_h 随时间以某一速度变化时，在电弧尚未达到其稳定燃烧状态时便测量电弧电压 U_h，由此所得的伏安特性被称为直流电弧动态伏安特性，如图 2.5 中曲线 5-1-3 所示，图中曲线 6-1-4 为直流电弧的静态伏安特性。显然，同样电弧电流条件下，直流电弧动态伏安特性不同于静态伏安特性。

设电弧已经处于稳定燃烧状态，此时电弧电流为 I_1，即位于其静态伏安特性曲线 6-1-4 的点 1 上。此时通过改变电路的参数(如改变与电弧串联的电阻)，使电弧电流 I_h 以某一较快的速度由 I_1 增大到 I_2，则此时电弧电压 U_h 将不是沿着曲线 6-1-4 下降，而是沿着较高的曲线 1-3 变化，最终趋向于新的稳定燃烧点 4。

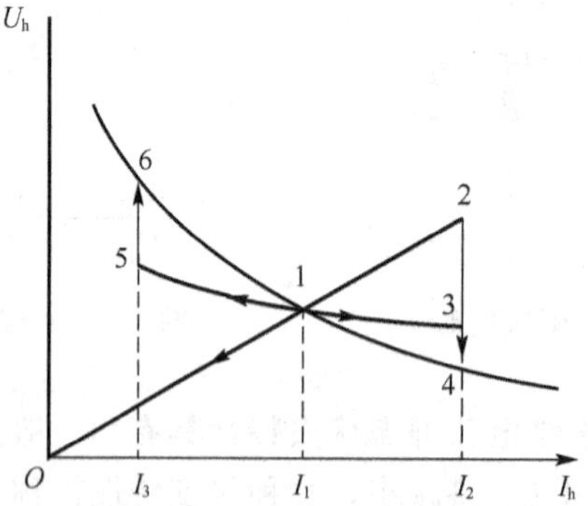

图 2.5 直流电弧的动态伏安特性

如果电弧电流 I_h 从 I_1 瞬时地增大到 I_2(即 $dI_h/dt\to\infty$)，则电弧电压 U_h 将沿着直线 1-2 变化，并最终稳定于点 4。如果电弧电流 I_h 以某一较快的速度从 I_1 减小到 I_3，则此时 U_h 将沿着曲线 1-5 变化，并最终趋向新的稳定点 6。如果电弧电流 I_h 从 I_1 瞬时地减小到零，则当忽略近极压降时，U_h 将沿着直线 1-O 趋向于零点。

直流电弧的动态伏安特性之所以会不同于静态伏安特性是因为弧柱的温度和直径具

有热惯性。当电弧电流 I_h 快速增大时，由于电弧热惯性的存在，导致电弧温度及直径的改变相对有些滞后，电弧电阻 R_h 的减小相对于静态伏安特性也有些缓慢，其综合结果是电弧电压 U_h 虽然也将减小，但其变化速度相对较低，以致电弧电压 U_h 大于同样电弧电流下静态伏安特性的电弧电压值；同理，当电弧电流 I_h 减小时，由于电弧热惯性的存在，电弧温度及直径的降低及减小也相对滞后，电弧电阻 R_h 增加相对缓慢，从而导致电弧电压 U_h 以相对较低的升高速度，即沿着低于电弧静态伏安特性曲线 1－6 的动态伏安特性曲线 1－5 变化。

如果电弧电流的变化速度无限快，在电弧电流 I_h 变化期间，弧柱的温度、直径将保持不变，电弧电阻 R_h 也将保持不变，所以此时的电弧电压 U_h 沿着直线 O－1－2 变化。此时的电弧电阻将呈现出一般金属电阻所具有的正伏安特性曲线。

综上所述，在电弧的弧长及电弧散热条件等外界因素不变的情况下，直流电弧的静态伏安特性只有一条，而其动态伏安特性却随着电弧电流 I_h 变化速度的不同，可能有无数条。特别是当电弧电流 I_h 随时间变化的速度也在变化时(如在交流情况下)，电弧的动态伏安特性将会表现出更为复杂的特性曲线。

2.2.3 直流电弧的能量与燃弧时间

对于直流开关而言，开断电路时电弧的燃烧时间及在此期间内输入电弧的能量将直接影响直流电弧熄灭的难易程度。显然，电弧燃烧时间越长、输入电弧的能量越高，直流电弧的熄灭就越困难。

设有图 2.6 所示的直流电路，其中 U 为电源电压，L 和 R 分别为电路中的电感和电阻，C 为折算到弧隙两端的线路电容。通常 C 值很小，当电弧电压变化不很快时，其影响可以忽略不计。

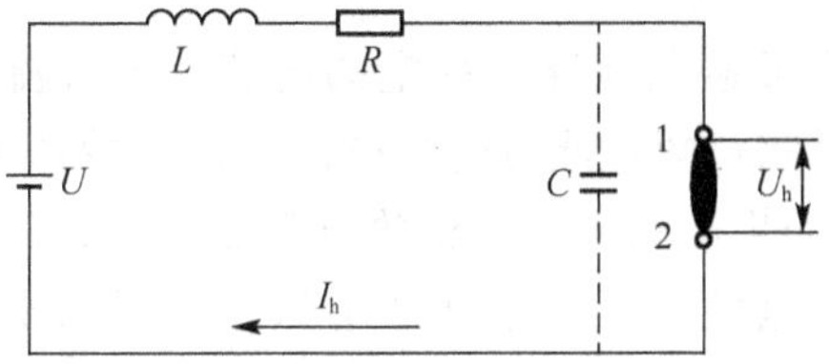

图 2.6 触头分开后电弧燃烧时的直流电路

当动静触头 1、2 分开时，在触头之间产生电弧。此时电路的电压平衡方程式为

$$U=L\frac{dI_h}{dt}+RI_h+U_h \tag{2-2}$$

1. 燃弧时间 t_h

从开关触头分开产生电弧起到电弧熄灭为止的时间称为燃弧时间 t_h。由式(2－2)可知

$$dt=L\frac{dI_h}{U-RI_h-U_h} \tag{2-3}$$

因此可知燃弧时间

$$t_h = \int_0^{t_h} dt = L\int_{I_0}^{0} \frac{dI_h}{U - RI_h - U_h} = L\int_0^{I_0} \frac{dI_h}{U_h - (U - RI_h)} \tag{2-4}$$

式中：I_0——电弧产生时刻的电弧电流。

由此可见，电弧的燃烧时间 t_h 与电路参数、电源电压、开断时刻电流及电弧电压有关，特别是当电路的电感增大时，将使得电弧的燃烧时间增长。

2. 电弧能量 W_h

电弧燃烧时，输入电弧的能量为

$$W_h = \int_0^{t_h} U_h I_h dt \tag{2-5}$$

由式(2-2)推导出电弧电压 U_h，并代入式(2-5)，可得

$$\begin{aligned} W_h &= \int_0^{t_h} U - IR - L\frac{dI_h}{dt}) I_h dt \\ &= \int_0^{t_h} (UI_h - I_h^2 R) dt - \int_{I_0}^{0} LI_h dI_h \\ &= \int_0^{t_h} UI_h dt - \int_0^{t_h} I_h^2 R dt + \frac{1}{2} LI_0^2 \end{aligned} \tag{2-6}$$

式(2-6)等号右边第一项为燃弧期间电源提供的能量，第二项为此期间电阻 R 上消耗的能量，第三项为电感所储存的能量。由此可见，电路中的电感越大，则电感中所储存的能量就越高，直流电弧的熄灭就越困难，这是因为储存于电感中的能量必须在电弧熄灭过程中通过电弧泄放出，否则将引起电路中出现有害的过电压。

2.2.4 直流电弧熄灭时的过电压

1. 过电压

通常情况下，电路中不可避免地存在一定的电感，当直流电弧的灭弧措施过于强烈时，可能导致电弧的燃烧时间过短，此时电弧电流从某一数值下降到零的速度过快(即电流随时间的变化率过快)。如果电路中没有释放电感储能的通道，则将会在电感元件中产生很高的自感电势，它连同电源电压一起施加于弧隙两端以及与之相连的线路和电气设备上，该合成电压可能比电源电压高出几倍甚至十几倍，故通常称之为过电压。

由式(2-2)可得开断直流电弧时施加于弧隙两端的过电压为

$$U_g = U - RI_h - L\frac{dI_h}{dt} \tag{2-7}$$

通常情况下，当电弧趋于熄灭时电流的变化率最快，此时，线路中的过电压最高，即

$$U_{gmax} = U - L\frac{dI_h}{dt}\bigg|_{I_h \to 0} \tag{2-8}$$

2. 截流过电压

当灭弧措施过于强烈时，将会造成弧隙中的去游离作用过分强烈，甚至可导致电弧电流减小到某一数值时电弧电流被强行截断，这一现象被称为电流的截流现象。由式(2-7)、

式(2－8)可知，当出现截流时，电流的变化率极高，从而可能造成有害的过电压。

假设开断图 2.6 所示的直流电路时发生了截流，根据电感电流不能突变的特性，当发生电流截流时，流过电感 L 的电流不可能突然停止，于是原来流过弧隙的电流便转而流入与弧隙并联的电容 C，电容 C 被充电；当电感 L 中的电流等于零时，电容 C 上的电压 U_C(即弧隙两端的电压)达到最大值。随后电容 C 再对电路放电，即电路发生能量交换的振荡过程。由于电路中通常具有一定的电阻值，所以这种振荡是衰减的，故经过数次衰减振荡之后，施加于触头两端(弧隙)的电压最终将稳定在电源电压的数值上，如图 2.7 所示。

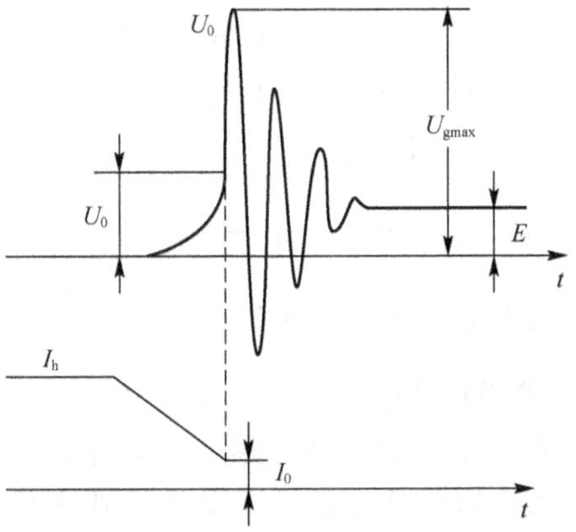

图 2.7 电弧电流截流时弧隙上的电压变化情况

设电流被截流时的瞬时值为 I_0，此时弧隙两端的电压 U_0，则按能量平衡原理，截流前后储存于电感和电容中的能量应相等，由此可得

$$\frac{1}{2}CU_{gmax}^2=\frac{1}{2}CU_{Cmax}^2=\frac{1}{2}LI_0^2+\frac{1}{2}CU_0^2 \tag{2-9}$$

式中：U_{Cmax}——弧隙两端并联电容 C 的最高电压。

在最不利的情况下，弧隙两端的过电压峰值为

$$U_{gmax}=\sqrt{\frac{L}{C}I_0^2+U_0^2} \tag{2-10}$$

2.3 直流电弧的燃烧与熄灭

2.3.1 直流电弧的熄灭条件

随着电弧的损耗功率和电弧的热功率之间关系的变化，电弧存在 3 种可能的发展趋势：燃烧更加剧烈、稳定燃烧和趋于熄灭。其中电弧趋于更加剧烈，燃烧的状态是一个过渡过程，因为电弧具有自动调节作用，当各种影响因素确定之后，电弧最终必然达到稳定燃烧状态。由此可见，电弧熄灭的必要条件是电弧不能进入稳定燃烧状态，换句话说，电弧不能存在稳定燃烧点。

1. 直流电弧的稳定燃烧点

电弧稳定燃烧的条件是电弧的损耗功率与其散热功率保持动态平衡。假设电弧的散热功率不变，则电弧的损耗功率将直接关系到电弧的燃烧状态，当电弧的损耗功率保持不变时，电弧便处于稳定燃烧状态。由于影响电弧损耗功率的最主要因素是电弧电流，因此，可通过电弧电流随时间的变化规律确定电弧的功率损耗情况，进而可以判断电弧是否处于稳定燃烧状态，如果电弧电流保持恒定不变，则电弧便达到其给定条件下的稳定燃烧状态。

当开断图 2.6 所示的直流电路时，如果生弧条件得以满足，则当动、静触头 1 和 2 分开时，在触头之间将产生电弧。由电路的电压平衡方程式(2－2)可得

$$L\frac{\mathrm{d}I_{\mathrm{h}}}{\mathrm{d}t}=U-RI_{\mathrm{h}}-U_{\mathrm{h}} \tag{2-11}$$

由式(2－11)可知，当电源电压等于电阻电压与电弧电压之和时，电感电压为零，即电弧电流的变化率为零，根据电弧的动态能量平衡方程式$\frac{\mathrm{d}W_{\mathrm{Q}}}{\mathrm{d}t}=P_{\mathrm{h}}-P_{\mathrm{s}}$($W_{\mathrm{Q}}$ 为电弧所含的热能，P_{h}、P_{s} 分别为电弧的损耗功率、散热功率)可知，此时电弧处于稳定燃烧状态，因此，电弧稳定燃烧的必要条件是任意时刻电感电压为零；如果电感电压大于零，则电弧电流随着时间的推移将增大，这就意味着输入电弧的功率将增高，电弧将趋于更加剧烈地燃烧；反之，如果电感电压小于零，则电弧电流的变化率为负数，随着时间的推移，电弧电流将逐渐减小，电弧将趋于熄灭。

事实上，可以利用电弧的静态伏安特性及电路的相关参数来确定电弧的稳定燃烧点，如图 2.8 所示。其中曲线 AB 为给定条件下电弧的静态伏安特性，水平直线 ab 为电源电压 U，与水平直线 ab 成 α 夹角的斜直线 ac 为直流电路的静态伏安特性，其中夹角 $\alpha=\arctan R$。

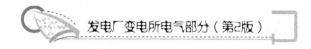

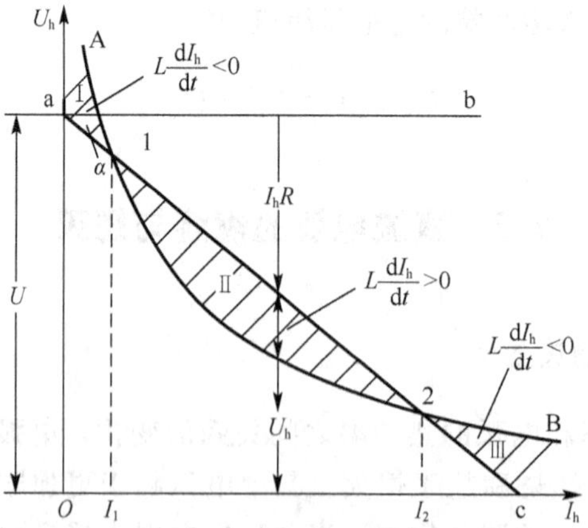

图 2.8　直流电弧的稳定燃烧点分析图

由此可见，水平直线 ab 至斜直线 ac 的高度表示电阻上的电压降 $U_{\mathrm{R}}=I_{\mathrm{h}}R$，而电路静态伏安特性 ac 与电弧静态伏安特性曲线 AB 的交点处(点 1 和点 2)的电感电压为零，点 1

和点 2 是否都是电弧的稳定燃烧点还需要通过分析图 2.8 中 3 处斜线阴影区域电弧电流的变化情况来得出结论。

在点 1 的右侧和点 2 的左侧(Ⅲ区)，直线 ac 位于曲线 AB 的上方，这表明电感电压大于零，即 $U-RI_{h}-U_{h}>0$。由式(2-1)得 $L\mathrm{d}I_{h}/\mathrm{d}t>0$。

所以，在这一区域内，电弧电流 I_{h} 将随时间的变化而增大。

在点 1 的左侧(Ⅰ区)和点 2 的右侧(Ⅲ区)，曲线 AB 位于直线 ac 的上方，即 $U-RI_{h}-U_{h}<0$。由式(2-11)得 $L\mathrm{d}I_{h}/\mathrm{d}t<0$。

所以，在这两个区域内，电弧电流 I_{h} 将随时间的变化而减小。

设电弧处于点 1 的燃烧状态，此时电弧电流 $I_{h}=I_{1}$。若有某种原因(如弧长稍有变化)引起电弧电流 I_{h} 增大，则电路工作状态将离开点 1 而进入Ⅱ区。在此区域内，由于 $\mathrm{d}I_{h}/\mathrm{d}t>0$，于是 I_{h} 将继续增大，直到等于 I_{2}。

反之，当有某种原因引起 I_{h} 减小时，则电路工作状态将离开点 1 而进入Ⅰ区。在此区域内，$\mathrm{d}I_{h}/\mathrm{d}t<0$，于是 I_{h} 将继续减小直到电弧熄灭。

由此可见，点 1 并不是真正的电弧稳定燃烧点。

当电弧处于点 2 的燃烧状态时，若因某种原因引起电弧电流的增大，则电路工作状态将进入Ⅲ区，由于此区域内 $\mathrm{d}I_{h}/\mathrm{d}t<0$，所以电弧电流 I_{h} 又会自动返回到点 2；若因某种原因引起电弧电流 I_{h} 的减小，则电路工作状态将进入Ⅱ区，由于此区域内 $\mathrm{d}I_{h}/\mathrm{d}t>0$，所以电弧电流 I_{h} 增大，而又会自动返回到点 2。由此可见，只有点 2 才是电弧燃烧真正的稳定燃烧点。

2. 直流电弧的熄灭条件

综上所述，直流电弧熄灭的充分必要条件是电弧不存在稳定燃烧点。通过电弧稳定燃烧点的分析可知，要想避免电弧稳定燃烧点的存在，必须保证电弧的静态伏安特性不能与电路的静态伏安特性相交，即直流电弧的熄灭条件为

$$\frac{\mathrm{d}I_{h}}{\mathrm{d}t}=U-RI_{h}-U_{h}<0 \tag{2-12}$$

或

$$U_{h}>U-RI_{h} \tag{2-13}$$

2.3.2 直流电弧的熄灭原理

根据直流电弧的熄灭条件，原理上可以通过以下 3 种途径来实现直流电弧熄灭。

(1) 提高电弧静态伏安特性。

(2) 增大电路负载电阻值。

(3) 采用合适的强迫电流过零线路，利用交流电弧熄灭原理灭弧。

如图 2.9 所示，如果通过采取适当的措施提高电弧的静态伏安特性，例如，图 2.9 中新条件下的静态伏安特性 A′B′，使之不和直线 ac 相交，则电弧熄灭条件得到满足，电弧最终将趋于熄灭。

同理，如果增大电路负载电阻 R 值，例如，在熄弧过程中再将另一电阻串入电路，则电路的静态伏安特性 ac 与电源特性 ab 间的夹角 α 将增大，电路静态伏安特性 ac′将不

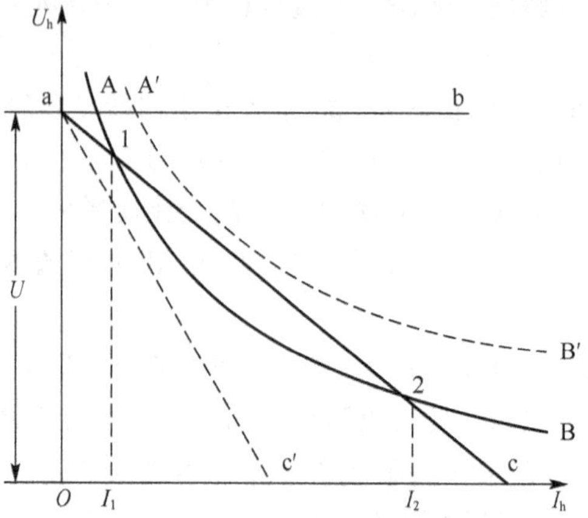

图 2.9　直流电弧的熄灭条件及原理

再与电弧的静态伏安特性 AB 相交，电弧也将趋于熄灭。

如果在直流电流上通过叠加合适的交流电流，则电路电流(电弧电流)将出现过零点，由此便可以利用交流电弧熄灭原理来熄灭直流电弧。由于此直流电弧灭弧原理中电流过零是通过附加线路实现的，为了区别于交流电流的过零，这里将这种电流过零称为强迫过零。

根据被分断电路电源电压等级的高低，工程上实际所采用的直流电弧熄灭原理不尽相同。对电压等级较低的应用场合所使用的低压直流开关电器而言，大多采用提高电弧静态伏安特性的直流电弧熄灭原理来实现直流电弧熄灭的目的；而在高压直流开关电器中，其灭弧原理原则上是基于直流电流强迫过零、进而采用交流电弧熄灭原理以及增大负载电阻值等。

2.3.3　常用直流电弧熄灭方法及措施

1. 提高直流电弧的静态伏安特性

直流电弧的熄灭方法按电压高低不同采用不同的实现措施。在低压领域，由于电弧电压相对值不高，因此，采用增大电弧电压的方法比较有效，一般采用拉长电弧和增大近极区电压降的方法。而在高压领域中，单纯地靠增大电弧电压值来熄弧比较难，因此，常采用增大电弧电场强度和人工过零的方法实现灭弧。

2. 拉长电弧的方法

由式(2-11)可知，增大弧柱长度可以有效增加电弧的弧柱电压降，从而增加电弧的电压降。加大弧长的方法主要有：增大开关触头间的实际长度；采用磁力(吹)等手段，使电弧拉长或旋转移动。

3. 增大近极区电压降

如果在电弧的燃烧通道中用几段金属栅片来切割电弧，则电弧将被分为几段短弧，同理也形成若干个正、负电极，如图 2.10 所示。

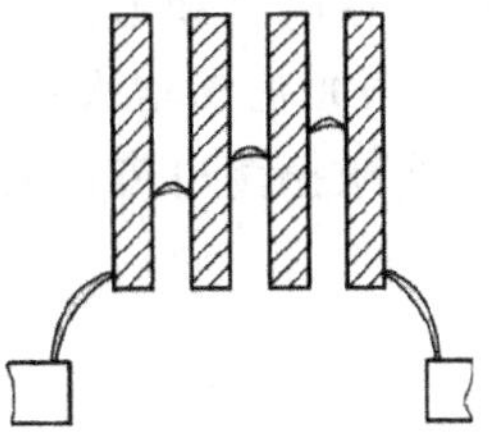

图 2.10 金属栅片分割电弧

4. 增大电弧电场强度 E

由式(2-11)可知，除了增加电弧长度，增大 E 也可以达到提升电弧电压的目的。增大 E 的方法有：增高气体介质的压力(在高压气体开关设备中普遍使用)；增大电弧与流体介质之间的相对运动速度，使得电弧被迫横向或纵向运动，有利于去除电弧能量；采用冷却电弧的方式，即使电弧与固体绝缘材料紧密接触冷却来提高其表面对带电粒子的复合能力，从而增大 E。

5. 采用人工过零的方法

直流电弧比交流电弧难以熄灭的主要原因是其没有过零点，从而缺少熄弧的最佳时机。而近年来国内、外研究人员普遍研究了采用人工过零的方法，即在正常的直流电流上叠加一个交变的周期分量，从而使得直流电弧有了一个过零的时机。

直流开断的任务主要可概括如下。

(1) 在直流电路中，建立电流零点。

(2) 耗散感性电路内储存的能量。

(3) 抑制开断感性直流电流引起的过电压。

对于第(1)项，即在直流电路中建立电流零点，需要产生反向电流叠加在直流电流上，建立电流零点；第(2)项一般消耗在电弧中，而抑制过电压则可通过 ZnO 避雷器来实现。

此种原理主要有自激振荡法和电流转移法。

自激振荡法由 L、C 电路及电弧本身组成的振荡回路的高频振荡电流幅值来建立电流零点。这种振荡主要取决于电弧的安秒特性。此时，电弧电压随着电流的增加而减小，即电弧的负阻性。应用自激振荡灭弧的直流 SF_6 断路器结构如图 2.11 所示。当故障电流

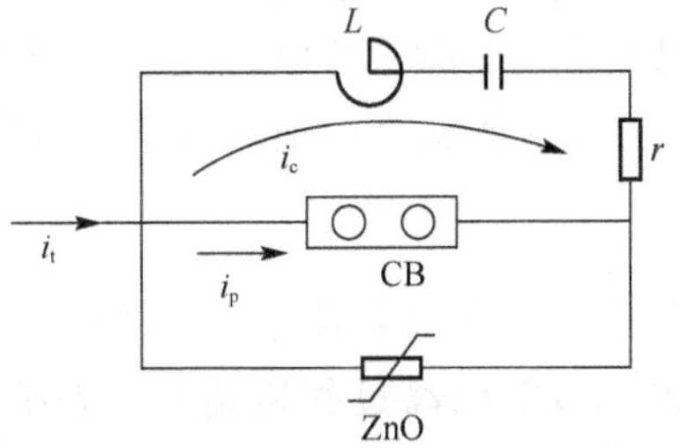

图 2.11 应用自激振荡灭弧的直流 SF_6 断路器结构

CB—SF_6 断路器；L、C—自激振荡电路中的电感和电容；

i_t—直流电流；i_p—断路器电流；i_c—高频电流；r—电路阻抗

i_t 流进此结构中时，断路器 CB 打开，在电弧和 L、C 回路中就会产生高频振荡电流 i_c，此高频振荡电流在一定条件下是一个振幅逐渐增大的振荡电流，并叠加在电弧电流上，如此便在断路器 CB 中形成了所谓的自激振荡电流，从而有机会形成电弧电流的过零点，完成电弧的熄灭，如图 2.12 所示。

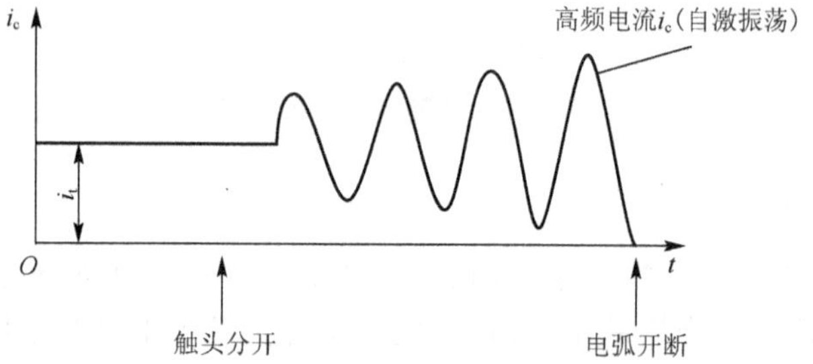

图 2.12　自激振荡强迫电流过零

2.4　交流电弧的燃烧与熄灭

众所周知，交流电流随时间在其正负峰值之间交替变化，因此，电流必然存在过零时刻，这种交流电流过零现象被称为电流的自然过零。如果被开断的交流电路参数满足生弧条件，则交流开关电器触头分开后触头间隙中所产生的电弧称为交流电弧。交流电弧的时变特性以及电弧电流过零现象的存在使得交流电弧具有许多与直流电弧不同的特性，正是由于交流电弧这种特性的存在，熄灭交流电弧才要比熄灭直流电弧容易得多。

2.4.1　交流电弧电流的过零现象

1. 理想弧隙

当触头分离、电弧产生时，如果忽略电弧电阻，即认为电弧燃烧时，触头间隙为一良导体，此时电弧电压也为零；而当电弧电流过零时，电弧熄灭，弧隙电阻无穷大，即认为电弧熄灭后，触头间隙为一理想绝缘间隙。具有这种特性的触头间隙被称为理想弧隙。

对理想弧隙而言，当电弧燃烧时，弧隙的电离度、电导率、温度等参数处于极高的水平；而当电流过零、电弧熄灭后，弧隙中的电离过程已经停止，去游离作用极其强烈，以至于电极间隙(原来的弧隙)立刻达到很高的绝缘水平，间隙的绝缘电阻无穷大。

2. 实际弧隙

工程上，理想弧隙是不存在的。在实际弧隙中，电弧电阻值的大小与弧隙间的电离和去游离过程的剧烈程度有关，弧隙电离过程越剧烈，去游离作用越弱，弧隙的电导率就越高，电弧温度就越高，电弧弧柱直径就越大，电弧电阻也就越小；反之，弧隙电离过程越弱，去游离作用越强烈，弧隙的电导率就越低，电弧电阻也就越大。

3. 交流电弧熄灭后的剩余电流

如果电弧电流过零前弧隙间的电离度很高，以至于电弧电流过零时电弧温度足够高，足以使得电弧电流过零后一段时间内弧隙仍存在一定程度的电离，从而造成一定数量带电粒子的产生，此时如果有电压施加于弧隙上，则弧隙中便会有电流流过，此电流被称为电流过零电弧熄灭后弧隙的剩余电流，有时又称为弧后电流。显然，电流过零电弧熄灭后，弧隙如果存在剩余电流，则其数值的大小与电弧电流过零前弧隙的电离和去游离的激烈程度有关。

如果此期间弧隙中的电离程度不够强烈，或者去游离作用足够强烈，则电流过零后不存在剩余电流；反之，电流过零后弧隙在外施电压的作用下会有剩余电流流过，而且该剩余电流的大小与电流过零前弧隙中电离度的高低成正比。由此可见，电弧电流过零后，弧隙是否存在剩余电流反映了电流过零前弧隙中的电离与去游离水平。

2.4.2 交流电弧的伏安特性

在如图 2.13 所示带有负载的交流电路中，设弧隙 K 存在一稳定燃烧电弧，图中 u 为按正弦规律变化的电源电压，u_h 和 i_h 分别为随时间变化的电弧电压和电弧电流。由于电弧电流基本按正弦规律变化，因此，交流电弧的伏安特性是按电弧的动态伏安特性变化。一个周期内交流电弧的伏安特性如图 2.14(a)所示，电流、电弧电压随时间变化波形如图 2.14(b)所示。图中的箭头表示 i_h 的变化方向。

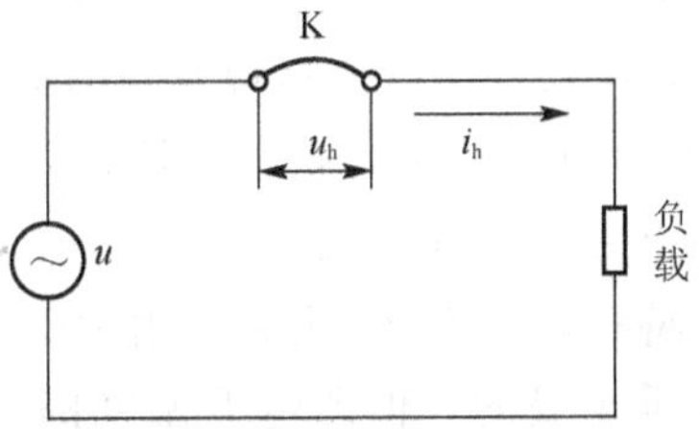

图 2.13 带有负载的交流电路

由图 2.14(a)可知，随着交流电弧电流在其正负半波内的变化，交流电弧的伏安特性在第Ⅰ和第Ⅲ象限内变化，如果仅考虑电弧电压 u_h 和电弧电流 i_h 绝对值的变化规律，则在第Ⅰ和第Ⅲ象限内交流电弧的伏安特性具有相同的变化规律。因此，这里仅考虑第Ⅰ象限的交流电弧伏安特性，即交流电弧电流正半周期内的伏安特性。值得注意的是，这里交流电弧除了具有典型的负伏安特性外(如图中 AB 段和 BC 段)，还出现正伏安特性(如图中 OA 段和 BO 段)。严格讲，OA 段和 BO 段并不属于电弧的伏安特性，此阶段的伏安特性是电流过零电弧熄灭后弧隙中的剩余电流随弧隙上电压的变化规律。

交流电弧伏安特性的变化规律可用能量平衡原理予以解释。

OA 阶段(不包括 A 点)：假设电弧电流过零前弧隙中的电离过程足够强烈，以至于电流过零电弧熄灭后弧隙存在一定的剩余电流，此时由于弧隙仅有剩余电流流过，所以弧隙的电导相对较低，弧隙电阻 R_h 较高，所以弧隙上的电压 $u_h = R_h i_h$ 将随着电流的增加而快速升高。

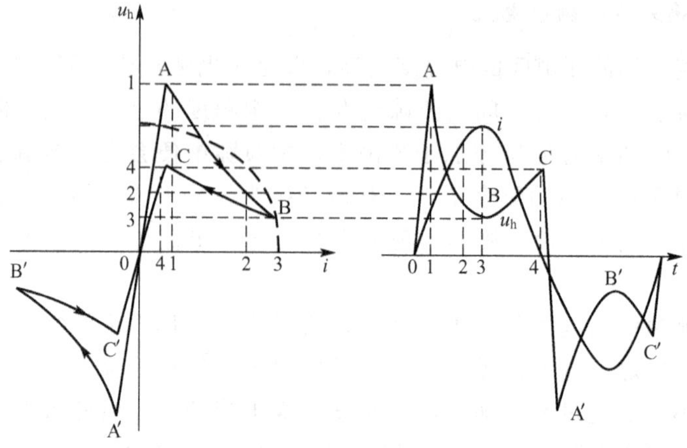

(a) 交流电弧伏安特性　　　　(b) 电弧电压波形

图 2.14　交流电弧的伏安特性

AB 阶段：随着电压的增高，输入弧隙的能量也将增加，从而使得弧隙中电离过程将加强，当施加于弧隙上的电压等于电弧重新燃烧时的电压时，弧隙才真正意义上被击穿，电弧将重新燃烧。此时电弧的伏安特性达到 A 点，该点所对应的弧隙电压被称为燃弧尖峰 u_{rh}。则随着 i_h 的增大，输入弧隙的功率 P 也快速增大。当输入电弧的功率 P 大于电弧所散发出的功率 P_s 时，$dW_Q/dt = P_h - P_s > 0$，电弧的能量 W_Q 将增高，于是弧柱温度升高、弧柱直径变大、电弧电阻 R_h 迅速下降。当 R_h 的下降速度比 i_h 的增长速度快时，u_h 开始随 i_h 的增长而下降。因此，电弧在此阶段呈现典型的负的伏安特性。

BC 阶段：当 i_h 到达最大值 B 点后将逐渐减小。随着 i_h 的减小，P_h 也将减少，弧隙中的电离过程将减弱，R_h 逐渐上升。当 R_h 上升的速度高于 i_h 的下降速度时，u_h 随着 i_h 的减小反而增高，即 $u_h = R_h i_h$ 将沿着曲线 BC 上升。由图中可见，曲线 BC 低于曲线 AB。这是由于电弧所具有的热惯性所造成的，也即电弧温度的变化滞后于电弧电流的变化，电弧直径以及电弧电阻等也相对滞后电弧电流的变化，因此，当电弧电流达到其峰值后随着时间减小时，同样大小的电流所对应的电弧电阻将比峰值前电流上升过程中的电弧电阻低，这就导致 BC 阶段的伏安特性要低于 AB 阶段的伏安特性，且熄弧时 C 点对应的电流要比起弧时 A 点的电流小。

CO 阶段：随着 i_h 的不断降低，弧隙中的电离过程越来越弱，以至于当减小到某一较低数值时，电弧不能维持燃烧而熄灭，此时电弧的伏安特性达到 C 点，该点所对应的弧隙电压被称为熄弧尖峰 u_{xh}。此后，由于弧隙仅有剩余电流流过，所以弧隙相当于一个具有较高电阻的导体，所以弧隙上的电压 $u_h = R_h i_h$ 将随着电流的减小而快速降低，直至达到零。

电流在负半周时，电弧的伏安特性处于坐标的第Ⅲ象限，其形状与正半周时完全相同。u_{rh} 和 u_{xh} 的高低以及它们与纵坐标的距离和电流过零电弧熄灭后弧隙中的剩余电流有关，其本质上与电流过零前弧隙中的电离过程以及电流过零前后去游离过程的强烈程度相关。如前所述，由于弧隙中的电离度与电弧电流 i_h 的大小密切相关，因此，当 i_h 幅值较小(相当于电流过零前弧隙的电离较弱）或介质的冷却作用（相当于电流过零前后弧隙的去游离）很强时，则电流过零电弧熄灭后弧隙不存在剩余电流，且 $R_h \to \infty$。所以，此时电弧的伏安特性将不存在正伏安特性部分，即曲线的 OA、OC 段皆与纵坐标重合，如图 2.15 所示。

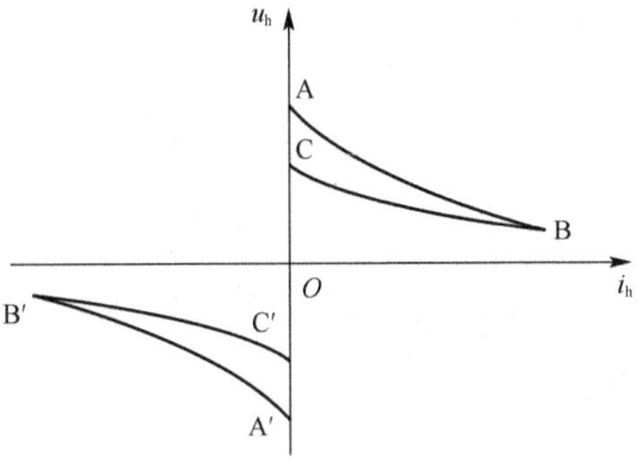

图 2.15 电流过零电弧熄灭后 $R_h \to \infty$ 时电弧的伏安特性

2.4.3 交流电弧电流的零休现象

1. 交流电弧电流的不同过零现象

1）理想弧隙中电弧电流的过零

理想弧隙中的电弧电压为零，因此，电弧电流的过零时刻与无电弧的纯电感电路的电流过零时刻一致，电弧电流按正弦规律过零。

2）实际弧隙中电弧电流的过零

如前所述，由于实际弧隙电弧电压的影响，电弧电流的变化不再完全按正弦规律变化，其显著特点是电弧电流将提前过零，而且电弧电流提前过零时间的长短与电流过零前弧隙的电离度高低有关。

根据电弧的基本物理特性可知，本质上电弧电流的大小反映了弧隙中带电粒子数的多少，即弧隙中电离度的高低。因此，电弧电流提前过零时间的长短与电弧燃烧期间弧隙中电离度的高低相关。根据电弧的特性可知，一定程度上电弧电压反映了弧隙中电弧电离度的高低。因此，可以认为实际弧隙中电弧电流提前过零时间的长短与电弧电压的高低有关。事实上，如果电弧电流过零前弧隙中的电离度足够高，则可以认为该弧隙在燃弧期间具有与理想弧隙相近的特征，此时电弧电流不存在提前过零现象。

2. 交流电弧电流的零休现象

假设实际弧隙存在稳定燃烧的交流电弧，则在每个电流周期内，电弧电流出现两次过零现象，而且电流过零电弧熄灭至弧隙重新引燃电弧存在一定的时间，换句话说，电弧电流的过零不是在一瞬间，而是在一段时间内，该段时间被称为交流电弧电流的零休时间，这一现象被称为交流电弧电流的零休现象。

交流电弧电流零休时间的长短不仅与电流过零前弧隙的电离度有关，还与电流过零前后灭弧介质对电弧的冷却强弱程度有关。因为对电弧的冷却作用越强烈，弧隙的去游离作用就越强，电弧电流就越早过零，而电流过零电弧熄灭后弧隙的温度也就越低，弧隙中重新引燃电弧所需要的时间也就越长。

此外，电路的负载类型也在一定程度上影响零休时间的长短。假设电路具有纯电阻性负载特性，则电路中的电流与电源电压同相，因此，电弧电压 u_h 也与电弧电流 i_h 同相，如图 2.16 所示。

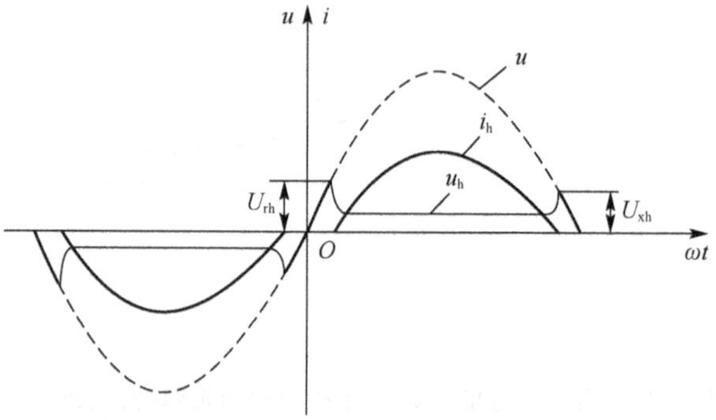

图 2.16　电阻性负载下的电弧电压和电弧电流波形

假设电弧电流过零电弧熄灭，则随着时间的增长，电源电压从零开始按正弦规律上升，由于此时电弧已经熄灭，此时弧隙仅存在数目很少的带电粒子(与电弧熄灭前弧隙中的电离度有关)。可以将弧隙看成是具有一定漏电流的绝缘间隙，因此，加在弧隙上的电压实际上等于电源电压 u。当 u 从零上升至弧隙的燃弧尖峰电压 u_{rh} 时，弧隙中重新引燃电弧，并且随着 u 的上升，i_h 基本由电路负载所决定而按正弦规律增大，而电弧电压 u_h 则基本上决定于相应的电弧动态伏安特性。当 i_h 从其峰值开始降低时，输入弧隙的能量也不断减小，弧隙中的电离过程越来越弱，电弧电阻 R_h 将增高，以至于当 i_h 减小至某一数值时，R_h 的增大速度高于 i_h 的减小速度，从而导致弧电压 u_h 的升高，直至达到弧隙的熄弧尖峰电压 u_{xh}，最终电弧将不能够维持而熄灭，i_h 提前过零。此后，弧隙上的电压 u_h 又将随 u 而变化，直至过零、升高至下一半波的燃弧尖峰电压 u_{rh}，电弧又重新引燃。值得注意的是，u_h 过零时刻将滞后于 i_h 的过零时刻。

假设电路具有纯电感性负载特性，则电路中的电流滞后电源电压 90°，如图 2.17 所示。与电阻性负载电路不同的是：当 i_h 过零时，u 达到其幅值。因此，当 i_h 过零电弧熄灭后，u 将以极快的速度施加到弧隙上，从而导致弧隙上的电压很快达到弧隙的燃弧尖峰电压 u_{rh}。与电阻性负载电路相比，在电感性负载电路中，电流过零电弧熄灭后弧隙重新引燃电弧的时间更短。

当电弧重新燃烧后，电弧电压 u_h 基本决定于相应的电弧动态伏安特性。当电弧电流 i_h 从其峰值开始降低时，输入弧隙的能量也不断减小，弧隙中的电离过程越来越弱，电弧电阻 R_h 将增高，以至于当 i_h 减小至某一个数值时，R_h 的增高速度高于 i_h 的减小速度，从而导致电弧电压 $u_h=R_h i_h$ 升高，直至达到弧隙的熄弧尖峰电压 u_{xh}，最终电弧将不能够维持而熄灭，i_h 提前过零。此后，加在弧隙上的电压由负载电感中自感电势所决定，基本与 u 的数值无关。由此可见，在电感性负载电路中，在电弧电流零休期间，施加于弧隙上电压 u_h 的上升和下降速度要比电阻性负载电路中的快得多，而且电弧电流的零休时间也更短。

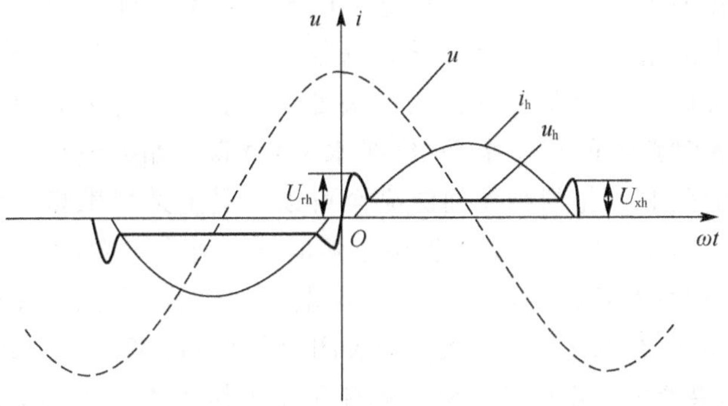

图 2.17 电感性负载下的电弧电压和电弧电流波形

值得注意的是，电弧电流零休时间的长短对交流电弧的熄灭过程具有十分重要的影响。这是因为电弧电流的零休时间越长，意味着在电流过零较长一段时间内，$P_h \approx 0$，从而使得电弧熄灭后电弧的温度更低，弧柱直径更小，电弧电阻更高，更有利于弧隙向绝缘状态的转变，更有利于电弧的最终熄灭。由于电阻性负载电路中的电弧电流的零休时间要比电感性负载中的长，因此，电阻性负载电路的电弧更易于熄灭。同理，对直流电弧而言，电流不存在过零现象，因此，直流电弧的熄灭要比交流电弧的熄灭更困难。此外，由于交流开关电器(特别是低压开关电器)大多是利用电弧电流过零熄弧原理(不采用过强的灭弧措施使得电弧电流 i_h 过零前被强制截流)，电弧熄灭时电感中的能量趋近于零。所以，一般开断交流电流时产生有害过电压的可能性相对熄灭直流电弧而言更小。

2.5 交流电弧的熄灭原理

如前所述，交流电弧电流存在零休现象，在交流电弧电流的零休期间，输入弧隙的能量极小，从而大大地削弱了弧隙中的电离过程，如果此后外界不再施加电压或能量于弧隙中，则电弧将熄灭。然而，开关电器中的电弧是在分断电路时产生于触头或断口之间的，如果电流过零电弧熄灭，则被分断电路中的电源电压将施加于弧隙上，此外电路中可能存在的储能元件(如电感和电容等)在释放其储能时，也会有电压作用于弧隙上。如果弧隙不能承受这一电压的作用，就可能导致电弧又被重新引燃，这种现象被称为电弧的重燃。换句话说，电流过零后，电弧能否真正熄灭就取决于弧隙最终是否发生电弧的重燃。

2.5.1 交流电弧的熄灭条件

众所周知，当开关电器分断电路时，如果电流过零电弧熄灭，则弧隙上将受到电压的作用，弧隙上的电压(以下简称弧隙电压)将从电弧熄灭瞬间的电弧电压逐渐上升至某一最高值。该过程被称为弧隙电压的恢复过程，而施加于弧隙上的电压被称为弧隙恢复电压 $u_{hf}(t)$。弧隙恢复电压的上升速度，即弧隙电压恢复过程的快慢主要取决于电源电压以及被分断电路的类型及电路的相关参数等因素，而此时弧隙的特性在一定程度上也会对其产生影响。

因此，交流电弧能否真正熄灭的本质是：电流过零后，弧隙能否承受住弧隙恢复电压的作用而不发生电弧重燃。工程上，开关电器中用于分断电流的触头或断口都配备有灭弧系统，灭弧系统内充满灭弧介质。当触头处于其打开位置时，触头间距最大，如果电弧早已熄灭，则此时弧隙的耐压水平（绝缘水平）最高。如果设计合理且触头及灭弧系统工作正常，通常情况下，此刻触头间隙完全可以承受上述弧隙恢复电压的作用而不发生触头间隙的击穿。然而，根据开关电器中电弧的产生过程可知，触头间距（也称触头开距）是从零逐渐达到其最大开距的，即使不考虑电弧的影响（类似于理想弧隙中电弧熄灭后的状态），触头间的绝缘水平也是从零（触头闭合位置）逐渐上升到其最高绝缘水平（触头释放位置）的。如果考虑了电弧的影响，则弧隙中绝缘水平的上升速度将更加缓慢。这是因为：如果燃弧期间弧隙中电离度以及电弧温度很高，则电流过零电弧熄灭后，弧隙还具有一定的（热）电离能力，从而使得弧隙存在一定数量的带电粒子，即弧隙具有一定的导电能力。只有当这些带电粒子最终消失，并且触头运动至其释放位置后，经过一定的弧隙冷却时间，弧隙才能达到其最高绝缘水平。因此，实际弧隙中最高绝缘水平不是瞬间达到的，而是经过从具有一定电导的弧隙逐步过渡到其最高绝缘水平的弧隙的过渡过程，这一绝缘水平的过渡过程被称为弧隙的介质（强度）恢复过程，弧隙任意时刻所能承受的最高电压值被称为此刻弧隙的介质恢复强度 $u_{jf}(t)$，在一定时间范围内介质恢复强度的集合又被称为弧隙的介质恢复强度特性。

严格上讲，电流自然过零时，交流电弧的熄灭过程分为两个阶段。

第一阶段：弧隙电阻增加阶段。事实上，在电流过零前电弧燃烧期间，电弧具有温度高、电阻低等特点。当电流接近过零点时，尽管已经很小，但电弧热惯性的影响使得电弧的温度还比较高，弧隙中还存在一定的热电离过程。由于此时输入弧隙能量降低，所以弧隙中的电离度也随之降低，从而导致电弧电阻升高。当电流过零及过零后，上述过程更加明显，弧隙电阻的升高速度加快，将会很快达到相当高的数值。

第二阶段：介质强度恢复阶段。此时，弧隙中的热电离已经结束，弧隙发生了质的变化，即已经从原来的导电状态转变成绝缘状态，只是弧隙的绝缘强度从较低水平向较高水平过渡。

由此可见，从严格意义上讲，电流过零后，弧隙的介质恢复过程发生在第二阶段。但是，如果将第一阶段的弧隙电阻看成是绝缘介质的漏电阻，将该阶段所产生的剩余电流看成是绝缘介质的漏电流，则可以将上述两个阶段统一，即认为电流过零后，弧隙立即开始其介质强度的恢复过程。因此，电流过零后，弧隙可以等效为一个具有自行修复其绝缘水平的绝缘介质。开始时（相当于电流过零时），该介质的绝缘性能较低，存在较高的漏电流，随着时间的变化，其绝缘性能逐步恢复，绝缘电阻不断升高，漏电流逐步降低，直至达到其固有的绝缘水平，这一绝缘水平的恢复过程被定义为广义上的介质恢复过程。因此，以下所述的弧隙介质恢复过程是指广义上的介质恢复过程。

弧隙的介质强度恢复过程除了受到燃弧期间电弧特性（如电弧温度、弧隙电离度、电极温度等）影响外，还与电弧电流零休期间去游离作用、触头开距有关。此外，弧隙的恢复电压也会对弧隙的介质强度恢复过程产生影响。

如果忽略恢复电压对弧隙介质强度恢复过程的影响，则弧隙所具有的介质恢复强度被称为弧隙的固有介质恢复强度，该介质恢复过程被称为弧隙的固有介质恢复过程。实际上，开关电器开断电路时，如果电流过零电弧熄灭，被开断电路电源电压必然将施加于弧隙(触头)上。所以，实际开断电路时，开关电器中的弧隙不存在固有介质恢复过程，仅存在受到弧隙恢复电压影响的介质恢复过程，弧隙的这种介质恢复过程被称为其实际介质恢复过程，该过程中任意时刻弧隙所具有的介电强度被称为弧隙的实际介质恢复强度。对开关电器而言，如果不考虑触头运动特性的分散性，则特定开关电器的固有介质恢复强度特性是唯一的。实际开断电路时，由于弧隙的电压恢复过程不是唯一的，即可能施加于弧隙上的电压的大小及其波形将随着电源电压及电路参数的差异而变化。因此，弧隙的实际介质恢复特性不是唯一的。

综上所述，当交流电弧电流过零后，弧隙中同时存在两个相互联系的物理过程，即弧隙的介质强度恢复过程和弧隙的电压恢复过程。因此，交流电弧能否不发生重燃而真正熄灭将取决于这两个过程的“竞赛”。若弧隙的介质强度恢复过程快于弧隙的电压恢复过程，即任意时刻弧隙的介质恢复强度 $u_{jf}(t)$ 总是大于弧隙的恢复电压 $u_{hf}(t)$，则电弧不会重燃而熄灭；反之，若在某一瞬间弧隙的恢复电压 $u_{hf}(t)$ 高于弧隙的介质恢复强度 $u_{jf}(t)$，则电弧将发生重燃。

因此，交流电弧的熄灭条件是

$$u_{jf}(t) > u_{hf}(t) \tag{2-14}$$

如图 2.18 所示，弧隙的介质恢复强度特性 1 在任意时刻均高于弧隙的恢复电压特性 2，因此不会发生电弧的重燃，电弧将最终熄灭，弧隙间电压波形如图 2.18 中曲线 2 所示。如果弧隙具有曲线 3 说描述的介质恢复强度特性，则在 A 点处弧隙所具有的介质恢复强度已经不高于弧隙的恢复电压，所以弧隙将被击穿，电弧重燃，弧隙间电压降迅速降低为电弧电压(曲线 4)。

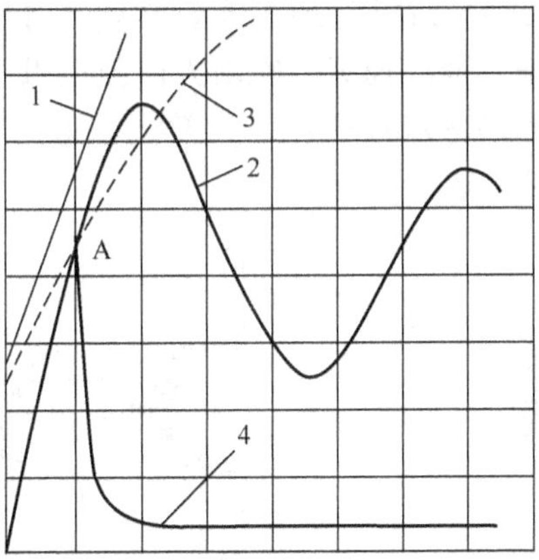

图 2.18 弧隙介质恢复强度特性及恢复电压特性

1、3—介质恢复强度特性；2—恢复电压特性；4—电弧重燃后电弧电压特性

2.5.2 熄灭交流电弧的基本方法

如前所述，交流电弧能否熄灭取决于电流过零时弧隙的介质强度和恢复电压两种过

程的竞争结果。加强弧隙的去游离或降低弧隙恢复电压的幅值和恢复速度均可促使电弧熄灭。断路器中采用的灭弧方法归纳起来有下述几种。

1. 采用灭弧能力强的灭弧介质

电弧中的去游离强度在很大程度上取决于电弧周围介质的特性。高压断路器中广泛采用以下几种灭弧介质。

(1) 变压器油。变压器油在电弧高温的作用下，可分解出大量氢气和油蒸汽(H_2约占70%～80%)，氢气的绝缘和灭弧能力是空气的7.5倍。

(2) 压缩空气。压缩空气的压力约20×10^5Pa，由于其分子密度大，质点的自由行程小，能量不易积累，不易发生游离，所以有良好的绝缘和灭弧能力。

(3) SF_6气体。SF_6是良好的负电性气体，其氟原子具有很强的吸附电子的能力，能迅速捕捉自由电子而形成稳定的负离子，为复合创造了有利条件，因而具有很强的灭弧能力，其灭弧能力比空气强100倍。

(4) 真空。真空气体压力低于133.3×10^{-4}Pa，气体稀薄，弧隙中的自由电子和中性质点都很少，碰撞游离的可能性大大减少，而且弧柱与真空的带电质点的浓度差和温度差很大，有利于扩散。其绝缘能力比变压器油、1个大气压下的SF_6、空气都大(比空气大15倍)。

2. 利用气体或油吹弧

高压断路器中利用各种预先设计好的灭弧室，使气体或油在电弧高温下产生巨大压力，并利用喷口形成强烈吹弧。这个方法既起到对流换热、强烈冷却弧隙的作用，又起到部分取代原弧隙中游离气体或高温气体的作用。电弧被拉长、冷却变细，复合加强，同时吹弧也有利于扩散，最终使电弧熄灭。

吹弧方式有纵吹和横吹两种，如图2.19所示。吹动方向与电弧弧柱轴线平行称纵吹，纵吹主要是使电弧冷却、变细，最终熄灭。吹动方向与电弧弧柱轴线垂直称横吹，横吹则是把电弧拉长，表面积增大，冷却加强，熄弧效果较好。在高压断路器中常采用纵、横吹混合吹弧方式，熄弧效果更好。

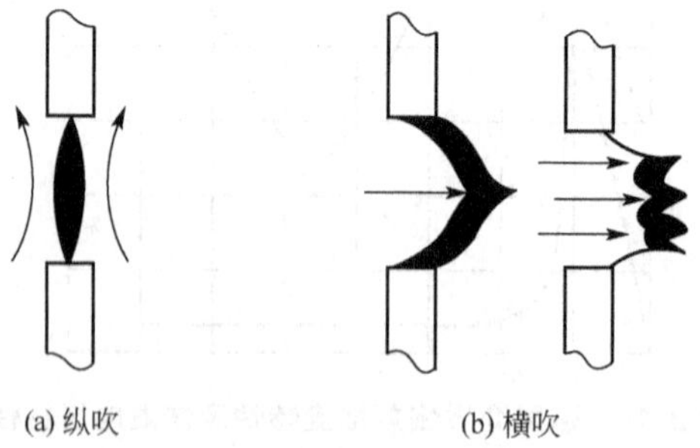

图2.19 吹弧方式

3. 采用特殊金属材料作灭弧触头

电弧中的去游离强度在很大程度上与触头材料有关。常用的触头材料有铜、钨合金和银、钨合金等，它们在电弧高温下不易熔化和蒸发，有较高的抗电弧、抗熔焊能力，可以减少热电子发射和金属蒸气，抑制游离作用。

4. 在断路器的主触头两端加装低值并联电阻

如图 2.20 所示，在灭弧室主触头 Q1 两端加装低值并联电阻(几欧至几十欧)时，为了最终切断电流，必须另加装一对辅助触头 Q2。其连接方式有两种：图 2.20(a)为并联电阻 r 与主触头 Q1 并联后再与辅助触头 Q2 串联；图 2.20(b)为并联电阻 r 与辅助触头 Q2 串联后再与主触头 Q1 并联。

分闸时，主触头 Q1 先打开，并联电阻 r 接入电路，在断开过程中起分流作用，同时降低恢复电压的幅值和上升速度，使主触头间产生的电弧容易熄灭；当主触头 Q1 间的电弧熄灭后，辅助触头 Q2 接着断开，切断通过并联电阻的电流，使电路最终断开。

合闸时，顺序相反，即辅助触头 Q2 先合上，然后主触头 Q1 合上。

5. 采用多断口熄弧

高压断路器常制成每相有两个或两个以上的串联断口，以利于灭弧。图 2.21 所示为双断口断路器示意图。采用多断口串联，可把电弧分割成多段，在相同的触头行程下电弧拉长速度和长度比单断口大，从而弧隙电阻增大，同时增大介质强度的恢复速度；加在每个断口上的电压降低，使弧隙恢复电压降低，因而有利于灭弧。

110kV 及以上的高压断路器常采用多个相同型式的灭弧室(每室一个断口)串联的积木式结构。这种多断口结构在开断过程中的恢复电压和开断位置的电压在每个断口上的分配有不均匀现象，从而影响断路器的灭弧。

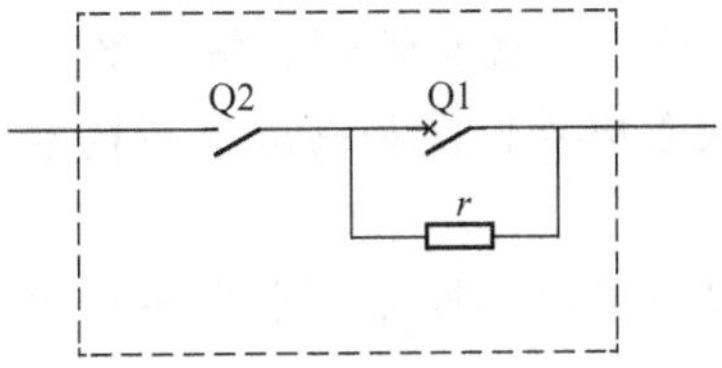

(a) 辅助触头Q2与主触头Q1串联 (b) 辅助触头Q2与主触头Q1并联

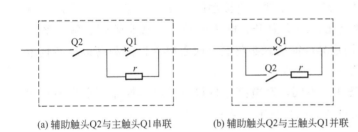

图 2.20 主触头 Q1 与辅助触头 Q2 的连接方式

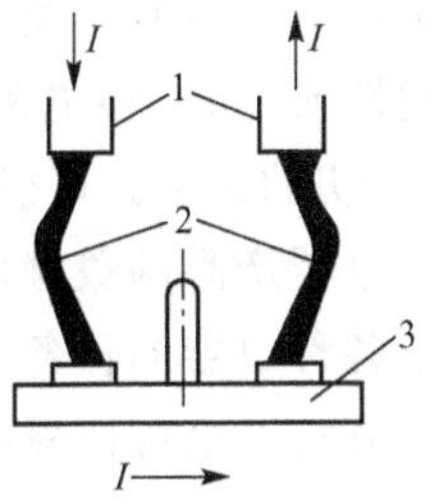

图 2.21 每相有两个断口的断路器

1—静触头；2—电弧；3—动触头

6. 提高断路器触头的分离速度

在高压断路器中都装有强力断路弹簧，以加快触头的分离速度，迅速拉长电弧，使弧隙的电场强度骤降，同时使电弧的表面积突然增大，有利于电弧的冷却及带电质点的扩散和复合，削弱游离而加强去游离，从而加速电弧的熄灭。

7. 低压开关中的熄弧方法

利用金属灭弧栅灭弧即利用短弧原理灭弧。图 2.22 所示为低压开关中广泛采用的灭弧栅装置。为使电弧能在介质中移动，灭弧栅由许多带缺口的钢片制成，当断开电路时，动、静触头间产生电弧，由于磁通总是力图走磁阻最小的路径，因此对电弧产生一个向上的电磁力，将电弧拉至上部无缺口的部分，从而被栅片分割成一串短弧。据前述近阴极效应，当电流过零时，每个短弧的阴极都会出现150～250V的介质强度，如果其总和超过触头间的电压，则电弧熄灭。

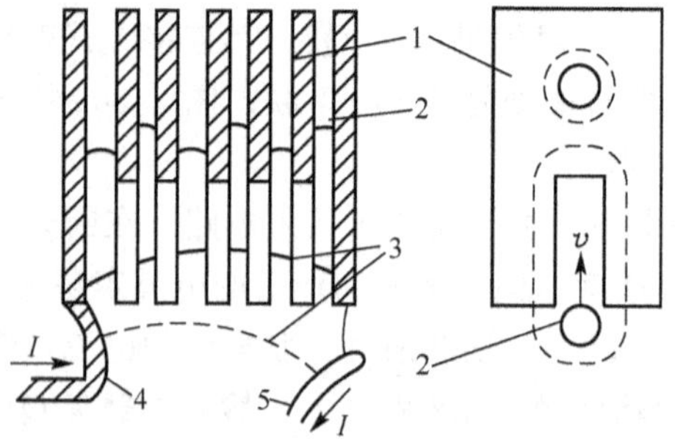

图2.22　利用金属灭弧栅灭弧

1—灭弧栅片；2—电弧；3—电弧移动位置；4—静触头；5—动触头

2.6　电气触头

2.6.1　触头材料的要求

触头材料是所有开关电器中不可缺少的元件。电接触的可靠工作与否与所采用的触头材料的性质(如接触电阻、接触电压、触头温升、触头电动力、触头熔焊、触头磨损等)有着密切的关系。可以认为采用优异性能的触头材料是改善电器性能和制造出高技术经济指标电器产品的关键性措施之一。

由于各种电器的任务和使用条件的不同，对电接触材料所提出的性能要求也各不相同。根据分析结论可以提出对触头材料的综合要求，见表2-1。

表2-1　对触头材料的综合要求

电　气	机　械	热	化　学	组织结构
电导率和热导率高	硬度适当	软化、熔化、汽化、升华温度高	电极电位高	晶格形式简单
生弧电压和电流高	弹性、塑性适当	熔化、汽化、升华潜热大	于周围气体的化学亲和力小	合金丝固溶体结构
电子逸出功和游离电位高	抗压、抗剪强度高	比热容大	化学生成膜的分解温度低	织构的取向和电、热通量一致
汤姆逊效应系数近于零	摩擦系数小	电弧作用下金属蒸气压力小	化学生成膜的机械强度和电强度小	—

实际上一种材料要同时满足表中所提出的全部要求显然是非常困难的，因为材料的物理性质之间往往是相互关联的，当一种性质改善时常会引起另一种性质的变坏。所以实际应用中对触头材料性能的主要要求如下。

(1) 尽可能高的导电性和导热性。材料的电阻率要小，热导率要大。电阻率小，意味着触头处于闭合状态时的接触电阻小，相应的热损耗小。而热导率大，可以大大加强触头和导体的散热，使电接触表面温度降低，各种有害的氧化膜不容易形成，从而保持接触电阻的稳定，因此，在开始分断时，触头之间的金属桥很难形成。此外，良好的散热还可以降低生弧条件，使金属不容易汽化和熔化，降低触头的电磨损；同时可在电弧熄灭瞬间使介质强度得以迅速恢复，电弧重燃的几率大大减小，提高了电器的开断性能。

(2) 良好的力学性能。材料应有适当的强度和硬度，摩擦系数要小。材料的机械强度高可以使电接触坚固耐用，延长使用寿命，且在机械力和电动力作用下不致引起变形，这点对牵引电器而言显得尤为重要。硬度低的材料虽可以保证在接触时有更多的接触点，使接触电阻减小，但同时也加速了触头的机械磨损；而且周围大气中的尘埃容易停滞在软材料的接触面上，因此，对硬度只能根据不同的使用条件提出适当的要求。材料的弹性和塑性也应适当选择。弹性大的触头容易在闭合过程中产生严重的振动，从而导致磨损的增加；同时弹性大的材料加工成形相对比较困难，工艺性差。塑性大的材料会引起严重的变形和机械磨损。材料的摩擦系数要小，可以减小机械磨损，避免形成有机膜和触头产生冷焊现象。

(3) 良好的化学性能。电接触材料应具有很好的化学稳定性，要求它和周围介质中气体的化学亲和力要最小，以便最大限度地减少材料的化学腐蚀。化学亲和力小的触头材料可以限制触头表面无机膜的生成和接触电阻的增大。即使在触头上生成了化学膜，当然希望膜的热稳定性差，在加热时可以很快分解，并且要求此种化学膜在机械力的作用下容易破碎，在电场作用下容易击穿。

此外，还应考虑材料的可加工性、经济适用、价格便宜等方面的问题。综上所述，触头材料的选择只能根据工作条件和负载大小决定，以满足主要的性能指标。

2.6.2　触头材料的分类

触头材料一般有纯金属材料、金属合金材料和金属陶瓷材料这3类。

1. 纯金属材料

(1) 银(Ag)。银是高质量的触头材料，纯金属中银的导电性和导热性都是最好的。银在常温时不易氧化，在潮湿的含硫气体中易硫化；但在高温时产生的氧化膜很容易分解还原成金属银，如 Ag_2O 在200℃时分解，AgO 在100℃时分解。其氧化膜的电阻率较低，且容易去除；银的硫化物电阻率虽较高，当温度达到300℃时硫化银也能进行分解。因此，银触头能自动清除氧化物，接触电阻低且稳定，允许温度较高。银触头切换较小电流时，具有一定的抗电磨损性能。银的缺点是熔点低，硬度小，在强电弧作用下易喷溅。由于银的价格高，一般只适用于作继电器和小容量接触器的触头，或用在固定接触中作镀层材料。

（2）铜(Cu)。铜是广泛使用的触头材料，导电性和导热性能仅次于银。铜与银相比有较大的硬度和强度，熔点较高，价格低廉，容易加工。但铜氧化膜的导电性很差，如果长时间处于较高的环境温度下，氧化膜不断加厚，接触电阻成倍地增大，其严重性甚至可使线路中断。因此，铜不适合作为非频繁操作电器的触头材料。对于频繁操作的接触器，当电流大于150A时，氧化膜在电弧的作用下分解，因此，可以采用铜触头，并做成单断点指式触头，利用在分、合过程中的动、静触头相对滑动来消除氧化膜。现在，用纯铜作触头材料已经比较少见。

（3）铝(Al)。铝的导电性和导热性在纯金属材料中居第三位，也属于最常用的导电材料之一。其优点是质量轻而具有一定的机械强度，且价格低廉。缺点是在大气中金属表面很快形成一层氧化膜(Al_2O_3)，该氧化膜的电阻率极大，并且非常稳定，很难去除。因为在空气中腐蚀速度快，所以铝不能作触头材料，而是广泛用作载流母线的材料及其他线材。

（4）金(Au)。金的导电和导热性次于银、铜和铝，突出的优点是不氧化，接触电阻稳定。金的缺点是价格贵，易于产生冷焊、变形和磨损，一般用于弱电触头或用作镀层。

（5）铂(Pt)。铂是贵金属，其化学性能稳定，在空气中既不生成氧化膜，也不产生硫化膜，接触电阻非常稳定。铂导电性和导热性较差，在触头开始分断时容易产生金属液桥，使触头上形成毛刺。但铂价格昂贵，资源缺乏。此外在有机蒸气中，由于铂的催化作用，在触头上容易生成有机膜。因此，不采用纯铂作继电器的触头材料，一般都采用铂的合金作小功率继电器的触头。

（6）钨(W)。钨是通用的触头材料。钨的许多性质和铂相近，但由于它有很高的硬度、耐热性和耐腐蚀性，因此，它的抗电弧烧损、抗熔焊性能都很好，触头寿命长，而且钨触头在工作过程中几乎不会产生熔焊。但其电阻率大，容易氧化，在高温下形成不导电的氧化膜，以至于接触电阻特别大。破坏氧化膜需要很大的接触压力，所以它适用于高低压断路器的大电流触头，工程上不采用纯钨触头。

（7）石墨(C)。它是非金属材料，不容易氧化和产生氧化膜。其电阻率高，机械强度低，耐弧和耐熔性能好。一般只用作开关电器的灭弧触头材料。

由于纯金属本身性能的差异，将它们以不同的成分相配合构成合金或金属陶瓷材料，可以使触头的性能得到很大的改善。常用金属部分性能见表2-2。

表2-2 常用金属部分性能参数

金属名称	银	铜	金	铝	铁
元素符号	Ag	Cu	Au	Al	Fe
熔点/℃	961	1 083	1 063	660	1 539
导电性能排序	1	2	3	4	5
导热性能排序	1	2	3	4	8
密度/$T\cdot m^{-3}$	10.5	8.9	19.3	2.7	7.9

2. 金属合金材料

（1）银合金。银常与金、钯以及其他金属组成合金。

① 银-金合金。银-金合金能耐大气腐蚀，当金含量低于时能生成硫化膜，这种合金的可塑性好，容易加工。

② 银-钯合金。银-钯合金类似于银-金合金，但它具有电阻率大而电阻温度系数小的特点，钯对银有保护作用，当钯的含量超过50%时不会硫化，加工性能也很好。

③ 银-镉合金。氧化镉在银中不仅起着增加强度和硬度的作用，还能大大提高抗弧能力。触头在电弧高温作用下，氧化镉的杂质沉积于接触点附近的银镉合金中成为固溶体，这种镉的氧化物在900～1 000℃时进行分解，并起着自动熄弧作用。氧化镉的熄弧作用和它在银基体上的分布状态有关，它直接影响触头的工作寿命。实验证明，在银-镉合金中进行内氧化时所形成的氧化镉晶核可以大大降低氧化镉晶粒的尺寸，提高氧化镉在银基体上分布的均匀性，从而显著地提高抗弧能力。

④ 银-铜合金。适当提高银-铜合金中的含铜量，可以提高硬度和耐磨性，故用于频繁操作时银-铜合金优于纯银。但含铜量达一半后极易氧化，使接触电阻不稳定。银铜合金的熔点低，可作为焊接触头的银焊料。它不宜用于接触压力小的电器。

⑤ 银-钨合金。当含钨量为30%～80%时，银-钨合金耐弧性能好，基本上不熔焊。它在工艺性和电阻率方面都优于铜-钨合金。因此，它尤其适用于大容量开关电器。

⑥ 银-镍合金。当含镍量为5%～40%时，由于镍熔点较高，加入后可以提高抗硫化及抗熔焊性能。它的接触电阻稳定，耐磨损，易做辗压加工；但抗熔焊能力较低，且价格较高。此合金一般用于中小容量的开关电器中。

⑦ 银-石墨合金。其含碳量与铜-石墨合金相当，具有高抗熔焊能力，但质地软，不耐摩擦，一般用于非频繁操作的大中容量的电器中。

⑧ 银-碳化钨合金。碳化钨的化学稳定性优于钨，耐腐蚀性也较高，故接触电阻比较稳定，能耐受大电流，适用于低电压、大电流电器。

(2) 金合金。金也常与其他金属组成合金。

① 金-镍合金。其硬度比较大，且硬度随镍含量的增加而增加，但电阻率亦增大。这种合金有好的抗熔焊和桥转移性能能防止冷焊现象，但在电弧作用下易氧化，使接触电阻增大。

② 金-钼合金。金-钼合金在常温下光泽不变暗色，加温时不氧化。

③ 金-锆合金。金-锆合金可以显著提高硬度，也不氧化，但抗熔焊性较差。

④ 金-银-钯合金。其硬度高，不氧化，但容易形成桥转移。

(3) 铂合金。铂与其他金属组合而成的合金称为铂合金。

① 铂-铱合金。随着铱含量的增加，其硬度、机械强度和电阻率都增大，它的生弧参数较铂高，触头使用寿命长。

② 铂-钌合金。它具有更高的硬度。

(4) 钨钼合金。钨钼合金中，当含钼量为45%时，硬度和电阻率最大，而电阻温数最小。含钼量为34%时，触头电磨损最小。含钼量的增加会导致触头严重氧化，因而这种材料适用于惰性气体或真空中工作的触头。

(5) 钯-铱合金。钯-铱合金中的铱可以有效地提高合金的硬度、强度以及耐受腐蚀定性，因此，使用较广泛。

3. 金属陶瓷材料

金属陶瓷材料亦称为粉末冶金材料。它是一种为了满足电器对触头材料提出的各种复杂的、甚至是矛盾的要求而发展起来的触头材料。金属陶瓷材料是将两种或两种以上的金属机械混合而成的，而两种金属却能各自保留自己原有的物理性能。其中的一种为难熔相，它的硬度高、熔点高，在高温和冲击力作用下不变形，在电弧作用下不熔化，因此，这种金属在合金结构中起骨架作用，这类金属有钨、钼、金属氧化物等。另一种金属为载流相，它主要起导电和导热作用，即起承载电流的作用，这类金属有银、铜等。由于载流相金属熔点都较低，在电弧高温作用下熔化后能保留在难熔相金属骨架形成的孔隙中，故可防止发生熔化金属的大量喷溅现象，使触头电磨损大大减小。因此，金属陶瓷材料具有较低的接触电阻，又耐弧、耐磨损和抗熔焊。下面介绍一些常用的金属陶瓷材料，如银-氧化镉、银-氧化铜、银-氧化锌、银-氧化锡铟、银-钨、铜-钨、银-石墨等。

(1) 银-氧化镉。这种材料具有耐电弧磨损、抗熔焊和接触电阻低而稳定的特点，广泛应用于中等功率的电器中。银-氧化镉具有这些优良性能的原因如下。

① 在电弧作用下氧化镉分解，从固态升华到气态(分解温度约为900℃)，镉蒸发，起到吹弧作用，并清洁触头表面。

② 氧化镉分解时吸收大量的热，有利于电弧的冷却与熄灭。

③ 弥散的氧化镉微粒能增加熔融材料的黏度，减少金属的飞溅损耗。

④ 镉蒸气一部分重新与氧结合形成固态氧化镉，沉积在触头表面，阻止触头的焊接。氧化镉含量在12%～15%时可以得到最佳性能。含量过低，氧化镉(难熔相)的作用不能有效发挥；含量过高，不仅不能提升效果，反而有损于工艺性。如果在银-氧化镉中添加一些微量元素，如硅、铝、钙等能进一步细化晶粒，提高耐电磨损性能。其缺点是镉蒸气有毒。

(2) 银-氧化锡铟。它的优点是无毒，且抗熔焊性和分断能力均与氧化镉相当，而耐弧磨损能力强。至于氧化锡骨架则有较高的热稳定性，不被电弧高温所分解和蒸发，因而能有效阻止银的蒸发和喷溅。银氧化锡的缺点是电弧斑点移动较少，容易使电弧运动停滞。解决此问题的方法是：必须适当控制铟的含量，并着力去除触头表面层内所含的碳等容易产生电子发射的元素，同时注意触头表面的加工质量精度。

(3) 银-氧化铜。与银-氧化镉相比，银-氧化铜耐磨损，抗熔焊性能好，无毒，使用寿命长，价格便宜，组织结构更均匀，分解温度更高。在高温下，触头的硬度更大。通过温升试验比较，这种材料在触头接触处具有更低而稳定的接触电压降，导电性能更好，发热情况较轻，温升较低，因此，它得到了广泛应用。缺点是当焊接温度稍高或时间偏长时，触头表面就会起泡，在生产和焊接过程中所形成的粉尘对人体有害。

(4) 银-氧化锌。它抗熔焊、抗电弧磨损性能好，且电导率高，常用于各种低压开关电器中。

(5) 银-钨。这种材料兼具有银、钨各自的优点，即具有银良好的导电性和易加工性，同时又有钨的高熔点、高硬度，耐电弧腐蚀，抗熔焊，金属转移小等特性。随着钨含量的增加，材料耐电弧磨损和抗熔焊性能提高，但导电性能下降。用于低压电器时，钨含量为30%～40%；用于高压电器时，钨含量为60%～80%。

银-钨材料的缺点是接触电阻不稳定，随着触头开闭次数的增加，接触电阻也增大，严重者可达初始值的10倍以上，其原因在于分断过程中，触头表面会产生三氧化钨（WO_3）或钨酸银（Ag_2WO_4）等接触电阻高的薄膜，由于这种膜不导电，会使接触电阻剧增。

（6）铜-钨。这种材料性能与银-钨相似，抗熔焊及耐电弧能力强，但比银-钨更易氧化形成钨酸铜（$CuWO_4$）薄膜，使接触电阻迅速增大。它不宜作低压断路器触头，但可用作油断路器触头。

（7）银-石墨。它的导电性好，接触电阻小，抗熔焊性能很好，在短路电流下也不会发生熔焊；缺点是电磨损大。一般石墨含量不超过5%。

（8）银-铁。银-铁材料有好的导电、导热、耐电磨损等性能，用于中、小电流接触器中，比纯银触头的电寿命成倍提高；主要缺点是在大气中容易生锈斑。

（9）银-铬。由于铬分散在银母相中，所以抗熔焊及抗电弧磨损性能好，接触电阻小而稳定；常用于小容量电器。

（10）银-碳化物。它具有很好的抗熔焊和抗电弧磨损性能。由于抗氧化性好，所以接触电阻稳定。此外，还具有体积小、重量轻等优点，又能节约银的消耗量。

2.6.3 不同材料的最小起弧电压和电流

由于不材料的性能差异，在电极形状、外界条件等相同的情况下，经过试验测出，它们的最小起弧电压与起弧电流不同。对于直流电路，如果被开断电路的电流以及开断时施加于触头间隙的电压均超过一定数值，则触头间就产生电弧，表2-3列出了最小生弧电压和最小起生弧电流；当开断交流电路时，不同电压作用下的最小起弧电流见表2-4。

表2-3 大气中开断直流电路时部分触头材料的最小起弧电压和最小起弧电流

材料	最小起弧电压/V	最小起弧电流/A
银	12	0.3~0.4
铜	13	0.43
钨	15	1.1
铁	14	0.45
碳	20	0.02

表2-4 大气中开断交流电路时部分触头材料的最小起弧电流

电压有效值/V 起弧电流幅值/A 触头材料	25	50	110	220
银	1.7	1.0	0.6	0.25
铜	—	1.3	0.9	0.5
钨	12.5	4	1.8	1.4
铁	—	1.5	1.0	0.5
碳	—	5	0.7	0.7

2.6.4　触头材料的选用原则

触头材料是所有开关电器中不可缺少的元件。尤其是对真空开关而言，它的作用更为突出。它不但决定了真空开关的性能，而且还决定了真空开关的应用范围以及新产品的开发和发展方向。目前世界上中等电压等级领域的所有开关大多已被真空开关所占有，其主要因素除了真空本身具有的特点外，也是由于触头材料的性能适应了应用的需要。例如，真空断路器开断能力的提高，耐压强度的改善；真空接触器截流值的降低，开断次数的增加；真空灭弧室体积进一步小型化等都与触头材料的改进有着密切的关系。此外，真空开关今后要向高电压、大容量等级的方向发展，触头材料仍是关键的因素之一。

综上所述，对触头材料的要求包含电气、机械、热、化学和组织结构5个方面，具体选用时只能根据工作条件和负载大小以满足主要的性能指标。

(1) 弱电流触头材料的选用。对于弱电流触头，一般选用纯金属，如铜、银、铂等，有时也用金、镍和钼。

纯银硬度低，不耐磨，容易硫化，在酸性介质中使用，接触电阻很大，因此，很少单独使用。由于银的价格高，一般只适用于作继电器和小容量接触器的触头，或用在固定接触中作镀层材料。

铜在空气中产生的氧化膜导电性很差，耐电弧磨损性能差，所以现在用纯铜作触头材料已经比较少见。

金是塑性材料，质软，容易产生变形和磨损，一般用于弱电触头或用作镀层。在作为镀层覆盖于触头表面时，电流一般不超过0.5A，否则电磨损的速度会加快。

铂由于容易产生液桥，且在有机蒸气中容易生成有机膜，因此，不采用纯铂作继电器的触头材料，一般都采用铂的合金作小功率继电器的触头。

(2) 中电流及强电流触头材料的选用。对于中电流及强电流触头，一般选用铜、黄铜、青铜或其他合金，并且大量应用金属陶瓷材料。

黄铜耐电弧性能好，青铜既耐磨又耐电弧。金属陶瓷材料是由两种或两种以上的金属粉末混合在一起，压制成形后，经烧结而成的，是彼此不相熔合的机械混合物。如前面介绍过的银-钨陶瓷材料综合了两种材料的优点，银起导电作用，钨起骨架作用，在电弧的高温及冲击力作用下，触头电磨损和机械磨损都较小。此外这种金属陶瓷材料的价格比纯银要便宜些。

金属陶瓷材料用于大容量的触头材料，一般有银-钨、铜-钨、银-镍、银-石墨、银-氧化镉、银-氧化锡、银-氧化锌等。在高压电器中，由于电弧较为强烈，因而要求触头材料有更高的耐电弧能力，所以采用钨含量较高的金属陶瓷材料，如银-钨70、铜-钨80、铜-钨60、铜-钨50等。在低压电器中，多采用银-钨40和银-钨30两种金属陶瓷材料。

银-石墨陶瓷材料也可以用作低压断路器的触头，它具有最好的抗熔焊性。若将银-石墨和银-钨配对使用，可以使触头的抗熔焊性大大改善，特别是银-石墨用作阳极时，效果更佳。金属陶瓷材料的缺点是电导率较低，因此，常制成薄片等形状焊在触头的接触面上。

(3) 固定电接触所用材料的选用。对于固定电接触连接，如母线，现在广泛采用铝代替铜。因为铝相对于铜而言，质量轻，并且具有一定的机械强度，价格较低。但由于铝容易氧化，且氧化膜的导电性很差，一般采用铝表面覆盖银、铜和锡等方法以减小接触电阻。

(4) 真空开关电器所用的触头材料。真空开关触头是一种特殊的强电用触头。由于真空开关电器的触头材料对电弧的特性与弧后介质恢复过程的影响很大，因此，除了满足对一般触头材料的要求外，还要求触头表面特别洁净及具有更高的抗熔焊性能。在真空开关电器中，触头间的开距小，电压梯度大，容易引起电击穿，所以要求触头材料具有坚固而致密的组织，在强电场作用下仍能保持光滑完整的表面。真空中的灭弧能力很强，在分断小电流时，容易出现电流还在某一值时就被强迫下降到零的现象，从而导致过早熄灭电弧而产生很大的过电压。为了降低截流过电压，要求材料的截流水平值小。此外真空开关的触头材料的含气量必须很小，以保证在电弧作用下，从材料中释放出来的气体不影响灭弧室的真空度。

2.6.5 触头材料的发展趋势

用于真空断路器的触头材料目前大多采用铜-铬合金。这类合金材料在含量上国内普遍采用 Cu 和 Cr 的含量均等，各占 50%，而国外则多数采用 Cu 和 Cr 比为 75∶25。其主要原因是 Cr 含量相对较高时，其抗熔焊能力较强。但从电导率来比较，铜含量高者导电性好。此外，国外铬粉的价格要比国产的贵很多，生产成本对触头材料而言也是一个很重要的影响因素，为了降低成本，可采取减少触头材料中 Cr 含量的方法。

为了进一步提高触头的开断能力，国外正在研究在铜-铬合金的基础上添加其他元素，如 Ta、Nb、Ti、Zr、Al 等，可以将原合金触头材料的开断能力提高为原来的 1～2 倍。

2.7 高压断路器概述

高压断路器是电力系统中最重要的控制和保护电器。由于它具有完善的灭弧装置，不仅可以用来在正常情况下接通和断开各种负载电路，而且在故障情况下能自动迅速地开断故障电流，还能实现自动重合闸的功能。

2.7.1 高压断路器的分类

我国目前电力系统中使用的高压断路器依据装设地点不同可分为户内和户外两种型式；根据断路器所采用的灭弧介质及作用原理的不同，又可分为以下几种类型。

(1) 油断路器：以绝缘油作为灭弧介质和绝缘介质。

(2) 空气断路器：利用压缩空气作为灭弧介质和绝缘介质，并采用压缩空气作为分、合闸的操作动力。

(3) SF_6断路器：采用具有优良灭弧性能和绝缘性能的 SF_6 气体作为灭弧介质和绝缘介质。

(4) 真空断路器：利用压力低于 1atm(标准大气压，1atm＝101.325kPa)的空气作为灭弧介质。这种断路器中的触头不易氧化，寿命长，行程短。

(5) 自产气断路器：利用固体绝缘材料在电弧的作用下分解出的大量气体进行气吹灭弧。常用的灭弧材料有聚氯乙烯和有机玻璃等。

(6) 磁吹断路器：靠磁力吹弧，将电弧吹入狭缝中，使电弧熄灭。

2.7.2 断路器的技术参数

为了描述高压断路器的特性，制造厂家给出了高压断路器各方面的技术参数，以便在进行电气部分设计及运行中正确使用。高压断路器主要的技术参数包括以下几个。

(1) 额定电压 U_N。额定电压是容许断路器连续工作的工作电压(指线电压)，标于断路器的铭牌上。额定电压的大小决定着断路器的绝缘水平和外形尺寸，同时也决定着断路器的熄弧条件。国家标准规定，断路器额定交流电压等级有 3kV、6kV、10kV、20kV、35kV、60kV、110kV、220kV、330kV、500kV、750kV、1 000kV 等；直流电压等级有±400kV、±500kV、±800kV。

(2) 最高工作电压 U_{max}。考虑到输电线路上有电压降，变压器出口端电压应高于线路额定电压，断路器可能在高于额定电压的装置中长期工作，因此，又规定了断路器的最高工作电压。按国家标准规定，对于额定电压为 220kV 及以下的设备，其最高工作电压为额定电压的 1.15 倍；对于额定电压为 330kV 及以上的设备，最高工作电压为其额定电压的 1.1 倍。

(3) 额定电流 I_N。额定电流是指断路器长期允许通过的电流，在该电流下断路器各部分的温升不会超过容许数值。额定电流决定了断路器触头及导电部分的截面，并且在某种程度上也决定了它的结构。

(4) 额定开断电流 I_{Nbr}。开断电流是指在一定的电压下断路器能够安全无损地进行开断的最大电流。在额定电压下的开断电流称为额定开断电流。当电压低于额定电压时，容许开断电流可以超过额定开断电流，但不是按电压降低成比例地增加，而是有一个极限值，这个值是由某一种断路器的灭弧能力和承受内部气体压力的机械强度所决定的，上述这个极限值称为极限开断电流。

(5) 动稳定电流 i_{ds}。动稳定电流是指断路器在合闸位置时允许通过的最大短路电流。这个数值是由断路器各部分所能承受的最大电动力所决定的。动稳定电流又称为极限通过电流。

(6) 热稳定电流 I_r。热稳定电流是表明断路器承受短路电流热效应能力的一个参数。它采用在一定热稳定时间内断路器允许通过的最大电流(有效值)表示。

(7) 额定关合电流 I_{Ncl}。断路器关合有故障的电路时，在动、静触头接触前后的瞬间，强大的短路电流可能引起触头弹跳、熔化、焊接，甚至使断路器爆炸。断路器能够可靠接通的最大电流称为额定关合电流，一般取额定开断电流的 $1.8\sqrt{2}$ 倍。断路器关合短路电流的能力除与断路器的灭弧装置性能有关外，还与断路器操动机构合闸功的大小有关。

(8) 合闸时间 t_{on} 和分闸时间 t_{off}。对有操动机构的断路器，自发出合闸信号(即合闸线圈加上电压)到断路器三相触头接通时为止所经过的时间，称为断路器的合闸时间。

分闸时间是指从发出跳闸信号起(即跳闸线圈加上电压)到三相电弧完全熄灭时所经过的时间。一般合闸时间大于分闸时间。分闸时间由固有分闸时间和燃弧时间两部分组成。固有分闸时间是指从加上分闸信号起直到触头开始分离时为止的一段时间。燃弧时间是指触头开始分离产生电弧时起直到三相的电弧完全熄灭时为止的一段时间。

(9) 自动重合闸性能。装设在输、配电线路上的高压断路器，如果配备自动重合闸装置必能明显地提高供电可靠性，但断路器实现自动重合闸的工作条件比较严格。这是因为自动重合闸不成功时，断路器必须连续两次跳闸灭弧，两次跳闸之间还必须关合于短路故障。为此要求高压断路器满足自动重合闸的操作循环，即进行下列试验合格。

$$合分—\theta—合分—t—合分 \tag{2-15}$$

式中：θ——断路器切断短路故障后，从电弧熄灭时刻起到电路重新接通为止所经过的时间，称为无电流间隔时间，通常θ为0.3～0.5s；

t——强送电时间，通常取$t=180$s。

原先处在合闸送电状态中的高压断路器，在继电保护装置作用下分闸(第一个“分”)，经时间θs后断路器又重新合闸，如果短路故障是永久性的，则在继电保护装置作用下无时限立即分闸(第一个“合分”)，经强送电时间t(180s)后手动合闸，如短路故障仍未消除，则随即又跳闸(第二个“合分”)。

对于有重要负荷的供电线路，增加一次强送电是很有必要的。图2.23所示为高压断路器自动重合闸额定操作顺序的示意图。图中波形表示短路电流。

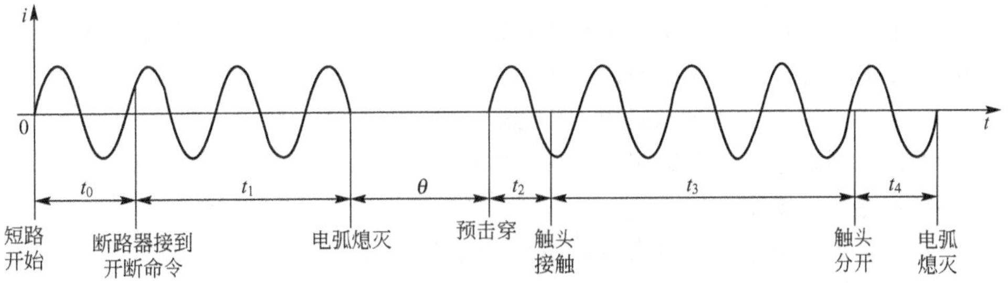

图2.23 高压断路器自动重合闸额定操作顺序的示意图

t_0—继电保护动作时间；t_1—断路器全分闸时间；θ—自动重合闸的无电流间隔时间；t_2—预击穿时间；t_3—金属短接时间；t_4—燃弧时间

2.7.3 对断路器的基本要求

由于断路器要在正常工作时接通或切断负荷电流，短路时切断短路电流，并受环境变化影响，故对高压断路器有以下几方面基本要求。

(1) 断路器在额定条件下，应能长期可靠地工作。

(2) 应具有足够的断路能力。由于电网电压较高，正常负荷电流和短路电流都很大，当断路器断开电路时，触头间会产生强烈的电弧，只有当电弧完全熄灭时，电路才能真正断开。因此，要求断路器应具有足够的断路能力，尤其在短路故障时，应能可靠地切断短路电流，并保证具有足够的热稳定度和动稳定度。

(3) 具有尽可能短的开断时间。当电力网发生短路故障时，要求断路器迅速切断故障电路，这样可以缩短电力网的故障时间和减轻短路电流对电气设备的损害。在超高压电网中迅速切断故障电路还可以提高电力系统的稳定性。

(4) 结构简单，价格低廉。在要求安全可靠的同时，还应考虑到经济性。因此，断路器应力求结构简单，尺寸小，质量轻，价格低。

2.7.4 断路器的型号表示法

各种高压断路器的结构和性能是不一样的，即使是同一种类的高压断路器也具有不同的技术参数。为了标志断路器的型号、规格，通常用文字符号和数字写成下列形式。

×××-××/×-×

- 额定开断电流(kA)
- 额定电流(A)
- C—手车式，G—改进型，W—防污型，Q—防震型
- 额定电压(kV)
- 设计序号
- 安装地点：N—户内型，W—户外型
- 断路器类型：D—多油断路器，S—少油断路器，K—空气断路器，L—六氟化硫(SF_6)断路器，Z—真空断路器

上述各叉号依一定次序排列，从左到右，各叉号代表的意义如下。

1——产品类型字母代号：S表示少油断路器，D表示多油断路器，K表示空气断路器，L表示SF_6断路器，Z表示真空断路器。

2——安装场所代号：N表示屋内，W表示屋外。

3——设计系列顺序号：以数字“1、2、3、…”表示。

4——额定电压，kV。

5——其他标志，通常以字母表示，如G表示改进型。

6——额定电流，A。

7——额定开断电流，kA。

8——特殊环境代号。

2.7.5 高压断路器的典型结构

高压断路器的典型结构如图2.24所示。它的核心部件是开断元件，包括动触头、静触头、导电部件和灭弧室等。动触头和静触头处于灭弧室中，用来开断和关合电路的，是断路器的执行元件。断路器断口的引入载流导体和引出载流导体通过接线座连接。开断元件是带电的，放置在绝缘支柱上，使处在高电位状态下的触头和导电部分保证与接地的零电位部分绝缘。动触头的运动(开断动作和关合动作)由操动机构提供动力。操动机构与动触头的连接由传动机构和提升杆来实现。操动机构使断路器合闸、分闸。当断路器合闸后，操动机构使断路器维持在合闸状态。

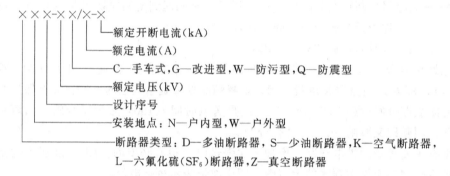

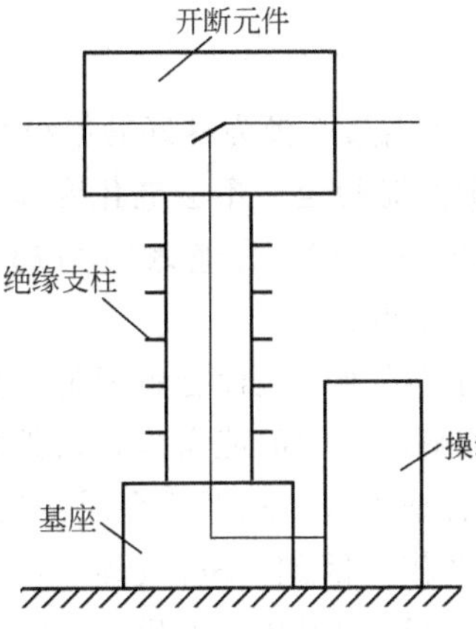

图 2.24 高压断路器典型结构示意图

2.8 SF_6断路器

1955 年，有国家开始用 SF_6 气体作为断路器的灭弧介质，20 世纪 70 年代，SF_6 断路器获得迅速发展。我国于 1967 年开始研制 SF_6 断路器，1979 年开始引进 500kV 及以下断路器及 SF_6 全封闭组合电器技术。目前，SF_6 断路器已成为我国 110kV 及以上系统中首选的开关类型。

2.8.1 SF_6 气体的性能

1）物理化学性质

(1) SF_6 分子是以硫原子为中心、6 个氟原子对称地分布在周围形成的，呈正八面体结构。其氟原子有很强的吸附外界电子的能力，SF_6 分子在捕捉电子后成为低活动性的负离子，对去游离有利；另外，SF_6 分子的直径较大(0.456nm)，使得电子的自由行程减小，从而减少碰撞游离的发生。

(2) SF_6 为无色、无味、无毒、不可燃、不助燃的非金属化合物；在常温常压下，其密度约为空气的 5 倍；常温下压力不超过 2MPa 时仍为气态。其总的热传导能力远比空气好。

(3) SF_6 的化学性质非常稳定。在干燥情况下，温度低于 110℃时，它与铜、铝、钢等材料都不发生作用；温度高于 150℃时，与钢、硅钢开始缓慢作用；温度高于 200℃时，与铜、铝才发生轻微作用；温度达 500～600℃时，与银也不发生作用。

(4) SF_6 的热稳定性极好，但在有金属存在的情况下，热稳定性则大为降低。它开始分解的温度为 150～200℃，其分解随温度升高而加剧。当温度达到 1 227℃时，分解物基本上是 SF_4(有剧毒)；在 1 227～1 727℃时，分解物主要是 SF_4 和 SF_6；温度超过 1 727℃时，分解为 SF_2 和 SF。

在电弧或电晕放电中，SF_6 将分解，由于金属蒸气参与反应，生成金属氟化物和硫的低氟化物。当 SF_6 气体含有水分时，还可能生成 HF(氟化氢)或 SO_2，对绝缘材料、金属材料都有很强的腐蚀性。

2）绝缘和灭弧性能

基于 SF_6 的上述物理化学性质，SF_6 具有极为良好的绝缘性能和灭弧能力。

(1) 绝缘性能。SF_6 气体的绝缘性能稳定，不会老化变质。当气压增大时，其绝缘能力也随之提高。在气压为 0.1MPa 时，SF_6 的绝缘能力超过空气的 2 倍；在气压为 0.3MPa 时，其绝缘能力和变压器油相当。

(2) 灭弧性能。SF_6 在电弧作用下接受电能而分解成低氟化合物，但需要的分解能却比空气高得多，因此，SF_6 分子在分解时吸收的能量多，对弧柱的冷却作用强。当电弧电流过零时，低氟化合物则急速再结合成 SF_6，故弧隙介质强度恢复过程极快。另外，SF_6 中电弧的电压梯度比空气中的约小 3 倍，因此，SF_6 气体中电弧电压也较低，即燃弧时的电弧能量较小，对灭弧有利。所以，SF_6 的灭弧能力相当于同等条件下空气的 100 倍。

2.8.2 SF_6 断路器的特点

(1) 断口耐压高。由于单断口耐压高，所以对于同一电压等级，SF_6 断路器的断口数目比少油断路器和空气断路器的断口数目少。这就必然使结构简化，减少占地面积，有利于断路器的制造和运行管理。

(2) 开断容量大。目前世界范围内，500kV 及以上电压等级的 SF_6 断路器，其额定开断电流一般为 40～60kA，最大已达 80kA。

(3) 电寿命长、检修间隔周期长。由于 SF_6 断路器开断电路时触头烧损轻微，所以电寿命长。一般连续(累计)开断电流 4 000～8 000kA 可以不检修。

(4) 开断性能优异。SF_6 断路器不仅可以切断空载长线不重燃，切断空载变压器不截流，而且可以比较容易地切断近区短路故障。

2.8.3 SF_6 断路器的分类

(1) 按其使用地点分为敞开型和全封闭组合电器(Gas Insulated Switchgear, GIS)型。

(2) 按其结构形式可分为瓷绝缘支柱型和落地罐型。瓷绝缘支柱型类同少油断路器，只是用 SF_6 气体代替了少油断路器中的油。这种 SF_6 断路器可作成积木式结构，系列性、通用性强。落地罐型断路器类同多油断路器，但气体被封闭在一个罐内。这种 SF_6 断路器的整体性强，机械稳固性好，防震能力强，还可以组装电流互感器等其他元件，但系列性差。

(3) 按其灭弧方式可分为双压式和单压式。

2.8.4 SF_6 断路器灭弧室工作原理

1. 双压式灭弧室

双压式灭弧室如图 2.25 所示。灭弧室设有高压和低压两个气压系统。低压系统的压力一般为 0.3～1.5MPa，它主要用作灭弧室的绝缘介质。高压系统的压力一般为 1～

1.5MPa，它只在灭弧过程中才起作用。高、低压室之间有压气泵及管道相连，当高压室气压降低或低压室气压上升到一定程度时，压气泵启动，把低压室的气体打到高压室，形成封闭的自循环系统。开断时，利用两个系统的压力差形成气流来熄弧。

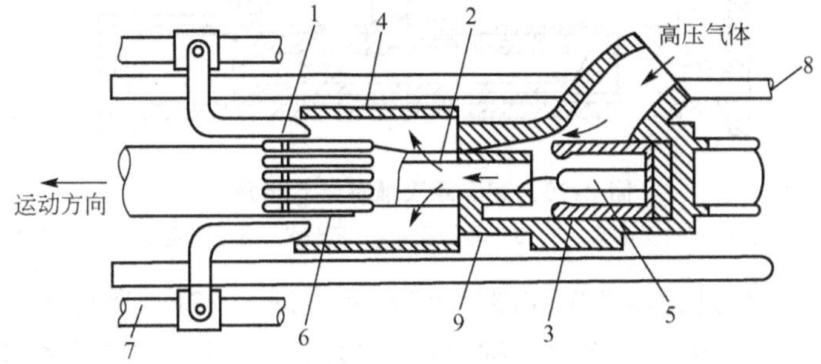

图 2.25 双压式灭弧室工作原理

1—动触头的横担；2—动触头上的孔；3—静触头；4—吹弧屏罩；5—定弧极；
6—中间触头；7—绝缘操作杆；8—绝缘支持杆；9—灭弧室

动触头为中空的喷嘴形，侧面有孔 2，分、合闸时，它在用弹簧加压的中间触头 6 内移动。触头系统被吹弧喷嘴和吹弧屏罩 4 所环绕，以控制电弧的位置和热气体的运动。

当断路器处于合闸状态时，灭弧室触头系统处于低压的 SF_6气体中。这时动触头插入静触头 3 内，定弧极 5 则处于动触头的空腔中。

分闸时，灭弧室通向高压室的控制阀打开，高压 SF_6气体自高压区顺着箭头方向进入低压区。当动、静触头分离时，在定弧极与动触头空腔内壁之间产生电弧，并打开动触头上的孔 2，从而使电弧受到 SF_6气流的强烈吹动、冷却而熄灭。随后，控制阀关闭，停止供气。

这种灭弧室具有吹弧能力强、开断容量大，动作快、燃弧时间短等优点。所以早期的 SF_6断路器都用这种灭弧室。但其存在结构复杂，所用辅助设备多，维护不方便等明显缺点，已逐渐被单压式灭弧室所取代。

2. 单压式灭弧室

单压式灭弧室是根据活塞压气原理工作的，又称压气式灭弧室。平时灭弧室中只有一种压力(一般为 0.3～0.5MPa)的 SF_6气体，起绝缘作用。开断过程中，灭弧室所需的吹气压力由动触头系统带动压气缸对固定活塞相对运动产生，就像打气筒一样。其 SF_6气体同样是在封闭系统中循环使用，不能排向大气。这种灭弧装置结构简单、动作可靠。我国研制的 SF_6断路器均采用单压式灭弧室。单压式灭弧室又分定开距和变开距两种。

(1) 定开距灭弧室。图 2.26 为定开距灭弧室结构示意图(合闸状态)。断路器的触头由两个带喷嘴的空心静触头 3、5 和动触头 2 组成。断路器弧隙由两个静触头保持固定的开距，故称为定开距灭弧室。由于 SF_6的灭弧和绝缘能力强，所以开距一般不大。动触头与压气缸 1 连成一体，并与拉杆 7 连接，操动机构可通过拉杆带动动触头和压气缸左右运动。固定活塞由绝缘材料制成，它与动触头、压气缸之间围成压气室 4。

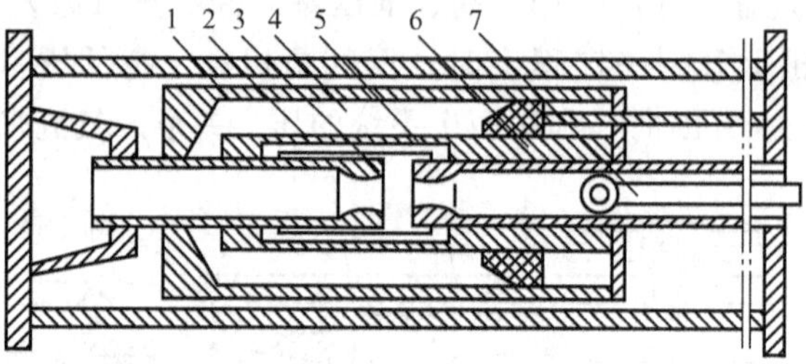

图 2.26　定开距灭弧室结构示意图

1—压气缸；2—动触头；3、5—静触头；4—压气室；6—固定活塞；7—拉杆

定开距灭弧室动作过程示意图如图 2.27 所示。图 2.27(a)为断路器处于合闸位置，这时动触头跨接于两个静触头之间，构成电流通路；分闸时，操动机构通过拉杆带着动触头和压气缸向右运动，使压气室内的 SF_6气体被压缩，压力约提高 1 倍左右，这一过程称压气过程或预压缩过程，如图 2.27(b)所示；当动触头离开静触头 3 时，产生电弧，同时将原来被动触头所封闭的压气缸打开，高压 SF_6气体迅速向两静触头内腔喷射，对电弧进行强烈的双向纵吹，如图 2.27(c)所示；当电弧熄灭后，触头处在分闸位置，如图 2.27(d)所示。

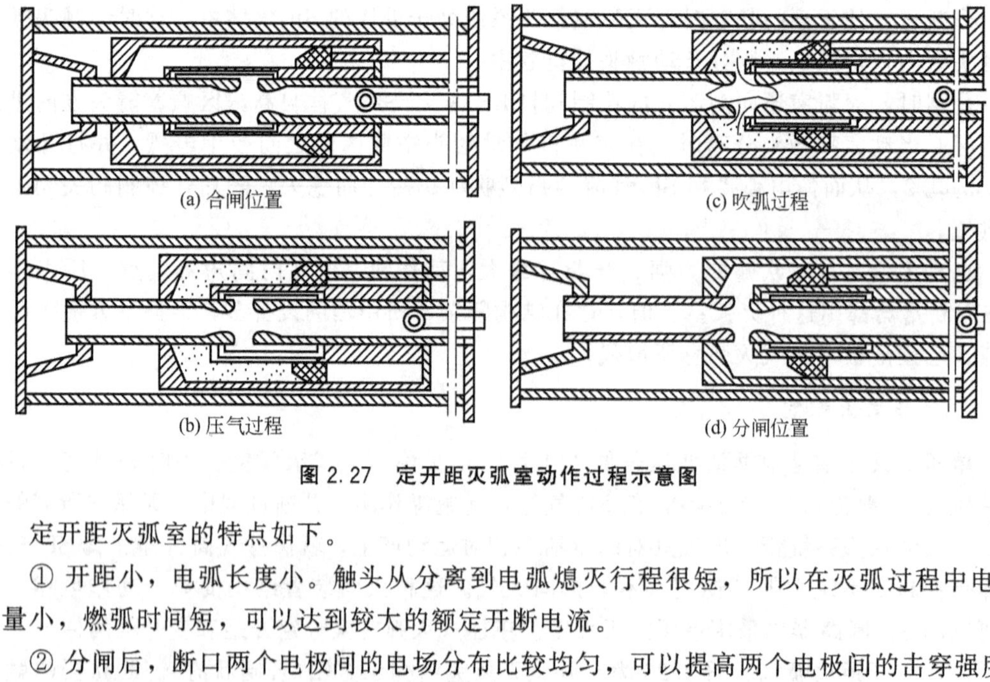

图 2.27　定开距灭弧室动作过程示意图

定开距灭弧室的特点如下。

① 开距小，电弧长度小。触头从分离到电弧熄灭行程很短，所以在灭弧过程中电弧能量小，燃弧时间短，可以达到较大的额定开断电流。

② 分闸后，断口两个电极间的电场分布比较均匀，可以提高两个电极间的击穿强度。

③ 气流状态随设计喷口而定，气流状态好。

④ 喷嘴用耐电弧合金制成，受电弧烧损轻微，多次开断仍能保持性能稳定。

⑤ 压气室体积大，SF_6气体压力提高到所需值的时间较长，所以使断路器的动作时间加长。

(2) 变开距灭弧室。变开距灭弧室结构图(分闸状态)如图 2.28 所示。其触头系统包括主静触头1、弧静触头2、主动触头5、弧动触头4及中间触头10，而且主触头(即工作触头)和中间触头装在外侧，以改善散热条件，提高断路器的热稳定性。喷嘴3由耐高温的绝缘材料(聚四氟乙烯)制成，并与弧动触头4、主动触头5及压气缸6连成一体，构成灭弧室的可动部分。压气室8有通道通向喷嘴3，在固定活塞9上有逆止阀7。

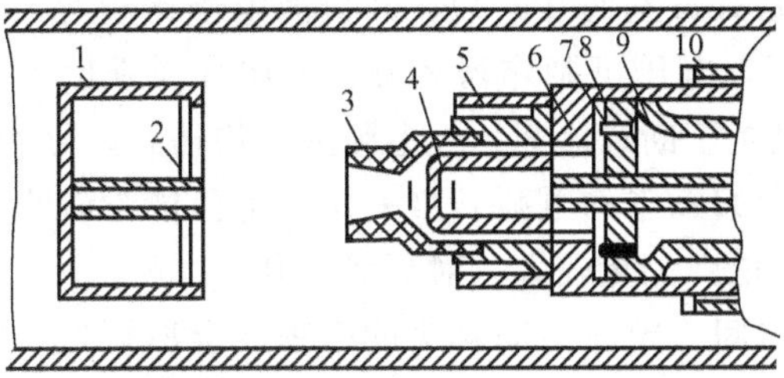

图2.28　变开距灭弧室结构示意图

1—主静触头；2—弧静触头；3—喷嘴；4—弧动触头；5—主动触头；
6—压气缸；7—逆止阀；8—压气室；9—固定活塞；10—中间触头

合闸时，操动机构通过拉杆使可动部分向左运动，压气室压力降低，逆止阀打开，SF_6气体从活塞上的小孔经逆止阀充入压气室，不致使压气室内形成负压，影响合闸速度。

变开距灭弧室动作过程示意图如图2.29所示。图2.29(a)为断路器处于合闸位置，这时由主静触头、主动触头、压气缸、中间触头构成电流通路；分闸时，操动机构通过拉杆带着可动部分向右运动，使压气室内的SF_6气体被压缩，逆止阀关闭，压气室压力增加，主动、静触头首先分离，如图2.29(b)所示。当弧动、静触头分离时，产生电弧，同时压气室高压气流向弧动、静触头内腔喷射，对电弧进行强烈的双向纵吹，如图2.29(c)所示。当电弧过零时熄灭，触头处在分闸位置，弧柱的热能被排入灭弧室钢筒外壳，新鲜冷态的SF_6气体重新充入弧隙，保证断口的绝缘，如图2.29(d)所示。

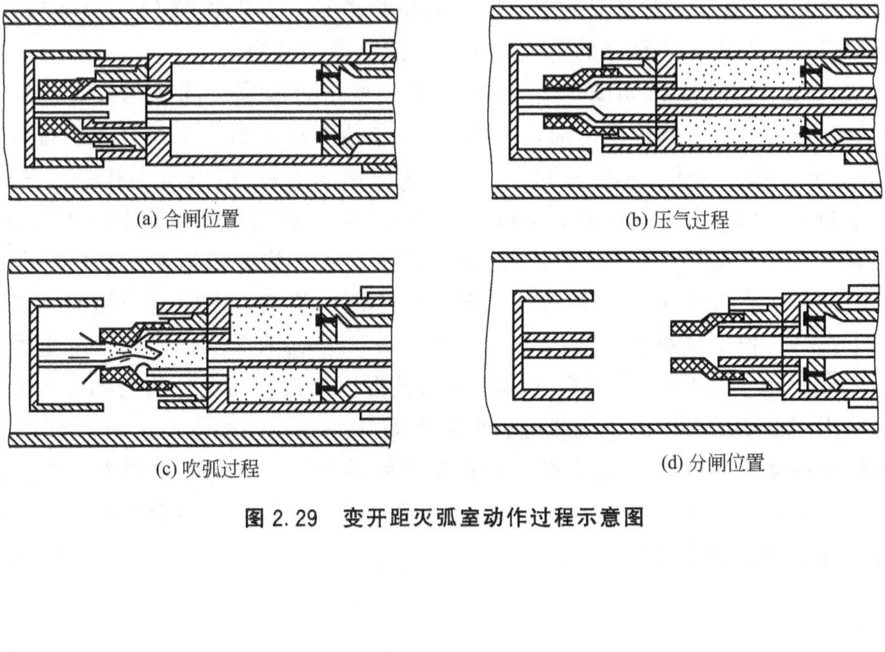

(a) 合闸位置　(b) 压气过程

(c) 吹弧过程　(d) 分闸位置

图2.29　变开距灭弧室动作过程示意图

由于这种灭弧室触头的开距在分闸过程中是变化的，所以称为变开距灭弧室。

(3) 定开距与变开距灭弧室的比较如下。

① 气吹情况。定开距吹弧时间短促，压气室内的气体利用稍差；变开距的气吹时间比较富裕，压气室内的气体利用比较充分。

② 断口情况。定开距灭弧室的开距短，断口间电场比较均匀，绝缘性能较稳定；变开距灭弧室的开距大，断口电压可制作得较高，起始介质强度恢复较快，但断口间的电场均匀度较差，绝缘喷嘴置于断口之间，经电弧多次灼伤后，可能影响断口绝缘能力。

③ 电弧能量。定开距灭弧室的电弧长度一定，电弧能量较小，对灭弧有利，变开距灭弧室的电弧拉得较长，电弧能量较大，对灭弧不利。

④ 行程与金属短接时间。定开距动触头的行程及金属短接时间较长，变开距可动部分的行程及金属短接时间较短，对缩短断路器的动作时间有利。

目前国内运行的SF_6断路器普遍采用变开距灭弧室，如ELF型断路器(引进瑞士ABB公司技术)、SFM型断路器(引进日本三菱公司技术)、OFP型断路器(引进日立公司技术)、FA型断路器(引进法国MG公司技术)等。国内外产品中采用定开距灭弧室的也不少，如德国西门子公司、英国GEC公司产品，我国一些高压开关厂的部分产品。

2.8.5 SF_6断路器结构

SF_6断路器按结构型式可分为支柱式(或称瓷瓶式)SF_6断路器、落地罐式SF_6断路器及SF_6全封闭组合电器用SF_6断路器3类。本书仅介绍前两类。

1. 支柱式

支柱式SF_6断路器系列性强，可以用不同个数的标准灭弧单元及支柱瓷套组成不同电压级的产品。按其整体布置形式可分为“Y”形布置、“T”形布置及“I”形布置3种。

1)“Y”形布置的SF_6断路器

现以LW6-220型SF_6断路器为例说明。该型断路器为引进法国MG公司FA系列断路器技术的产品，均由3个独立的单相组成，配液压操动机构。

LW6-220型一相结构图如图2.30所示。它主要由灭弧室、均压电容、三联箱、支柱、支腿(或称连接座)、密度继电器、动力单元(包括主贮压器、工作缸、供排油阀及辅助油箱)等部分组成。每相为单柱双断口，即每相有两个灭弧室(单压变开距)，每个灭弧室各有一个断口，每个断口并联有2 500pF的均压电容，以改善断口间的电压分布。支柱有两节瓷套，承担断路器带电部分与地绝缘的任务；支柱瓷套内有绝缘拉杆，拉杆的上端与三联箱内的传动机构相连；支腿的上部有气体密封装置，中间有一组对接法兰把绝缘拉杆的下端与工作缸活塞杆连接起来，并装有分、合机械指示板，密度继电器用于监视SF_6气体的泄漏，它带有充放SF_6气体的自动触头。灭弧室和支柱均为独立气隔，安装后在三联箱内用自动接头连通。三联箱为单独气隔。

断路器的操动方式有分相操动和三相联动两种类型。前者每相均具有独立的操作系统，可进行单相或三相的分、合闸或自动重合闸。后者三相共用一套操作系统，可进行三相的分、合闸或自动重合闸。

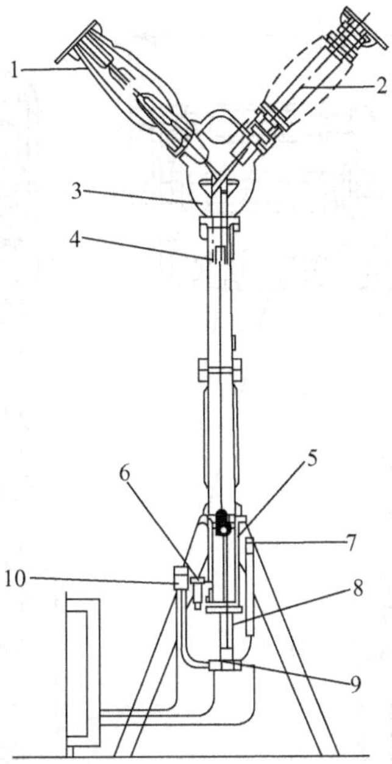

图 2.30 LW6-220 型 SF_6 断路器一相结构图

1—灭弧室；2—均压电容；3—三联箱；4—支柱；5—支腿；
6—密度继电器；7—主贮压器；8—工作缸；9—供排油阀；10—辅助油箱

断路器的动作过程是：工作缸内的活塞受到来自供排油阀的合、分命令后，驱动支柱内的绝缘拉杆作上、下垂直运动，经三联箱内的传动机构变换为灭弧室中可动部分(压气缸、主动触头及弧动触头)在两个斜方向上的运动，实现断路器的合、分闸。

每台三相断路器配有一台液压柜，柜内装有控制阀(带分、合闸电磁铁)、油压开关、电动油泵、手力泵、防振容器、辅助贮压器、信号缸、辅助开关、主油箱、三级阀(仅三相联动操作有)等元件。

每台三相断路器配有一台汇控柜，内装有各种电气控制元件，用于控制和监视断路器的分、合闸操作和油泵的启动闭锁等。断路器每相的密度继电器、主贮压器漏氮报警装置以及液压柜中的电气部分，与汇控柜之间用电缆连接。

2）“T”形布置的 SF_6 断路器

现以 FM-330、500 系列、HPL245-550B2 型 SF_6 断路器为例作介绍。

SFM-330、500 系列一相结构图如图 2.31 所示。其每相只有两个断口，灭弧室为变开距压气式结构，每相 SF_6 气体自成一个系统，包括压力表、密度继电器及其微动触点、一个供气口、一个检查口、一个动断截止阀及一个动合截止阀，SF_6 额定充气压力为 0.59MPa，每相配一台气动操动机构，可单相操作及三相联动。操动机构的供气系统有集中式和分散式两种：集中式为整个电站共用一个空压站，断路器的每个机构箱带有一个储气罐，由空压站通过管道充气；分散式为每台产品有一个压缩空气供给装置，每个机构箱仍带有一个储气罐，由压缩空气供给装置维持其正常压力。图 2.31 所示的 SFM330、500 系列 SF_6 断路器为分散式供气。

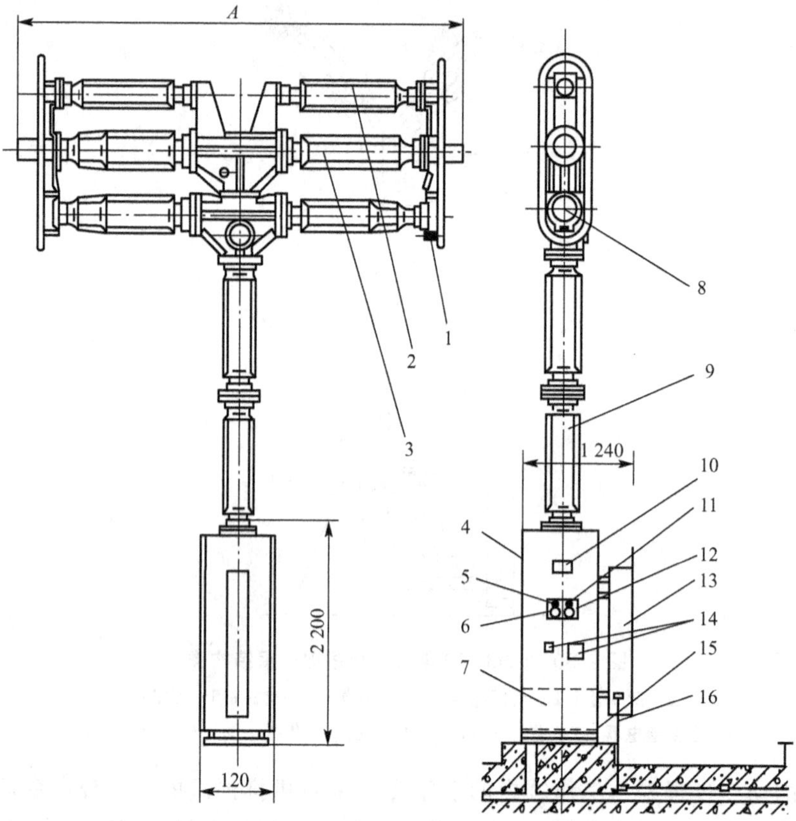

图 2.31　SFM－330、500 系列 SF_6 断路器一相结构图

1—接线端子；2—电容器；3—合闸电阻；4—机构箱；5—分合指示牌；
6—SF6 压力表；7—空气压缩机；8—灭弧室；9—支柱；10—名牌；11—操作计数器；
12—空气压力表；13—储气罐；14— 空压机铭牌；15—接地端(面积 20.250mm²)；16—防水阀

断路器极柱安装在热镀锌的支腿上，支腿由两个焊接成分体和用螺栓连接的桁架组成；支腿的上部为下机构箱及分闸弹簧筒，其内部结构如图 2.32 所示，该图机构箱中的操作臂 3 的上端分别与支柱中的绝缘操作杆及操作机构的拉杆连接，下端与分闸弹簧的拉杆 5 连接，机构箱并装有分、合机械指示板和密度继电器；每相配有 BLG1002A 型单相弹簧操动机构，可进行单相或三相的分、合闸或自动重合闸。断路器柱内永久地充以 SF_6 气体，在 20℃时，气体绝对压力为 0.7MPa。

2. *落地罐式*

目前，110～500kV 系统中均有落地罐式 SF_6 断路器产品，且其外形相似，大多是引进日本三菱公司 SFMT 型或日立公司 OFPT 型断路器技术的产品。这类产品实际上是断路器和电流互感器构成的复合电器，具有结构简单、体积小、开断性能好、抗振和耐污能力强、可靠性高、操作噪声小、不维修周期长、使用方便等优点。

SFMT-500 型 SF_6 断路器一相剖面图如图 2.33 所示。它由进出线充气瓷套管、接地金属罐、操动机构和底架等部件组成。断路器每相主要部件均装在相应的接地金属罐中，

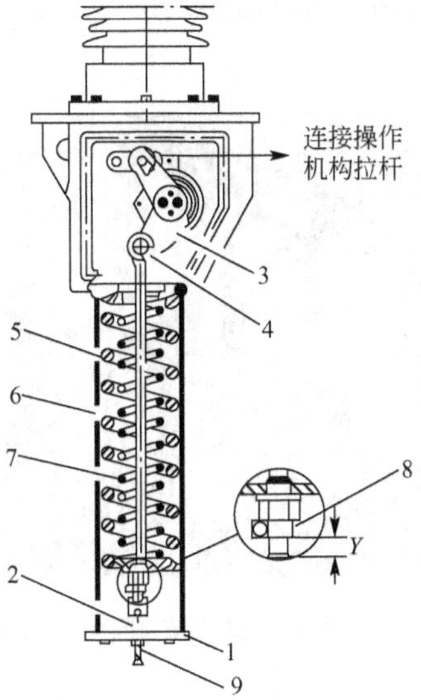

图 2.32　下机构及分闸弹簧

1—螺栓(4个)；2—底盖；3—操作臂；4—销钉；5—拉杆；
6—分闸弹簧筒；7—分闸弹簧；8—锁紧螺母；9—调节螺栓

灭弧室采用压气式原理，110kV、220kV产品为每相单断口结构，330kV、500kV及以上产品为每相双断口结构。每相分别利用两只充气瓷套管与架空线连接，充气瓷套的下端装有套管式电流互感器，可用于保护及测量。可配用液压式或气动式操动机构，断路器三相安装在公用的底架上(如SFMT-110型、SFMT-220型)或分装在各自的底架上(如LW12-220型、SFMT-500型)。

其触头和灭弧室装在充有SF_6气体并接地的金属罐中，触头与罐壁间的绝缘采用环氧支持绝缘子，绝缘瓷套管内有引出导电杆。吸附剂为活性氧铝、合成沸石，用于吸附水分及SF_6体的分解物。

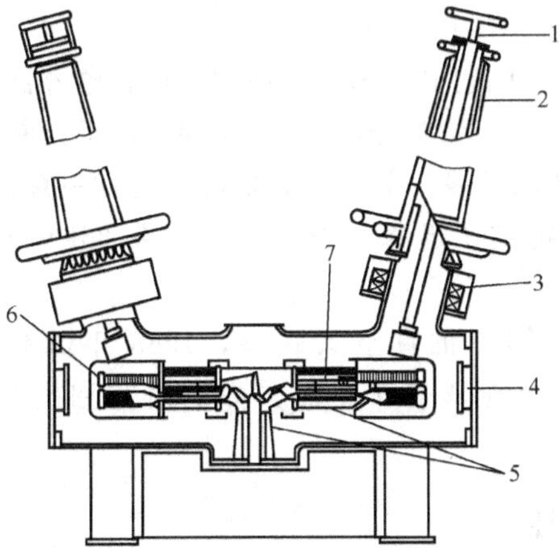

图 2.33　SFMT-500型SF_6断路器一相剖面图

1—接线端子；2—瓷套；3—电流互感器；
4—吸附剂；5—环氧支持绝缘子；6—合闸电阻；7—灭弧室

图 2.34 为某 500kV 变电站 SF_6 断路器实物图，图 2.35 为某 750kV 变电站 SF_6 断路器实物图。

图 2.34　某 500kV 变电站 SF_6 断路器实物图

图 2.35　某 750kV 变电站 SF_6 断路器及隔离开关实物图

2.9　真空断路器

20 世纪 50 年代开始，美国制成了第一批适用于切合电容器组等特殊场合使用的真空负荷开关，但其开断电流较小。20 世纪 60 年代初期，由于开断大电流用的触头材料获得解决，真空断路器得到了新的发展。由于真空断路器具有一系列明显的优点，从 20 世纪 70 年代开始，它在国际上得到了迅速的发展，尤其在 35kV 及以下系统更是处于优势地位。

我国于 1960 年研制了第一批真空灭弧室，1965 年试制成第一台三相真空开关(10kV、100A)。目前，国内在真空断路器方面的研究和生产均得到很大重视和迅速发展。

2.9.1　真空气体的特性

所谓真空是相对而言的，指的是绝对压力低于 1 个大气压的气体稀薄的空间。气体稀薄的程度用“真空度”表示。真空度就是气体的绝对压力与大气压的差值。气体的绝对压力值愈低，真空度就愈高。

(1) 气体间隙的击穿电压与气体压力有关。图 2.36 表示不锈钢电极、间隙长度为 1mm 时，真空间隙的击穿电压与气压的关系。在气体压力低于 133×10^{-4}Pa 时，击穿电压没有什么变化。压力为 $133\times10^{-4}\sim133\times10^{-3}$Pa 时，击穿电压有下降倾向。在压力高于 133×10^{-3}Pa 的一定范围内，击穿电压迅速降低。在压力为几百帕时，击穿电压达最低值。

(2) 这里所指的真空，是气体压力在 133×10^{-4}Pa 以下的空间，真空断路器灭弧室内的气体压力不能高于这一数值，一般在出厂时其气体压力在 133×10^{-7}Pa 以下。在这种气体稀薄空间，其绝缘强度很高，电弧很容易熄灭。在均匀电场作用下，真空的绝缘强度比变压器油、0.1MPa 下的 SF_6 及空气的绝缘强度都要高得多。

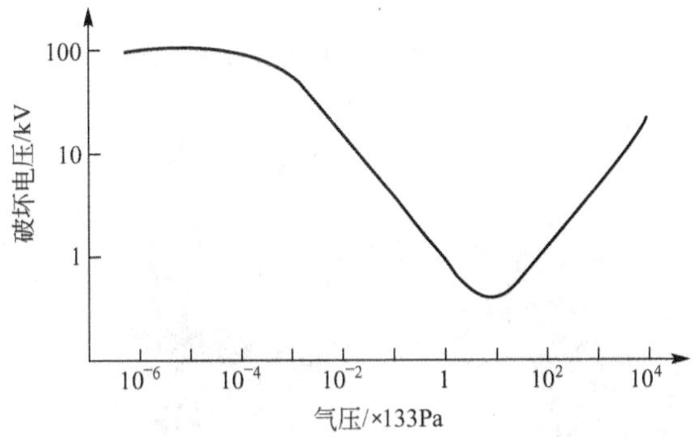

图 2.36 击穿电压与气体压力的关系

(3) 真空间隙的气体稀薄，分子的自由行程大，发生碰撞的几率小，因此，碰撞游离不是真空间隙击穿产生电弧的主要因素。真空中电弧是在触头电极蒸发出来的金属蒸气中形成的。因此，影响真空间隙击穿的主要因素除真空度外，还有电极材料、电极表面状况、真空间隙长度等。

用高机械强度、高熔点的材料作电极，击穿电压一般较高，目前使用最多的电极材料是以良导电金属为主体的合金材料。当电极表面存在氧化物、杂质、金属微粒和毛刺时，击穿电压便可能大大降低。当间隙较小时，击穿电压几乎与间隙长度成正比。当间隙长度超过 10mm 时，击穿电压上升陡度减缓。

2.9.2 灭弧室结构和工作原理

真空灭弧室的结构示意图如图 2.37 所示，实物如图 2.38 所示，亦称真空泡。它由外壳、触头和屏蔽罩三大部分组成。外壳是由绝缘筒 1、静端盖板 2、动端盖板 7 和波纹管 8 所组成的真空密封容器。灭弧室内的静触头 3 固定在静导电杆 9 上，静导电杆穿过静端盖板 2 并与之焊成一体。动触头 4 固定在动导电杆 10 的一端上，动导电杆的中部与波纹管 8 的一个端口焊在一起，波纹管的另一端口与动端盖板 7 的中孔焊接，动导电杆从中孔穿出外壳。在动、静触头和波纹管周围分别装有屏蔽罩 5 和 6。由于波纹管在轴向上可以伸缩，因而这种结构既能实现从灭弧室外操动动触头作分合运动，又能保证外壳的密封性。

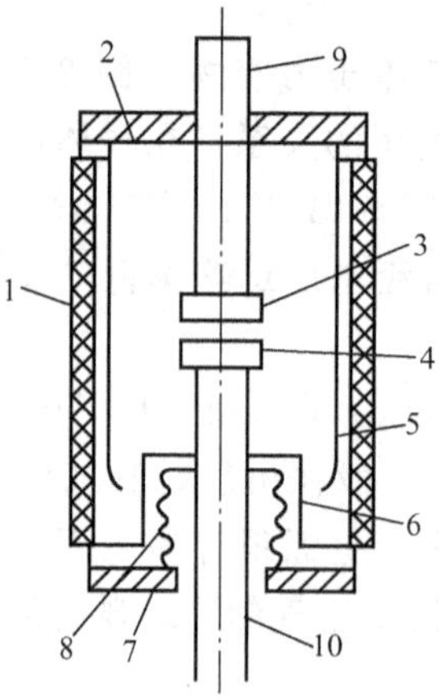

图 2.37　真空灭弧室的结构示意图

1—绝缘筒；2—静端盖板；3—静触头；4—动触头；5—主屏蔽罩；
6—波纹管屏蔽罩；7—动端盖板；8—波纹管；9—静导电杆；10—动导电杆

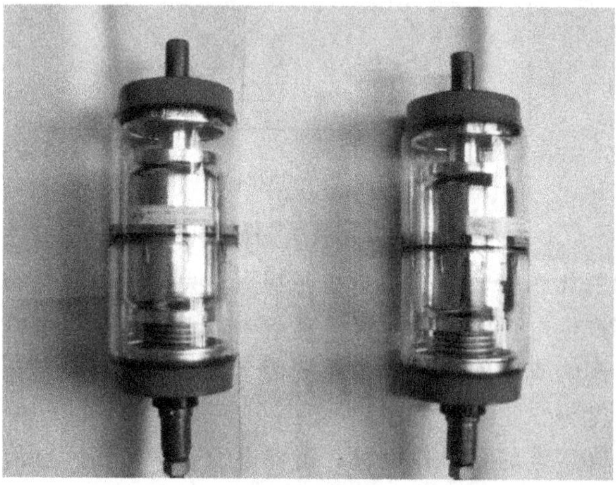

图 2.38　真空灭弧室(真空泡)实物图

由于大气压力的作用，灭弧室在无机械外力作用时，其动静触头始终保持闭合位置，当外力使动导电杆向外运动时，触头才分离。

1. 外壳

外壳的作用是构成一个真空密封容器，同时容纳和支持真空灭弧室内的各种零件。为保证真空灭弧室工作的可靠性，对外壳的密封性要求很高，其次是要有一定的机械强度。

绝缘筒用硬质玻璃、高氧化铝陶瓷或微晶玻璃等绝缘材料制成。外壳的端盖常用不锈钢、无氧铜等金属制成。

波纹管的功能是保证灭弧室完全密封，同时使操动机构的运动得以传到动触头上。波纹管常用的材料有不锈钢、磷青铜、铍青铜等，以不锈钢性能最好，有液压成形和膜片焊接两种形式。波纹管允许伸缩量应能满足触头最大开距的要求。触头每分、合一次，波纹管的波状薄壁就要产生一次大幅度的机械变形，很容易使波纹管因疲劳而损坏。通常，波纹管的疲劳寿命也决定了真空灭弧室的机械寿命。

2. 屏蔽罩

主屏蔽罩的主要作用是：防止燃弧过程中的电弧生成物喷溅到绝缘外壳的内壁上，引起其绝缘强度降低。冷凝电弧生成物，吸收部分电弧能量，以利于弧隙介质强度的快速恢复。改善灭弧室内部电场分布的均匀性，降低局部场强，促进真空灭弧室小型化。波纹管屏蔽罩用来保护波纹管免遭电弧生成物的烧损，防止电弧生成物凝结在其表面上。

屏蔽罩采用导热性能好的材料制造，常用的材料为无氧铜、不锈钢和玻璃，其中铜是最常用的。在一定范围内，金属屏蔽罩厚度的增加可以提高灭弧室的开断能力，但通常其厚度不超过 2mm。

3. 触头

触头是真空灭弧室内最为重要的元件，真空灭弧室的开断能力和电气寿命主要由触头状况来决定。就接触方式而言，目前真空断路器的触头系统都是对接式的。根据触头开断时灭弧的基本原理的不同，触头大致可分为非磁吹触头和磁吹触头两大类。下面分别介绍一些常见触头。

(1) 圆柱状触头。触头的圆柱端面作为电接触和燃弧的表面，真空电弧在触头间燃烧时不受磁场的作用，圆柱状触头为非磁吹型。开断小电流时，触头间的真空电弧为扩散型，燃弧后介质强度恢复快，灭弧性能好。开断电流较大时，真空电弧为集聚型，燃弧后介质强度恢复慢，因而开断可能失败。采用铜合金的圆柱状触头，开断能力不超过 6kA。在触头直径较小时，其极限开断电流和直径几乎呈线性关系，但当触头直径大于 50～60mm 后，继续加大直径，极限开断电流就很少增加了。

(2) 横磁吹触头。利用电流流过触头时所产生的横向磁场驱使集聚型电弧不断在触头表面运动的触头结构称为横磁吹触头。横磁吹触头主要可分为螺旋槽触头和杯状触头两种。

中接式螺旋槽触头的工作原理如图 2.39 所示。其整体呈圆盘状，靠近中心有一突起的圆环供接触状态导通电流用(所以称中接式。若圆环在外缘则称外接式)，在圆盘上开有 3 条(或更多)螺旋槽，从圆环的外周一直延伸到触头的外缘，动、静触头结构相同。当触头在闭合位置时，只有圆环部分接触。

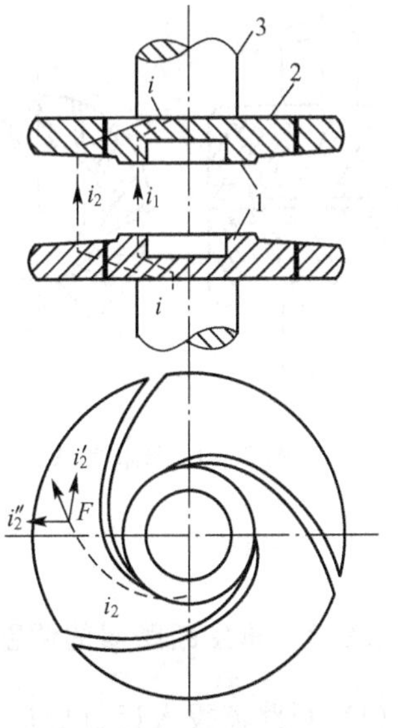

图 2.39　螺旋槽触头工作原理

1—接触面；2—跑弧面；3—导电杆

当触头分离时，最初在圆环上产生电弧电流 i_1。电流线在圆环处有拐弯，电流回路呈“［”形，其径向段在弧柱部分产生与弧柱垂直的横向磁场，使电弧离开接触圆环，向触头的外缘运动，把电弧推向开有螺旋槽的跑弧面(i_2)。由于螺旋槽的限制，电流 i_2 在跑弧面上只能按规定的路径流通，如图 2.39 中虚线所示。跑弧面上 i_2 径向分量的磁场使电弧朝触头外缘运动，而其切向分量的磁场使电弧在触头上沿切线方向运动，故可使电弧在触头外缘上作圆周运动，不断移向冷的触头表面，在工频半周的后半部电流减小时，集聚型电弧在新的触头表面转变为扩散型电弧，当电流过零时电弧熄灭。螺旋槽触头在大容量真空灭弧室中应用得十分广泛，它的开断能力可高达 40～60kA。

杯状触头的结构如图 2.40 所示。触头形状似一个圆形厚壁杯子，杯壁上开有一系列斜槽。这些斜槽实际上构成许多触指，靠其端面接触。

当触头分离产生电弧时，电流经倾斜的触指流通，产生横向磁场，驱使真空电弧在杯壁的端面上运动。杯状触头在开断大电流时，在许多触指上同时形成电弧，环形分布在圆壁的端面，每一个电弧都是电流不大的集聚型电弧。

在相同触头直径下，杯状触头的开断能力比螺旋槽触头要大一些，而且电气寿命也较长。

纵向磁场触头如图 2.41 所示。它的结构特点是在触头背面设置一个特殊形状的线圈，串联在触头和导电杆之间。按电流进入电极的并联路数不同，可分为 1/2、1/3、1/4 匝 3 种纵向磁场触头。图 2.41 为 1/4 匝的典型结构，导电杆中的电流先分成 4 路流过线圈的径向导体，进入线圈的圆周部分，然后流入触头。动、静触头的结构是完全一样的。开断电流时由于流过线圈的电流在弧区产生一定的纵向磁场，可使电弧电压降低和集聚电流值提高，从而能大大提高触头的开断能力和电气寿命。

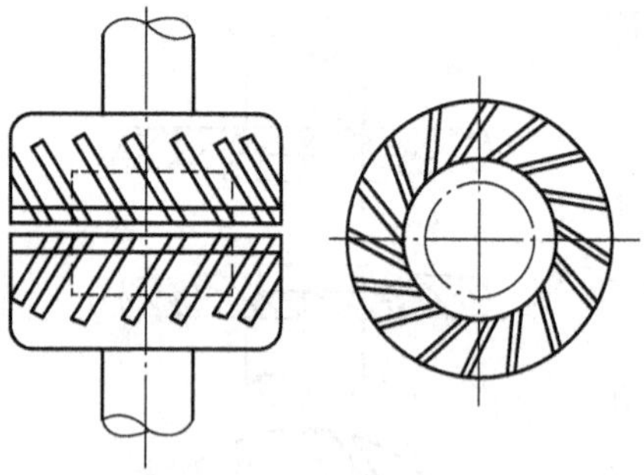

图 2.40 杯状触头

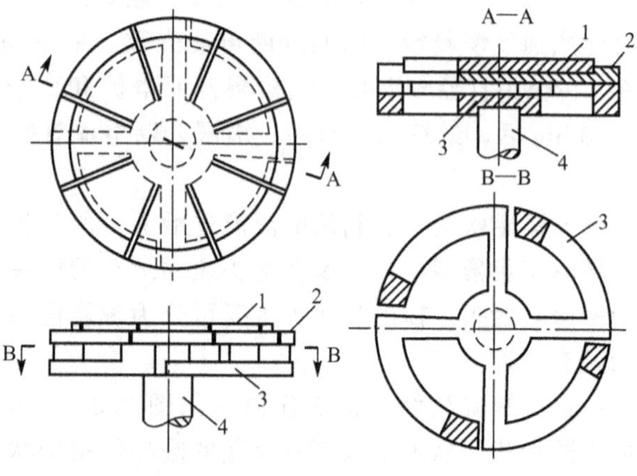

图 2.41 纵向磁场触头

1—触头；2—触头托；3—线圈；4—导电杆

2.9.3 真空断路器的调整与维修

(1) 断路器投入运行后应进行巡回检查，主要是检查有无异常的声音和气味，真空灭弧室有无损坏；检查内部零件是否光亮，若失去光亮则说明真空灭弧室已漏气，应立即更换灭弧室。观察触头超行程应在规定范围内。

(2) 每隔规定时间(大约一年)，断路器应定期进行检查。主要检查断路器的机械和电气性能，进行必要的调整、清扫和润滑等。

(3) 在巡回检查中发现有异常现象，或动作次数达到规定寿命，或分、合短路电流之后，都应将断路器退出进行临时检查。检查项目视其具体情况而定，如分、合短路电流后要检查触头超行程和真空灭弧室的耐压水平。断路器达到规定寿命次数后应进行全面检修。重新投入运行后必须缩短定期检修周期，特别是要经常用工频耐压法检查真空灭弧室的绝缘性能，观察触头质量和超行程。

真空灭弧室在使用 20 年、达到技术要求中规定的短路电流开断次数或机械寿命后即需更换。

2.10 高压断路器的操动机构

2.10.1 概述

操动机构是用来使高压断路器合闸、分闸，并维持在合闸状态的设备。操动机构由合闸机构、分闸机构和维持合闸机构(搭钩)3 部分组成。

同一台断路器可配用不同型式的操动机构，因此，操动机构通常与断路器的本体分离开来，具有独立的型号，使用时用传动机构与断路器连接。

由于操动机构是断路器分、合运动的驱动装置，对断路器的工作性能影响很大，因此，对操动机构的工作性能有下列要求。

(1) 在各种规定的使用条件下，均应可靠地合闸，并维持在合闸位置。

(2) 接到分闸命令后应迅速、可靠地分闸。

(3) 任何型式的操动机构都应具备自由脱扣的性能，即不管合闸顶杆运动到什么位置，即使合闸信号没有撤销，断路器接到分闸信号时，都能迅速可靠地分闸，并保持在分闸位置，为此需要有防跳跃措施。

(4) 满足断路器对分、合闸速度的要求。

2.10.2 操动机构的分类

1. 弹簧操动机构

弹簧操动机构是一种以弹簧作为储能元件的机械式操动机构。弹簧借助电动机通过减速装置来工作，并经过锁扣系统保持在储能状态。开断时，锁扣借助磁力脱扣，弹簧释放能量，经过机械传递单元驱使触头运动。

作为储能元件的弹簧有压缩弹簧、盘簧、卷簧和扭簧等。

弹簧操动机构的一般工作原理是电动机通过减速装置和储能机构的动作，使合闸弹簧储存机械能，储存完毕后通过合闸闭锁装置使弹簧保持在储能状态，然后切断电动机电源。当接收到合闸信号时，弹簧操动机构将解脱合闸闭锁装置以释放合闸弹簧储存的能量。这部分能量中一部分通过传动机构使断路器的动触头动作，进行合闸操作；另一部分则通过传动机构使分闸弹簧储能，为合闸状态作准备。另一方面，当合闸弹簧释放能量，触头合闸动作完成后，电动机立即接通电源动作，通过储能机构使合闸弹簧重新储能，以便为下一次合闸动作作准备。当接收到分闸信号时，操动机构将解脱自由脱扣装置以释放分闸弹簧储存的能量，并使触头进行分闸动作。

弹簧操动机构动作时间不受天气变化和电压变化的影响，保证了合闸性能的可靠性，工作比较稳定，且合闸速度较快。由于采用小功率的交流或直流电动机为弹簧储能，因此，对电源要求不高，也能较好地适应当前国际上对自动化操作的要求。另外，它的动作时间和工作行程比较短，运行维护也比较简单。

其存在的主要问题主要表现为输出力特性与断路器负载特性配合较差；零件数量多，加工要求高；随着操作功的增大，重量显著增加，弹簧的机械寿命大大降低。

2. 气动操动机构

气动操动机构是利用压缩空气作为能源产生推力的操动机构。由于压缩空气作为能源，因此，气动机构不需要大功率的电源，独立的储气罐能供气动机构多次操作。

气动操动机构的缺点是操作时响声大、零部件的加工精度比电磁操动机构高，还需配备空压装置。

3. 液压操动机构

液压操动机构是用液压油作为能源来进行操作的机构，其输出力特性与断路器的负载特性配合较为理想，有自行制动的作用，操作平稳、冲击振动小、操作力大、需要控制的能量小，较小的尺寸就可获得几十千牛或几百千牛的操作力。除此之外，液压机构传动快、动作准确，是当前高压和超高压断路器操动机构的主要类型。

液压操动机构按传动方式可分为全液压和半液压两种。全液压方式的液压油直接操纵动触头进行合闸，省去了联动拉杆，减少了机构的静阻力，因而速度加快，但对结构材质要求较高。半液压方式液压油只到工作缸侧，操动活塞将液压能转换成为机械功带动联动杆使断路器合、分操作。

4. 液压弹簧操动机构

液压弹簧操动机构是液压与弹簧机构的组合。近年来，液压机构和气动机构故障率较高，迫使制造厂大力开发配有弹簧机构的自能式 SF_6 断路器，以适应广大用户对可靠性的强烈要求。但自能式 SF_6 断路器的开断性能特别是对近区故障和断口电压的敏感性限制了它向更高电压方向的发展。而 ABB 公司开发的 HMB 系列液压弹簧机构将液压机构和弹簧机构进行了较完美的组合，既发挥了液压机构对大、小功率的广泛适应性和碟簧储能的特点，同时又克服了原液压机构的许多缺点。

HMB 系列液压弹簧机构采用了模块式结构，通用性高、互换性强。变截面缓冲系统结构紧凑，使缓冲特性平滑。分合闸速度特性可通过节流孔平滑调节(无级调变)。压力管理采用定油量和定压力兼容方式，机械特性较稳定，与环境温度无关。相对螺旋形弹簧而言，碟簧的力特性较“硬”，因此运动特性变化较小。它采用机械式(分闸)闭锁装置和新型密封系统，性能可靠。

5. 电动机操动机构

近些年，新型电动机操动机构逐渐受到越来越多人的重视。电动机操动机构的运动部分只有一个部件——电动机的转子，直接驱动断路器的操作杆，带动动触头进行分/合闸操作，减少了中间的传动机构，具有较高的效率和可靠性。

对于电动机操动机构，外部触发信号由输入/输出单元传递给控制单元，由控制单元控制电源单元中的充/放电控制电路对分/合闸储能电容器组进行充电，同时对逆变单元进行供电，当充电电压达到设定值时才可以进行分、合闸操作，以免造成分、合闸不彻底，并且达到设定值后停止对电容器组充电。控制单元对逆变单元进行控制，使得驱动单元中的电动机操动机构驱动断路器进行分，合闸操作，同时控制单元接收反馈电路发送的电动机位置信号和预设行程曲线比较，若反馈电路指出电动机的行程曲线偏离了预设行程曲线，则控制单元发出信号给逆变单元，使之调节电动机的供电电压，以纠正偏差，确保断路器总是按所要求的行程曲线工作。

最先提出电动机操动机构的是 ABB 公司，将其应用到了 126kV SF_6 断路器中。其特点是没有直接驱动断路器的操动杆，用电动机取代传统的能量传输，诸如链条、液态流体、压缩气体、阀门和管道等，电动机驱动的响应时间大大缩短。

之后，国内也开展了 SF_6 断路器电动机操动机构的研究，目前已研究出了 40.5kV 真空断路器、126kV SF_6 断路器的电动机操动机构，并已完成了样机试验。

电动机作为动力部件在各个工业领域都具有广泛的应用，就其应用的领域而言，电动机大多工作在稳定旋转或往复直线运动状态。对于高压断路器，由于行程的限定，旋转电动机转子只转动一定的角度或直线电动机的磁极运动一定的行程即可完成断路器的分、合闸过程；此外，断路器的分、合闸时间只有几十毫秒，从电动机的工作制来说，为短时工作制；电动机则工作在启动和制动状态，并且要求很高的分、合闸速度，因此，传统的电动机无法满足断路器的分合闸操作要求，需要依据断路器的机械特性要求对电动机操动机构进行特殊设计。针对高压断路器的速度响应快、动态时间短的要求，可以采用有限转角永磁无刷直流电动机操动机构。电动机的种类有很多，依据运动方式的不同，可分为旋转电动机操动机构和直线电动电动机操动机构。

各种操动机构的特点见表 2-5。

表 2-5 各种操动机构的特点

比较项目＼机构	弹簧机构	气动机构	液压机构	电动机机构
储能与传动介质	储能弹簧/机械	压缩性流体/机械	非压缩性流体/机械	电能/机械
适用电压等级/kV	40～252	126 及以上		40～ 252
出力特性	硬特性、反应快，自调整能力小	软特性、反应慢，有一定的自调整能力	硬特性，反应快，自调整能力大	
反应、速度特性	反应敏感，速度特性受影响大	反应较敏感，速度特性在一定程度上受影响	反应不敏感，速度特性基本不受影响	反应较敏感，速度特性在一定程度上受影响

续表

机构 比较项目	弹簧机构	气动机构	液压机构	电动机机构
环境适应性	强，操作噪声小	较差，操作噪声大	强，操作噪声小	强，操作噪声很小
人工维护量	较小	小		最小
相对优缺点	无漏油、漏气可能，体积小，重量轻	稍有泄漏但不影响环境，空气中水分难以滤除，易造成锈蚀	操作过程稍有疏忽就容易造成渗漏，尤其是外渗漏，存在漏油、漏液可能	结构简单，可靠性高，运动过程可控，无漏油、漏气可能，体积小，重量轻

2.11 隔离开关

2.11.1 隔离开关的用途与分类

隔离开关是发电厂和变电所常用的开关电器，它与断路器的区别是没有灭弧装置，所以不能用来切断或接通电路中的负荷电流，更不能切断和接通短路电流，主要用途如下。

(1) 在电路中起隔离电压的作用，保证检修工作的安全。在检修某一设备或电路的某一部分之前，事先把设备或该部分电路两侧的隔离开关切断，把两侧电压隔离，形成电路中明显的断开点，再在停电检修的设备或部分电路上加装接地线，就能确保检修工作的安全。

(2) 用隔离开关配合断路器，在电路中进行倒闸操作。

(3) 用来切、合小电流电路，如空载母线、电压互感器、避雷器、较短的空载线路及一定容量的空载变压器等。

(4) 在某些终端变电所中，快分隔离开关与接地开关相配合，可以来代替断路器的工作。

在发电厂和变电所中所使用的隔离开关的种类和型式很多。按装置地点不同，分为屋内式和屋外式；按结构中每相绝缘支柱的数目，分为单柱式、双柱式和三柱式；按主闸刀和动触头的运动方式，分为单柱剪刀式(剪刀式的动触头分、合闸时作直线上下运动)、单柱上下伸缩式(分、合闸时动触头用折架臂带动，作上下运动，运动轨迹为弧线型)、双柱水平伸缩式(动触头用折架臂带动作水平方向运动，运动轨迹为近似水平直线型)、双柱合抱式(动触头作圆弧形水平运行)、三柱型中柱旋转式(动触头作圆弧形水平运动)、悬吊式(属单柱式隔离开关的一种，静触头用一个瓷绝缘柱支持，动触头悬吊着，分合闸时上下运动)等。

在发电厂和变电所中选用什么型式的隔离开关具有重要的意义。因为隔离开关的选型会影响配电装置的总体布置方式、架构型式及占地面积，而且已经选定的隔离开关工作是否可靠还会影响发电厂和变电所电气部分的安全运行。在隔离开关选型时，必须分析各种型式隔离开关的结构特点和在运行实践中表现出来的优缺点。

对于隔离开关，必须具备以下基本要求。

(1) 有明显的断开点，根据断开点可判明被检修的电气设备和载流导体是否与电网可靠隔离。

(2) 断口应有足够可靠的绝缘强度，断开后动、静触头间应有足够的电气距离。保证在最大工作电压和过电压条件下断口不被击穿，相间和相对地也应有足够的绝缘水平。

(3) 具有足够的动、热稳定性，能承受短路电流所产生的发热和电动力。

(4) 结构简单，分、合闸动作灵活可靠。

(5) 隔离开关与断路器配合使用时，应具有机械的或电气的连锁装置，以保证断路器和隔离开关之间正常的操作顺序。

(6) 隔离开关带有接地开关时，主开关与接地开关之间也应设有机械的或电气的连锁装置，以保证二者之间的动作顺序。

隔离开关的型号含义如下。

×××-××/×
- 额定电流(A)
- T—统一设计，G—改进型，D—带接地开关，K—快分闸型，E—带支持导电杆，W—防污型，TH—湿热带型，TA—干热带型，Z—强震地区
- 额定电压(kV)
- 设计序号
- N—户内型，W—户外型
- G—隔离开关

例如，GN10-20/8000 表示 10 型、额定电压 20kV、额定电流 8 000A 的户内型隔离开关。

2.11.2 屋内隔离开关

屋内式隔离开关有单极的和三极的，且都是闸刀式。屋内隔离开关的动触头(闸刀)在关合时与支持绝缘子的轴垂直，并且大多数是线接触。

图 2.42 所示为配电网中广泛使用的屋内式隔离开关的原理图。它由底座、支持绝缘子、静触头、动触头、操作绝缘子和转轴等构成。三相隔离开关装在同一底架上。操动机构通过连杆带动转轴完成分、合闸操作。动触头采用断面为矩形的铜条，并在动触头上设有磁锁，用来防止外部电路发生短路时，动触头受短路电动力的作用从静触头上脱离。

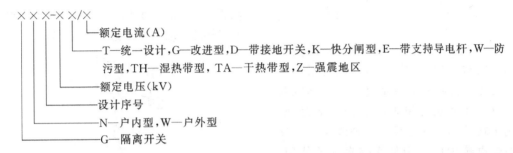

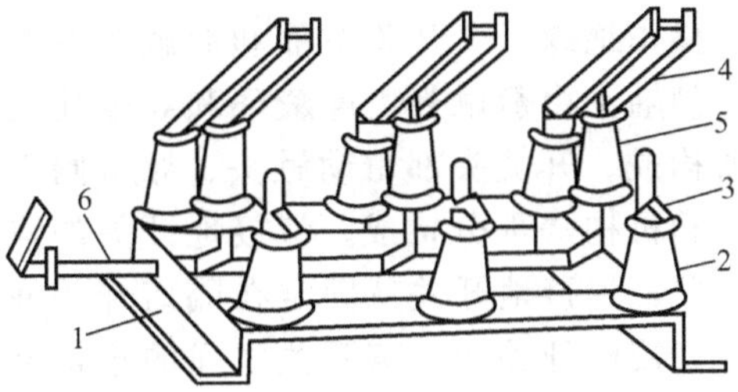

图 2.42 屋内式隔离开关原理图

1—底座；2—支持绝缘子；3—静触头；4—动触头；5—操作绝缘子；6—转轴

2.11.3 屋外隔离开关

屋外型隔离开关的工作条件比较复杂，绝缘要求较高，并且应该保证能抵抗大气的强烈变化，如冰、雨、风、灰尘和酷热等的侵袭。屋外隔离开关应有较高的机械强度，因为隔离开关可能在触头上结冰时进行操作，因此，触头应该有破冰作用，并且不致使支持绝缘子受到很大的应力而损坏。

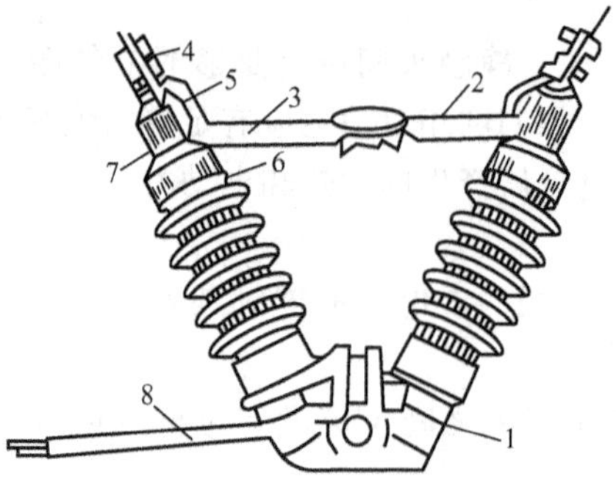

图 2.43　GW5 系列双柱水平开启式隔离开关外形图

1—底座；2、3—动触头；4—接线端子；
5—挠性连接导体；6—棒式绝缘子；7—支承座；8—接地刀

图 2.43 所示为 GW5 系列双柱水平开启式隔离开关外形图。该系列隔离开关由 3 个单极组成，每个单极主要由底座、支持绝缘子、接线座、右触头、左触头、接地静触头、接地开关和接线夹几部分组成。两个棒式支持绝缘子固定在一个底座上，交角为 50°，呈 V 形结构。动触头做成两半，动触头成楔形连接。操动机构动作时，两个棒式支持绝缘子各作顺时针和反时针转动，两个动触头同时在与绝缘子轴线成垂直的平面内转动，使隔离开关断开或接通。动触头转至 90°角时终止。

图 2.44 所示为 GW6 系列单柱隔离开关的结构与传动原理图。该产品为对称剪刀式结构，分闸后形成垂直方向的绝缘断口，分、合闸状态清晰，十分利于巡视，适用于软母线及硬母线。该种隔离开关通常在配电装置中作为母线隔离开关使用，具有占地面积小的优点，尤其在采用双母线或双母线带旁路母线接线的配电装置中该优点最为显著。

GW6 系列隔离开关由底座、支持绝缘子、操作绝缘子、开关头部和静触头等构成。静触头由静触杆、屏蔽环和导电连接件所构成。开关头部由动触头、导电闸刀和传动机构等部分构成。带接地开关的隔离开关，其接地开关就固定在隔离开关底座上，接地开关和隔离开关之间的连锁装置也设在底座上面。

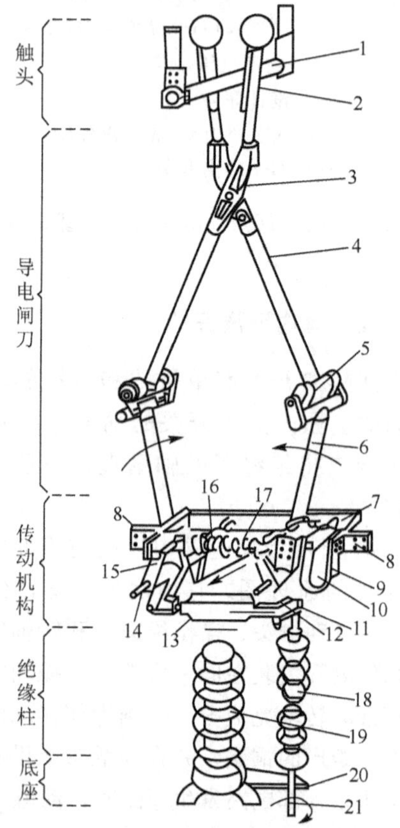

图 2.44　GW6 系列单柱隔离开关的结构图

1—静触头；2—动触头；3—连接臂；4—动触头上管；
5—活动肘节；6—动触头下管；7—导电联板；8—出线板；
9—软连接；10—右转动臂；11—转臂；12—挡块；
13—弹性装置；14—转轴；15—左转动臂；16—反向连接；
17—平衡弹簧；18—操作绝缘子；19—支持绝缘子；
20—底座；21—操动轴

2.11.4　隔离开关操动机构

目前，发电厂和变电所的配电装置中主要采用操动机构进行隔离开关的分合操作。用操动机构操作隔离开关可提高工作的安全性，因为操动机构与隔离开关相隔有一定距离。操动机构可使隔离开关的操作简化，并且可实现隔离开关操动机构与断路器操动机构之间的连锁，以防止隔离开关的误操作，提高工作的可靠性和安全性。

隔离开关的操动机构种类有手动杠杆操动机构、手动蜗轮操动机构、电动机操动机构和气动操动机构等。

2.12 绝缘与绝缘子

2.12.1 绝缘

绝缘是电气设备结构中的重要组成部分。绝缘和按照一定要求组成的绝缘系统(绝缘结构)是支撑电气设备的基础，电气设备只有具有可靠的绝缘结构，才能够可靠地工作。

所谓绝缘就是使用不导电的物质将带电体隔离或包裹起来，使之与其他不等电位的物体之间不发生接触、不相关联，从而保持不同的电位。良好的绝缘可以有效地避免短路和保护人身安全，是保证电气设备与线路的安全运行和防止人身触电事故发生的最基本、最可靠的手段。

若要电气设备长期安全稳定运行，就绝缘而言，必须满足以下两个基本条件。

(1) 设备本身绝缘良好，没有局部放电、过热和化学等老化或劣化的因素存在。

(2) 工作电压必须和设备的额定电压相适应，不能超越允许的范围，也不能承受雷电等外部及内部的瞬变过电压。当工作电压大于额定电压时，轻者会损害设备绝缘，降低设备的使用寿命，重者会绝缘损坏或绝缘击穿，造成损坏设备、人员伤亡甚至重大停电事故。

绝缘通常可分为气体绝缘、液体绝缘和固体绝缘3类，绝缘介质分别是不导电的气体、不导电的液体和不导电的固体。例如，高压架空输电线路三相之间是空气自然绝缘，真空断路器、空气断路器、SF_6 断路器也是气体绝缘的典型代表；大型变压器内部相间的油绝缘是液体绝缘的典型代表；绝缘子串、电缆的绝缘层是固体绝缘的典型代表。

在过电压作用下，绝缘物质可能被击穿而丧失其绝缘性能。在上述3类绝缘介质中，气体绝缘物质被击穿后，一旦去掉外界因素(强电场)后即可自行恢复其固有的绝缘性能；而固体、液体绝缘物质被击穿以后，则不可逆地完全丧失了其电气绝缘性能。可见，绝缘又可分为自恢复绝缘和非自恢复绝缘两大类。自恢复绝缘的绝缘性能破坏后可以自行恢复，一般是指空气间隙和与空气接触的外绝缘。非自恢复绝缘放电后其绝缘性能不能自行恢复，通常是由固体介质、液体介质构成的设备内绝缘。

内绝缘是指设备内部的绝缘，一般不与空气接触，不受空气湿度与外界污秽程度等的影响，相对比较稳定；外绝缘是指不同设备外表面之间或设备与大地之间的绝缘，通常通过空气间隙和绝缘子绝缘，外绝缘长时间在大气中运行，除了承受电气、机械各种应力外，还须承受风、雨、雪、雾、雷电和温度变化等自然条件，以及表面污秽和外力损坏等的影响。

电力设备的内绝缘一般由制造厂家设计，外绝缘则由电力设计部门设计。

2.12.2 绝缘子

1. 绝缘子的作用

绝缘子广泛应用在发电厂、变电所的配电装置、变压器、开关电器及输电线路上，用来支持和固定裸载流导体，并使裸载流导体与地绝缘，或使装置中处于不同电位的载流导体之间绝缘。因此，绝缘子应具有足够的绝缘强度、机械强度、耐热性和防潮性。

绝缘子按其额定电压高低不同可分为高压绝缘子(用于500V以上的装置中)和低压绝缘子(用于500V及以下的装置中)两种；按安装地点不同可分为户内式和户外式；按结构形式和用途可分为支柱式、套管式及盘形悬式，如图2.45所示；按绝缘子材料的不同为玻璃绝缘子、瓷绝缘子及复合绝缘子。

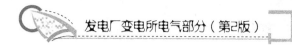

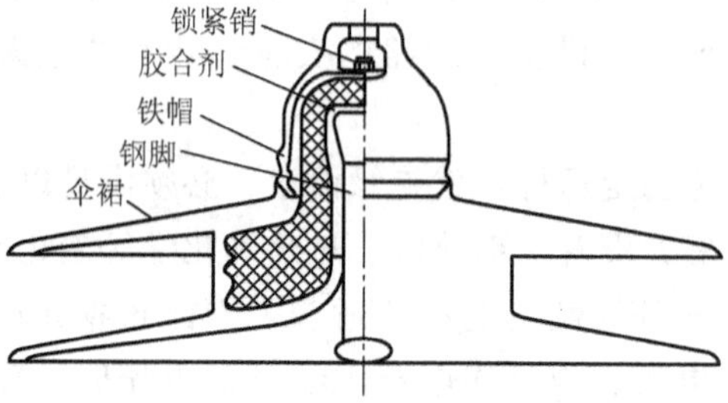

图2.45　盘形绝缘子结构示意图

高压绝缘子主要由绝缘件和金属附件两部分组成。绝缘件通常用电工瓷制成，电工瓷具有结构紧密均匀、绝缘性能稳定、机械强度高和不吸水等优点。盘形悬式绝缘子的绝缘件也有用钢化玻璃制成的，具有绝缘和机械强度高、尺寸小、质量轻、制造工艺简单及价格低廉等优点。

金属附件的作用是将绝缘子固定在支架上和将载流导体固定在绝缘子上。金属附件装在绝缘件的两端，两者通常用水泥胶合剂胶合在一起。绝缘瓷件的外表面涂有一层棕色或白色的硬质瓷釉，以提高其绝缘、机械和防水性能；金属附件皆作镀锌处理，以防其锈蚀；胶合剂的外露表面涂有防潮剂，以防止水分侵入。

在实际应用中，悬式绝缘子根据装置电压的高低组成绝缘子串。这时，一片绝缘子的脚的粗头穿入另一片绝缘子的帽内，并用特制的弹簧插销锁住。国标规定每串绝缘子的数目为：35kV不少于3片，110kV不少于7片，220kV不少于13片，330kV不少于19片，500kV不少于24片，750kV由于受绝缘子的型式、线路流经地域污秽程度的影响而有所不同。对于容易受到严重污染的地区，宜选用防污悬式绝缘子或增加普通绝缘子的片数。

2. 绝缘子的分类

按结构不同，绝缘子可分为支柱式绝缘子、悬式绝缘子、防污型绝缘子和套管绝缘子。

按绝缘子的构成材料不同，绝缘子可分为陶瓷绝缘子、玻璃钢绝缘子、合成绝缘子、半导体绝缘子。

按绝缘子的装设地点不同，绝缘子可分为户内和户外两种型式。户外绝缘子有较大的伞裙，用以增长表面爬电距离，并阻断雨水，使绝缘子能在恶劣的户外气候环境中可靠地工作。在多尘埃、盐雾和化蚀气体的污秽环境中，还需使用防污型户外绝缘子。户内绝缘子无伞裙结构，也无防污型。

按应用场合不同，绝缘子可分为电站绝缘子、电器绝缘子和线路绝缘子。其中用于电站和电器的可击穿型绝缘子有针式支柱、空心支柱和套管，不可击穿型有棒形支柱和容器瓷套。用于线路的可击穿型绝缘子有针式、蝶形、盘形悬式，不可击穿型有横担和棒形悬式，如图 2.46 所示。

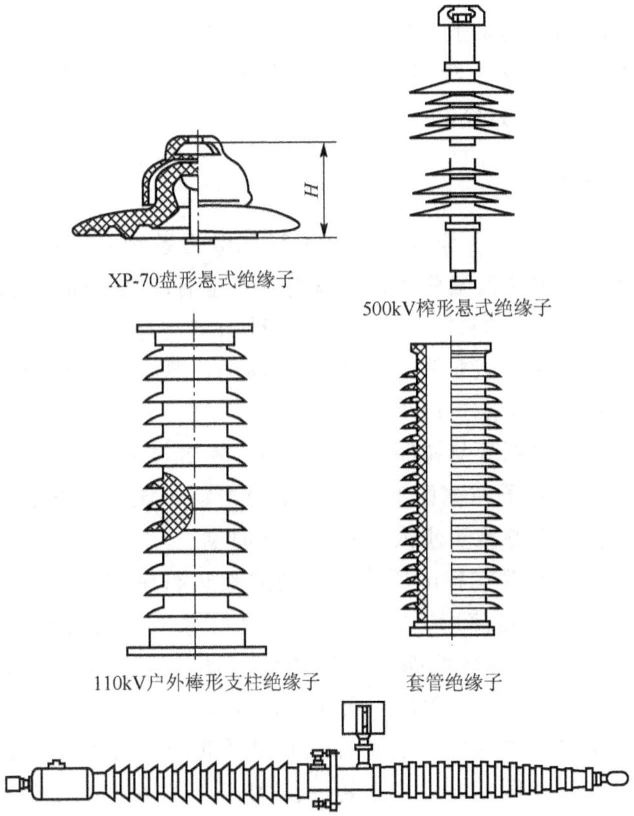

图 2.46 常用绝缘子的外形及结构

(1) 电站绝缘子的用途是支撑和固定户内外配电装置的硬母线，并使母线与地绝缘。电站绝缘子又分为支柱绝缘子和套管绝缘子，后者用于母线穿过墙壁和天花板，以及从户内向户外引出处。

(2) 电器绝缘子的用途是固定电器的载流部分，分支柱绝缘子和套管绝缘子两种。支柱绝缘子用于固定没有封闭外壳的电器的载流部分，如隔离开关的动、静触头等。套管绝缘子一般用在高压母线穿过墙壁、楼板及配电装置隔板处，用以支撑固定母线，保持对地绝缘，同时保持穿过母线处的墙、板的封闭性。此外，有些电器绝缘子还有特殊的形状，如柱状、牵引杆等。

(3) 线路绝缘子用来固定架空输电导线和屋外配电装置的软母线，并使它们与接地部分绝缘，可分为针式绝缘子和悬式绝缘子两种。

3. 绝缘子的结构

各类绝缘子均由绝缘体和金属附件两大部分构成，如图 2.46 所示。为了将绝缘子在接地的支架上和将硬母线安装到绝缘子上，需要在绝缘体上牢固地胶结金属配件，即金属附件，主要起固定作用。

电站绝缘子与支架固定的金属附件称为底座或法兰，与母线连接的金属附件称为顶帽。底座和顶帽均作镀锌处理，以防锈蚀。

套管绝缘子(穿墙套管)基本上由瓷套、中部金属法兰盘及导电体 3 部分组成。瓷套采用纯瓷空心绝缘结构；中部法兰盘与瓷套用水泥胶合，用来安置固定套管绝缘子；瓷套内设置导电体，其两端直接与母线连接以传送电能。

2.12.3 复合绝缘子

随着输电线路和变电站电压等级的不断提高，电力系统对绝缘子的要求越来越高。高压输电线路运行了 100 多年的瓷质绝缘子既有优点也有缺点，如笨重、易碎、耐污性能低、内绝缘容易击穿等问题。因此，迫切需要一种新型的绝缘子来代替传统的瓷质绝缘子，同时由于化工工业的迅速发展和新型复合材料的出现，以有机材料为主要成分的新一代绝缘子——复合绝缘子也应运而生。

早期复合绝缘子材质包括环氧树脂、乙丙橡胶、室温硅橡胶等。20 世纪 70 年代，随着高温硫化硅橡胶复合绝缘子在德国的问世，复合绝缘子比瓷、玻璃绝缘子更加优异的耐污特性充分显现，使复合绝缘子步入了高速发展时期。

近年来，复合绝缘子不仅在各电压等级交流线路运行中广泛使用，而且在新建线路工程中得到大批量甚至全线路使用。2000 年，复合绝缘子开始用于±500kV 直流线路；2005 年，复合绝缘子又在 750kV 线路中批量使用；截至 2006 年年底，我国挂网运行复合绝缘子已超过 220 万支，使用量仅次于美国，居世界第二位。

目前，我国复合绝缘子的研究、制造和运行已居世界领先水平，运行经验也引起了国际大电网组织(CIGRE)和国际电工技术委员会(IEC)的关注。实际运行表明，使用复合绝缘子是解决我国污秽地区输电线路外绝缘污闪最为有效的方法之一，不仅有效遏制了大面积污闪事故的发生，也大大减轻了繁重的污秽清扫及零值检测等运行维护工作量。

复合绝缘子是由两种以上的有机材料组成的复合结构绝缘子。电网中运行的复合绝缘子主要是以棒形悬式绝缘子为主，约占各类运行复合绝缘子总支数的 95%以上。

复合绝缘子结构主要部件及基本结构如图 2.47、图 2.48 所示。

芯棒是复合绝缘子机械负荷的承载部件，同时又是内绝缘的主要部分，要求它有很高的机械强度、绝缘性能和长期稳定性，现在芯棒材料普遍采用树脂增强单向玻璃纤维引拔棒。伞裙护套是复合绝缘子的外绝缘部分，其作用是使复合绝缘子具有足够高的防湿闪和污闪的外绝缘性能，以保护芯棒免遭大气的侵袭。伞裙护套长期暴露在户外，经受各种恶劣气象条件和工业污染的侵蚀，在运行状态下还可能受到火花放电或局部电弧的烧蚀。因此，通常要求伞裙护套必须具有优良的防污闪性、耐漏电起痕性和耐电蚀损性，以及耐臭氧、耐高温等大气老化的作用。

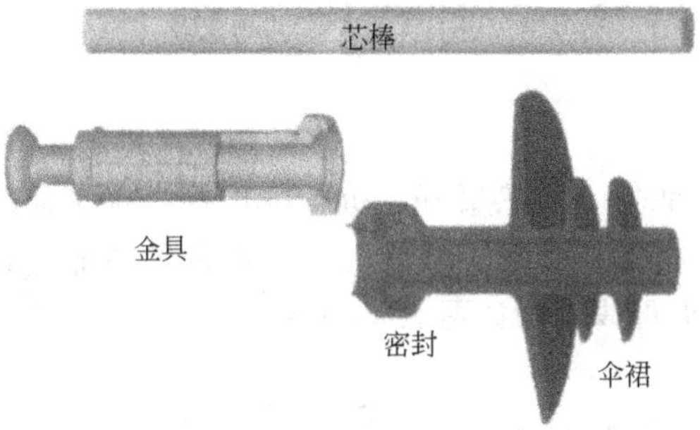

图 2.47 复合绝缘子结构主要部件粘接层

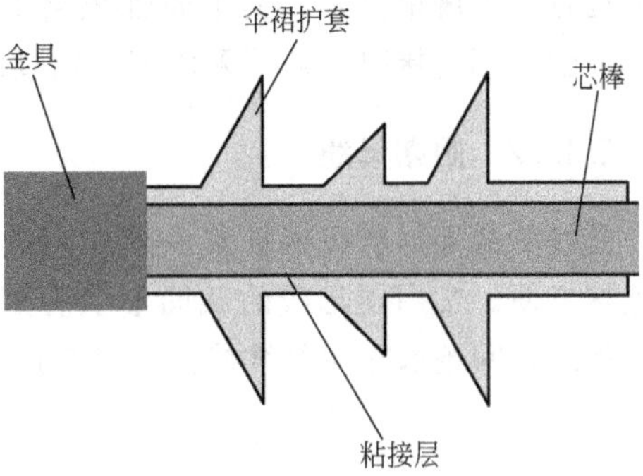

图 2.48 复合绝缘子基本结构

粘接层是芯棒和护套间的界面，它贯通于两端金具之间，是复合绝缘子内绝缘的另一个主要部分，如果粘接质量不好，那么今后就会成为复合绝缘子运行的一个薄弱环节。

金具是复合绝缘子机械负荷的传递部件，它与芯棒组装在一起构成复合绝缘子的连接件，并通过该连接件与杆塔和导线连接，传递机械负荷。金具及其与芯棒连接结构的好坏直接影响到芯棒强度的发挥及复合绝缘子的机械性能。

从构成复合绝缘子的 4 个部分的作用来看，复合绝缘子结构的主要特点是发挥了芯棒材料机械强度高和伞裙护套材料耐污性能好的优点，因此，复合绝缘子的结构是合理的。

复合绝缘子众多优点中最主要的是外绝缘表面的防污性能，它可以有效地防止输电线路污闪跳闸事故，保证线路的安全运行。

2.13 母 线

发电厂、变电所中各种电压等级配电装置的主母线，发电机、变压器与相应配电装置之间的连接导体统称为母线，其中主母线起汇集和分配电能的作用。工程上应用的母线分为软母线和硬母线两大类，本节主要介绍硬母线。

2.13.1 母线材料

常用的母线材料有铜、铝和铝合金。

铜的电阻率低、机械强度大、抗腐蚀性强，是很好的母线材料。但铜在工业上有很多重要用途，而且我国铜的储量不多，价格高。因此，铜母线只用在持续工作电流较大、且位置特别狭窄的发电机、变压器出口处，以及污秽对铝有严重腐蚀而对铜腐蚀较轻的场所(如沿海、化工厂附近等)。

铝的电阻率为铜的 1.7～2 倍，但密度只有铜的 30%，在相同负荷及同一发热温度下，所耗铝的质量仅为铜的 40%～50%，而且我国铝的储量丰富，价格低。因此，铝母线广泛用于屋内、外配电装置。铝的不足之处是：①机械强度较低；②在常温下，其表面会迅速生成一层电阻率很大(达 $10^{10}\Omega \cdot m$)的氧化铝薄膜，且不易清除；③抗腐蚀性较差，铝、铜连接时，会形成电位差(铜正、铝负)，当接触面之间渗入含有溶解盐的水分(即电解液)时，可生成引起电解反应的局部电流，铝会被强烈腐蚀，使接触电阻更大，造成运行中温度增高，高温下腐蚀更会加快，这样的恶性循环致使接触处温度更高。所以，在铜、铝连接时，需要采用铜、铝过渡接头，或在铜、铝的接触表面搪锡。

2.13.2 敞露母线

母线的截面形状应保证集肤效应系数尽可能低、散热良好、机械强度高、安装简便和连接方便。常用硬母线的截面形状有矩形、槽形、管形。母线与地之间的绝缘靠绝缘子维持，相间绝缘靠空气维持。敞露矩形和槽形母线结构如图 2.49 所示。

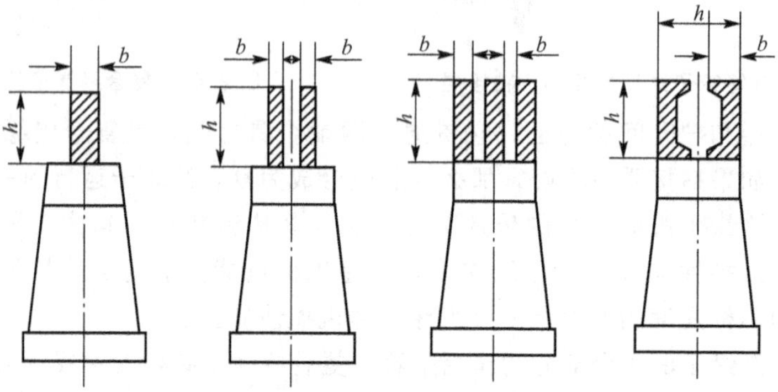

(a) 每相1条矩形母线 (b) 每相2条矩形母线 (c) 每相3条矩形母线 (d) 槽形母线

图 2.49 矩形和槽形母线结构示意图

1. 矩形母线

矩形母线散热条件较好，便于固定和连接，但集肤效应较大。为增加散热面，减少集肤效应，并兼顾机械强度，其短边与长边之比通常为 1/12～1/5，单条截面积最大不超过 1 250mm²。当电路的工作电流超过最大截面的单条母线的允许载流量时，每相可用 2～4 条并列使用，条间净距离一般为一条的厚度，以保证较好地散热；每相条数增加时，因散热条件差及集肤效应和邻近效应影响，允许载流量并不成正比增加，当每相有 3 条及以上时，电流并不在条间平均分配(例如，每相有 3 条时，电流分配为：中间条约占 20%，两边条约各占 40%)，所以，每相不宜超过 4 条；矩形母线平放较竖放允许载流量低 5%～8%(高 60mm 以下为 5%，60mm 以上为 8%)。矩形母线一般用于 35kV 及以下、持续工作电流在 4 000A 及以下的配电装置中。

2. 槽形母线

槽形母线是将铜材或铝材轧制成槽形截面，使用时，每相一般由两根槽形母线相对地固定在同一绝缘子上。其集肤效应系数较小，机械强度高，散热条件较好，与利用几条矩形母线比较，在相同截面下允许载流量大得多。例如，h 为 175mm、b 为 80mm，壁厚为 8mm 的双槽形铝母线，截面积为 4 880mm²，载流量为 6 600A；而每相采用 4×(125×10)mm² 的矩形铝母线，截面积为 5 000mm²，其竖放的载流量仅为 4 960A。槽形母线一般用于 35kV 及以下、持续工作电流为 4 000～8 000A 的配电装置中。

3. 管形母线

管形母线一般采用铝材。管形母线的集肤效应系数小，机械强度高，管内可通风或通水改善散热条件，其载流能力随通入冷却介质的速度而变。由于其表面圆滑，电晕放电电压高(即不容易发生电晕)，与采用软母线相比，具有占地少、节省钢材和基础工程量、布置清晰、运行维护方便等优点。

管形母线形状如图 2.50 所示，有圆形、异形和分裂型 3 种。圆形管母线的制造、安装简单，造价较低，但机械强度、刚度相对较低，对跨度的限制较大；异形管母线有较高的刚度，能节省材料，在其筋板上适当开孔可防止微风振动，但制造工艺复杂、造价高；分裂结构管母线的截面可按载流量选择，不受机械强度、刚度的控制，能提高电晕放电电压，减少对通信的干扰，其造价比圆形管母线贵，而比异形管母线便宜得多，但加工工作量大、对焊接工艺要求高。

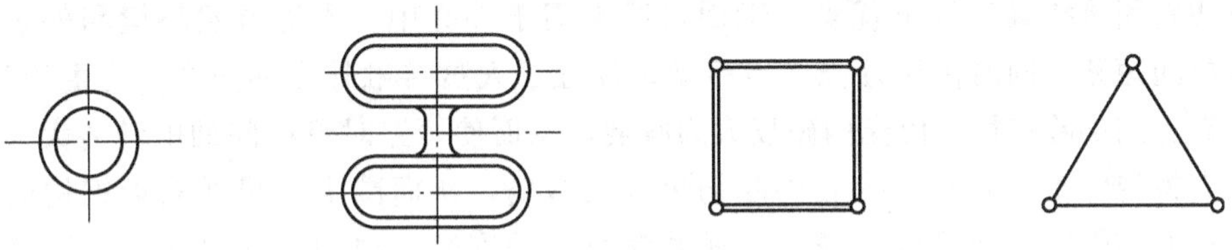

(a) 圆形管母线　(b) 异形管母线　(c) 三、四分裂结构管母线

图 2.50 不同截面形状的管形母线示意图

管形母线一般用于 110kV 及以上、持续工作电流在 8 000A 以上的配电装置中。

4. 绞线圆形软母线

常用的绞线圆形软母线有钢芯铝绞线、组合导线。钢芯铝绞线由多股铝线绕在单股或多股钢线的外层构成，一般用于 35kV 及以上屋外配电装置；组合导线由多根铝绞线固定在套环上组合而成，常用于发电机与屋内配电装置或屋外主变压器之间的连接。软母线一般为三相水平布置，用悬式绝缘子悬挂。

2.13.3 封闭母线

1. 全连式分相封闭母线

随着电力系统的不断发展，发电机单机容量不断增大，而由于制造方面的原因，发电机的额定电压不能太高(不超过 27kV)，致使发电机的额定电流随容量的增大而增大，如 200MW 的机组，额定电压为 15.75kV，功率因数为 0.85 时，额定电流达 8 625A。

当发电机至主变压器的连接母线采用敞露母线时，存在如下主要缺点：①容易受外界的影响，如母线支持绝缘子表面容易积灰，尤其是屋外母线受气候变化影响及污秽更严重，很易造成绝缘子闪络，而且不能防止由外物造成的母线相间短路和人员触及带电母线，从而降低运行的可靠性；②对大电流敞露母线，当发电机出口回路发生相间短路时，短路电流很大，使母线及其支持绝缘子受到很大的电动力作用，一般母线和绝缘子的机械强度难以满足要求，发电机本身也会受到损伤。同时，由于母线电流增大，其附近钢构的损耗和发热大大增加。

因此，目前我国 200MW 及以上机组的母线广泛采用全连式分相封闭母线。母线由铝管作成，每相母线分别用连续的铝质外壳封闭，三相外壳的两端用短路板连接并接地，其结构如图 2.51 所示。

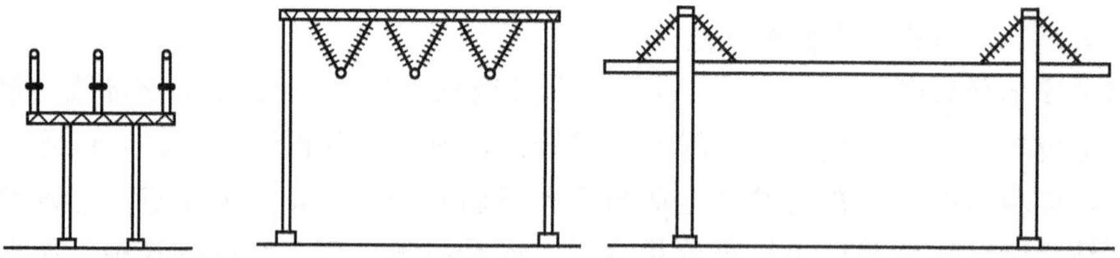

(a) 支持式　　(b) 悬吊式

图 2.51　全连式分相封闭母线

分相封闭母线具有以下优点：①因母线封闭于外壳中，不受自然环境和外物影响，能防止相间短路，同时由于外壳多点接地，保证了人员接触外壳的安全；②由于外壳的环流和涡流的屏蔽作用，使壳内磁场大为减弱，从而使短路时母线间的电动力大大减小，可增大支持绝缘子的跨距；③壳外磁场也大大减弱，从而减少了母线附近钢构的发热；④外壳可兼作强迫冷却管道，提高母线载流量；⑤安装、维护工作量小。主要缺点是：①母线散热条件较差；②外壳产生损耗；③有色金属消耗量增加。

分相封闭母线支持结构如图 2.52 所示。母线导体用支柱绝缘子支持，一般有单个、两个、3 个和 4 个绝缘子 4 种方案。国内设计的封闭母线几乎都采用三绝缘子方案，3 个绝缘子在空间彼此相差 120°布置，绝缘子顶部有橡胶弹力块和蘑菇形铸铝合金金具。对母线导体可实施活动支持或固定支持。作活动支持时，母线导体不需作任何加工，只夹在 3 个绝缘子的蘑菇形金具之间；作固定支持时，需在母线导体上钻孔并改用顶部有球状突起的蘑菇形金具，将该突起部分插入钻孔内。

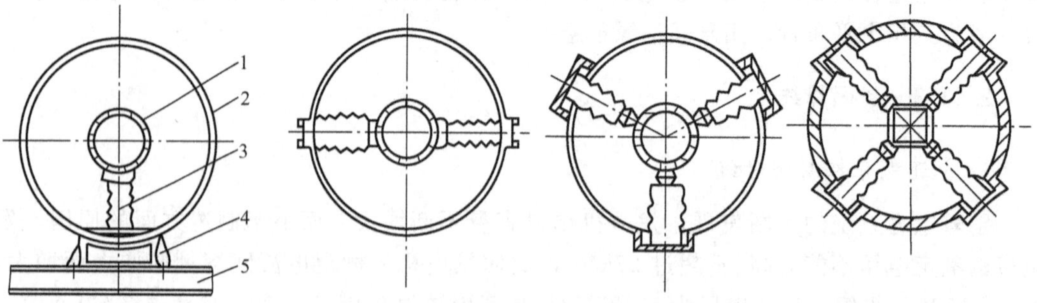

(a) 单个绝缘子支持　　(b) 两个绝缘子支持　　(c) 3个绝缘子支持　　(d) 4个绝缘子支持

图 2.52　分相封闭母线结构示意图

1—母线；2—外壳；3—绝缘子；4—支座；5—三相支持槽钢

全连式分相封闭母线的配套产品有发电机中性点柜、电压互感器、避雷器柜等，由生产厂家随封闭母线一并供货。

2. 共箱式封闭母线

共箱式封闭母线结构如图 2.53 所示。其三相母线分别装设在支柱绝缘子上，并共用一个金属(一般是铝)薄板制成的箱罩保护，有三相母线之间不设金属隔板和设金属隔板两种型式。在安装方式上，有支持式和悬吊式两种。图 2.53 为支持式，悬吊式相当于将图翻转 180°。

共箱式封闭母线主要用于单机容量为 200～300MW 的发电厂的厂用回路，用于厂用高压变压器低压侧至厂用高压配电装置之间的连接，也可用作交流主励磁机出线端至整流柜的交流母线和励磁开关至发电机转子滑环的直流母线。

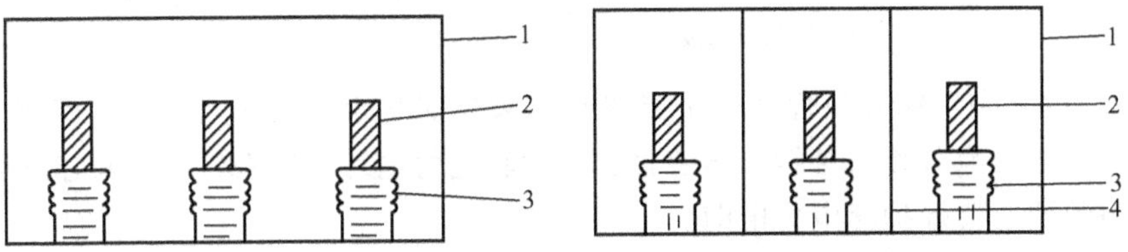

(a) 无隔板共箱式 (b) 有隔板共箱式

图 2.53 共箱式封闭母线结构示意图

1—外壳；2—母线；3—绝缘子；4—金属隔板

2.14 电力电缆

电力电缆线路是传输和分配电能的一种特殊电力线路，它可以直接埋在地下及敷设在电缆沟、电缆隧道中，也可以敷设在水中或海底。与架空线路相比，电力电缆线路虽然具有投资多、敷设麻烦、维修困难、难于发现和排除故障等缺点，但它具有防潮、防腐、防损伤、运行可靠、不占地面、不妨碍观瞻等优点，所以应用广泛。特别是在有腐蚀性气体和易燃、易爆的场所及不宜架设架空线路的场所(如城市中)，只能敷设电缆线路。

2.14.1 电缆分类

按其绝缘和保护层的不同，电缆线路可分为以下几类。

(1) 油浸纸绝缘电缆，适用于 35kV 及以下的输配电线路。

(2) 聚氯乙烯绝缘电缆(简称塑力电缆)，适用于 6kV 及以下的输配电线路。

(3) 交联聚乙烯绝缘电缆(简称交联电缆)，适用于 1～110kV 的输配电线路。

(4) 橡皮绝缘电缆，适用于 6kV 及以下的输配电线路，多用于厂矿车间的动力干线和移动式装置。

(5) 高压充油电缆，主要用于 110～330kV 变、配电装置至高压架空线及城市输电系统之间的连接线。

2.14.2 结构及性能

电力电缆主要由载流导体、绝缘层、保护层3部分组成，其型号的含义如下。

××××××-×

└额定电压(kV)

└外被层，数字表示：0—无(裸)，1—纤维绕包(麻被)，2—聚氯乙烯(PVC)套，3—聚乙烯(PE)套

└铠装层，数字表示：0—无，2—钢带，3—细钢丝，4—粗钢丝

└特征：D—不滴流，F—分相，CY—充油

└内护层：Q—铅套，L—铝套，V—聚氯乙烯套，Y—聚乙烯套

└缆芯：L—铝，铜芯不表示

└导体绝缘：Z—纸，V—聚氯乙烯，Y—聚乙烯，YJ—交联聚乙烯(XLPE)，X—橡皮

例如，ZQ20表示铜芯黏性油浸纸绝缘铅套裸钢带铠装电力电缆，ZLQFD23表示铝芯不滴流油浸纸绝缘分相铅套钢带铠装聚乙烯护套电力电缆，VV32表示铜芯聚氯乙烯绝缘细钢丝铠装聚氯乙烯护套电力电缆。

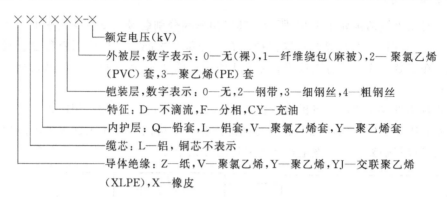

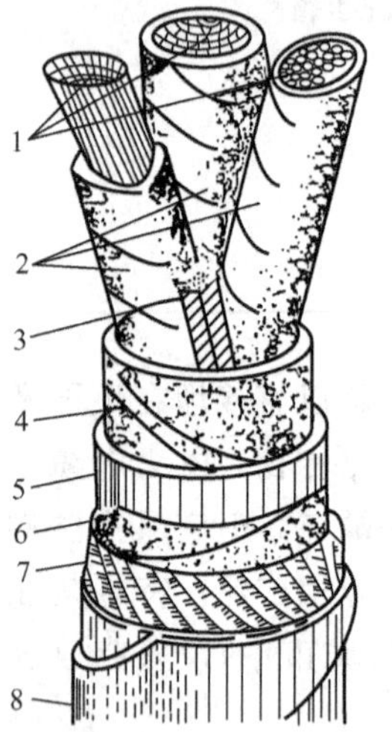

图2.54 ZQ20型三芯油浸纸绝缘电缆结构图

1—载流导体；2—电缆纸(相绝缘)；3—黄麻填料；4—油浸纸(统包绝缘)；5—铅套；6—纸带；7—黄麻护层；8—钢铠

1. 油浸纸绝缘电缆

ZQ20型三芯油浸纸绝缘电缆的结构如图2.54所示，其结构最为复杂：①载流导体通常用多股铜(铝)绞线，以增加电缆的柔性，据导体芯数的不同分为单芯、三芯和四芯电缆；②绝缘层用来使各导体之间及导体与铅(铝)套之间绝缘；③内护层用来保护绝缘不受损伤，防止浸渍剂的外溢和水分侵入；④外护层包括铠装层和外被层，用来保护电缆，防止其受外界的机械损伤及化学腐蚀。

油浸纸绝缘电缆的主绝缘是用经过处理的纸浸透电缆油制成，具有绝缘性能好、耐热能力强、承受电压高、使用寿命长等优点。按绝缘纸浸渍剂的浸渍情况，它又分黏性浸渍电缆和不滴流电缆。

黏性浸渍电缆是将电缆以松香和矿物油组成的黏性浸渍剂充分浸渍，即普通油浸纸绝缘电缆，其额定电压为1～35kV；不滴流电缆采用与黏性浸渍电缆完全相同的结构尺寸，但是以不滴流浸渍剂的方法制造，敷设时不受高差限制。

油浸纸绝缘铝套电缆将逐步取代铅套电缆，这不仅能节约大量的铅，而且能使电缆的质量减轻。

2. 聚氯乙烯绝缘电缆

聚氯乙烯绝缘电缆的主绝缘采用聚氯乙烯，内护套大多也是采用聚氯乙烯，具有电

气性能好、耐水、耐酸碱盐、防腐蚀、机械强度较好、敷设不受高差限制等优点，并可逐步取代常规的纸绝缘电缆。缺点主要是绝缘易老化。

3. 交联聚乙烯绝缘电缆

交联聚乙烯是利用化学或物理方法，使聚乙烯分子由直链状线型分子结构变为三度空间网状结构。该型电缆具有结构简单、外径小、质量小、耐热性能好、线芯允许工作温度高(长期90℃，短路时250℃)、载流量大、可制成较高电压级、机械性能好、敷设不受高差限制等优点，并可逐步取代常规的纸绝缘电缆。交联聚乙烯绝缘电缆比纸绝缘电缆结构简单，如YJV22型电缆结构，由内到外依次为：铜芯、交联聚乙烯绝缘层、聚氯乙烯内护层、钢带铠装层及聚氯乙烯外被层。

4. 橡皮绝缘电缆

橡皮绝缘电缆的主绝缘是橡皮，性质柔软、弯曲方便；缺点是耐压强度不高、遇油变质、绝缘易老化、易受机械损伤等。

5. 高压单芯充油电缆

高压单芯充油电缆的结构如图2.55所示。它在结构上的主要特点是铅套内部有油道。油道由缆芯导线或扁铜线绕制成的螺旋管构成。在单芯电缆中，油道就直接放在线芯的中央；在三芯电缆中，油道则放在芯与芯之间的填充物处。

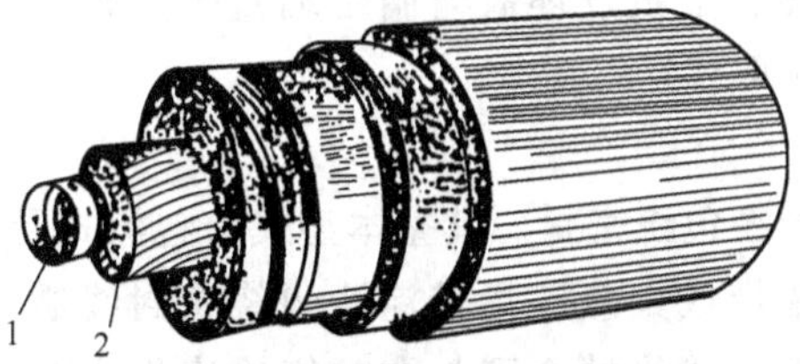

图2.55 单芯充油电缆结构图

1—油道；2—载流导体

充油电缆的纸绝缘是用黏度很低的变压器油浸渍的，油道中也充满这种油。在连接盒和终端盒处装有压力油箱，以保证油道始终充满油，并保持恒定的油压。当电缆温度下降，油的体积收缩时，油道中的油不足时，由油箱补充；反之，当电缆温度上升，油的体积膨胀时，油道中多余的油流回油箱内。

2.14.3 常用电缆中间接头盒和终端接头盒的结构及性能

当两段电缆连接或电缆与电机、电器、架空线连接时，需要将电缆端部的保护层和绝缘层剥去，若不采取特殊措施，将会降低电缆的绝缘性能。工程实际中采用的专门连接设备是电缆中间接头盒和终端接头盒(或称电缆头)。运行经验表明，电缆接头是电缆线路中的薄弱环节，往往由于电缆接头的缺陷和安装质量不良等造成事故，影响电缆的安全运行。因此，为保证电缆线路的安全运行，对电缆接头的施工工艺有严格的要求。

1. 中间接头盒

中间接头盒是两段电缆的连接装置，起导体连接、绝缘、密封和保护作用。1～10kV环氧树脂中间接头盒的结构如图2.56所示。

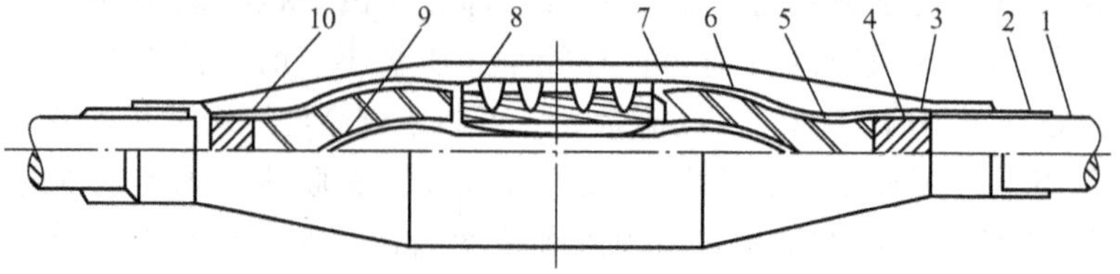

图2.56　1～10kV环氧树脂中间接头盒结构图

1—铅(铝)包；2—表面涂包层；3—半导体纸；4—统包纸；5—芯线涂包层；6—芯线绝缘；7—压接管涂包层；8—压接管；9—三叉口涂包层；10—统包涂包层

目前，对油浸纸绝缘电力电缆的中间接头多采用套以铅套管的做法，外面用环氧树脂盒加以保护，对交联聚乙烯电缆采用绕包式做法，外面用塑料连接盒加以保护。

2. 终端接头盒(电缆头)

终端接头盒是电缆与电机、电器、架空线等的连接装置，起导体连接、绝缘、密封和保护作用。电缆的终端接头盒可分为户外和户内两种。国内现有终端盒的型式有铁皮漏斗型、铅手套、塑料手套、干包及环氧树脂终端盒等几种。前几种型式由于有一定缺点，已逐步被后两种型式所取代。

1) 干包终端盒

电缆终端用包带涂绝缘漆包绕密封。其基本型式有包涂式及手套干包式两种。

包涂式终端盒是用黄蜡带或聚氯乙烯带涂漆包绕密封线芯，在三芯分支处及线鼻子下端用蜡线绑扎紧；手套干包式终端盒则是在包绕绝缘带之前，先用聚氯乙烯制成的三叉套套在三芯分支处，将套的根部用尼龙绳绑扎紧。其指部分别与套在缆芯上的聚氯乙烯软管扎紧。

聚氯乙烯带干包终端盒的结构如图2.57所示。

干包终端盒的优点是：体积小、质量小、能在狭窄场合使用、施工方便、成本低、不易漏油。缺点是：聚氯乙烯带耐油耐热性差、易老化；机械强度不高、短路时易造成三叉口开裂；三叉口空气间隙小，易产生电晕，使介质损失增大，且散热也不良。因此，一般不宜在6kV以上电压等级中采用，也不宜在高温场所采用。

2) 环氧树脂终端盒

它是将环氧树脂加入硬化剂后，浇入环氧树脂预制的外壳或模具内，固化成型。为降低成本及减少体积收缩率，还必须加填充物，如石英粉等。

环氧树脂有较高的耐压强度和机械强度，吸水性极微，化学性能稳定，与金属黏结力强，有极好的密封性，能根本解决电缆头的漏油问题。因此，环氧树脂终端盒具有电气性能稳定、机械强度高、耐老化等优点。户外-1型环氧树脂终端盒的结构如图2.58所示。

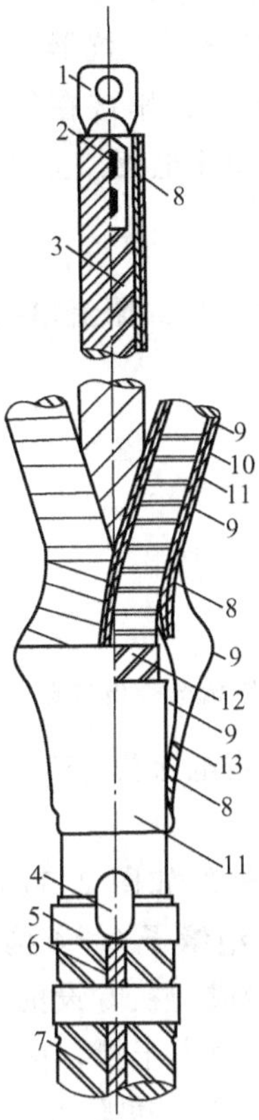

图 2.57 聚氯乙烯带干包终端盒结构图

1—线鼻子；2—压接坑；3—芯线绝缘；
4—地线封头；5—接地卡子；6—接地线；
7—电缆钢带；8—尼龙绳；9—聚氯乙烯带；
10—黑蜡带；11—塑料软管；
12—统包绝缘；13—软手套

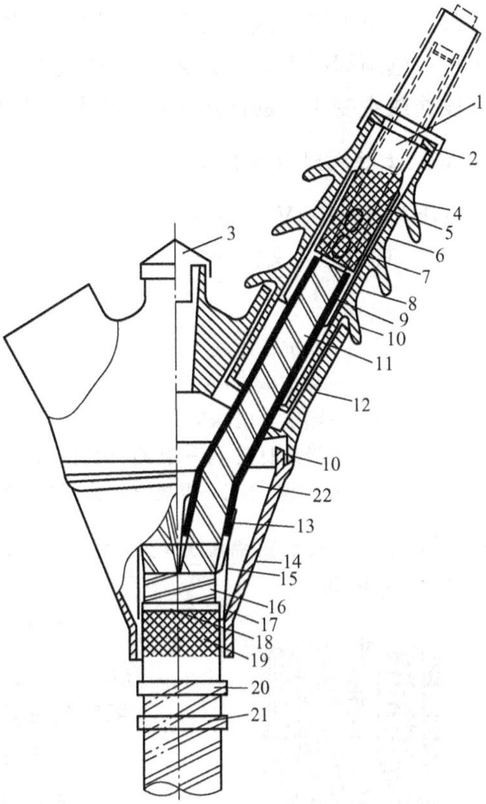

图 2.58 户外-1型环氧树脂终端盒结构图

1—铜铝接线梗及接线柱防雨帽；2—耐油橡皮垫圈；
3—浇注孔防雨帽；4—预制环氧套管；5—接管打毛；
6—出线接管处堵油涂包层；7—接管压坑；8—耐油橡胶管；
9—黄蜡绸带；10—接缝处环氧腻子密封层；11—电缆芯线；
12—预制环氧盖壳；13—芯线堵油涂料包芯；
14—预制环氧底壳；15—统包三叉口及铅包处的堵油涂包层；
16—统包绝缘；17—喇叭口；18—半导体屏蔽纸；
19—铅包打毛；20—第一道接地卡子；21—第二道接地卡子；
22—环氧混合胶

2.15 电 抗 器

与发电、变电密切相关的电抗器有限流电抗器、串联电抗器、中压并联电抗器及超高压并联电抗器。

2.15.1 限流电抗器

发电厂和变电所中装限流电抗器的目的是限制短路电流，以便能经济合理地选择电器。电抗器按安装地点和作用可分为线路电抗器和母线电抗器；按结构型式可分为混凝土柱式限流电抗器和干式空心限流电抗器，各有普通电抗器和分裂电抗器两类。线路电抗器串接在电缆馈线上，用来限制该馈线的短路电流；母线电抗器串接在发电机电压母线的分段处或主变压器的低压侧，用来限制厂内、外短路时的短路电流。

1. 混凝土柱式限流电抗器

在电压为 6～10kV 的屋内配电装置中，我国广泛采用混凝土柱式限流电抗器(又称水泥电抗器)。其型号含义如下。

```
××-×-×-×
││ │ │ └电抗百分值(%)
││ │ └──额定电流(A)
││ └────额定电压(kV)
│└──────导线材质：L—铝线(铜线不表示)
└───────类别：NK—混凝土柱式限流(普通)电抗器；FK—限流分裂电抗器
```

我国制造的水泥电抗器额定电压有 6kV 和 10kV 两种，额定电流为 150～2 000A。

1) 普通电抗器

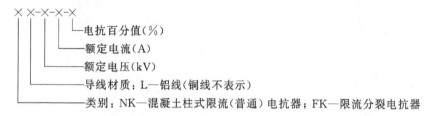

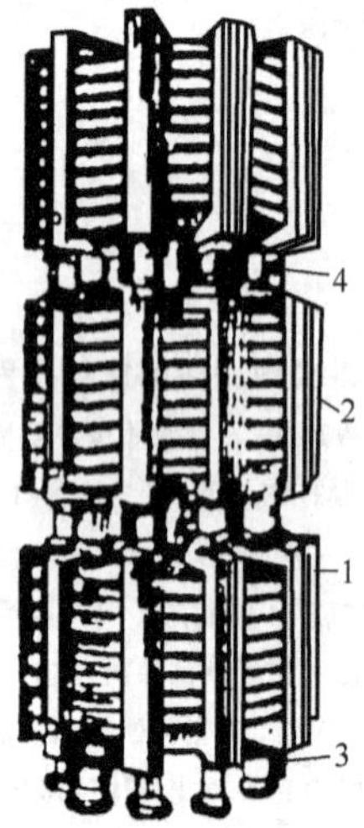

图 2.59　NKL 型水泥电抗器的外形

1—绕组；2—水泥支柱；3、4—支持绝缘子

NKL 型水泥电抗器的外形如图 2.59 所示。它由线圈 1、水泥支柱 2 及支持绝缘子 3、4 构成。线圈 1 用纱包纸绝缘的多芯铝线绕成。在专设的支架上浇注成水泥支柱 2，再放入真空罐中干燥，因水泥的吸湿性很大，所以干燥后需涂漆，以防止水分侵入水泥中。

水泥电抗器具有维护简单，运行安全；没有铁心，不存在磁饱和，电抗值线性度好；不易燃等优点。

水泥电抗器的布置方式有三相垂直(图 2.59)、三相水平及二垂一平(品字形)3 种。

2) 分裂电抗器

为了限制短路电流和使母线有较高的残压，要求电抗器有较大的电抗；而为了减少正常运行时电抗器中的电压和功率损失，要求电抗器有较小的电抗。这是一个矛盾，采用分裂电抗器有助于解决这一矛盾。

分裂电抗器在构造上与普通电抗器相似，但其每相线圈有中间抽头，线圈形成两个分支，其额定电流、自感抗相等。一般中间抽头接电源侧，两端头接负荷侧。由于两分支有磁耦合，故正常运行和其中一个分支短路时，表现不同的电抗值，前者小、后者大。

2. 干式空心限流电抗器

这是近年发展的新型限流电抗器，其型号含义如下。

×××K×-×-×-×

- └电抗百分值(%)
- └额定电流(A)
- └额定电压(kV)
- └导线材质：L—铝线(铜线不表示)
- └空心
- └C—成型固体，G—干式
- └相数：S—三相，D—单相
- └类别：XK—限流(普通)，FK—限流分裂

我国制造的干式空心限流电抗器额定电压有 6kV 和 10kV 两种，额定电流为 200～4 000A。其线圈采用多根并联小导线多股并行绕制，匝间绝缘强度高，损耗比水泥电抗器低得多；采用环氧树脂浸透的玻璃纤维包封，整体高温固化，整体性强、质量轻、噪声低、机械强度高、可承受大短路电流的冲击；线圈层间有通风道，对流自然冷却性能好，由于电流均匀分布在各层，动、热稳定性高；电抗器外表面涂以特殊的抗紫外线老化的耐气候树脂涂料，能承受户外恶劣的气象条件，可在户内、户外使用。

干式空心限流电抗器的布置方式有三相垂直、三相水平(三相水平“一”字形或“△”形)两种。

2.15.2 串联电抗器和并联电抗器

1. 串联电抗器

串联电抗器在电力系统中的应用如图 2.60 所示。它与并联电容补偿装置或交流滤波装置(也属补偿装置)回路中的电容器串联，组成谐振回路，滤除指定的高次谐波，抑制其他次谐波放大，减少系统电压波形畸变，提高电压质量，同时减少电容器组涌流。补偿装置一般接成星形，并联接于需要补偿无功的变(配)电所的母线上，或接于主变压器低压侧。

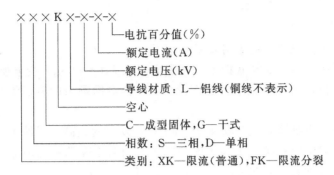

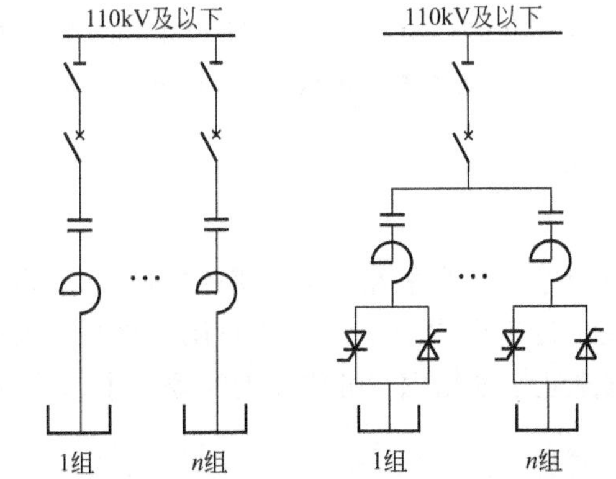

(a) 串接于由断路器投切的并联电容或交流滤波装置

(b) 串接于由可控硅投切的并联电容或交流滤波装置

图 2.60 串联电抗器应用

2. 并联电抗器

并联电抗器在电力系统中的应用如图 2.61 所示。

(1) 中压并联电抗器一般并联接于大型发电厂或 110～500kV 变电所的 6～63kV 母线上，用于向电网提供可阶梯调节的感性无功，补偿电网剩余的容性无功，保证电压稳定在允许范围内。

(2) 超高压并联电抗器一般并联接于 330kV 及以上的超高压线路上，用于补偿输电线路的充电功率，以降低系统的工频过电压水平。它对于降低系统绝缘水平和系统故障率，提高运行可靠性均有重要意义。

超高压并联电抗器接入线路的方式，目前在我国较为普遍的有两种：①经断路器、隔离开关接入，如图 2.61(a)所示，其投资大，但运行方式灵活；②只经隔离开关接入，其投资较小，但电抗器故障时会使线路停电，电抗器需退出时需将线路短时停电。据有关资料介绍，较好的方式是将电抗器经一组火花间隙接入，如图 2.61(b)所示。间隙应能耐受一定的工频电压(如 1.35 倍相电压)，它与一个断路器并接。正常情况下，断路器断开，电抗器退出运行；当该处电压达到间隙放电电压时，断路器动作接通，电抗器自动投入，工频电压随即降至额定值以下。

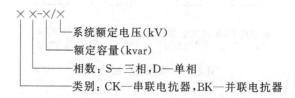

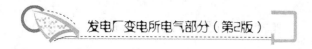

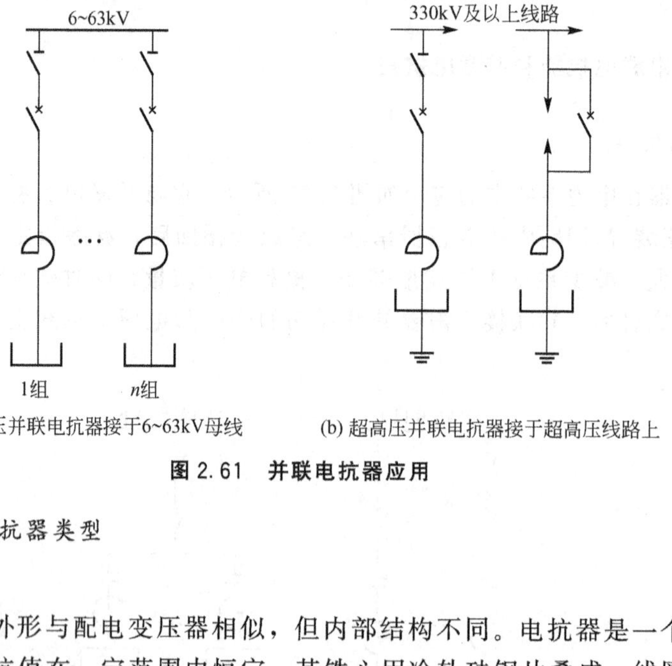

(a) 中压并联电抗器接于6~63kV母线　　(b) 超高压并联电抗器接于超高压线路上

图 2.61　并联电抗器应用

3. 串、并联电抗器类型

1) 油浸式

油浸式电抗器外形与配电变压器相似，但内部结构不同。电抗器是一个磁路带气隙的电感线圈，其电抗值在一定范围内恒定。其铁心用冷轧硅钢片叠成，线圈用铜线绕制并套在铁心柱上，整个器身装于油箱内，并浸于变压器油中。其型号含义如下。

×　×-×/×
└系统额定电压(kV)
└额定容量(kvar)
└相数：S—三相，D—单相
└类别：CK—串联电抗器，BK—并联电抗器目前 CK 类有 3～63kV 产品，BK 类有 10kV、15kV、35kV、63kV、330kV、500kV 产品。

2）干式

干式电抗器有铁心电抗器和空芯电抗器两种，其型号含义如下。

××× K ×-×/×-×

- 电抗百分值(%)(BK 类无此项)
- 系统额定电压(kV)
- 额定容量(kvar)
- 导线材质：L—铝线(铜线不表示)
- 空心(铁心式无此字母)
- C—成型固体，G—干式
- 相数：S—三相，D—单相
- 类别：CK—串联电抗器，BK—并联电抗器

干式铁心电抗器采用干式铁心结构，辐射形叠片叠装，损耗小，无漏油、易燃等缺点；线圈采用分段筒式结构，改善了电压分布；绝缘采用玻璃纤维与环氧树脂最优配方组合，绝缘包封层薄，散热性能好。目前 CK 类有 6kV、10kV 产品，BK 类有 10kV、35kV 产品。

干式空芯串、并联电抗器与前述干式限流电抗器类似。目前 CK 类有 6kV、10kV、35kV、63kV 产品，BK 类有 10kV、15kV、35kV、63kV 产品。

2.16 互 感 器

2.16.1 概述

互感器是发电厂和变电所使用的重要高压电器之一。互感器包括电流互感器(TA)和电压互感器(TV)两大类。电流互感器又分为电磁式和光电式两种。电压互感器又分为电磁式、电容分压式和光电式 3 种。互感器是交流电路中一次系统和二次系统间的联络元件，分别用来向测量、控制和保护设备提供电压和电流信号，以便正确反映电气设备的正常运行和事故情况。

电流互感器用在各种电压的交流装置中。电磁式电流互感器的一次绕组串联于一次电路内，二次绕组与测量仪表或继电器的电流线圈串联，如图 2.62(a)所示。电压互感器用在电压为 380V 及以上的交流装置中。电磁式电压互感器其一次绕组并联于一次电路内，二次绕组与测量仪表或继电器的电压线圈并联连接，如图 2.62(b)所示。

互感器的用途有以下几个方面。

(1) 将一次回路的高电压和大电流变为二次回路的标准值(通常电磁式电压互感器额定二次电压为 100V、$100/\sqrt{3}$ V 或 5V，电磁式电流互感器额定二次电流为 5A、1A 或 0.5A)。互感器使得测量仪表和保护装置标准化，也使二次设备的绝缘水平能按低电压设计，使其结构轻巧、价格便宜。

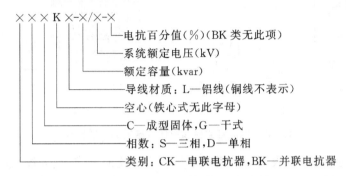

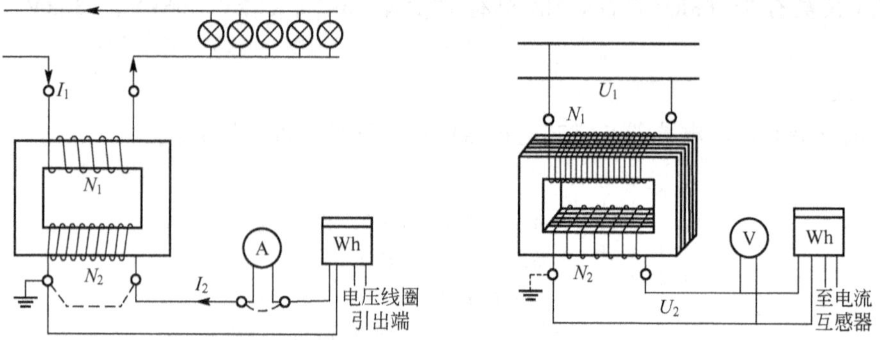

(a) 电磁式电流互感器　　(b) 电磁式电压互感器

图 2.62　电流互感器和电压互感器的原理接线

(2) 互感器使所有二次设备可采用低电压、小电流的电缆(或光缆)连接，可使屏内布线简单，安装方便。同时，便于集中管理，可实现远程控制和测量。

(3) 互感器使二次回路不受一次回路的限制，可采用星形、三角形或 V 形接法，因而接线灵活方便；同时，对二次设备进行维护、调试以及更换时，不需要中断一次系统的运行，仅适当地改变二次接线即可实现。

(4) 互感器使二次侧的设备与高电压部分隔离，且互感器二次侧要有一点接地，保证二次系统设备和工作人员的安全。

2.16.2　电磁式电流互感器

1. 工作原理

目前电力系统中广泛采用的是电磁式电流互感器，其工作原理与变压器相似。

电磁式电流互感器的工作特点是，一次绕组中的工作电流 I_1 等于电力负荷电流，如图 2.62(a)所示。I_1 的数值大小只由电力负荷阻抗、线路阻抗及电源电压确定，而与电磁式电流互感器的二次绕组负荷阻抗大小无关，因为改变二次绕组中的阻抗大小对一次电路电流 I_1 的数值不会产生什么影响。电磁式电流互感器的二次侧在正常运行中接近于短路状态。这是因为二次侧所接测量仪表和继电器的电流线圈阻抗很小，二次负荷电流 I_2 所产生的二次磁动势 F_2 对一次磁动势 F_1 有去磁作用，因此，合成磁动势 F_0 及铁心中的合成磁通 ϕ 值都不大，在二次绕组内所感应的电动势 e_2 的数值不超过几十伏。

运行中的电磁式电流互感器二次回路不允许开路，否则会在二次电路感应产生高电压，对人身和二次设备产生危险，原因如下。

电磁式电流互感器在正常工作时，依据磁动势平衡关系有 $N_1\dot{I}_1+N_2\dot{I}_2=N_1\dot{I}_0$，一、二次电流相位相反，因此，$N_1\dot{I}_1$ 和 $N_2\dot{I}_2$ 互相抵消一大部分，铁心的剩余磁动势是励磁磁动势 $N_1\dot{I}_0$，数值不大。当二次电路开路时，二次去磁磁动势 $N_2\dot{I}_2$ 等于零。依据磁动势平衡关系，这时的励磁磁动势由比较小的数值 $N_1\dot{I}_0$ 猛增到 $N_1\dot{I}_1$，电磁式电流互感器的一次电流$\dot{I}_1$完全被用来给铁心励磁，于是铁心中磁感应强度猛增，造成铁心磁饱和。铁心饱和致使随时间变化的磁通Φ的波形由正弦波变为平顶波，如图 2.63 所示。图中画出了二次开路后的磁通Φ及一次电流i_1。在磁通曲线过零前后磁通Φ在短时间内从$+\Phi$变为$-\Phi$，$\frac{d\phi}{dt}$值很大。由于二次绕组感应电动势e_2正比于磁通Φ的变化率$\frac{d\phi}{dt}$，因而在磁通急剧变化时，开路的二次绕组内将感应出很高的尖顶波电动e_2，其峰值可达数千伏甚至更高，这对工作、测量仪表构成危险。同时测量严重饱和使铁心严重发热，若不及时处理，会导致互感器损坏。因此，电磁式电流互感器二次侧不允许装设熔断器。在运行中如果需要断开仪表或继电器，必须先将电流互感器的二次绕组短接后，再断开该仪表，以防发生事故。在实际中，也可能会遇到不慎将电流互感器二次开路，但还没有出现以上所述的现象，原因在于当时一次回路可能处于轻载或开路状态。

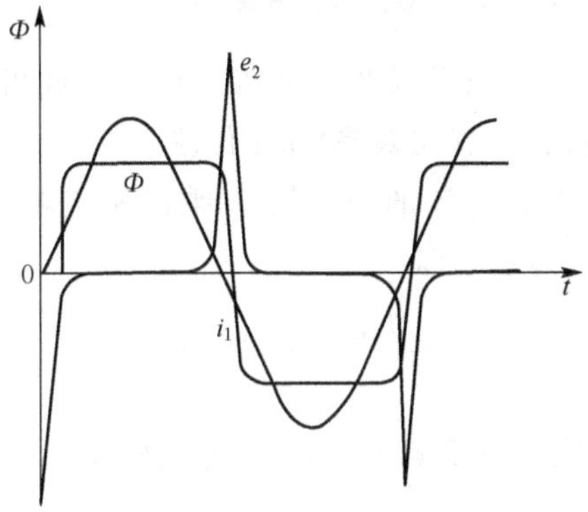

图 2.63 电流互感器二次回路开路时磁通和二次电动势的波形

电磁式电流互感器额定一、二次电流之比，称为额定电流比K_I，其表达式为

$$K_I=\frac{I_{N1}}{I_{N2}}\approx\frac{N_2}{N_1} \tag{2-16}$$

式中：N_1、N_2——分别为电流互感器一、二次绕组的匝数；

I_{N1}、I_{N2}——分别为电流互感器一、二次绕组的额定电流。

2. 电磁式电流互感器的测量误差

电磁式电流互感器是一种特殊变压器，其等值电路与变压器等值电路类似，如图 2.64(a)所示。图中二次侧各电气量均已折算到一次侧。依据等值电路图可作出电磁式电流互感器的相量图，如图 2.64(b)所示。图中电动势相量$\dot{E}_2'$滞后于主磁通相量$\dot{\phi}$90°，二次电流相量$\dot{I}_2'$滞后于电压相量$\dot{U}_2'$的角度为二次负荷功率因数角φ_2。

装设在电磁式电流互感器二次电路中的电气测量仪表和继电器不能直接测量一次电路的电流，它测得的电流是二次电路中的电流。通常是把测得的二次电流乘以电磁式电流互感器的额定电流比K_I后，作为被测一次电路的实际电流。这样做是有误差的，因为被测一次电流数值上应等于二次电流$-\dot{I}_2'$与励磁电流$\dot{I}_0$的相量和，而上述做法没有考虑

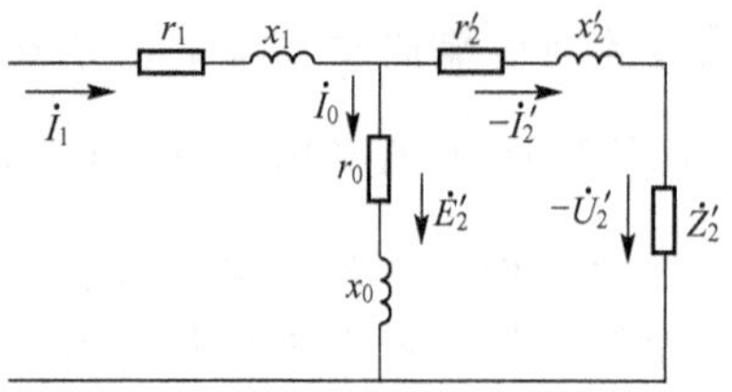

(a) 等值电路图

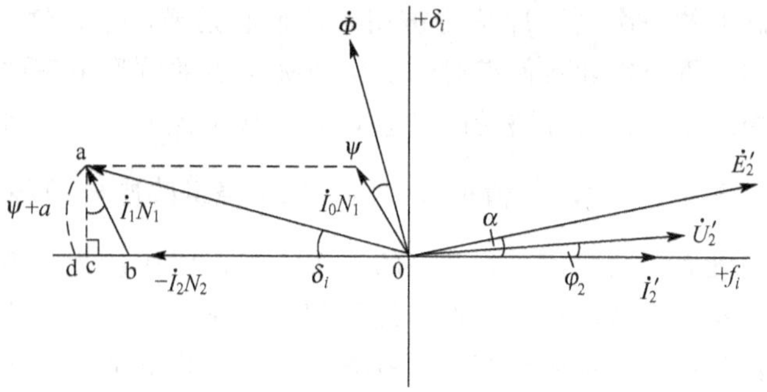

(b) 相量图

图 2.64 电磁式电流互感器的等值电路和相量图

励磁电流$\dot{I}_0$。此外，从相量图看，一次电流相量$\dot{I}_1$和二次电流相量$-\dot{I}_2'$相位也不一致，用测得的电流$-\dot{I}_2'$的相位作为$\dot{I}_1$的相位也是不准确的。由此可知，电磁式电流互感器工作时有两种测量误差，即电流误差(比误差)和相位差。

电流误差(比误差)f_i为二次电流的测量值I_2乘以额定电流比K_I所得的值与实际一次电流I_1之差，并以百分数表示，即

$$f_i=\frac{K_I I_2-I_1}{I_1}\times 100\% \tag{2-17}$$

相位差为旋转180°的二次电流相量$-\dot{I}_2'$与一次电流相量$\dot{I}_1$之间的夹角δ_i，并规定$-\dot{I}_2'$超前$\dot{I}_1$时，相位差δ_i为正值；反之，相位差δ_i为负值。相位差通常用min(分)或crad(厘弧度)表示。

电流误差f_i对各种电流型测量仪表和电流型继电器的测量结果都有影响，相位差δ_i对各种功率型测量仪表和继电器的测量结果有影响。

从图2.64可知，产生电流误差f_i和相位差δ_i的根本原因是电磁式电流互感器存在着励磁电流I_0。电磁式电流互感器不可能没有励磁电流，所以也就不可能没有测量误差，但可设法把测量误差减少到尽可能小的数值。

复合误差ε是指在稳态条件下，一次电流瞬时值与二次电流瞬时值乘以K_I两者之差的方均根值。

3. 准确级与额定二次负荷

准确级是指在规定的二次负荷变化范围内，一次电流为额定值时的最大电流误差，它代表电流互感器测量的准确程度，

我国生产的电磁式电流互感器，根据国家标准规定，其准确级和每一个准确级对应的电流误差、相位差的限值见表2-6。

1) 测量用电流互感器的准确级

(1) 测量用电流互感器的准确级以该准确级在额定电流下所规定的最大允许电流误

差的百分数来标称。标准的准确级为 0.1、0.2、0.5、1、3、5 级，供特殊用途的为 0.2S、0.5S 级。

(2) 对于 0.1、0.2、0.5、1 级测量用电流互感器，在二次负荷为额定负荷的 25%～100%之间的任一值时，其额定频率下的电流误差和相位误差不超过表 2-6 所列限值。

表 2-6 测量用电流互感器误差限值

准确级	一次电流为额定一次电流的百分数/%	误差限值		二次负荷变化范围
		电流误差/±%	相位误差/±′	
0.1	10	0.4	15	(0.25～1)S_{N2}
	20	0.2	8	
	100～120	0.1	5	
0.2	10	0.75	30	
	20	0.35	15	
	100～120	0.2	10	
0.5	10	1.5	90	
	20	0.75	45	
	100～120	0.5	30	
1	10	3.0	180	(0.5～1)S_{N2}
	20	1.5	90	
	100～120	1.0	60	

(3) 对于 0.2S 级和 0.5S 级测量用电流互感器，在二次负荷欧姆值为额定负荷值的 25%～100%之间任一值时，其额定频率下的电流误差和相位误差不应超过表 2-7 所列限值。

表 2-7 特殊用途电流互感器的误差限值

准确级	一次电流为额定一次电流的百分数/%	误差限值	
		电流误差/±%	相位误差/±′
0.2S	1	0.75	30
	5	0.35	15
	20	0.2	10
	100～120	0.2	10
0.5S	1	1.5	90
	5	0.75	45
	20	0.5	30
	100～120	0.5	30

(4) 对于 3 级和 5 级，在二次负荷为额定负荷的 50%～100%之间任一值时，其额定频率下的电流误差和相位误差不应超过表 2-8 所列限值。

测量用电磁式电流互感器准确级数值表示电流误差所能达到的最大值，如 0.5 级表示电流为一次额定值时，电流误差极限为±0.5%，相位误差极限为±30′。

表 2-8 测量用电流互感器误差限值

准确级	电流误差/±%	
	50% I_N	120% I_N
3	3	3
5	5	5

注：3 级和 5 级的相位差不予规定。

2）保护用电流互感器的准确级

保护用电流互感器主要是在系统短路时工作，因此，在额定一次电流范围内的准确级不如测量级高，但为了保证保护装置正确动作，要求保护用电流互感器在可能出现的电路电流范围内最大误差限制不超过 10%。

目前，保护用电磁式电流互感器按用途可分为稳态保护用(P)和暂态保护用(TP)两类。

稳态保护用电流互感器又分为 P、PR 和 PX 3 类。P 类为准确限值规定为稳态对称一次电流下的复合误差 ε 的电流互感器；PR 类是剩磁系数有规定限值的电流互感器；而 PX 类是一种低漏磁的电流互感器。

一般情况下，继电保护动作时间相对较长，短路电流已达稳态，电流互感器只要满足稳态下的误差要求，这种互感器称为稳态保护用电流互感器；如果继电保护动作时间短，短路电流尚未达到稳态，但仍需要电流互感器保证误差要求，这种互感器称为暂态保护用电流互感器。

由于短路过程中 i_1 和 i_2 关系复杂，故保护级的准确级就以额定准确限值一次电流下的最大复合误差来标称，即

$$\varepsilon\% = \frac{100}{I_1}\sqrt{\frac{1}{T}\int_0^T (k_1 i_2 - i_1)^2 \mathrm{d}t} \tag{2-18}$$

所谓额定准确限值一次电流是指一次电流为额定一次电流的倍数，也称额定准确限值系数，其标准值为 5、10、15、20、30。稳态保护用电流互感器的标准准确级有 5P、10P 两种。

在实际工作中，常将准确限值系数标在准确级标称后，如 5P20。

P 类及 PR 类电流互感器在额定频率及额定负荷下，电流误差 f_i、相位误差 δ_i 和复合误差 ε 应不超过表 2-9 所列限值。

表 2-9 P 类及 PR 类电流互感器的误差限值

准确级	在 I_N 下电流误差/%	在 I_N 下的相位差/±′	在 I_N 下复合误差 ε/%
5P、5PR	±1	60	5
10P、10PR	±3		10

暂态保护用电流互感器(TP 类)是能满足短路电流具有非周期分量的暂态过程性能要求的保护用电流互感器，又细分为 TPS 级、TPX 级、TPY 级和 TPZ 级。我国多采用 TPY 级。

4. 额定二次负荷

电磁式电流互感器的额定二次负荷包括额定容量 S_{N2} 和额定二次阻抗 Z_{N2}，其中额定容量 S_{N2} 指电流互感器在额定二次电流 I_{N2} 和额定二次阻抗 Z_{N2} 下运行时，二次绕组输出的容量。由于电磁式电流互感器的额定二次电流为标准值(5A 或 1A)，为了便于计算，有些厂家常提供电磁式电流互感器额定二次阻抗 Z_{N2}。

如果电流互感器所带负载超过额定二次负载，则测量误差会超过规定，准确度级也不能保证，必须降级使用。例如，有一台 LFC-10 型电磁式电流互感器，0.5 级时二次额定阻抗 Z_{N2} 为 0.6Ω。如果二次侧所带负荷超过 0.6Ω，则准确度级不能保证为 0.5 级，应降低为 1 级运行。这台电流互感器在 1 级运行时二次额定负载为 1.3Ω，如果二次侧所带负载超过 1.3Ω，则降为 3 级运行。

5. 电磁式电流互感器的分类和结构

1）分类

(1) 按功能不同，电磁式电流互感器分为测量用电流互感器和保护用电流互感器两类。测量用电流互感器分为一般用途和特殊用途(S 类)两类；保护用电流互感器分为 P 类、PR 类、PX 类和 TP 类。TP 类适用于短路电流具有非周期分量时的暂态情况。

(2) 按安装地点不同，电磁式电流互感器分为户内式和户外式。35kV 及以上多制成户外式，并以瓷套为箱体，以节约材料，减轻重量和缩小体积；20kV 及以下多制成户内式。

(3) 按安装方式不同，电磁式电流互感器分为穿墙式、支持式和套管式。穿墙式装设在穿过墙壁、天花板和地板的地方，并兼作套管绝缘子用；支持式安装在地面上或支柱上；套管式安装在 35kV 及以上电力变压器或落地罐式断路器的套管绝缘子上。

(4) 按绝缘方式不同，电磁式电流互感器分为干式、浇注式和油浸式。干式用绝缘胶浸渍，适用于低压户内使用；浇注式利用环氧树脂作绝缘浇注成型，适用于 35kV 及以下的户内使用；油浸式用于户外。

(5) 按一次绕组匝数多少不同，电磁式电流互感器分为单匝式和多匝式。

(6) 按变流比不同，电磁式电流互感器分为单变流比和多变流比。一组电流互感器一般具有多个二次绕组(铁心)用于供给不同的仪表或继电保护。各个二次绕组的变比通常是相同的。电流互感器可通过改变一次绕组串并联方式获得不同的变比。在某些特殊情况下，各二次绕组也可采用不同变比，这种互感器称为复式变比电流互感器；也可采用二次绕组抽头实现不同的变比；电流互感器经过两次变换才将正比于一次电流的信号传送至二次回路，第二次变换所用互感器称为辅助互感器。

单变流比互感器只有一种变流比，如 0.5kV 电流互感器的一、二次绕组均套在同一铁心上，这种结构最简单。10kV 及以上的电流互感器常采用多个没有磁联系的独立铁心和二次绕组。与共同的一次绕组组成单电流比、多二次绕组的电流互感器一台可当作几台使用。对于 110kV 及以上的电流互感器，为了适应一次电流的变化和减少产品规格，常将一次绕组分成几组，通过切换来改变一次绕组的串、并联，以获得 2～3 种变流比。

2）结构

电磁式电流互感器的结构原理如图 2.65 所示。单匝电磁式电流互感器的一次绕组由穿过铁心的载流导体或母线制成，铁心上绕有二次绕组，如图 2.65(a)所示。单匝式的特点是一次绕组结构简单，容易制作，价格较低；短路电流流过时电动稳定性比较好。但这种结构的一次磁动势比较小，如果一次电流很小，就会降低电流互感器的准确度，使测量误差增大，所以单匝式适用于一次额定电流比较大的场合。

多匝式的情况正好和单匝式相反，图 2.65(b)所示为一次绕组多匝的电流互感器；图 2.65(c)所示为一次多匝、二次多铁心、线圈的电流互感器。

虽然多匝式制作时不方便，因为一次绕组要多绕几圈，但是在同样的一次额定电流条件下，多匝式和单匝式相比，其一次磁动势较大，因此，即使一次电流很小，而测量准确度也能高一些，同时对 110kV 及以上系统，为了适应一次电流的变化、减少产品规格，现场制造时，有意将一次绕组分为几组，分别引出抽头，使用中可通过切换抽头来改变绕组串、并联的连接方式，从而可获得 2～3 种不同的互感器变比。

在同一回路中，往往需要多个电流互感器供给测量、保护、控制等单元使用，因此，为了节约材料和制造成本，高压电流互感器常由多个没有磁联系的独立铁心、二次绕组与共同的一次绕组组成，如图 2.65(c)所示，因二次绕组匝数相同，所以其变比相同，但由于二次绕组的制造工艺不同，从而就制成了不同准确级的互感器，以满足不同的要求。

多匝式有一个缺点，就是当线路上出现过电压时，过电压波通过电流互感器使一次绕组匝间承受较大的过电压，可能使一次绕组匝间的绝缘损坏。通过大的短路电流时也会出现这种情况。因为短路电流在线圈上有压降，使每匝线圈间受到很大的匝间电位差作用。

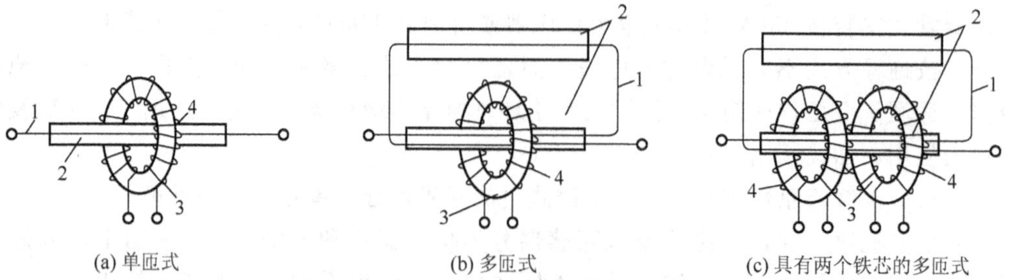

图 2.65　电磁式电流互感器结构原理图

1—一次绕组；2—绝缘；3—铁心；4—二次绕组

多匝电磁式电流互感器按结构可分为线圈式、“8”字形和“U”字形。

图 2.66 所示为 LCLWD3-220 型瓷箱式电容绝缘电磁式电流互感器。此种电流互感器额定电压为 220kV 或 330kV。因为 220kV 及以上系统都是中性点直接接地系统，装置对地电压和对二次绕组的电压应为相电压，所以这种电流互感器的一次绕组对地和对二次绕组的绝缘应按相电压设计。一次绕组绝缘厚度必须很大，不能保证其中电场强度均匀，容易造成局部击穿现象。为了改善绝缘而采用电容型绝缘，其结构如电容型套管，主绝缘完全包在一次绕组上。一次绕组开始包一层铝箔制成的“屏”之后，包一层绝缘，直

至最后一层铝箔包完为止，共有 10 层铝箔“屏”接地。这种做法能使绝缘中的电场强度分布比较均匀。此类电流互感器的一次绕组做成 U 字形，两个端头从瓷箱帽侧面引出，L1 经过瓷套管引出；L2 直接从帽穿出，L2 与瓷箱帽有电的联系，箱帽处在高电位状态下。4 个环形铁心用硅钢片卷制而成，分别套在 U 形一次绕组的两腿上，二次绕组缠绕在铁心上。在瓷箱下部用铁板焊接而成的盖内，有 10 个端钮，其中 8 个端子(1K1、1K2、2K1、2K2、3K1、3K2、4K1、4K2)是连接二次绕组端子的，另两个端子分别为铁心接地端钮、外屏接地端钮。

图 2.67 所示为其内部电气接线示意图。

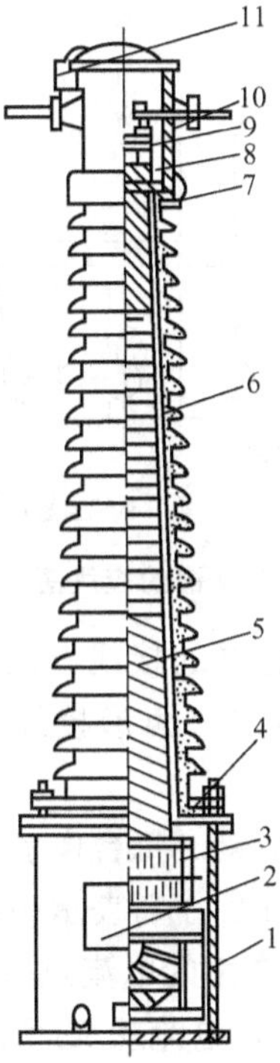

图 2.66　LCLWD3-220 型瓷箱式电容绝缘电磁式电流互感器

1—油箱；2—二次接线盒；3—环形铁心及二次绕组；4—压圈式卡接装置；5—U 字形一次线圈；6—瓷套管；7—均压护罩；8—储油柜；9—一次绕组切换装置；10—次出线端子；11—呼吸器

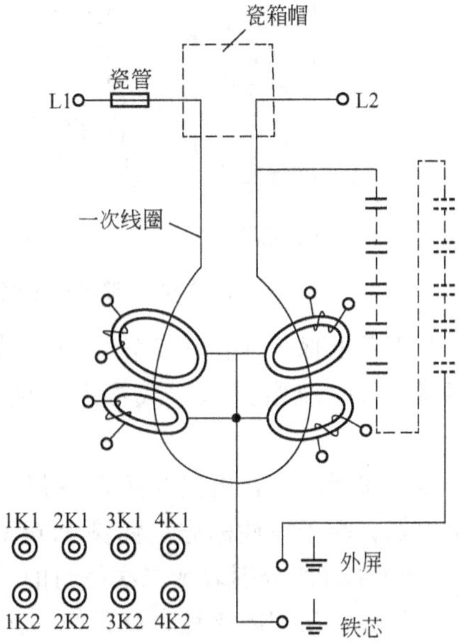

图 2.67　LCLWD3-220 型电流互感器内部电气接线示意图

该型电流互感器的 4 个铁心的测量准确级不同。1 个供测量仪表用，其余 3 个供继电保护用。一次绕组做成两段，两段并联时一次额定电流不变(铭牌值)，而当两段串联时一次额定电流减半，利用此法改变电流互感器的额定变比，这是工程上广泛使用的方法。在图 2.66 中电流互感器的瓷箱帽侧面有一次绕组切换装置 9，也就是绕组端子接线板。改变切换装置便可进行换接。换接工作必须在电流互感器停电条件下进行，而且必须采取安全措施。

6. 电磁式电流互感器的接线

图 2.68 所示为常用电气仪表与电流互感器的接线图。其中图 2.68(a)所示的接线常用于测量对称三相负荷的一相电流。图 2.68(b)所示为星形接线，用于测量三相负荷电流，以监视每相负荷的不对称情况。图 2.68(c)所示为两相式接线，其中一相电流表连接在回线中，回线电流等于 U 相与 W 相电流之矢量和，即等于 V 相电流。用这种方法可测得三相中任意一相电流，但使用电流互感器仅两台，大大节省了设备，完成的功能并不减少。在有些场合下，图 2.68(c)中的 U 相和 W 相各连接一只电流继电器，V 相(回线)中接入一只电流表，即可实现小接地电流系统中的两相式过电流保护，又可测得该线路的电流大小，方便实用。

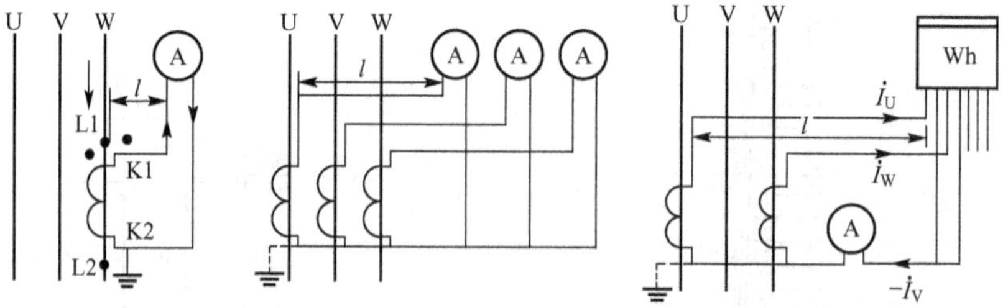

图 2.68 常用的电气测量仪表接入电流互感器的接线图

对于继电保护和自动装置以及其他用途，电流互感器的接线方式更多，如三相电流互感器的二次绕组并联形成零序电流过滤器，三相接成三角形接线、两相电流之差接线等。

需要注意的是，电流互感器在使用中不要把极性接错。每台电流互感器的一次和二次绕组都有端子极性标志，如图 2.68(a)所示。L1 和 L2 分别表示一次绕组的“头”和“尾”。K1 和 K2 分别表示二次绕组的“头”和“尾”。常用的电流互感器都按减极性标示(国家标准)。所谓减极性，就是当一次绕组加直流电压，电流从 L1 流入绕组时，二次绕组的感应电流从 K1 端流出。对于电能表、功率表和继电保护装置来说，电流互感器的极性问题尤为重要。极性连接错误将导致表计读数错误或保护装置误动。

2.16.3 电磁式电压互感器

目前电力系统广泛使用的电压互感器，按其工作原理可分为电磁式、电容分压式和光电式 3 种。电压等级为 220kV 及以下时为电磁式电压互感器；220kV 及以上时多为电容分压式电压互感器；光电式电压互感器的电压等级也已达到 500kV。

1. 工作原理

电磁式电压互感器的工作原理、构造和接线都与变压器相似。其主要区别在于电磁式电压互感器的容量很小，通常只有几十至几百伏安，并且在大多数情况下，其负荷是恒定的。

电磁式电压互感器的工作状态与普通变压器相比，其特点是：①电压互感器一次侧的电压(即电网电压)不受互感器二次侧负荷的影响；②接在电压互感器二次侧的负荷是仪表和继电器的电压线圈，它们的阻抗很大，通过的电流很小，电压互感器的工作状态接近于空载，二次电压接近于二次电动势值，并取决于一次电压值。

电压互感器与普通变压器一样，二次侧不允许短路。如果短路会出现大的短路电流，将使保护熔断器熔断，造成二次侧负荷停电。同电流互感器一样，为了安全，在电压互感器的二次侧电路中也应该有保护接地点。

电压互感器一次绕组的额定电压 U_{N1} 与电网的额定电压是一致的，已经标准化。例如，电压互感器装设在220kV电网中，则互感器一次绕组的额定电压 U_{N1} 应为 $220/\sqrt{3}$ kV；二次线圈的额定电压 U_{N2} 一律规定为100V、$100/\sqrt{3}$ V或5V。所以，电压互感器的额定变压比 K_U($K_U=\frac{U_{N1}}{U_{N2}}$)也已标准化。

2. 测量误差

电磁式电压互感器的等值电路和相量图如图2.69所示。由相量图可见，由于电压互感器存在内阻抗压降，使二次电压 $\dot{U}_2'$ 与一次电压 $\dot{U}_1$ 大小不相等，相位差也不等于180°，即测量结果的大小和相位存在误差，通常用电压误差 f_U 和相位差 δ_U 来表示。

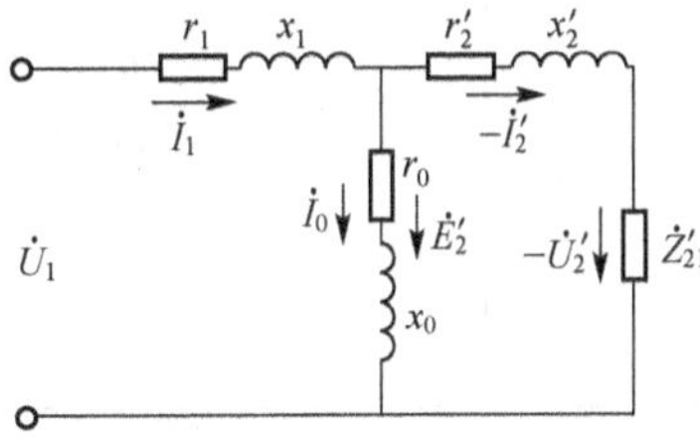

(a) 等值电路图

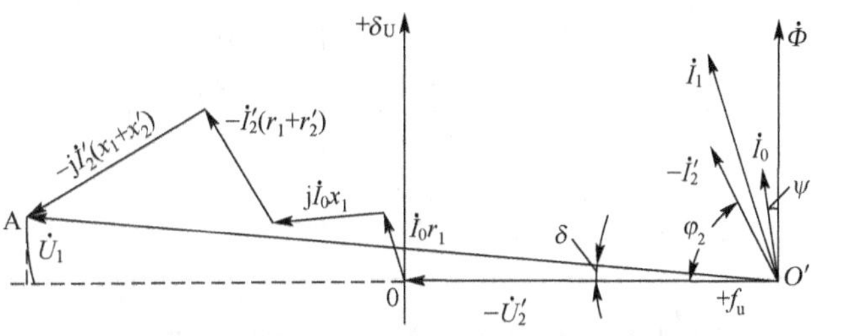

(b) 相量图

图2.69 电磁式电压互感器的等值电路和相量图

电压误差 f_U 为二次电压的测量值和额定变压比的乘积 K_UU_2 与实际一次电压 U_1 之差，对实际一次电压值的百分比表示，即

$$f_U=\frac{K_UU_2-U_1}{U_1}\times 100\% \tag{2-19}$$

相位差 δ_U 是旋转180°后的二次电压相量 $-\dot{U}_2'$ 与一次电压相量 $\dot{U}_1'$ 之间的夹角，并规定 $-\dot{U}_2'$ 超前于 $\dot{U}_1'$ 时，相位差 δ_U 为正值。反之，相位差为负值。

从相量图上可以看出，影响电压互感器误差的因素有以下4个。

(1) 互感器一、二次绕组的电阻和感抗(r_1、r_2'、x_1、x_2')。

(2) 励磁电流 I_0。

(3) 二次负荷电流 I_2。

(4) 二次负荷的功率因数 $\cos\varphi_2$。

前面两个因素与互感器本身的构造及材料有关。减小绕组电阻，减少绕组匝数，选用合理的绕组结构与减少漏磁等均可减少误差。采用高导磁率的冷轧硅钢片可减少励磁电流，从而有助于减少误差。后两个因素则与互感器的工作状态有关，即与二次负荷有关。当二次负荷阻抗 Z_2 增大时，电磁式电压互感器的电压误差 f_u 和相位差 δ_u 都将减少。当二次侧接近于空载运行时，电磁式电压互感器的误差最小。

3. 准确级和额定容量

电磁式电压互感器的准确级是指在规定的一次电压和二次负荷变化范围内，负荷功率因数为额定值时误差的最大限值。电压互感器依据测量误差的大小，可分成不同的准确级。各种准确级的测量用电压互感器和保护用电压互感器，其电压误差和相位差不应超过表 2-10 所列限值。

表 2-10　电压误差和相位差限值

用途	准确级	误差限值		一次电压、频率、二次电压、功率因数变化范围			
		电压误差 /±%	相位误差 /±′	电压 /%	频率 /%	负荷 /%	功率因数
测量	0.1	0.1	5	8～120	99～101	25～100	0.8（滞后）
	0.2	0.2	10				
	0.5	0.5	20				
	1	1.0	40				
	3	3.0	未规定				
保护	3P	3.0	120	5～150 或 5～190	96～102		
	6P	6.0	240				
剩余绕组	6P	6.0	240				

并联在电压互感器二次绕组上的测量仪表、继电器及其他负荷的电压线圈都是电压互感器的二次负荷。习惯上把电压互感器的二次负荷都用负载消耗的视在功率 S_2(VA)表示。因电压互感器的二次电压额定值 U_{N2} 为已知，所以用功率表示的二次负荷可换算成用阻抗表示，其阻抗为 $Z_2=\frac{S_2}{U_{N2}^2}$。电压互感器的负载阻抗都很大，所以在计算二次负载时，二次电路中的连接导线阻抗、接触电阻等都可以忽略。

对应于每个准确级，每台电压互感器规定一个额定容量。在功率因数为 0.8(滞后)时，电压互感器的额定容量标准值为 10VA、15VA、25VA、30VA、50VA、75VA、100VA、150VA、200VA、250VA、300VA、400VA、500VA。对三相互感器而言，其额定容量是指每相的额定输出，即同一台电压互感器有不同的额定容量。如果实际所带二次负载超过额定容量，则准确级要降低。

对每台电压互感器，还规定了一个最大容量，称为热极限容量。它是在额定一次电压下的温升不超过规定限值时，二次绕组所能供给的以额定电压为基准的视在功率值。电压互感器的二次负荷如果不超过这个最大容量所规定的值，其各部分绝缘材料和导电材料的发热温度不会超过额定值，但测量误差会超过最低一级的限值。一般不允许两个或更多二次绕组同时供给热极限容量，所以电压互感器只在对测量准确级要求不高的条件下，才允许在最大容量下运行。变电所中有时需要交流操作电源或整流型直流操作电源时，可以将其接在电压互感器上并按热极限容量运行。在电压互感器的铭牌上，通常要标出热极限容量值。

4. 电磁式电压互感器的铁磁谐振及防谐措施

电磁式电压互感器的励磁特性为非线性特性，与电力网中的分布电容或杂散电容在一定条件下可能形成铁磁谐振。通常电压互感器的感性电抗大于电容的容性电抗，当电力系统操作或其他暂态过程引起电压互感器暂态饱和，而感抗降低时，就可能出现铁磁谐振。这种振谐可能发生于中性点不接地系统，也可能发生于中性点直接接地系统。随着电容值的不同，谐振频率可以是工频和较高或较低的谐波。铁磁谐振产生的过电流或高电压可能造成电压互感器损坏。特别是低频谐振时，电压互感器相应的励磁阻抗大为降低而导致铁心深度饱和，励磁电流急剧增大，高达额定值的数十倍或百倍以上，从而严重损坏电压互感器。

在中性点不接地系统中，电磁式电压互感器与母线或线路对地电容形成的回路在一定激发条件下可能发生铁磁谐振而产生过电压及过电流，使电压互感器损坏，因此，应采取消谐措施。这些措施包括：在电压互感器开口三角或互感器中性点与地之间接入专用的消谐器；选用三相防谐振电压互感器；增加对地电容，破坏谐振条件等。

在中性点直接接地系统中，电磁式电压互感器在断路器分闸或隔离开关合闸时，可能与断路器并联的均压电容或杂散电容形成铁磁谐振。由于电源系统和互感器中性点均接地，各相的谐振回路基本上是独立的，谐振可能在一相发生，也可能在两相或三相内同时发生。抑制这种谐振的方法不宜在零序回路(包括开口三角形回路)采取措施，可采用人为破坏谐振条件的措施。

5. 电磁式电压互感器的分类

(1) 按安装地点不同，电磁式电压互感器可分为户内式和户外式。通常35kV及以下多制成户内式，35kV以上则制成户外式。

(2) 按相数不同，电磁式电压互感器可分为单相式和三相式。单相式电压互感器可制成任何电压等级的，三相式电压互感器只限于20kV以下电压等级。

(3) 按绕组数多少不同，电磁式电压互感器可分为双绕组、三绕组和四绕组。

(4) 按绝缘结构不同，电磁式电压互感器可分为干式、浇注式、充气式和油浸式。干式结构简单，无着火和爆炸危险，但绝缘强度低，只适用于电压为6kV及以下的空气干燥的屋内配电装置中；浇注式结构紧凑，也无着火和爆炸危险，且维护方便，适用于3～35kV户内装置；充气式主要用于SF_6全封闭组合电器中；油浸式绝缘性能好，可用于10kV以上的屋内外配电装置。

6. 电磁式电压互感器的结构

电磁式电压互感器的绝缘结构是影响其经济性能的重要环节。这里主要介绍油浸电磁式电压互感器的结构原理。

油浸电磁式电压互感器按其结构可分为普通式和串级式。普通结构的油浸式电压互感器额定电压为3～35kV，与普通小型变压器相似。其铁心和绕组浸在充有变压器油的油箱内，绕组通过固定在箱盖上的瓷套管引出。

电压为60kV及以上的电压互感器如果仍制成普通的具有钢板油箱和瓷套管结构的单相电压互感器，将变得十分笨重和昂贵。因此，电压为60kV及以上的电压互感器普遍制成串级式结构。这种结构的主要特点是绕组和铁心采用分级绝缘，以简化绝缘结构；铁心和绕组放在瓷箱中，瓷箱兼作高压出线套管和油箱。因此，瓷箱串级式可节省绝缘材料，减轻重量，降低造价。

图2.70所示为国产JCCl-110型串级式电压互感器的结构。一个“口”字型铁心采用悬空式结构，用4根电木板支撑。电木板下端固定在底座上。原绕组分成匝数相等的两部分，绕成圆筒式安置在上、下铁柱上。原绕组的上端为首端，下端为接地端，其中点与铁心相连，使铁心对地电位为原绕组电压的一半。基本副绕组和辅助绕组(也叫剩余绕组)都放置在下铁心柱上。上、下铁心柱都绕有平衡绕组。一般平衡绕组安放得最靠近铁心柱，即在最里层。依次向外的顺序是：一次绕组、基本二次绕组、辅助二次绕组。瓷外壳装在钢板做成的圆形底座上。一次绕组的尾端、基本二次绕组和辅助二次绕组的引线端从底座下引出。一次绕组的首端从瓷外壳顶部的油扩张器引出。油扩张器上装有吸潮器。

图2.71所示为220kV串级式电压互感器的原理接线图。互感器由两个铁心组成，一次绕组分成匝数相等的4个部分，分别套在两个铁心上、下铁柱上，按磁通相加方向顺序串联，接在相与地之间。每一单元线圈中心与铁心相连。二次绕组绕在末级铁心的下铁柱上。当二次绕组开路时，线圈电位均匀分布，线圈边缘线匝对铁心的电位差为$U_{xg}/4$ (U_{xg}为相对地电压)。因此，线圈边缘线匝对铁心的绝缘只需按$U_{xg}/4$设计，而普通结构的电压互感器则需按相电压U_{xg}来设计绝缘。至于铁心对铁心、铁心对外壳(地)之间的电位差，虽然需要绝缘，但比较容易解决。串级式结构可以大量节约绝缘材料和降低造价。

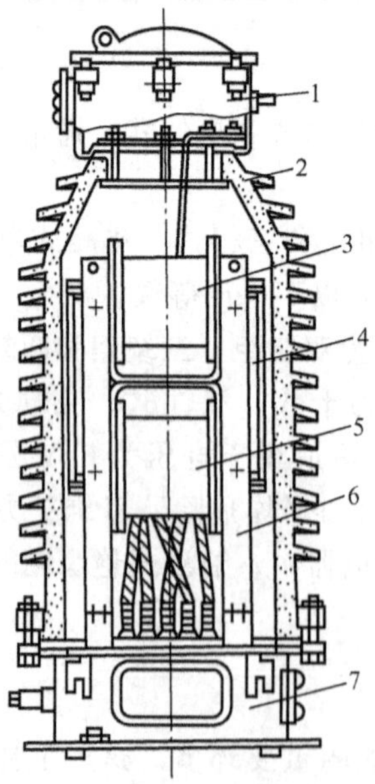

图2.70　JCCl-110型串级式电压互感器的结构

1—油扩张器；2—瓷外壳；3—上柱绕组；4—铁心；5—下柱绕组；6—支撑电木板；7—底座

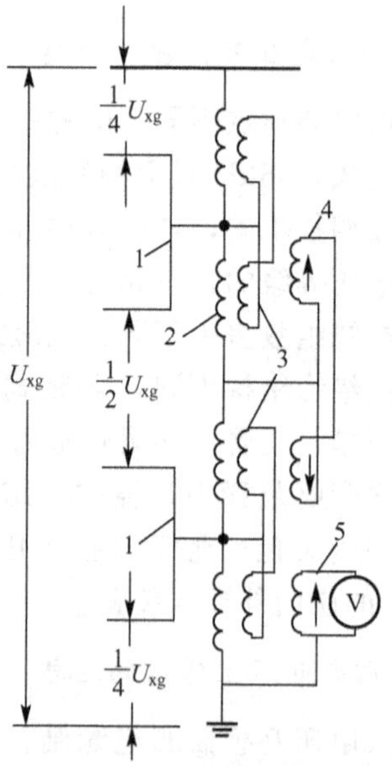

图2.71　220kV串级式电压互感器的原理接线图

1—铁心；2—一次绕组；3—平衡线圈；4—连耦线圈；5—二次绕组

当二次接通负荷后，二次负荷电流的去磁作用使末级铁心内的磁通小于其他铁心内磁通，从而使各单元感抗不等，电压分布不均，准确度会降低。为了避免这一现象，在两铁心相邻的铁柱上绕有匝数相等的连耦线圈(绕向相同，反向对接)。这样，当某一单元的磁通变动时，连耦线圈内出现电流，该电流使磁通较大的铁心去磁，而使磁通较小的铁心增磁，达到各级铁心内磁通大致相等，各元件线圈电压均匀分布的目的。在同一铁心的上、下铁柱上还设有平衡线圈(绕向相同，反相对接)，其作用与连耦线圈相似，借助平衡线圈内电流，使两柱上的磁动势得到平衡。

串级式电磁型电压互感器的型号为 JCC，额定电压为 60kV、110kV、220kV 等。

2.16.4　电容分压式电压互感器(CCVT)

1. 概述

电容分压式电压互感器是在电容套管电压抽取装置的基础上研制而成的。额定电压级为 110kV 及以上，可供 110kV 级及以上中性点直接接地系统测量电压之用。

2. 特点

与电磁式电压互感器相比，它具有以下优点。

(1) 除作为电压互感器使用外，还可将其分压电容兼做高频载波通信的耦合电容。

(2) 电容分压式电压互感器的冲击绝缘强度比电磁式电压互感器高。

(3) 体积小，质量轻，成本低。

(4) 在高压配电装置中占地面积较小。

电容式电压互感器的主要缺点是，误差特性和暂态特性比电磁式电压互感器差，输出容量较小。

3. 电磁式和电容分压式电压互感器的接线

在三相系统中需要测量的电压有线电压、相对地电压、发生单相接地故障时出现的零序电压。一般测量仪表和继电器的电压线圈都采用线电压，每相对地电压和零序电压则用于某些继电保护和绝缘监察装置中。为了测量这些电压，电压互感器有各种不同的接线，图 2.72 为常见的 6 种接线。

图 2.72(a)只有一只单相电压互感器，用在只需要测量任意两相之间的线电压时，可接入电压表、频率表、电压继电器等。

图 2.72(b)为两只单相电压互感器接成的不完全星形接线(V/V 形)，用来接入只需要线电压的测量仪表和继电器，但不能测量相电压。这种接线广泛用于小接地短路电流系统中。V—V 接法比三相式接法经济，但有局限性。

图 2.72(c)(用虚线表示的绕组包括在内)所示为 3 只单相三绕组电压互感器接成的星形接线，且一次绕组中性点接地。这种接法对于三相电网的线电压和相对地电压都可测量。在小接地电流系统中，这种接法还可用来监视电网对地绝缘的状况。

图 2.72(d)为三相三柱式电压互感器的接线，可用来测量线电压。由于这种电压互感器不许用来测量相对地的电压，即不能用来监视电网对地绝缘，因此，其一次绕组没有引出的中性点。

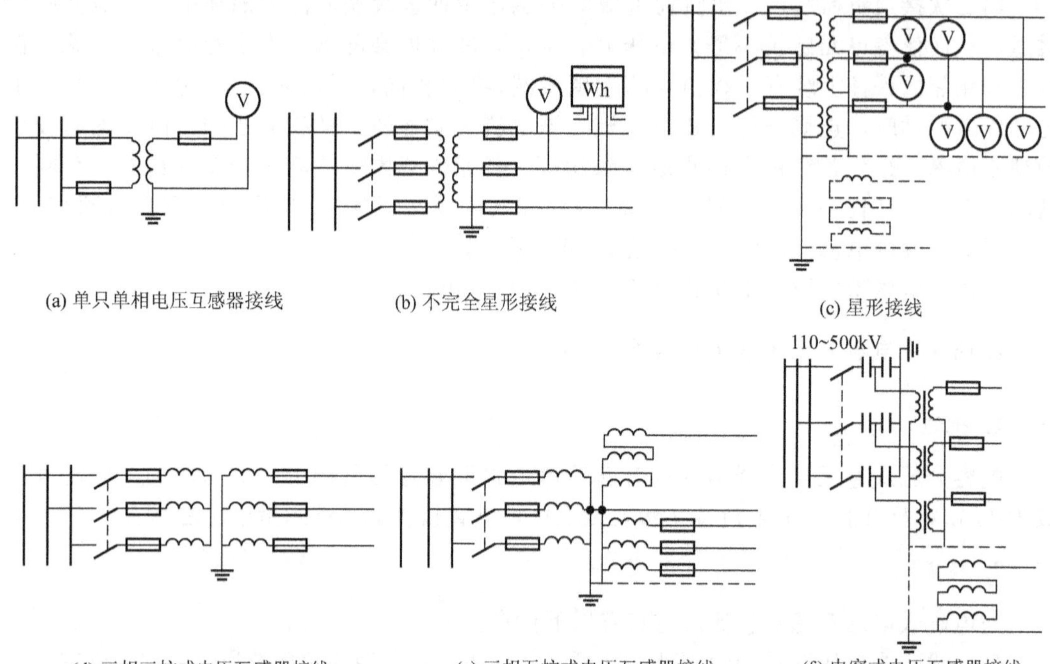

(a) 单只单相电压互感器接线　(b) 不完全星形接线　(c) 星形接线

(d) 三相三柱式电压互感器接线　(e) 三相五柱式电压互感器接线　(f) 电容式电压互感器接线

图 2.72　电磁式和电容分压式电压互感器的接线

在小接地短路电流系统中，广泛采用三相五柱式电压互感器。这种电压互感器的一次绕组是根据装置的相电压设计的，并且接成中性点接地的星形，基本二次绕组也接成星形，辅助二次绕组接成开口三角形，如图 2.72(e)所示。

三相五柱式电压互感器既可用来测量线电压和相电压，又可用于监视电网对地的绝缘状况和实现单相接地的继电保护，而且比用三只单相电压互感器节省位置，价格也低廉。因此，在 20kV 以下的屋内配电装置中，应优先采用这种电压互感器。

图 2.72(f)为电容式电压互感器的接线，主要适用于 110kV 及以上中性点直接接地的电网中。

在进行电压互感器的接线时要注意以下几点。

(1) 电压互感器的电源侧要有隔离开关。当电压互感器需停电检修或更换熔断器中的熔件时，应利用隔离开关将电源侧高电压隔离，保证安全。

(2) 在 35kV 及以下电压互感器的电源侧加装高压熔断器进行短路保护，电压互感器内部或外部引线短路时，熔断器熔断，将短路故障切除。

(3) 电压互感器的负载侧也应加装熔断器，用来保护过负荷。须注意，一次侧的熔断器不能在二次侧过负荷时熔断，因为一次侧的熔断器熔件截面不能选得太小。

(4) 60kV 及以上的电压互感器，其电源侧可不装设高压熔断器。因为 60kV 及以上熔断器在开断短路电流时，产生的电弧太大太强烈，容易造成分断困难和熔断器爆炸，因此，不生产 60kV 及以上电压等级的熔断器。而且当电压在 60kV 及以上时，相间距离较大，电压互感器引线发生相间短路可能性不太大。

(5) 三相三柱式电压互感器不能用来进行交流电网的绝缘监察。如要进行交流电网绝缘监察，必须使用单相组式电压互感器或三相五柱式电压互感器。

(6) 电压互感器二次侧的保护接地点不许设在二次侧熔断器的后边，必须设在二次侧熔断器的前边。这样能保证二次侧熔断器熔断时，电压互感器的二次绕组仍然保留着保护接地点。

(7) 凡需在二次侧连接交流电网绝缘监视装置的电压互感器，其一次侧中性点必须接地，否则无法进行绝缘监察。

2.16.5 互感器的配置原则

互感器在主接线中的配置与测量仪表、同步点的选择、保护和自动装置的要求以及主接线的形式有关。

1. 电流互感器配置

(1) 为了满足测量和保护装置的需要，在发电机、变压器、出线、母线分段及母联断路器等回路中均设有电流互感器。对于中性点直接接地系统，一般按三相配置；对于中性点非直接接地系统，依具体情况按二相或三相配置。

(2) 保护用电流互感器的装设地点应按尽量消除主保护装置的死区来设置。如有两组电流互感器，应尽可能设在断路器两侧，使断路器处于交叉保护范围之中。

(3) 为了防止电流互感器套管闪络造成母线故障，电流互感器通常布置在断路器的出线或变压器侧，即尽可能不在紧靠母线侧装设电流互感器。

(4) 为了减轻内部故障对发电机的损伤，用于自动调节励磁装置的电流互感器应布在发电机定子绕组的出线侧。为了便于分析和在发电机并入系统前发现内部故障，用于测量仪表的电流互感器宜装在发电机中性点侧。

2. 电压互感器配置

(1) 母线。除旁路母线外，一般工作及备用母线都装有一组电压互感器，用于同步、测量仪表和保护装置。

旁路母线上是否装设电压互感器要根据出线同期方式而定。当需用旁路断路器代替线断路器实现同期操作时，则应在旁路母线装设一台单相电压互感器供同期使用；否则，不必装设。

(2) 线路。35kV 及以上输电线路，当对端有电源时，为了监视线路有无电压、进行同步和设置重合闸，装有一台单相电压互感器。

(3) 发电机。一般装 2～3 组电压互感器。一组(3 只单相、双绕组)供自动调节励磁装置，另一组供测量仪表、同期和保护装置使用。该互感器采用三相五柱式或三只单相接地专用互感器，其开口三角形绕组供发电机在未并列之前检查是否有接地故障之用。当互感器负荷太大时，可增设一组不完全星形连接的互感器，专供测量仪表使用。大、中型发电机中性点常接有单相电压互感器，用于 100％定子接地保护。

(4) 变压器。变压器低压侧有时为了满足同期或继电保护的要求，设有一组电压互感器。

在330kV及以上电压等级配电装置中，广泛采用一台半断路器接线，上述互感器配置的原则仍然适用。然而，为使保护和二次回路独立，避免复杂的切换，同时要求保护双重化，互感器的配置要求复杂。例如，变压器高压引出线(或两台断路器之间的短线)需装一组电压互感器；电流互感器的配置采用每串装设3组6个二次绕组的独立式电流互感器，当6个二次绕组尚不能满足要求时可增加中间辅助电流互感器。

2.16.6 光电式互感器简介

随着电力传输容量的不断增长和电网电压的提高，传统的电磁式结构的互感器已暴露出许多缺点，主要表现在以下方面。

(1) 电压等级愈高，其制造工艺愈复杂，可靠性愈差，造价愈高。

(2) 带导磁体的铁心易产生磁饱和和铁磁谐振，且有动态范围小，使用频带窄等缺陷。

上述问题使传统的电磁式互感器难以满足目前电力系统对设备小型化和在线检测、高精度故障诊断、数字传输等发展的需要。

自20世纪60年代以来，国内外都在利用半导体集成电路技术、激光技术、光纤传输技术，开发研制出了新型的光电式电流互感器(OCT)、光电式电压互感器(OVT)以及组合式光电互感器(OMU)。它们具有传统式互感器不可比拟的优点，主要表现在以下方面。

(1) 体积小，质量轻。

(2) 无铁心，不存在磁饱和和铁磁谐振问题。

(3) 暂态响应范围大，频率响应宽。

(4) 抗电磁干扰性能佳。

(5) 无油化结构，绝缘可靠、价格低。

(6) 便于向数字化、微机化发展。

鉴于光电式互感器的特点，它将成为高压互感器发展的方向。

阅读材料

国外特高压变压器、开关的制造能力

特高压交流输变电设备的制造是实施特高压输电计划的关键。但由于输变电设备在特高压电压等级下在绝缘、结构等方面的问题非常突出，这与特高压输电系统高可靠性的要求之间存在矛盾，使我们必须对国外的特高压输变电设备的制造能力有所了解。

前苏联早在20世纪70年代就开始研制交流特高压输电设备，1985年设计制造了全套工程用特高压输变电设备，并在1 150kV输电系统工程中运行。在运行的8年中，变压器、断路器、电抗器、避雷器等主要电气设备运行情况良好。日本的特高压变电设备是由日本国内多家制造企业分别研制开发的，从1995年以来在新榛名特高压全GIS变电站进行了长达5年的全电压运行考核，基本没有出现大的故障。另外，美国、意大利等国对特高压输变电的原型设备也进行了研制。

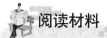

前苏联从20世纪70年代初开始研制特高压大容量1 150kV变压器。1971年已研制出210MVA、1 150/500kV单相自耦变压器样机(等比例模型);1979年研制出第一台供试验用的667MVA、1 150/500kV单相自耦变压器样机,以后陆续生产了20余台667MVA、1 150/500kV单相自耦变压器,提供给当时正在兴建的哈萨克斯坦新西伯利亚特高压输变电工程,共装备了3个1 150kV变电站、2个发电厂升压站。从1985年开始,部分线路升压至1 150kV运行。初期阶段一般采用升压变压器将电压提升至500kV,再送至1 150kV自耦变压器升压送出。1990年曾生产过4台417MVA、1 150/20kV的单相发电机升压变压器,作为工业试验用样机,进行长时间带电考核,可以直接升压送至1 150kV线路。1992~1993年又按另一种设计方案生产了16台容量仍为667MVA的特高压单相自耦变压器,其目的在于设计改型、降低损耗和提高质量、简化结构、保证产品可靠性。这些特高压变压器结构合理,都经受了各种运行条件的考验。

日本于20世纪90年代初已完成主要设备的试制工作,并于1996年开始在新榛名变电设备试验场进行最高电压为1 100kV的带电模拟运行试验,其中也进行了最高电压为1 150kV的带电模拟运行。该站为SF_6全封闭式变电站,3套主设备分别为东芝公司、三菱公司和日立公司的产品。变压器为1 000kV/1 000MVA单相自耦变压器,分高、中、低绕组,额定电压分别为1 050/3±7%,525/3和147kV,一、二次绕组容量每相为1 000MVA,三次绕组容量为一次的40%,用于配合大容量调相设备。

意大利国家电力局(ENEL)在1980年与巴西、阿根廷和加拿大等国的公司共同参与了国际联合组织的1 000kV特高压输变电技术研究开发工作。兴建的特高压实验工程有2座联络变电站和20km长的线路,每个变电站装有3台400MVA变压器。1 000kV级特高压变压器和并联电抗器均由Ansaldo公司Milan变压器厂生产。

特高压输变电工程对开关设备提出了更高的要求。对于特高压断路器来讲就是提高其灭弧室断口的电压和开断电流,以满足单相少断口结构和电网大短路电流的要求。因此,需要提高断路器断口电压以减少断口数;需要采用性能优良的灭弧室以开断大的短路电流;另外还需要采用大功率高速液压操动机构以减少开断时间;需要降低设备高度以提高其耐地震性能等。先进的特高压开关设备要求断口数做到双断口,单断口电压高达550kV以上,开断电流达50/63kA,开断时间达2个周期,并优先采用GIS设备。

随着断路器技术的发展,在超高压输电系统中,均已采用SF_6断路器。由于SF_6具有优良的灭弧和绝缘性能,常规式特高压断路器除前苏联1985年采用乌拉尔重型机器厂生产的压缩空气断路器之外,均采用SF_6断路器。

前苏联压缩空气断路器500kV等级为单柱4断口,750kV等级为4柱8断口,1 150kV等级为6柱12只断口,现均已在系统中运行。特高压SF_6断路器样机已由美、日、意等国研制出来。开断电流普遍达到63kA水平,一般全开断时间为2个周期。按欧洲主要公司生产的单元断口电压水平,$SF_6$550kV断路器为双断口,800kV断路器一般为4断口或3断口,特高压为4断口;而日本的3家公司(三菱、东芝、日立)在研制成功单断口550kV SF_6断路器的基础上,已研制成功双断口1 100kV SF_6断路器,并应用于1 100kV GIS中。

三菱、东芝、日立3家日本公司和欧洲几家著名大公司（ABB、西门子、阿尔斯通）是当代生产SF_6断路器及GIS的主导企业，代表了世界先进水平。

前苏联已研制开发出500/750/1 150kV等级GIS，制成的单极1 150kV等级GIS早已投入试运行，其开断电流为40kA。意大利NMGS SBE公司研制开发的72～800/1 050kV等级的GIS，其额定电流为2500～8 000A，开断电流为63kA。

1995年以前，国外研究的特高压SF_6断路器均为4断口，1994～1995年日本开发出1 100kV 50kA双断口SF_6断路器和GIS，使日本特高压开关设备制造水平居于世界领先地位。

目前，日本三家公司（三菱、东芝、日立）都研制出双断口SF_6断路器的1 100kV GIS，装在1 100kV GIS中的双断口SF_6断路器，也是目前世界上断口电压等级最高的断路器。

（资料来源：电力设备，万启发等）

习　题

2.1　填空题

1. 电弧由阴极区、__________和阳极区3部分组成。

2. 交流电弧的电压随时间变化的波形呈__________形变化。

3. 金属中__________的导电性能最好。

4. 高压断路器主要由导流部分、绝缘部分、__________部分和__________4部分组成。

5. 分裂电抗器在正常时电抗值__________，当其任何一条支路发生短路时，电抗值__________，因而能有效地限制短路电流。

6. 断路器分闸时间为__________时间和__________时间之和。

7. 装设隔离开关后，可以再设备检修时造成__________，使检修设备与带电设备__________。

8. 隔离开关的型号GW5 220D/600中字母G表示__________，W表示__________，600表示__________。

9. 电压互感器的二次侧不得__________，其外壳及二次侧必须__________。

10. 常用的母线材料有__________、铝和铝合金。

2.2　选择题

1. SF_6断路器的对地绝缘主要靠（　　）。

A. 绝缘油　　B. 瓷介质　　C. 空气　　D. 环氧树脂

2. 装设分段电抗器的作用是（　　）。

A. 限制母线回路中的短路电流　　B. 吸收多余的无功功率

C. 改善母线的电压质量　　D. 改进用户的功率因数

3. 槽形母线与多条矩形母线相比，其冷却条件好，趋肤效应(　　)。

A. 小　　B. 大　　C. 相同　　D. 相近

4. 隔离开关用于隔离电压或切换电路，(　　)。

A. 不得断开但可接通负荷电路　　B. 不得接通但可断开负荷电路

C. 不得断开或接通负荷电路　　D. 不得转移电流或接通电路

5. 在交流电路中，弧电流过零值之后，当弧隙的恢复电压(　　)弧隙的介质恢复电压时，将会使电弧熄灭。

A. 大于　　B. 等于　　C. 小于　　D. 正比于

6. 高压断路器多采用液压操动机构，其传递能量的媒介是(　　)。

A. 氮气　　B. 液压油　　C. 压缩空气　　D. SF_6

7. 高压断路器型号 LW6 500 中，L 表示(　　)。

A. 真空　　B. 少油　　C. 压缩空气　　D. SF_6

8. 将同一台电流互感器的两个一次绕组串联使用时，其测量准确级(　　)。

A. 增大　　B. 不变　　C. 减小　　D. 不能确定

9. 电压互感器 0.5 级准确级以在规定条件下的(　　)来标称。

A. 电压误差±0.5%　　B. 相位误差±0.5%

C. 电压误差±0.5V　　D. 相位误差 0.5′

10. 下列哪种电力电缆主要用于 110kV 及以上电压等级？(　　)

A. 油浸纸绝缘电缆　　B. 聚氯乙烯绝缘电缆

C. 交联聚乙烯绝缘电缆　　D. 高压充油电缆

2.3 判断题

1. 隔离开关与断路器配合的操作原则是："先断开断路器后拉开隔离开关"或"先接通隔离开关后合上断路器"。(　　)

2. 断路器的开断时间是指从接受分闸命令瞬间起到主触头分离瞬间为止。(　　)

3. 电流互感器的一次侧电流随二次侧阻抗改变而改变。(　　)

4. 铜比银的熔点低，但比银的密度大。(　　)

5. 电压互感器的误差就是变比误差和角误差。(　　)

6. 负荷开关可以用来接通和切断短路电流。(　　)

7. 运行中的电流互感器二次短路后，也不得去掉接地点。(　　)

8. 直流断路器要求灭弧愈快愈好。(　　)

9. 电流互感器本身造成的测量误差是由于有励磁电流的存在。(　　)

10. 电流互感器二次侧不装设熔断器是为了防止二次侧开路，以免引起过电压。(　　)

2.4 问答题

1. 为什么有些场合将两组电流互感器一次绕组串联使用？

2. 为什么电压互感器铭牌上标示着多个容量？说明其含意。

3. 为什么三相三柱式电压互感器不能用来监察交流系统各相对地绝缘？

4. 直流断路器通过哪些途径熄灭电弧？

5. 真空开关有何特点？

6. 真空开关在应用中应注意哪些问题？

7. 什么是SF_6断路器？它有何特点？

8. 什么是合成绝缘子？它有何特点？

9. 为什么要选用有机硅脂(硅油)作防污闪的涂料？

10. 用作防污闪涂料的硅油和硅脂有什么区别？

11. 为什么电流互感器二次侧不能开路？

12. 电压互感器高压熔断器熔断可能是什么原因引起的？

13. 电压互感器的一、二次侧装设熔断器是如何考虑的？

14. 什么是铁磁谐振？中性点不接地系统接了电压互感器后为什么容易引起铁磁谐振，有何解决方法？

15. 为什么发电厂、变电所不选用带铁心的电抗器，而选用空心水泥电抗器？

第3章

电气主接线与厂、所自用电接线

本章知识构架

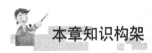

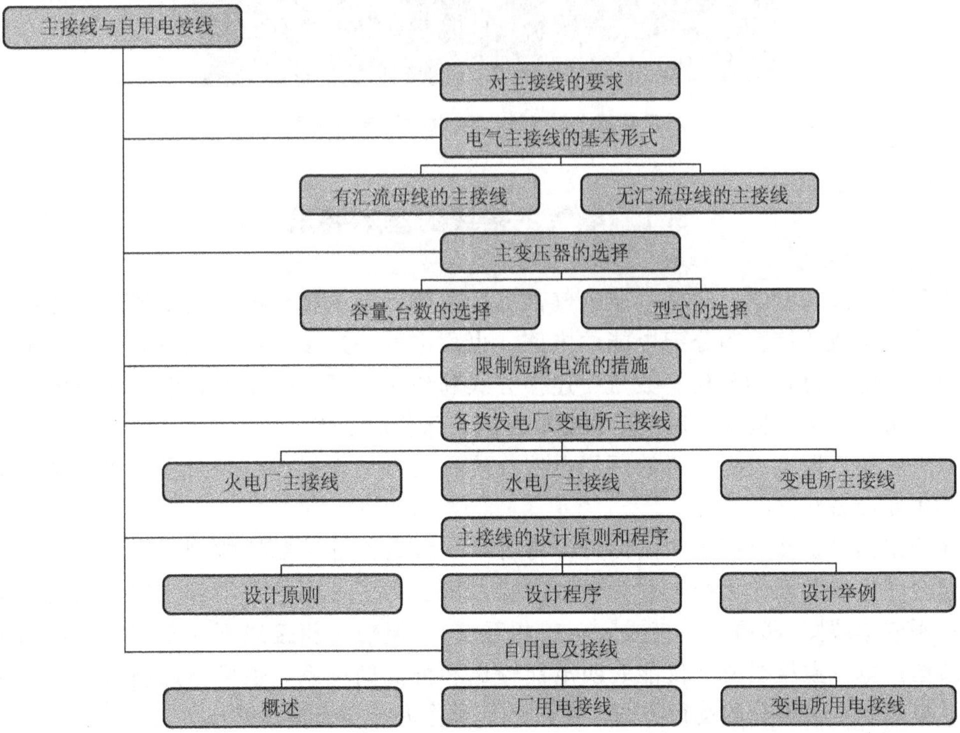

本章教学目标与要求

- **掌握电气主接线的概念及电气主接线的基本要求；**
- **掌握电气主接线的基本形式、特点及应用范围；**
- **掌握主变压器的选择原则、方法；**
- **掌握电气主接线的设计原则和程序；**
- 熟悉限制短路电流的措施；
- 熟悉各种类型发电厂、变电所主接线的特点；
- 了解自用电及接线。

本章导图　某750kV变电站配电装置图

3.1　电气主接线的基本要求

电气主接线是发电厂和变电所电气部分的主体，是由多种电气设备通过连接线，按其功能要求组成的接受和分配电能的电路，也称电气一次接线或电气主系统。它不仅能表示出各种电气设备的规格、数量、连接方式和作用，而且能反映各电力回路的相互关系和运行条件，从而构成了发电厂和变电所电气部分的主体。

发电厂的厂用电或变电所的所用电接线统称为自用电接线，表明了自用电系统供电所用的主要设备和接线方式。

用规定的设备文字符号和图形符号将各电气设备按连接顺序排列，详细表示电气设备的组合和连接关系的接线图称为电气主接线图。为了读图的清晰和方便，电气主接线图一般画成单线图(即用单相接线表示三相系统)，但对三相接线不完全相同的局部则画成三线图。电气主接线图不仅能表明电能输送和分配的关系，也可据此制成主接线模拟图屏，以表示电气部分的运行方式，可供运行操作人员进行模拟操作。

拟定一个合理的电气主接线方案，不仅与电力系统整体及发电厂、变电所本身运行的可靠性、灵活性和经济性密切相关，而且对发电厂、变电所的电气设备选择、配电装置布置、继电保护配置和控制方式等都有重大的影响。在选择电气主接线时，应注意发电厂或变电所在电力系统中的地位、进出线回路数、电压等级、设备特点及负荷性质等条件。

3.1.1 对电气主接线的基本要求

1. 可靠性

供电可靠性是电力生产和电能分配的首要任务，是电气主接线应满足的最基本要求。电力系统的发电、输电、配电、用电是同时完成的，并且在任意时刻都保持平衡关系，无论哪部分发生故障，都将影响整个电力系统的正常运行。

电气主接线的可靠性主要是指当主电路发生故障或电气设备检修时，主接线在结构上能够将故障或检修所带来的不利影响限制在一定范围内，以提高供电的能力。目前，对主接线的可靠性的评估不仅可以定性分析，而且可以进行定量的可靠性计算。一般从以下方面对主接线的可靠性进行定性分析。

(1) 断路器检修时是否影响供电。

(2) 设备、线路故障或检修时，停电线路数量的多少和停电时间的长短，以及能否保证对重要用户的供电。

(3) 有没有使发电厂或变电所全部停止工作的可能性等。

(4) 大机组、超高压电气主接线应满足可靠性的特殊要求。

2. 灵活性

电气主接线不仅要在正常运行情况下能根据调度的要求灵活地改变运行方式，实现安全、可靠、经济地供电；而且在系统故障或电气设备检修及故障时，应能尽快地退出检修设备、切除故障，使停电时间最短，影响范围最小，并且在检修设备时能保证检修人员的安全。

3. 经济性

可靠性和灵活性是主接线设计在技术方面的要求，它与经济性往往发生矛盾，即若使主接线可靠、灵活，将可能导致投资增加。所以两者必须综合考虑，在满足技术要求的前提下，做到经济合理。

电气主接线的经济性是指投资省、年运行费用少、占地面积少3个方面。

(1) 投资省。电气主接线应力求简单，以节省断路器、隔离开关等一次设备的投资；要尽可能地简化继电保护和二次回路，以节省二次设备和控制电缆；应采取限制短路电流的措施，以便选择轻型的电器和小截面的载流导体。

(2) 年运行费用少。年运行费用包括电能损耗费、折旧费及维修费。其中电能损耗主要由变压器引起，因此，应合理地选择主变压器的型式、容量和台数，以减少变压器的电能损耗。

(3) 占地面积少。设计电气主接线要为配电装置的布置创造条件，以节约用地和节省有色金属、钢材和水泥等基建材料。

3.1.2 电气主接线的基本形式

电气主接线一般按有无汇流母线分类，即分为有汇流母线和无汇流母线两大类。

有汇流母线的接线形式的基本环节是电源、母线和出线。母线是中间环节，其作用是接受和分配电能。采用母线把电源和进出线进行连接，不仅有利于电能交换，而且可使电气主接线简单清晰，运行方便，有利于安装和扩建。

有汇流母线的主接线形式包括单母线和双母线接线。单母线接线又分为单母线不分段接线、单母线分段接线、带旁路母线的单母线接线、单母线分段带旁路母线接线等形式；双母线接线又分为普通双母线、双母线分段、双母线带旁路母线、3/2 断路器(又称一台半断路器)双母线等多种形式。

无汇流母线的主接线形式主要有单元接线、桥形接线和角形接线等。

3.2 单母线接线

3.2.1 单母线不分段接线

图 3.1 所示为单母线不分段接线，各电源和出线都接在同一条公共母线 WB 上，其供电电源在发电厂是发电机或变压器，在变电所是变压器或高压进线回路。母线既可以保证电源并列工作，又能使任一条出线都可以从任一电源获得电能。

1. 电气回路中开关电器的配置原则

电气回路中的开关电器包括断路器和隔离开关。由于断路器具有很强的灭弧能力，因此，各电气回路中(除电压互感器回路外)均配置了断路器，用来作为接通或切断电路的控制电器和在故障情况下切除短路故障的保护电器。当线路或高压配电装置检修时，需要有明显可见的断口，以保证检修人员及设备的安全，故在电气回路中，在断路器可能出现电源的一侧或两侧均应配置隔离开关。若馈线的用户侧没有电源，断路器通往用户的那一侧可以不装设隔离开关。但如费用不大，为了阻止过电压的侵入，也可以装设。若电源是发电机，则发电机与出口断路器之间可以不装隔离开关。但有时为了便于对发电机单独进行调整和试验，也可以装设隔离开关或设置可拆卸点。为了安全、可靠及方便地接地，可安装接地开关(又称接地刀闸)替代接地线。当电压在 110kV 及以上时，断路器两侧的隔离开关和线路隔离开关的线路侧均应配置接地隔离开关。对 35kV 及以上的母线，在每段母线上亦应设置 1～2 组接地隔离开关，以保证电器和母线检修时的安全。

断路器和隔离开关的操作顺序为：接通电路时，先合上断路器两侧的隔离开关，再合上断路器；切断电路时，先断开断路器，再拉开两侧的隔离开关。严禁在未断开断路器的情况下拉合隔离开关。为了防止误操作，除严格按照操作规程实行操作制度外，还应在隔离开关和相应的断路器之间加装电磁闭锁、机械闭锁或电脑钥匙等闭锁装置。

图 3.1 中每条回路中都装有断路器和隔离开关，紧靠母线侧的隔离开关(如 QSB)称

作母线隔离开关，靠近线路侧的隔离开关(如 QSL)称为线路隔离开关。使用断路器和隔离开关可以方便地将电路接入母线或从母线上断开。图中 QSS 是接地开关，其作用同接地线。

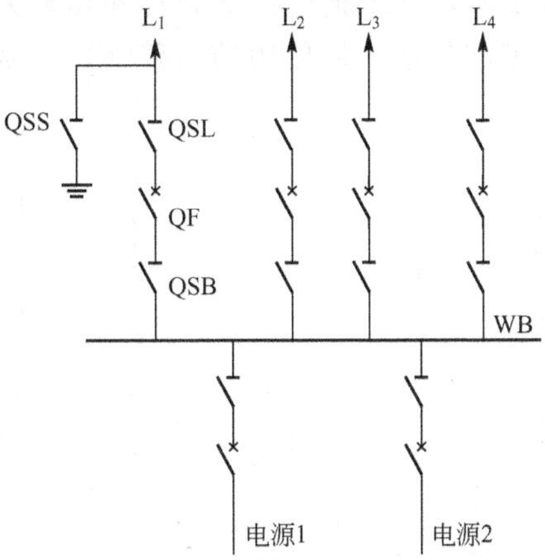

图 3.1 单母线不分段接线

例如，当检修断路器 QF 时，可先断开 QF，再依次拉开其两侧的隔离开关 QSL、QSB(当 QF 恢复送电时，应先合上 QSB、QSL，后合 QF，并注意 QSB 和 QSL 的操作顺序)。然后，在 QF 两侧挂上接地线，以保证检修人员的安全。

2. 优点

(1) 简单清晰、设备少、投资小。

(2) 运行操作方便，有利于扩建。

(3) 隔离开关仅在检修电气设备时作隔离电源用，不作为倒闸操作电器，从而能够避免因用隔离开关进行大量倒闸操作而引起的误操作事故。

3. 缺点

单母线接线的主要缺点是可靠性、灵活性差。

(1) 母线或母线隔离开关检修时，连接在母线上的所有回路都需停止工作。

(2) 当母线或母线隔离开关上发生短路故障或断路器靠母线侧绝缘套管损坏时，所有断路器都将自动断开，造成全部停电。

(3) 检修任一电源或出线断路器时，该回路必须停电。

4. 适用范围

这种接线只适用于小容量和用户对供电可靠性要求不高的发电厂或变电所中。6kV～10kV 配电装置，出线回路数不超过 5 回；35kV～63kV 配电装置，出线回路数不超过 3 回；110kV～220kV 配电装置，出线回路数不超过 2 回。

当采用成套配电装置时，由于它的工作可靠性较高，也可用于重要用户。

为了克服以上缺点，可采用将母线分段或加旁路母线的措施。

3.2.2 单母线分段接线

出线回路数增多时，可用分段断路器 QF_d（或分段隔离开关 QS_d）将母线分成几段，成为单母线分段接线，如图 3.2 所示。根据电源的数目和功率大小，母线可分为 2～3 段。段数分得越多，故障时停电范围越小，但使用的断路器数量越多，其配电装置和运行也就越复杂，所需费用就越高。

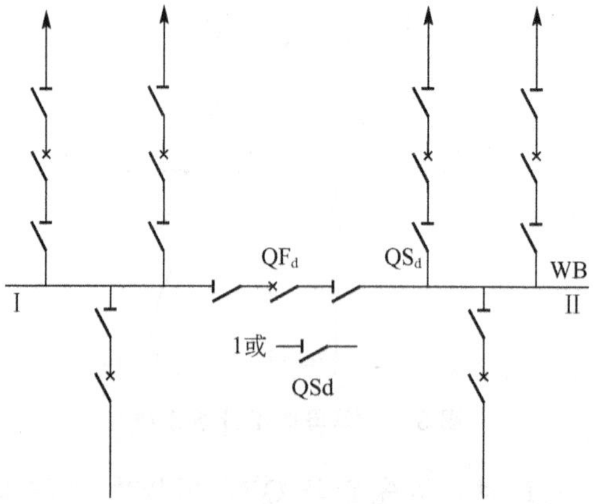

图 3.2 单母线分段接线

QF_d—分段断路器；QS_d—分段隔离开关

1. 优点

母线分段后，可提高供电的可靠性和灵活性。

（1）在正常运行时，分段断路器 QF_d 可以接通也可以断开运行。当 QF_d 接通运行时，任一段母线发生短路故障时，在继电保护作用下，QF_d 和接在故障段上的电源回路断路器便自动断开。这时非故障段母线可以继续运行，缩小了母线故障的停电范围。当 QF_d 断开运行时，分段断路器除装有继电保护装置外，还应装有备用电源自动投入装置。当某段电源回路故障而使其断路器断开时，备用电源自动投入装置使 QF_d 自动接通，可保证全部出线继续供电。另外，QF_d 断开运行有利于限制短路电流。

（2）对重要用户，可以采用双回路供电，即从不同段上分别引出馈电线路，由两个电源供电，以保证供电可靠性。

（3）任一段母线或母线隔离开关检修叶，只停该段，其他段可继续供电，减小了停电范围。

2. 缺点

（1）增加了分段开关设备的投资和占地面积。

（2）某段母线或母线隔离开关故障或检修时，仍有停电问题。

（3）任一出线断路器检修时，该回路必须停止工作。

3. 适用范围

单母线分段接线虽然较单母线接线提高了供电可靠性和灵活性，但当电源容量较大和出线数目较多，尤其是单回路供电的用户较多时，其缺点更加突出。因此，一般认为单母线分段接线应用在6～10kV，出线在6回及以上时，每段所接容量不宜超过25MW；用于35～66kV时，出线回路不宜超过8回；用于110～220kV时，出线回路不宜超过4回。

在可靠性要求不高，或者在工程分期实施时，为了降低设备费用，也可使用一组或两组隔离开关进行分段，任一段母线故障时，将造成两段母线同时停电，在判别故障后，拉开分段隔离开关，完好段即可恢复供电。

3.2.3 带旁路母线的单母线接线

带旁路母线的单母线接线如图3.3所示，在工作母线外侧增设一组旁路母线，并经旁路隔离开关引接到各线路的外侧。另设一组旁路断路器QFp(两侧带隔离开关)跨接于工作母线与旁路母线之间。

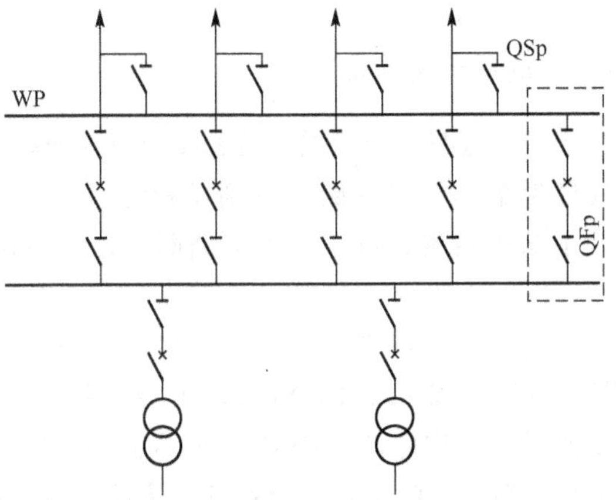

图3.3 带旁路母线的单母线接线

当任一回路的断路器需要停电检修时，该回路可经旁路隔离开关QSp绕道旁路母线，再经旁路断路器QFp及其两侧的隔离开关从工作母线取得电源。此途径即为“旁路回路”或简称“旁路”。而旁路断路器就是各线路断路器的公共备用断路器。但应注意，旁路断路器在同一时间里只能替代一个线路断路器工作。

平时旁路断路器和旁路隔离开关均处于分闸位置，旁路母线不带电。当需检修某线路断路器时，其倒闸操作程序如下。

先合上旁路断路器两侧的隔离开关→合上旁路断路器向旁路母线空载升压，检查旁路母线是否完好，若旁路母线断路器不跳闸，证明旁路母线完好(若旁路母线断路器跳闸，证明旁路母线有故障，需先检修旁路母线)→合上该线路的旁路隔离开关(等电位操作)→断开该出线断路器及其两侧的隔离开关，这样就由旁路断路器代替了该出线断路器工作→给待检短路挂接地线，准备检修。

这种接线方式可以不停电检修线路断路器，故提高了供电可靠性。但是，当母线出现故障或检修时，仍然会造成整个主接线停止工作。为了解决这个问题，可以采用带旁路母线的单母线分段接线，如图3.4所示。

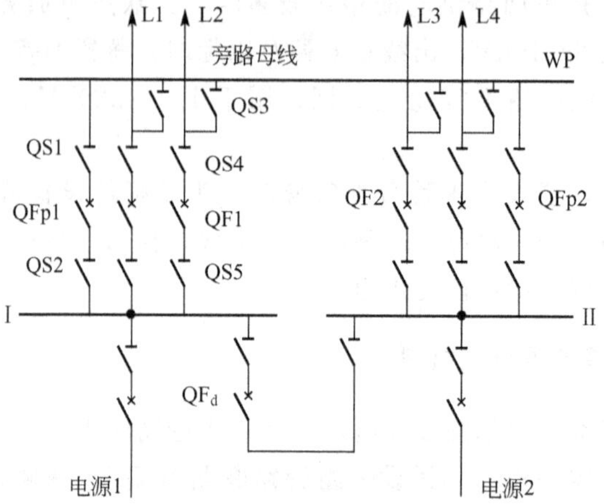

图 3.4　带旁路母线的单母线分段接线

3.2.4　带旁路母线接线的单母线分段

图 3.4 所示为单母线分段带旁路母线接线，这种接线方式兼顾了旁路母线和母线分段两方面的优点。但当旁路断路器和分段断路器分别设置时，所用断路器数量多，设备费用高。在工程实践中，为了减少投资，可不专设旁路断路器，而用母线分段断路器兼作旁路断路器，常用的接线如图 3.5 所示。

在正常工作时，靠旁路母线侧的隔离开关 QS3、QS4 断开，而隔离开关 QS1、QS2 和断路器 QFd 处于合闸位置(这时 QSd 是断开的)，主接线系统按单母线分段方式运行。当需要检修某一出线断路器(如 L1 回路的 QF1)时，可通过倒闸操作，将分段断路器作为旁路断路器使用，即由 QS1、QFp、QS4 从Ⅰ母线接至旁路母线，或经 QS2、QFp、QS3 从Ⅱ母线接至旁路母线，再经过 QSp1 构成向 L1 供电的旁路。此时，分段隔离开关 QSd 是接通的，以保持两段母线并列运行。

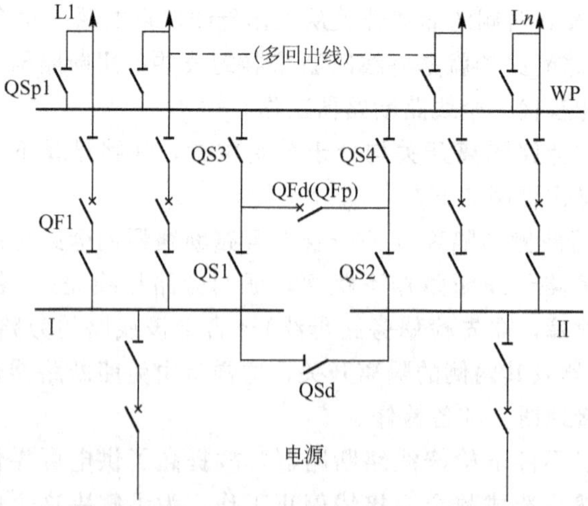

图 3.5　带旁路母线的单母线分段接线

WP—旁路母线；QSp—旁路隔离开关；QFd—分段断路器(兼旁路断路器)

现以检修 QF1 为例，简述其倒闸操作步骤。

(1) 向旁路母线充电，检查其是否完好。合上 QSd；断开 QFp 和 QS2；合上 QS4；再合上 QFp，使旁路母线空载升压，若旁路母线完好，QFp 不会自动跳闸。

(2) 接通 L1 的旁路回路，合上 QSp1。这时有两条并列的向 L1 供电的通电回路。

(3) 将线路 L1 切换至旁路母线上运行。断开断路器 QF1 及其两侧的隔离开关，并在靠近断路器一侧进行可靠接地。这时，断路器 QF1 退出运行，进行检修，但线路 L1 继续正常供电。

分段断路器兼旁路断路器的其他接线形式如图 3.6 所示。其中，图 3.6(a)为不装母线分段隔离开关，在用分段断路器代替出线断路器时，两分段分列运行；图 3.6(b)装有母线分段隔离开关。正常运行时，母线分段隔离开关断开；在用分段断路器代替出线断路器时，母线分段隔离开关闭合，两分段并列运行。另外此接线形式只有Ⅰ段母线可带旁路母线。图 3.6(c)因正常运行时 QFd 作分段断路器，所以旁路母线带电，在用分段断路器代替出线断路器时，只能从Ⅰ段母线供电，即只有Ⅰ段母线可带旁路母线。图 3.6(d)与图 3.6(c)类似，但在用分段断路器代替出线断路器时，两段母线均可带旁路母线，两分段分列运行。

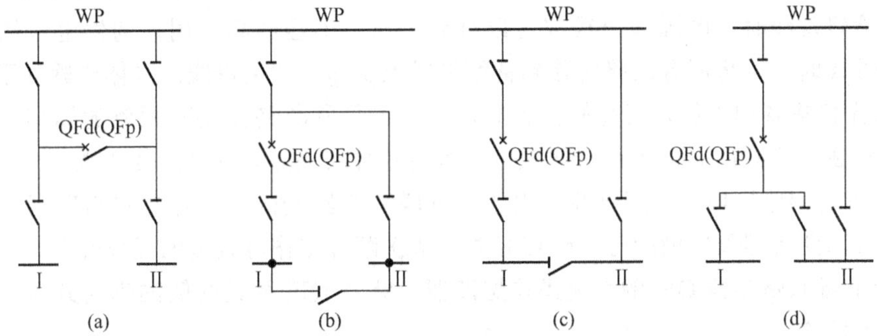

图 3.6 分段断路器兼旁路断路器的其他接线形式

3.3 双母线接线

3.3.1 普通双母线接线

图 3.7 所示为普通双母线接线。它有两组母线，一组为工作母线，一组为备用母线。每一电源和每一出线都经一台断路器和两组隔离开关分别与两组母线相连，任一组母线都可以作为工作母线或备用母线。两组母线之间通过母线联络断路器 QF_L(简称母联断路器)连接。

1. 优点

采用两组母线后，运行的可靠性和灵活性大为提高，其优点如下。

(1) 运行方式灵活，可以采用两组母线并列运行方式(母联断路器闭合)，相当于单

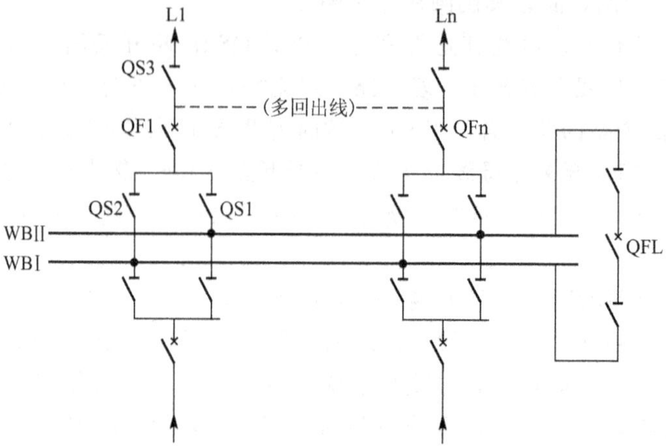

图 3.7　普通双母线接线

母分段运行；也可以采用两组母线分列运行方式(母联断路器断开)；或采用任一组母线工作，另一组母线备用的运行方式(母联断路器断开)，相当于单母线运行方式。工程中多采用第一种方式，因母线故障时可缩小停电范围，且两组母线的负荷可以调配。

(2) 检修母线时，电源和出线都可以继续工作，不会中断对用户的供电。例如需要检修工作母线时，可将所有回路转移到备用母线上工作，即倒母线。具体步骤如下。

① 首先检查备用母线是否完好。为此，先合上母联断路器 QF_L 两侧的隔离开关，然后接通母联断路器 QF_L，向备用母线充电。若备用母线完好，继续后面步骤。

② 将所有回路切换至备用母线。先取下母联断路器 QF_L 的直流操作熔断器，然后依次接通所有回路备用母线侧的母线隔离开关，依次断开工作母线侧的隔离开关。

③ 合上母联断路器 QF_L 的直流操作熔断器，断开 QF_L 及其两侧的隔离开关，则原工作母线即可检修。

(3) 检修任一回路母线隔离开关时，只需断开该回路。例如，需要检修母线隔离开关 QS1 时，首先断开出线 L1 的断路器 QF1 及其两侧的隔离开关，然后将电源及其余出线转移到第Ⅰ组母线上工作，则 QS1 即完全脱离电源，便可检修，此时，出线 L1 要停电。

(4) 工作母线故障时，所有回路能迅速恢复工作。当工作母线发生短路故障时，各电源回路的断路器便自动跳闸。此时，断开各出线回路的断路器和工作母线侧的母线隔离开关，合上各回路备用母线侧的母线隔离开关，再合上各电源和出线回路的断路器，各回路就能迅速地在备用母线上恢复工作。

(5) 检修任一出线断路器时，可用母联断路器代替其工作。以检修 QF1 为例，其操作步骤是：先将其他所有回路切换到另一组母线上，使 QF_L 与 QF1 通过其所在母线串联起来。接着断开 QF1 及其两侧的隔离开关，然后将 QF1 两侧两端接线拆开，并用临时载流用的“跨条”将缺口接通，再合上跨条两侧的隔离开关及母联断路器 QF_L。这样，出线 L1 就由母联断路器 QF_L 控制。在操作过程中，L1 仅出现短时停电。类似地，当发现某运行中的出线断路器出现异常现象(如故障、拒动、不允许操作)时，可将其他所有回路切换到另一组母线上，使 QF_L 与该断路器通过其所在母线形成串联供电电路，再断开

QF_L，然后拉开该断路器两侧的隔离开关，使该断路器退出运行。

（6）便于扩建，双母线接线可以任意向两侧延伸扩建，不影响母线的电源和负荷分配，扩建施工时不会引起原有回路停电。

2. 缺点

以上均为双母线接线较单母线接线的优点，但双母线接线也有一些缺点，主要表现在以下方面。

（1）在倒母线的操作过程中，需使用隔离开关切换所有负荷电流回路，操作过程比较复杂，容易造成误操作。

（2）工作母线故障时，将造成短时(切换母线时间)全部进出线停电。

（3）在任一线路断路器检修时，该回路仍需停电或短时停电(用母联断路器代替线路断路器之前)。

（4）使用的母线隔离开关数量较多，同时也增加了母线的长度，使得配电装置结构复杂，投资和占地面积增大。

为了弥补上述缺点，提高双母线接线的可靠性，可对其接线形式进行改进。

3. 适用范围

当母线上的出线回路数或电源数较多、输送和穿越功率较大、母线或母线设备检修时不允许对用户停电、母线故障时要求迅速恢复供电、系统运行调度对主接线的灵活性有一定要求时一般采用双母线接线，根据运行经验，一般在下列情况时宜采用双母线接线。

（1）6～10kV 配电装置，当短路电流较大、出线需带电抗器时。

（2）35～63kV 配电装置，当出线回路数超过 8 回或连接的电源较多、负荷较大时。

（3）110～220kV 配电装置，当出线回路数为 5 回及以上或配电装置在系统中居重要地位、出线回路数为 4 回及以上时。

3.3.2 双母线分段接线

用断路器将其中一组母线分段，或将两组母线都分段。

1. 双母线三分段接线

图 3.8 所示为双母线三分段接线，用分段断路器将一组母线分为两段，每段用母联断路器与另一组母线相连。该接线有两种运行方式。

（1）上面一组母线作为备用母线，下面两段分别经一台母联断路器与备用母线相连。正常运行时，电源、线路分别接于两个分段上，分段断路器 QFd 闭合，两台母联断路器均断开，相当于单母线分段运行。这种方式又称为工作母线分段的双母线接线，具有单母线分段和双母线接线的特点，有较高的供电可靠性与运行灵活性。

例如，当工作母线的一段检修或发生故障时，可以把该段全部回路倒换到备用母线上，仍可通过母联断路器维持两部分并列运行。这时如果再发生母线故障也只影响一半的电源和负荷。

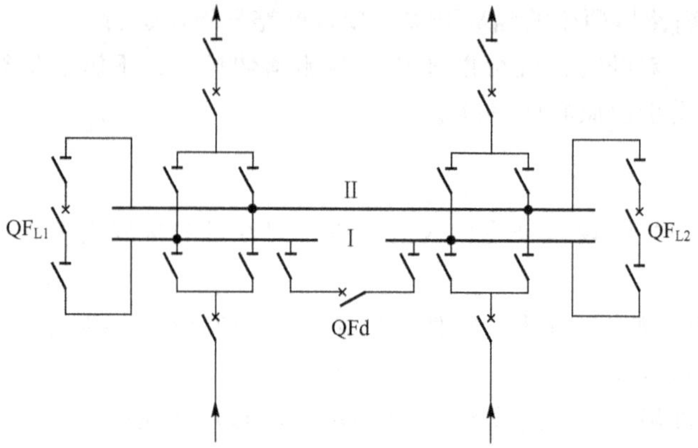

图 3.8　双母线分段接线(三分段)

（2）上面一组母线也作为一个工作段，电源和负荷均分在 3 个分段上运行，母联断路器和分段断路器均闭合，这种接线方式在一段母线故障时，停电范围约为 1/3。

这种接线所使用的电气设备较多，使投资增大，用于进出线回路数较多的配电装置。

2. 双母线四分段接线

当采用双母线同时运行方式时，可用分段断路器将双母线中的两组母线各分为两段，并设置两台母联断路器，即为双母线四分段接线，如图 3.9 所示。正常运行时，电源和线路大致均分在 4 段母线上，母联断路器和分段断路器均合上，4 段母线同时运行。当任一段母线故障时，只有 1/4 的电源和负荷停电；当任一母联断路器或分段断路器故障时，只有 1/2 左右的电源和负荷停电(分段单母线及普通双母线接线都会全停电)。但这种接线的断路器及配电装置投资更大，用于进出线回路数较多的配电装置。

以上双母线或双母线分段接线，当检修某回路出线断路器时，则该回路停电，或短时停电后再用“跨条”恢复供电。

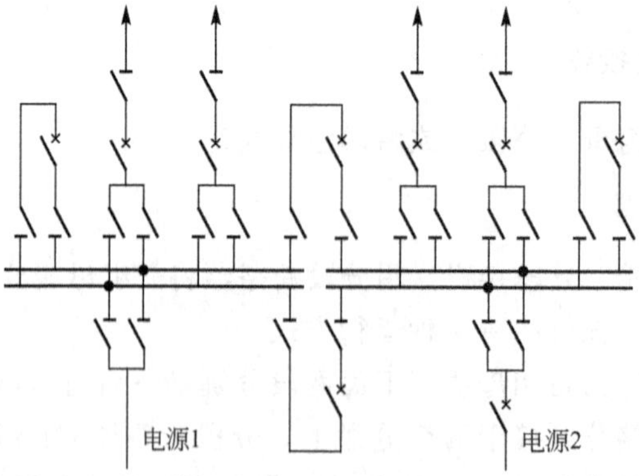

图 3.9　双母线四分段接线

3.3.3　双母线带旁路母线接线

采用双母线带旁路母线接线的目的是不停电检修任一回进出线断路器。

图 3.10 所示为双母线带旁路母线接线。图中 WP 为旁路母线，QFp 为专用的旁路断路器。当变压器高压侧断路器也要求不停电检修时，主接线包括图中的虚线部分。

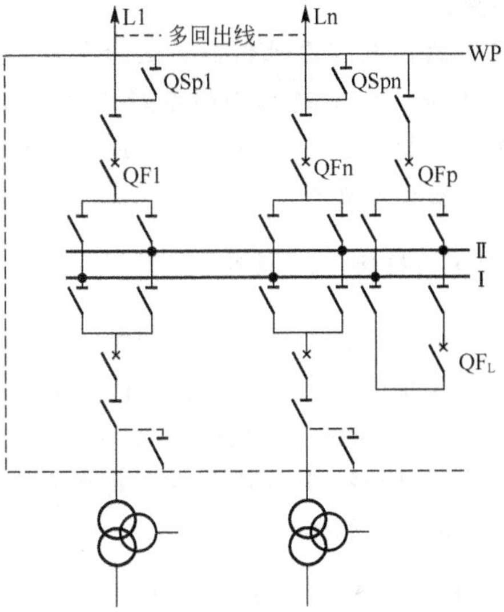

图 3.10　双母线带旁路母线接线(专用旁路断路器)

双母线带旁路接线，其供电可靠性和运行的灵活性都很高，但所用设备较多、占地面积大，经济性较差。因此，一般规定当 220kV 线路有 4 回及以上出线、110kV 线路有 6 回及以上出线时，可采用有专用旁路断路器的双母线带旁路接线。当出线回路数较少时，为了减少断路器的数目，可不设专用的旁路断路器，也可用母联断路器兼作旁路断路器。

对进出线回路数较多的线路，也可采用双母线三分段带旁路接线或双母线四分段带旁路接线，双母线四分段带旁路接线如图 3.11 所示。

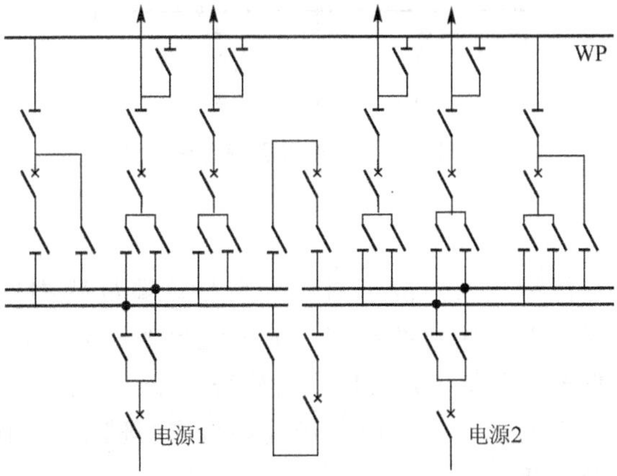

图 3.11　双母线四分段带旁路接线

双母线分段或带旁路母线的双母线接线的适用范围如下。

(1) 发电机电压配电装置，每段母线上的发电机容量或负荷为 25MW 及以上时。

(2) 220kV配电装置，当进出线回路数为10～14回时，采用双母线三分段带旁路母线接线；当进出线回路数为15回及以上时，采用双母线四分段带旁路母线接线。两种情况均装设两台母联兼旁路断路器。

☞ 过于复杂的主接线固然供电可靠性较高，运行也较为灵活，但也给运行操作带来麻烦，容易导致误操作。随着设备制造水平的不断提高，设备检修的几率大大降低，因此，过于复杂的主接线并非理想的设计方案，目前设计者都趋向于设计较为简单的主接线，以利于运行人员的操控性及方便性。

3.3.4 一台半断路器双母线接线(3/2接线)

一台半断路器双母线接线如图3.12所示，两组母线之间接有若干串断路器，每一串有3台断路器，中间一台称作联络断路器，每两台之间接入一条回路，每串共有两条回路。平均每条回路装设一台半(3/2)断路器，故称一台半断路器双母线接线，又称3/2接线。这种接线是在双断路器的双母线接线基础上改进而来的，它是介于双断路器双母线接线与单断路器双母线接线之间的一种接线。

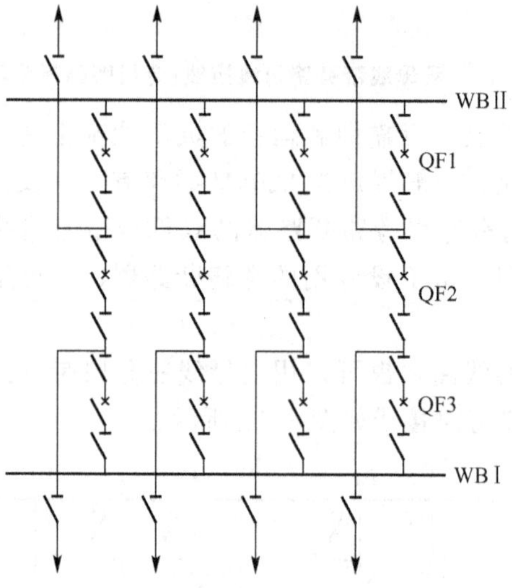

图3.12 一台半断路器双母线接线

1. 优点

(1) 可靠性高。任一组母线发生故障时，只是与故障母线相连的断路器自动分闸，任何回路都不会停电，甚至在一组母线检修、另一组母线故障的情况下，仍能继续输送功率；在保证对用户不停电的前提下，可以同时检修多台断路器。

(2) 运行灵活性好。正常运行时，两条母线和所有断路器都同时工作，形成多环路供电方式，运行调度十分灵活。

(3) 操作检修方便。隔离开关只用作检修时隔离电源，不做倒闸操作。另外，当检修任一组母线或任一台断路器时，各个进出线回路都不需切换操作。

表3-1给出了有8回进出线采用一台半断路器接线变电站设备故障时的停电回路数。

表 3-1 8 回进出线采用一台半断路器接线变电站设备故障时的停电回路数

运行情况	故障类型	停电回路数
有 1 台断路器检修	母线侧断路器故障	1~2
	母线故障	0~2
	联络断路器故障	2
一组母线检修	母线侧断路器故障	2
	母线故障	0~2
	联络断路器故障	2
无设备检修	母线侧断路器故障	1
	母线故障	0
	联络断路器故障	2

在一台半断路器接线中，一般应采用交叉配置的原则，即同名回路应接在不同串内，电源回路宜与出线回路配合成串。此外，同名回路还宜接在不同侧的母线上，如图 3.13 所示。

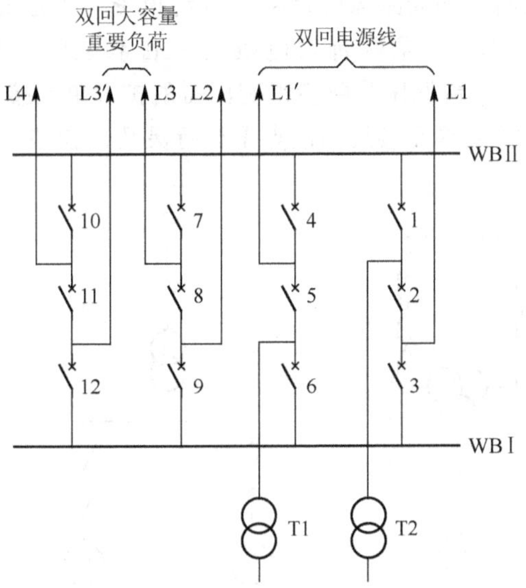

图 3.13 一台半断路器接线(同名回路交替布置)

2. 缺点

这种接线方式的缺点是投资大、继电保护装置整定复杂。

3. 适用范围

一台半断路器双母线接线用于大型发电厂和 330kV 及以上、进出线回路数 6 回及以上的配电装置中，是国内外大机组、超高压电气主接线中广泛采用的一种典型接线形式。

3.4 无母线接线形式

3.4.1 单元接线

单元接线如图 3.14 所示，发电机与变压器直接连接成一个单元，组成发电机-变压器组，称为单元接线。其中，图 3.14(a)是发电机-双绕组变压器单元接线，发电机出口处除了接有厂用电分支外，不设母线，也不装出口断路器，发电机和变压器的容量相匹配，二者必须同时工作，发电机发出的电能直接经过主变压器送往升高电压电网。发电机出口处可装一组隔离开关，以便单独对发电机进行试验，200MW 及以上的发电机由于采用分相封闭母线，不宜装设隔离开关，但应有可拆连接点。图 3.14(b)是发电机-三绕组变压器单元接线，为了在发电机停止工作时，变压器高压和中压侧仍能保持联系，发电机与变压器之间应装设断路器和隔离开关。

除了图 3.14 所示的单元接线外，还可以接成发电机-自耦变压器单元接线、发电机-变压器-线路组单元等形式。

为了减少变压器及其高压侧断路器的台数，节约投资与占地面积，可采用图 3.15 所示的扩大单元接线。图 3.15(a)是两台发电机与一台双绕组变压器的扩大单元接线，图 3.15(b)是两台发电机与一台低压分裂绕组变压器的扩大单元接线，这种接线可限制变压器低压侧的短路电流。扩大单元接线的缺点是运行灵活性较差。

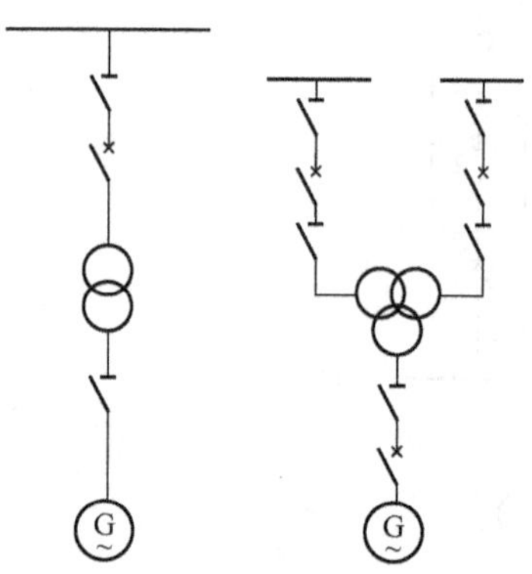

(a) 发电机-双绕组变压器单元接线　(b) 发电机-三绕组变压器单元接线

图 3.14 单元接线

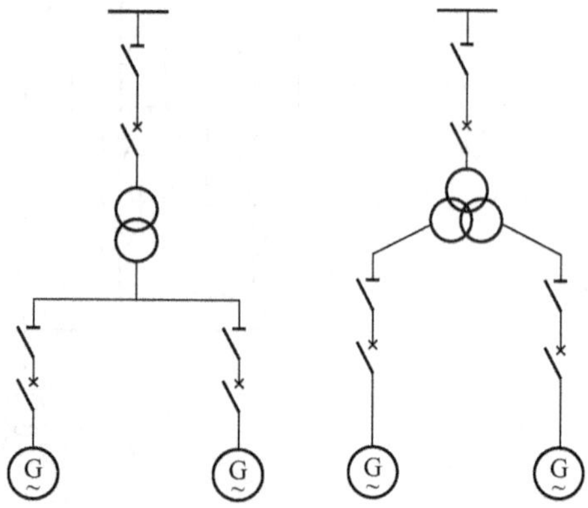

(a) 发电机-双绕组变压器扩大单元接线　(b) 发电机-分裂绕组变压器扩大单元接线

图 3.15 扩大单元接线

单元接线的优点是接线简单清晰、投资小、占地少、操作方便、经济性好；由于不设发电机电压母线，减少了发电机电压侧发生短路故障的几率。

3.4.2 桥形接线

当系统中只有两台主变压器和两条线路时，可以采用如图 3.16 所示的接线方式。这种接线称为桥形接线，可看作是单母线分段接线的变形，即去掉线路侧断路器或主变压器侧断路器后的接线。也可看作是变压器-线路单元接线的变形，即在两组变压器-线路单元接线的高压侧增加一横向连接桥臂后的接线。

桥式接线的桥臂由断路器及其两侧隔离开关组成，正常运行时处于接通状态。根据桥臂的位置不同又可分为内桥接线和外桥接线两种形式。

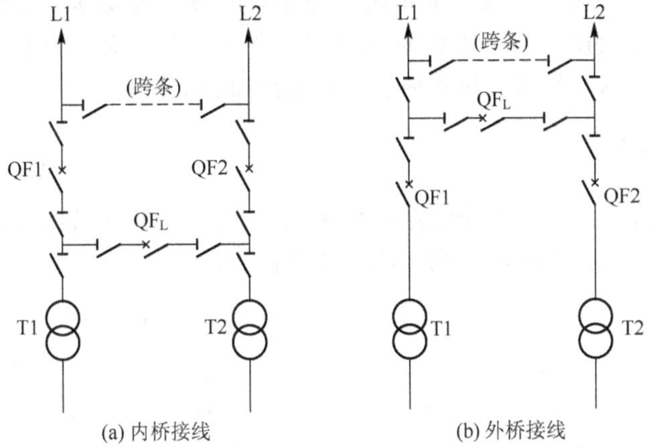

图 3.16 桥形接线

QF_L—联络断路器

1. 内桥接线

内桥接线如图 3.16(a)所示，桥臂置于线路断路器的内侧。其特点如下。

(1) 线路发生故障时，仅故障线路的断路器跳闸，其余 3 条支路可继续工作，并保持相互间的联系。

(2) 变压器发生故障时，联络断路器及与故障变压器同侧的线路断路器均自动跳闸，使未故障线路的供电受到影响，需经倒闸操作后，方可恢复对该线路的供电(例如 T1 故障时，L1 受到影响)。

(3) 正常运行时变压器操作复杂。如需切除变压器 T1，应首先断开断路器 QF1 和联络断路器 QF_L，再拉开变压器侧的隔离开关，使变压器停电，然后，重新合上断路器 QF1 和联络断路器 QF_L，恢复线路 L1 的供电。

内桥接线适用于输电线路较长、线路故障率较高、穿越功率少和变压器不需要经常改变运行方式的场合。

2. 外桥接线

外桥接线如图 3.16(b)所示，桥臂置于线路断路器的外侧。其特点如下。

(1) 变压器发生故障时，仅跳故障变压器支路的断路器，其余 3 条支路可继续工作，并保持相互间的联系。

(2) 线路发生故障时，联络断路器及与故障线路同侧的变压器支路的断路器均自动跳闸，需经倒闸操作后，方可恢复被切除变压器的工作。

(3) 线路投入与切除时，操作复杂，并影响变压器的运行。

这种接线适用于线路较短、故障率较低、主变压器需按经济运行要求经常投切以及电力系统有较大的穿越功率通过桥臂回路的场合。

在桥式接线中，为了在检修断路器时不影响其他回路的运行，减少系统开环机会，可以考虑增加跨条，见图 3.16(b)中的虚线部分，正常运行时跨条断开。

桥式接线属于无母线的接线形式，简单清晰、设备少、造价低，也易于发展过渡为单母线分段或双母线接线。但因内桥接线中变压器的投入与切除要影响到线路的正常运行，外桥接线中线路的投入与切除要影响到变压器的运行，而且更改运行方式时需利用隔离开关作为操作电器，故桥式接线的工作可靠性和灵活性较差。

3.4.3 角形接线

角形接线又称环形接线，其接线形式如图 3.17 所示。角形接线中，断路器数等于回路数，且每条回路都与两台断路器相连接，即接在“角”上。

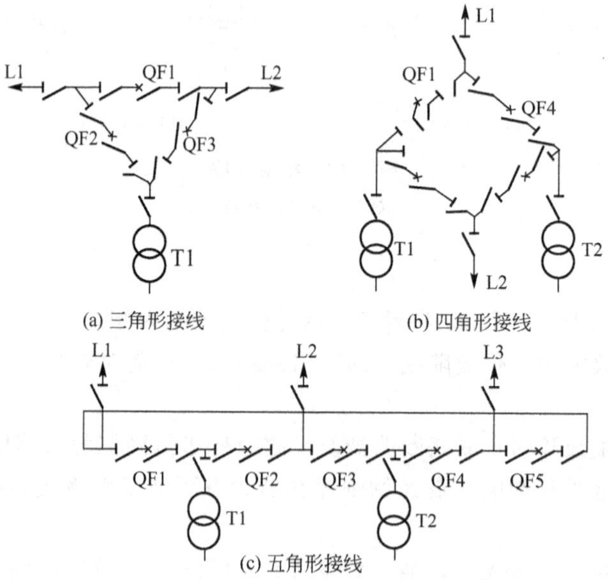

图 3.17 多角形接线

1. 优点

(1) 经济性较好。这种接线平均每回路需设一台断路器，投资少。

(2) 工作可靠性与灵活性较高，易于实现自动远动操作。角形接线属于无汇流母线的主接线，不存在母线故障的问题。每回路均可由两台断路器供电，可不停电检修任一断路器，而任一回路故障时，都不影响其他回路的运行。所有的隔离开关不用作操作电器。

2. 缺点

(1) 检修任一断路器时，角形接线变成开环运行，降低可靠性。此时若恰好又发生另一断路器故障，将造成系统解列或分成两部分运行，甚至造成停电事故。为了提高可靠性，应将电源与馈线回路按照对角原则相互交替布置。

(2) 角形接线在开环和闭环两种运行状态时，各支路所通过的电流差别很大，可能使电气设备的选择出现困难，并使继电保护复杂化。

(3) 角形接线闭合成环，其配电装置难于扩建发展。

因此，角形接线适用于最终进出线为 3～5 回的 110kV 及以上配电装置中，不宜用于有再扩建可能的发电厂、变电所中。一般以采用三角或四角形为宜，最多不要超过六角形。

3. 应用举例

图 3.18 为某水力发电厂电气主接线简图。由于受地形、地貌条件及当时制造水平的限制，最终配电装置采用户外型且安装在长 630m，高 13.5m 的导流洞内，这样既可以节省空间，也能很好地保证供电可靠性。因此，这种双联四角形加三角形的主接线设计完美地发挥了无母线接线的优势，是一种非常有借鉴作用的设计。

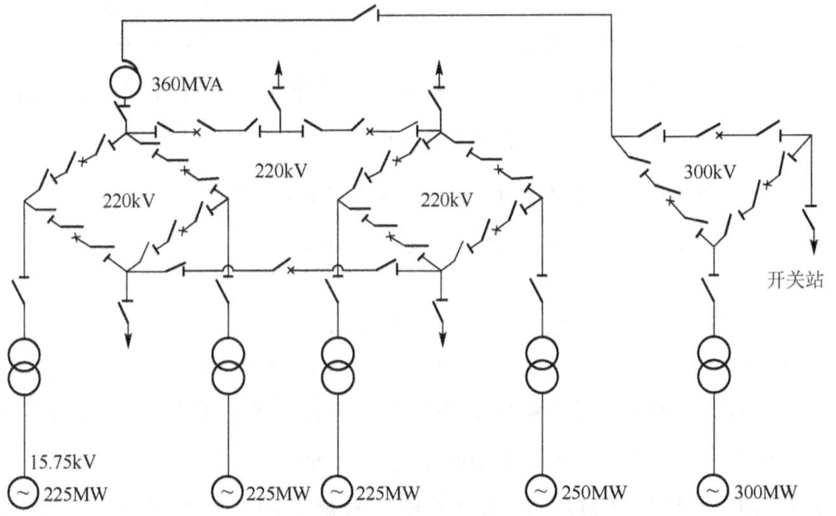

图 3.18 某水力发电厂电气主接线简图

3.5 发电厂和变电所主变压器的选择

发电厂和变电所中，用于向电力系统或用户输送功率的变压器称为主变压器；在发电厂升压站中有交换功率的变压器称为联络变压器；只供本厂(所)用电的变压器称为自用变压器。主变压器是主接线的中心环节。

3.5.1 主变压器容量、台数的选择

主变压器容量、台数直接影响主接线的形式和配电装置的结构。它的选择除依据基础资料外，主要取决于输送功率的大小、与系统联系的紧密程度、运行方式及负荷的增长速度等因素，并至少要考虑 5 年内负荷的发展需要。如果容量选得过大、台数过多，则会增加投资、占地面积和损耗，不能充分发挥设备的效益，并增加运行和检修的工作量；

如果容量选得过小、台数过少，则可能封锁发电厂剩余功率的输送，或限制变电所负荷的需要，影响系统不同电压等级之间的功率交换及运行的可靠性等。因此，应合理选择其容量和台数。

1. 发电厂主变压器容量、台数的选择

（1）单元接线中的主变压器容量 S_N(MVA)应按发电机额定容量扣除本机组的厂用负荷后，留有10%的裕度选择，即

$$S_N \approx 1.1P_{NG}(1-K_P)/\cos\varphi_G \tag{3-1}$$

式中：P_{NG}——发电机容量，在扩大单元接线中为两台发电机容量之和，MW；

$\cos\varphi_G$——发电机额定功率因数；

K_p——厂用电率。

每单元的主变压器为一台。

（2）接于发电机电压母线与升高电压母线之间的主变压器容量 S_N 按下列条件选择。

① 当发电机电压母线上的负荷最小时(特别是发电厂投入运行初期，发电机电压负荷不大)，应能将发电厂的最大剩余功率送至系统，计算中不考虑稀有的最小负荷情况。即

$$S_N \approx [\sum P_{NG}(1-K_P)/\cos\varphi_G - P_{min}/\cos\varphi]/n \tag{3-2}$$

式中：$\sum P_{NG}$——发电机电压母线上的发电机容量之和，MW；

P_{min}——发电机电压母线上的最小负荷，MW；

$\cos\varphi$——负荷功率因数；

n——发电机电压母线上的主变压器台数。

② 若发电机电压母线上接有2台及以上主变压器，当负荷最小且其中容量最大的一台变压器退出运行时，其他主变压器应能将发电厂最大剩余功率的70%以上送至系统。

$$S_N \approx [\sum P_{NG}(1-K_P)/\cos\varphi_G - P_{min}/\cos\varphi]\times 70\%/(n-1) \tag{3-3}$$

③ 当发电机电压母线上的负荷最大且其中容量最大的一台机组退出运行时，主变压器应能从系统倒送功率，满足发电机电压母线上最大负荷的需要。即

$$S_N \approx [P_{max}/\cos\varphi - \sum P'_{NG}(1-K_P)/\cos\varphi_G]/n \tag{3-4}$$

式中：$\sum P'_{NG}$——发电机电压母线上除最大一台机组外，其他发电机容量之和，MW；

P_{max}——发电机电压母线上的最大负荷，MW。

对式(3-2)～式(3-4)计算结果进行比较，取其中最大者。

接于发电机电压母线上的主变压器一般说来不少于2台，但对主要向发电机电压供电的地方电厂、系统电源主要作为备用时，可以只装1台。

2. 变电所主变压器容量、台数的选择

变电所主变压器的容量一般按变电所建成后5～10年的规划负荷考虑，并应按照其中一台停用时其余变压器能满足变电所最大负荷 S_{max} 的60%～70%(35～110kV变电所为60%；220～500kV变电所为70%)或全部重要负荷(当Ⅰ、Ⅱ类负荷超过上述比例时)选择。即

$$S_N \approx (0.6 \sim 0.7) S_{max}/(n-1) \quad (3-5)$$

式中：n——变电所主变压器台数。

为了保证供电的可靠性，变电所一般装设 2 台主变压器；枢纽变电所装设 2～4 台；地区性孤立的一次变电所或大型工业专用变电所可装设 3 台。

变压器是一种静止电器，实践证明它的工作比较可靠，事故率很低，每 10 年左右大修一次(可安排在低负荷季节进行)，所以，可不考虑设置专用的备用变压器。但大容量单相变压器组是否需要设置备用相，应根据系统要求经过技术经济比较后确定。

3.5.2 主变压器型式的选择

1. 相数的确定

在 330kV 及以下的发电厂和变电所中，一般都选用三相式变压器。因为一台三相式变压器较同容量的 3 台单相式变压器投资小、占地少、损耗小，同时配电装置结构较简单，运行维护较方便。如果受到制造、运输等条件(如桥梁负重、隧道尺寸等)限制，可选用两台容量较小的三相变压器，在技术经济合理时，也可选用单相变压器组。

在 500kV 及以上的发电厂和变电所中，应按其容量、可靠性要求、制造水平、运输条件、负荷和系统情况等，经技术经济比较后确定。

2. 绕组数的确定

(1) 只有一种升高电压向用户供电或与系统连接的发电厂以及只有两种电压的变电所，可以采用双绕组变压器。

(2) 有两种升高电压向用户供电或与系统连接的发电厂以及有 3 种电压的变电所，可以采用双绕组变压器或三绕组变压器(包括自耦变压器)。

① 当最大机组容量为 125MW 及以下，而且变压器各侧绕组的通过容量均达到变压器额定容量的 15%及以上时(否则绕组利用率太低)，应优先考虑采用三绕组变压器，如图 3.19(a)所示。因为两台双绕组变压器才能起到联系 3 种电压级的作用，而一台三绕组变压器的价格、所用的控制电器及辅助设备比两台双绕组变压器少，运行维护也较方便。但一个电厂中的三绕组变压器一般不超过 2 台。当送电方向主要由低压侧送向中、高压侧，或由低、中压侧送向高压侧时，优先采用自耦变压器。

② 当最大机组容量为 125MW 及以下，但变压器某侧绕组的通过容量小于变压器额定容量的 15%时，可采用发电机-双绕组变压器单元加双绕组联络变压器，如图 3.19(b)所示。

③ 当最大机组容量为 200MW 及以上时，采用发电机-绕组变压器单元加联络变压器。其联络变压器宜选用三绕组(包括自耦变压器)，低压绕组可作为厂用备用电源或启动电源，也可用来连接无功补偿装置，如图 3.19(c)所示。

④ 当采用扩大单元接线时，应优先选用低压分裂绕组变压器，以限制短路电流。

⑤ 在有 3 种电压的变电所中，如变压器各侧绕组的通过容量均达到变压器额定容量的 15%及以上，或低压侧虽无负荷，但需在该侧装无功补偿设备时，宜采用三绕组变压器。当变压器需要与 110kV 及以上的两个中性点直接接地系统相连接时，可优先选用自耦变压器。

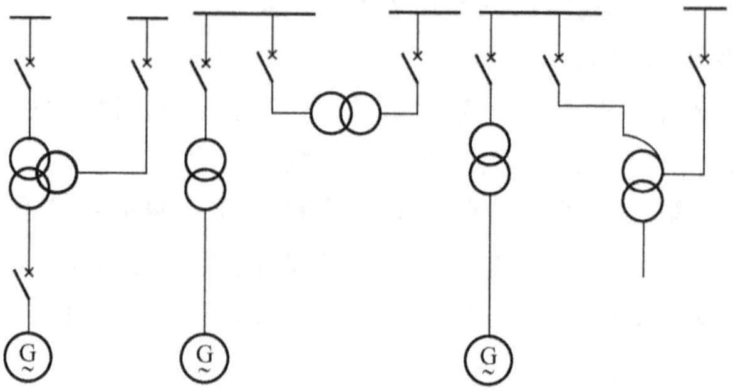

(a) 采用三绕组(或自耦)主变压器　(b) 采用双绕组主变压器和联络变压器　(c) 采用双绕组主变压器和三绕组(或自耦)联络变压器

图 3.19　有两种升高电压的发电厂连接方式

3. 绕组接线组别的确定

变压器的绕组连接方式必须使得其线电压与系统线电压相位一致，否则不能并列运行。电力系统变压器采用的绕组连接方式有星形“Y”和三角形“D”两种。我国电力变压器的三相绕组所采用的连接方式为：110kV 及以上电压侧均为“YN”，即有中性点引出并直接接地；35kV 作为高、中压侧时都可能采用“Y”，其中性点不接地或经消弧线圈接地，作为低压侧时可能用“Y”，或“D”；35kV 以下电压侧(不含 0.4kV 及以下)一般为“D”，也有“Y”方式。

变压器绕组接线组别(即各侧绕组连接方式的组合)一般考虑系统或机组同步并列要求及限制三次谐波对电源的影响等因素。接线组别的一般情况如下。

(1) 6～500kV 均有双绕组变压器，其接线组别为“Y，d11”或“YN，d11”、“YN，y0”或“Y，yn0”。数字 0 和 11 分别表示该侧的线电压与前一侧的线电压相位差 0°和 330°(下同)。组别“Ⅰ，Ⅰ0”表示单相双绕组变压器，用在 500kV 系统。

(2) 110～500kV 均有三绕组变压器，其接线组别为“YN，y0，d11”、“YN，yn0，d11”，“YN，yn0，y0”、“YN，d11—d11”(表示有两个“D”接的低压分裂绕组)及“YN，a0，d11”(表示高、中压侧为自耦方式)等。组别“I，I0，I0”及“I，a0，I0”表示单相三绕组变压器，用在 500kV 系统。

4. 变压器阻抗的选择

三绕组变压器各绕组之间的阻抗由变压器的 3 个绕组在铁心上的相对位置决定。故变压器阻抗的选择实际上是结构形式的选择。三绕组变压器分升压型和降压型两种类型，如图 3.20 所示。双绕组变压器的阻抗一般按标准规定值选择。普通型三绕组变压器、自耦型变压器各侧阻抗按升压型或降压型确定。

升压型变压器的绕组排列为铁心—中压绕组—低压绕组—高压绕组，变压器的高、中压绕组间距离远、阻抗大、传输功率时损耗大。降压型变压器的绕组排列为铁心—低压绕组—中压绕组—高压绕组，变压器的高、低压绕组间距离远、阻抗大、传输功率时损耗大。从电力系统稳定和供电电压质量及减小传输功率时的损耗考虑，变压器的阻抗

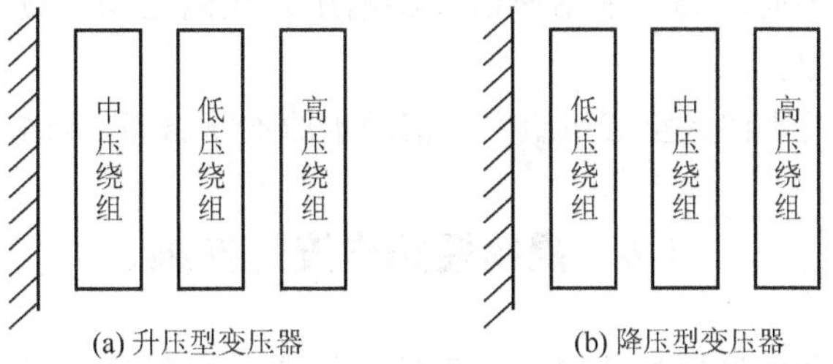

(a) 升压型变压器　　(b) 降压型变压器

图 3.20　三绕组变压器绕组与铁心的相对位置图

越小越好，但阻抗偏小又会使短路电流增大，低压侧电器设备选择遇到困难。

接发电机的三绕组变压器为低压侧向高中压侧输送功率，应选升压型；变电站的三绕组变压器，如果以高压侧向中压侧输送功率为主，则选用降压型；如果以高压侧向低压侧输送功率为主，则可选用升压型，但如果需要限制 6～10kV 系统的短路电流，可以优先考虑采用降压结构变压器。

5. 调压方式的确定

变压器的电压调整是用分接开关切换变压器的分接头，从而改变其变比来实现的。无励磁调压变压器的分接头较少，调压范围只有 10%(±2×2.5%)，且分接头必须在停电状态下才能调节；有载调压变压器的分接头较多，调压范围可达 30%，且分接头可在带负载情况下调节，但其结构复杂、价格贵。

发电厂在以下情况时，宜选用有载调压变压器。

(1) 当潮流方向不固定，且要求变压器二次电压维持在一定水平时。

(2) 具有可逆工作特点的联络变压器，要求母线电压恒定时。

(3) 发电机经常在低功率因数下运行时。

变电所在以下情况时，宜选用有载调压变压器。

(1) 电网电压可能有较大变化的 220kV 及以上的降压变压器。

(2) 电力潮流变化大和电压偏移大的 110kV 变电所的主变压器。

(3) 地方变电所、工厂变电所经常出现日负荷变化幅度很大的情况时，若要求满足电能电压质量，往往需要装设有载调压变压器。

6. 冷却方式的选择

电力变压器的冷却方式随其型式和容量不同而异，主要有以下几种类型。

(1) 自然风冷却。无风扇，仅借助冷却器(又称散热器)热辐射和空气自然对流，额定容量在 10 000kVA 及以下。

(2) 强迫空气冷却。强迫空气冷却简称风冷式，在冷却器间加装数台电风扇，使油迅速冷却，额定容量在 8 000kVA 及以上。

(3) 强迫油循环风冷却。采用潜油泵强迫油循环，并用风扇对油管进行冷却，额定容量在 40 000kVA 及以上。

(4) 强迫油循环水冷却。采用潜油泵强迫油循环，并用水对油管进行冷却，额定容量在 120 000kVA 及以上。由于铜管质量不过关，这种冷却方式在国内已很少应用。

(5) 强迫油循环导向冷却。采用潜油泵将油压入线圈之间、线饼之间和铁心预先设计好的油道中进行冷却。

(6) 水内冷。将纯水注入空心绕组中，借助水的不断循环，将变压器的热量带走。

3.6 限制短路电流的措施

短路是电力系统中常发生的故障。当短路电流通过电气设备时，将引起设备短时发热，产生巨大的电动力，因此，它直接影响电气设备的选择和安全运行。某些情况下，短路电流能够达到很大的数值，例如，在大容量发电厂中，当多台发电机并联运行于发电机电压母线时，短路电流可达几万至几十万安。这时按照电路额定电流选择的电器可能承受不了短路电流的冲击，从而不得不加大设备型号，即选用重型电器(额定电流比所控制电路的额定电流大得多的电器)，这是不经济的。为此，在设计主接线时，应根据具体情况采取限制短路电流的措施，以便在发电厂和用户侧均能合理地选择轻型电器(即其额定电流与所控制电路的额定电流相适应的电器)和截面较小的母线及电缆。

3.6.1 加装限流电抗器

在发电厂和变电所 20kV 及以下的某些回路中加装限流电抗器是广泛采用的限制短路电流的方法。

1. 加装普通电抗器

普通电抗器由 3 个单相的空心线圈构成，采用空心结构是为了避免短路时，由于电抗器饱和而对短路电流的限制作用。因为没有铁心，因此，其伏安特性是线性的；又因为电抗器的导线电阻很小，所以在运行中的有功损耗可忽略不计。

按安装地点和作用，普通电抗器可分为母线电抗器和线路电抗器两种。

1) 母线电抗器

母线电抗器装于母线分段上或主变压器低压侧回路中，见图 3.21 的 L1。

(1) 母线电抗器的作用。无论是厂内(见图 3.21 中 k1、k2 点)还是厂外(见图 3.21 中 k3 点)发生短路时，母线电抗器均能起到限制短路电流的作用。①使发电机出口断路器、母联断路器、分段断路器及主变压器低压侧断路器都能按各自回路的额定电流选择；②当电厂系统容量较小，而母线电抗器的限流作用足够大时，线路断路器也可按相应线路的额定电流选择，这种情况下可以不装设线路电抗器。

(2) 百分电抗。电抗器在其额定电流 I_N 下所产生的电压降 $x_L I_N$ 与额定相电压比值的百分数称为电抗器的百分电抗。即

$$x_L\% = \frac{\sqrt{3}x_L I_N}{U_N} \times 100 \tag{3-6}$$

由于正常情况下母线分段处往往电流最小，在此装设电抗器所产生的电压损失和功率损耗最小，因此，在设计主接线时应首先考虑装设母线电抗器，同时，为了有效地限制短路电流，母线电抗器的百分电抗值可选得大一些，一般为 8%～12%。

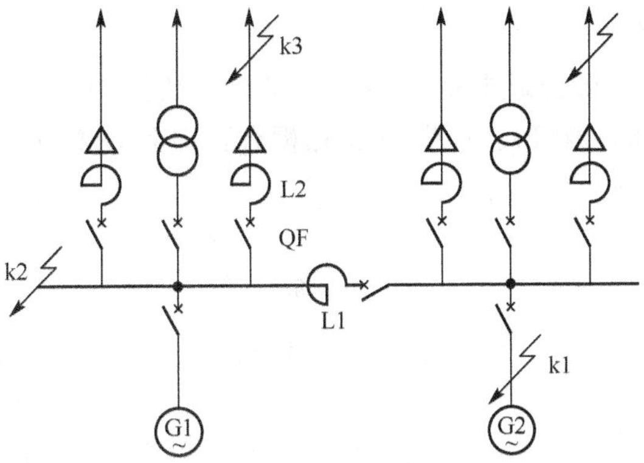

图 3.21 普通电抗器的装设地点

L1—线分段的母线电抗器；L2—线路电抗器

2）线路电抗器

当电厂和系统容量较大时，除装设母线电抗器外，还要装设线路电抗器。在馈线上加装的电抗器见图 3.21 中的 L2。

（1）线路电抗器的作用。线路电抗器主要是用来限制 6～10kV 电缆馈线的短路电流。这是因为，电缆的电抗值很小且有分布电容，即使在馈线末端短路，其短路电流也和在母线上短路相近。装设线路电抗器后：①可限制该馈线电抗器后发生短路(如图 3.21 中的 k3 点短路)时的短路电流，使发电厂引出端和用户处均能选用轻型电器，减小电缆截面；②由于短路时电压降主要产生在电抗器中，因而母线能维持较高的剩余电压(或称残压，一般都大于 65% U_N)，对提高发电机并联运行稳定性和连接于母线上的非故障用户(尤其是电动机负荷)的工作可靠性极为有利。

（2）百分电抗。为了既能限制短路电流，维持较高的母线剩余电压，又不致在正常运行时产生较大的电压损失(一般要求不应大于 5%U_N)和较多的功率损耗，通常线路电抗器的百分电抗值选择 3%～6%，具体值由计算确定。

（3）线路电抗器的布置位置有两种方式：①布置在断路器 QF 的线路侧，如图 3.22(a)所示，这种布置安装较方便，但因断路器是按电抗器后的短路电流选择的，所以，断路器有可能因切除电抗器故障而损坏；②布置在断路器 QF 的母线侧，如图 3.22(b)所示，这种布置安装不方便，而且使得线路电流互感器(在断路器 QF 的线路侧)至母线的电气距离较长，增加了母线的故障机会。当母线和断路器之间发生单相接地时，寻找接地点所进行的操作较多。我国多采用如图 3.22(a)所示的方式。

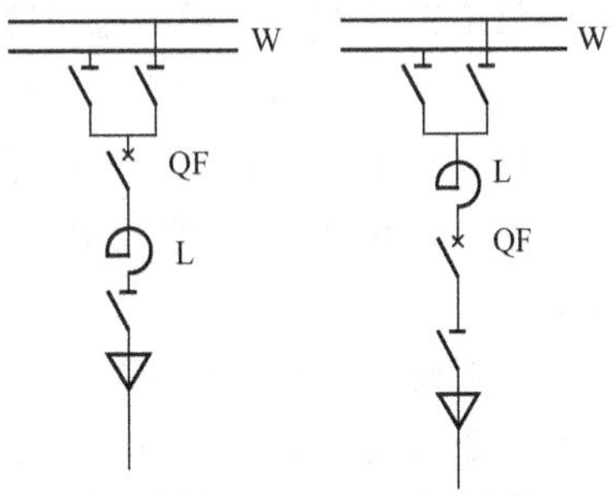

(a) 布置在断路器的线路侧　(b) 布置在断路器的母线侧

图 3.22 直配线电抗器布置图

对于架空馈线，一般不装设电抗器，因为其本身的电抗较大，足以把本线路的短路电流限制到装设轻型电器的程度。

2. 加装分裂电抗器

分裂电抗器在结构上与普通电抗器相似，只是在线圈中间有一个抽头作为公共端，将线圈分为两个分支(称为两臂)。两臂有互感耦合，而且在电气上是连通的。其图形符号、等值电路如图 3.23 所示。

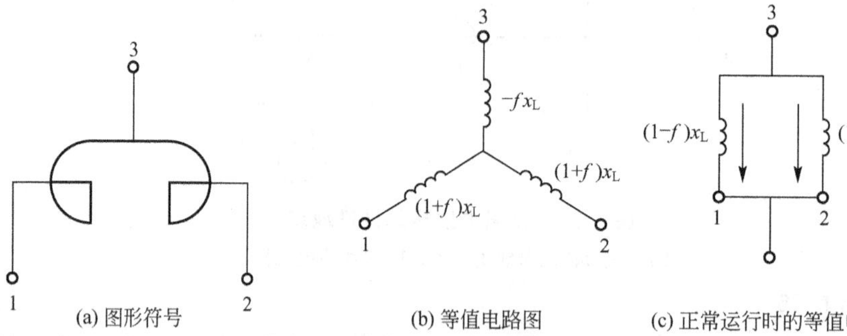

图 3.23　分裂电抗器

一般中间抽头 3 用来连接电源，两臂 1、2 用来连接大致相等的两组负荷。

两臂的自感相同，即 $L_1=L_2=L$，一臂的自感抗 $x_L=\omega L$。若两臂的互感为 M，则互感电抗 $x_M=\omega M$。耦合系数 f 为

$$f=M/L \tag{3-7}$$

即

$$x_M=fx_L \tag{3-8}$$

耦合系数 f 取决于分裂电抗器的结构，一般为 0.4～0.6。

1）优点

当分裂电抗器一臂的电抗值与普通电抗器相同时，有比普通电抗器突出的优点，表现为以下方面。

(1) 正常运行时电压损失小。设正常运行时两臂的电流相等，均为 I，则由图 3.23(b) 所示等值电路可知，每臂的电压降为

$$\Delta U=\Delta U_{31}=\Delta U_{32}=I(1+f)x_L-2Ifx_L=I(1-f)x_L \tag{3-9}$$

所以，正常运行时的等值电路如图 3.23(c)所示。若取 $f=0.5$，则 $\Delta U=Ix_L/2$，即正常运行时，电流所遇到的电抗为分裂电抗器一臂电抗的 1/2，电压损失比普通电抗器小。

(2) 短路时有限流作用。当分支 1 的出线短路时，流过分支 1 的短路电流 I_k 比分支 2 的负荷电流大得多，若忽略分支 2 的负荷电流，则

$$\Delta U_{31}=I_k\left[(1+f)x_L-fx_L\right]=I_kx_L \tag{3-10}$$

即短路时，短路电流所遇到的电抗为分裂电抗器一臂电抗 x_L，与普通电抗器的作用一样。

(3) 比普通电抗器多供一倍的出线，减少了电抗器的数目。

2）缺点

(1) 正常运行中，当一臂的负荷变动时，会引起另一臂母线的电压波动。

(2) 当一臂母线短路时，会引起另一臂母线电压升高。

上述两种情况均与分裂电抗器的电抗百分值有关，具体计算将在第6章中介绍。一般分裂电抗器的电抗百分值取8%～12%。

3) 装设地点

分裂电抗器的装设地点如图3.24所示。其中3.24(a)为装于直配电缆馈线上，每臂可以接一回或几回出线；图3.24(b)为装于发电机回路中，此时它同时起到母线电抗器和出线电抗器的作用；图3.24(c)为装于变压器低压侧回路中，可以是主变压器或厂用变压器回路。

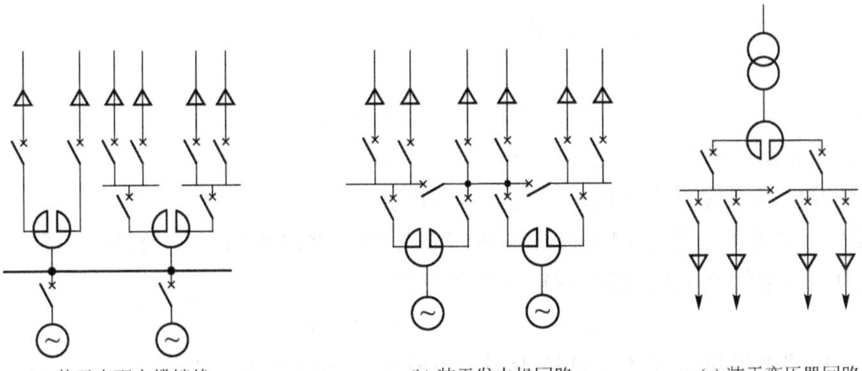

图3.24 分裂电抗器的装设地点

3.6.2 采用低压分裂绕组变压器

1. 低压分裂绕组变压器的应用

(1) 用于发电机-主变压器扩大单元接线，如图3.25(a)所示，它可以限制发电机出口的短路电流。

(2) 用作高压厂用变压器，这时两分裂绕组分别接至两组不同的厂用母线段，如图3.25(b)所示，它可以限制厂用电母线的短路电流，并使短路时变压器高压侧及另一段母线有较高的残压，提高厂用电的可靠性。

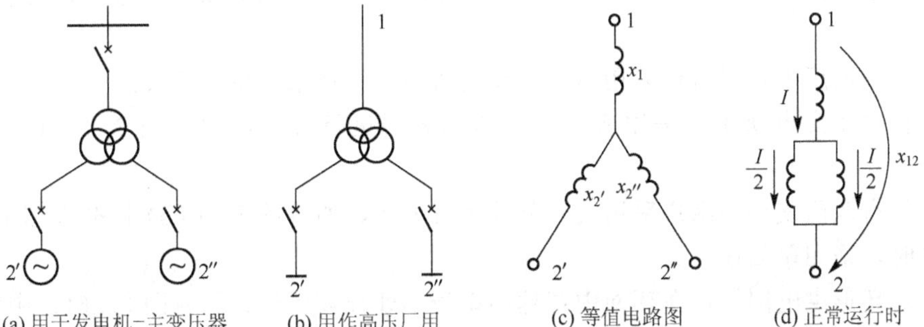

图3.25 低压分裂绕组变压器的应用场所及其等值电路

2. 优点

分裂变压器的两个低压分裂绕组在电气上彼此不相连接，容量相同(一般为额定容量的50%～60%)、阻抗相等。其等值电路与三绕组变压器相似，如图3.25(c)所示。其中x_1为高压绕组漏抗，$x_{2'}$、$x_{2''}$为两个低压分裂绕组漏抗，可以由制造部门给出的穿越电抗x_{12}(高压绕组与两个低压绕组间的等值电抗)和分裂系数K_f求得。在设计制造时，有意使两个分裂绕组的磁联系较弱，因而$x_{2'}$、$x_{2''}$都较x_1大得多。

(1) 正常电流所遇到的电抗小。设正常运行时流过高压绕组的电流为I，则流过每个低压绕组的电流为$I/2$，由图3.25(c)等值电路可知，高、低压绕组间的电压降为

$$\Delta U_{12'}=\Delta U_{12''}=Ix_{12}=I(x_1+x_{2'}/2)$$

故

$$x_{12}=x_1+x_{2'}/2\approx x_{2'}/2 \tag{3-11}$$

所以，正常运行时的等值电路如图3.24(d)所示。

(2) 短路电流所遇到的电抗大，有显著的限流作用。

① 设高压侧开路，低压侧一台发电机出口短路，这时来自另一台机的短路电流所遇到的电抗为两分裂绕组间的短路电抗(称分裂电抗)。

$$x_{2'2''}=x_{2'}+x_{2''}=2x_{2'}\approx 4x_{12} \tag{3-12}$$

即短路时，短路电流所遇到的电抗约为正常电流所遇到的电抗的4倍。

② 设高压侧不开路，低压侧一台发电机出口短路，这时来自另一台发电机的短路电流所遇到的电抗仍为$x_{2'2''}$。

来自系统的短路电流所遇到的电抗(与图3.25(b)所示厂用低压母线短路时情况时情况相同)为

$$x_1+x_{2'}\approx 2x_{12} \tag{3-13}$$

这些电抗都很大，能起到限制短路电流的作用。

分裂绕组变压器较普通变压器贵20%左右，但由于它的优点，分裂绕组变压器在我国大型电厂中得到了广泛应用。

3.6.3 选择适当的主接线形式和运行方式

为了减小短路电流，可采用计算阻抗大的接线和减少并联设备、并联支路的运行方式。

(1) 在发电厂中，对适合采用单元接线的机组，尽量采用单元接线。

(2) 在降压变电所中，采用变压器低压侧分裂运行方式，如将图3.26(a)中的QF断开。

(3) 具有双回线路的用户采用线路分开运行方式，如将图3.26(b)中的QF断开或在负荷允许时，采用单回运行。

(4) 对环形供电网络，在环网中穿越功率最小处开环运行，如将图3.26(c)中的QF1或QF2断开。

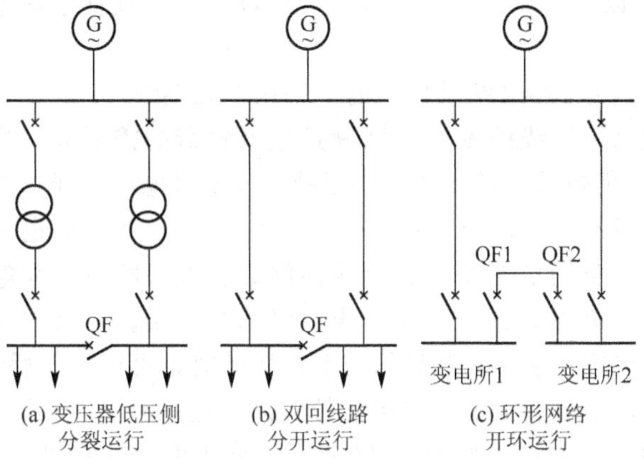

图 3.26 限制短路电流的几种运行方式

以上方法中(2)～(4)将会降低供电的可靠性和灵活性，且增加电压损失和功率损耗。所以这些限流措施的选用应综合评估对主接线供电可靠性、运行灵活性和对电力系统稳定性的影响。

3.7 各类发电厂、变电所主接线的特点及实例

如前所述，电气主接线是根据发电厂和变电所的具体条件确定的，由于发电厂和变电所的类型、容量、地理位置、在电力系统中的地位、作用、馈线数目、负荷性质、输电距离及自动化程度等不同，所采用的主接线形式也不同，但同一类型的发电厂或变电所的主接线仍具有某些共同特点。

3.7.1 火力发电厂电气主接线

1. 中小型火电厂的电气主接线

中小型火电厂的单机容量为 200MW 及以下，总装机容量在 1 000MW 以下，一般建在工业企业或城镇附近，需以发电机电压将部分电能供给本地区用户(如钢铁基地、大型化工、冶炼企业及大城市的综合用电等)，有时兼供热，所以也有凝汽式电厂和热电厂。

中小型火电厂的电气主接线特点如下。

(1) 设有发电机电压母线。

① 根据地区电网的要求，其电压采用 6kV 或 10kV，发电机单机容量为 100MW 及以下。当发电机容量为 12MW 及以下时，一般采用单母线分段接线；当发电机容量为 25MW 及以上时，一般采用双母线分段接线。一般不装设旁路母线。

② 出线回路较多(有时多达数十回)，供电距离较短(一般不超过 20km)，为避免雷击线路直接威胁发电机，一般多采用电缆供电。

③ 当发电机容量较小时，一般仅装设母线电抗器就足以限制短路电流；当发电机容量较大时，一般需同时装设母线电抗器及出线电抗器。

④ 通常用2台及以上主变压器与升高电压级联系，以便向系统输送剩余功率或从系统倒送不足的功率。

(2) 当发电机容量为125MW及以上时，采用单元接线

当原接于发电机电压母线的发电机已满足地区负荷的需要时，虽然后面扩建的发电机容量小于125MW，但也采用单元接线，以减小发电机电压母线的短路电流。

(3) 升高电压等级不多于两级(一般为35～220kV)，其升高电压部分的接线形式与电厂在系统中的地位、负荷的重要性、出线回路数、设备特点、配电装置型式等因素有关，可能采用单母线、单母线分段、双母线、双母线分段。当出线回路数较多时，可考虑增设旁路母线；当出线不多、最终接线方案已明确时，可以采用桥形、角形接线。

(4) 从整体上看，中小型火电厂主接线较复杂，且一般屋内和屋外配电装置并存。

某中型火电厂的电气主接线如图3.27所示。该火电厂装有2台发电机，接到10kV母线上；10kV母线为双母线分段接线，母线分段及电缆出线均装有电抗器，用以限制短路电流，以便选用轻型电器；发电厂供给本地区后的剩余电能通过2台三绕组主变压器送入110kV及220kV电压级；110kV为分段的单母线接线，重要用户可用双回路分别接到两分段上；220kV为有专用旁路断路器的双母线带旁路母线接线，只有出线进旁路，主变压器不进旁路。

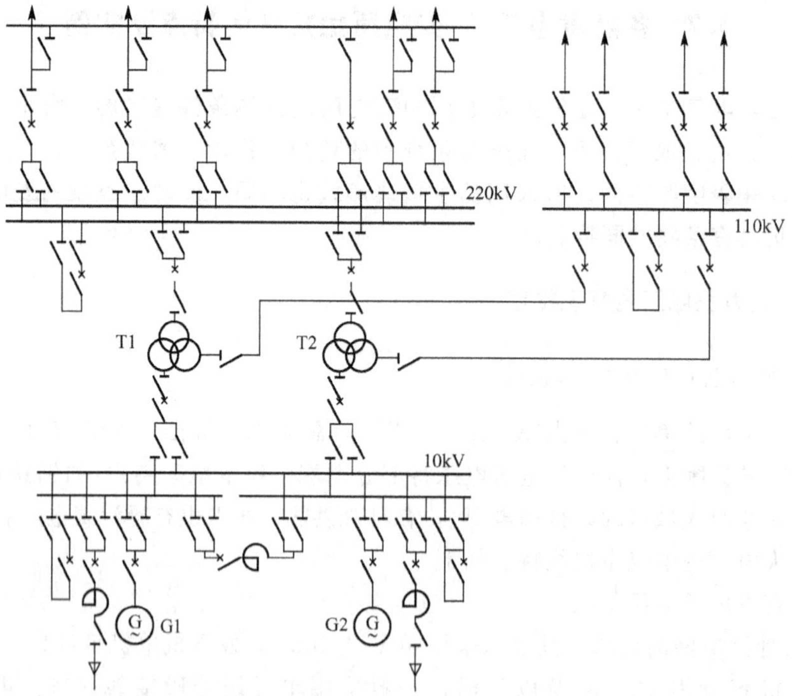

图3.27 某中型火电厂的电气主接线简图

2. 大型火电厂的主接线

大型火电厂单机容量为200MW及以上，总装机容量为1 000MW及以上，主要用于发电，多为凝汽式火电厂。其主接线特点如下。

(1) 在系统中地位重要，主要承担基本负荷，负荷曲线平稳，设备利用小时数高，发展可能性大，对主接线可靠性要求较高。

(2) 不设发电机电压母线，发电机与主变压器(双绕组变压器或分裂低压绕组变压器)采用简单可靠的单元接线，发电机出口至主变压器低压侧之间采用封闭母线。除厂用电负荷外，绝大部分电能直接用220kV及以上升高电压送入系统。附近用户则由地区供电系统供电。

(3) 升高电压部分为220kV及以上。220kV配电装置一般采用双母线、双母线带旁路母线、双母线分段带旁路母线接线，接入220kV配电装置的单机容量一般不超过300MW；330～500kV配电装置，当进出线数为6回及以上时，采用一台半断路器接线；220kV与330～500kV配电装置之间一般采用自耦变压器联络。

(4) 从整体上看，这类电厂的主接线较简单、清晰，一般均采用屋外配电装置。

某大型火电厂的主接线如图3.28所示。该发电厂有4×300MW及2×600MW共6台发电机，分别与6台双绕组主变压器接成单元接线，其中2个单元接到220kV配电装置，4个单元接到500kV配电装置；220kV侧为有专用旁路断路器的双母线带旁路接线，500kV侧为一台半断路器接线；220kV侧与500kV侧用自耦变压器联络(由3台单相变压器组成)，其低压侧35kV为单母线接线，接有2台厂用高压启动/备用变压器及并联电抗器；各主变压器的低压侧及220kV母线分别接有厂用高压工作或备用变压器。图3.28中还标示出了电压互感器和避雷器的配置情况。

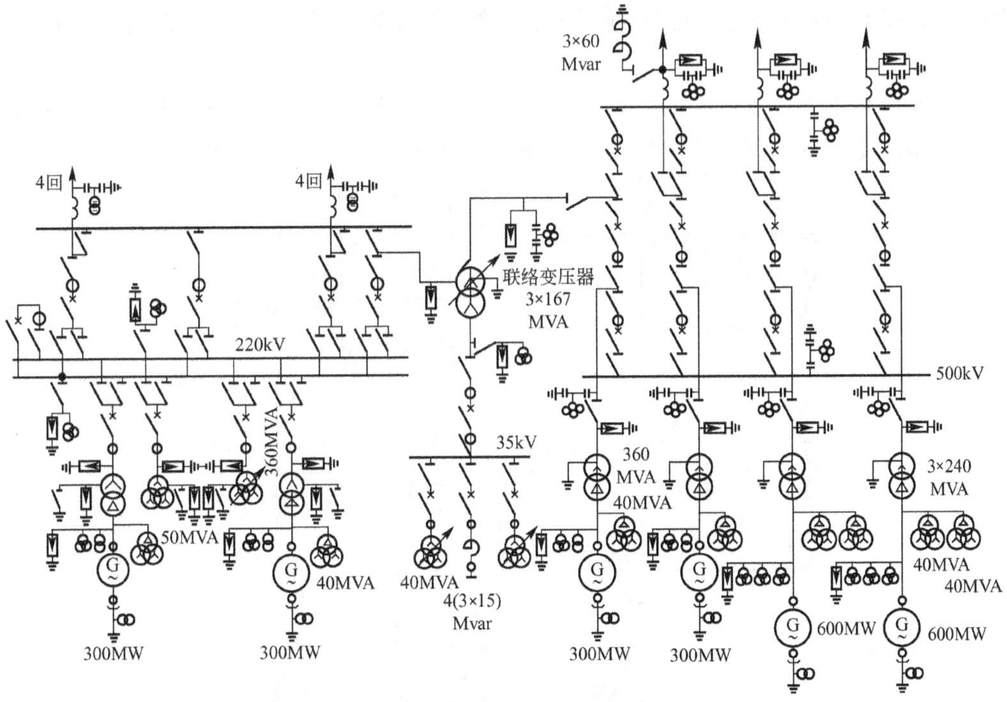

图3.28 某大型火电厂电气主接线图

3.7.2 水电厂的主接线

水电厂以水能为能源，多建于山区峡谷中，一般远离负荷中心，附近用户少，甚至完全没有用户，因此，其主接线有类似于大型火电厂主接线的特点。

（1）不设发电机电压母线，除厂用电外，绝大部分电能用1～2种升高电压送入系统。

（2）装机台数及容量是根据水能利用条件一次确定的，因此，其主接线、配电装置及厂房布置一般不考虑扩建。但常因设备供应、负荷增长情况及水工建设工期较长等原因而分期施工，以便尽早发挥设备的效益。

（3）由于山区峡谷中地形复杂，为缩小占地面积、减少土石方的开挖和回填量，主接线尽量采用简化的接线形式，以减少设备数量，使配电装置布置紧凑。

（4）由于水电厂生产的特点及所承担的任务，也要求其主接线尽量采用简化的接线形式，以避免繁琐的倒闸操作。

水轮发电机组启动迅速、灵活方便，生产过程容易实现自动化和远动化，一般从启动到带满负荷只需4～5min，事故情况下可能不到1min。因此，水电厂在枯水期常常被用作系统的事故备用、检修备用或承担调峰、调频、调相等任务；在丰水期则承担系统的基本负荷以充分利用水能，节约火电厂的燃料。可见，水电厂的负荷曲线变动较大，开、停机次数频繁，相应设备投、切频繁，设备利用小时数较火电厂小。因此，其主接线应尽量采用简化的接线形式。

（5）由于水电厂的特点，其主接线广泛采用单元接线，特别是扩大单元接线。大容量水电厂的主接线形式与大型火电厂相似；中、小容量水电厂的升高电压部分在采用一些固定的、适合回路数较少的接线形式(如桥形、多角形、单母线分段等)方面，比火电厂用得更多。

（6）从整体上看，水电厂的主接线较火电厂简单、清晰，一般均采用屋外配电装置。

某大型水电厂的电气主接线如图3.29所示。该电厂有6台发电机，G1～G4与分裂

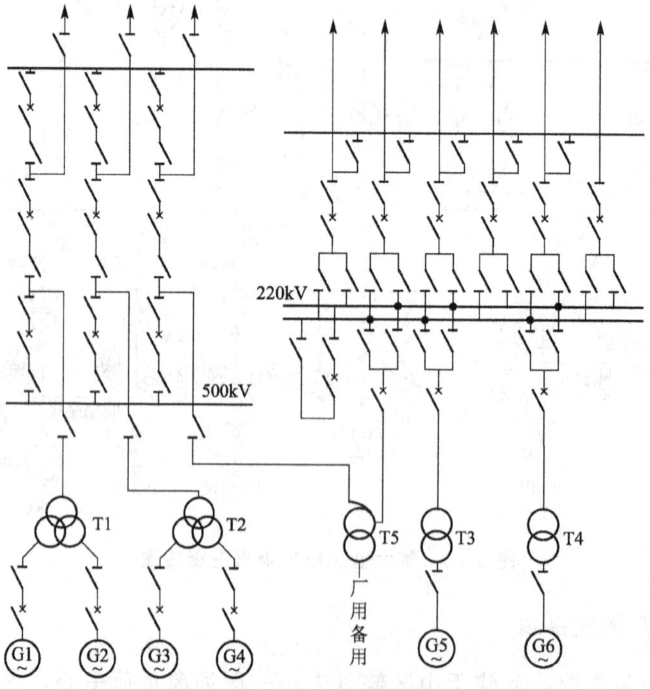

图3.29　某大型水电厂的电气主接线简图

绕组变压器 T1、T2 接成扩大单元接线，将电能送到 500kV 配电装置；G5、G6 与双绕组变压器 T3、T4 接成单元接线，将电能送到 220kV 配电装置；500kV 配电装置采用一台半断路器接线，220kV 配电装置采用有专用旁路断路器的双母线带旁路母线接线，并且只有出线进旁路；220kV 系统与 500kV 系统采用自耦变压器 T5 联络，其低压绕组作为厂用备用电源。

3.7.3 变电所电气主接线

变电所电气主接线的设计原则基本上与发电厂相同，即根据变电所的地位、负荷性质、出线回路数、设备特点等情况，采用相应的接线形式。

330kV 及以上配电装置可能的接线形式有一台半断路器接线、双母线分段(三分段或四分段)带旁路母线接线、变压器—母线组接线等；220kV 配电装置可能的接线形式有双母线带旁路、双母线分段(三分段或四分段)带旁路及一台半断路器接线等；110kV 配电装置可能接线形式有不分段单母线、分段单母线、分段单母线带旁路、双母线、双母线带旁路、变压器—线路组及桥形接线等；35～63kV 配电装置可能接线形式有不分段单母线、分段单母线、双母线、分段单母线带旁路(分段兼旁路断路器)、变压器—线路组及桥形接线等；6～10kV 配电装置常采用分段单母线，有时也采用双母线接线，以便于扩建。6～10kV 馈线应选用轻型断路器，若不能满足开断电流及动、热稳定要求，应采取限制短路电流措施，例如，使变压器分裂运行或在低压侧装设电抗器、在出线上装设电抗器等。

图 3.30 所示为某 500kV 枢纽变电所主接线，500kV 侧采用一台半断路器接线(3/2 接线)，220kV 侧采用双母线带旁路接线，低压 35kV 侧接无功补偿装置。

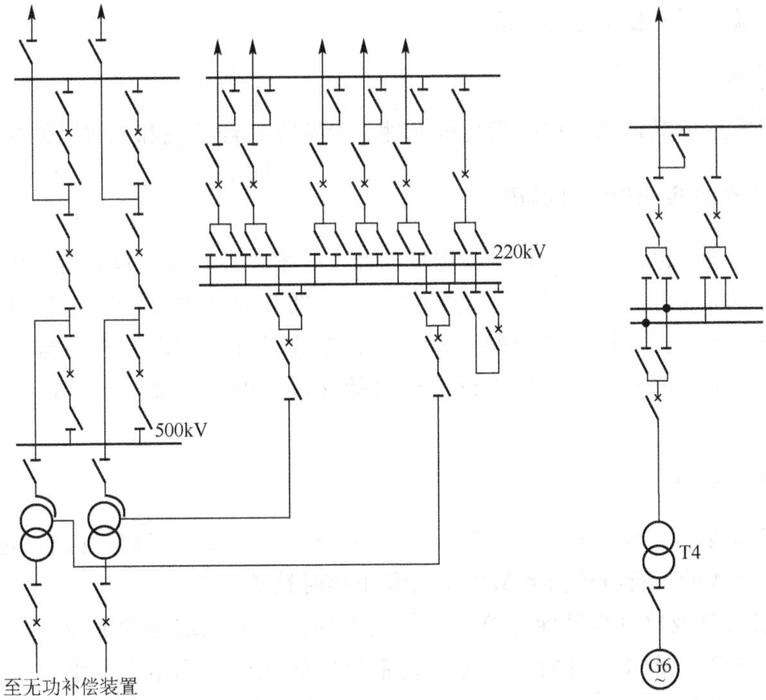

图 3.30 某 500kV 枢纽变电站电气主接线简图

3.8 电气主接线的设计原则和程序

电气主接线设计是一个综合性问题，必须结合电力系统和发电厂或变电所的具体情况，全面分析有关因素，正确处理它们之间的关系，经过技术、经济比较，合理地选择主接线方案。

3.8.1 主接线的设计原则

1. 设计依据

设计任务书是根据国家经济发展及电力负荷增长率的规划，在进行大量的调查研究和资料搜集工作的基础上，对系统负荷进行分析及电力电量平衡，从宏观的角度论证建厂(所)的必要性、可能性和经济性，明确建设目的、依据、负荷及所在电力系统情况、建设规模、建厂条件、地点和占地面积、主要协作配合条件、环境保护要求、建设进度、投资控制和筹措、需要研制的新产品等，并经上级主管部门批准后提出的，因此，它是设计的原始资料和依据。

2. 设计准则

国家建设的方针、政策、技术规范和标准是根据电力工业的技术特点、结合国家实际情况而制定的，它是科学、技术条理化的总结，是长期生产实践的结晶，设计中必须严格遵循，特别应贯彻执行资源综合利用、保护环境、节约能源和水源、节约用地、提高综合经济效益和促进技术进步的方针。

3. 设计目标

结合工程实际情况，使主接线满足可靠性、灵活性、经济性和先进性要求。

3.8.2 电气主接线的设计程序

电气主接线设计包括可行性研究、初步设计、技术设计和施工设计等4个阶段。下达设计任务书之前所进行的工作属可行性研究阶段。初步设计主要是确定建设标准、各项技术原则和总概算。在学校里进行的课程设计和毕业设计，在内容上相当于实际工程中的初步设计，其中，部分可达到技术设计要求的深度。电气主接线的具体设计步骤和内容如下。

1. 分析原始资料

(1) 本工程情况。本工程情况包括发电厂类型、规划装机容量(近期、远景)、单机容量及台数、可能的运行方式及年最大负荷利用小时数等。

① 总装机容量及单机容量标志着电厂的规模和在电力系统中的地位及作用。当总装机容量超过系统总容量的15%时，该电厂在系统中的地位和作用至关重要。单机容量不宜大于系统总容量的10%，以保证在该机检修或事故情况下系统供电的可靠性。另外，

为使生产管理及运行、检修方便，一个发电厂内单机容量以不超过两种为宜，台数以不超过 6 台为宜，且同容量的机组应尽量选用同一型式。

② 运行方式及年最大负荷利用小时数直接影响主接线的设计。例如，核电厂及单机容量 200MW 以上的火电厂主要是承担基荷，年最大负荷利用小时数在 5 000h 以上，其主接线应以保证供电可靠性为主要依据进行选择；水电厂有可能承担基荷(如丰水期)、腰荷和峰荷，年最大负荷利用小时数在 3 000～5 000h，其主接线应以保证供电调度的灵活性为主要依据进行选择。

(2) 电力系统情况。电力系统情况包括系统的总装机容量、近期及远景(5～10 年)发展规划、归算到本厂高压母线的电抗、本厂(所)在系统中的地位和作用、近期及远景与系统的连接方式及各电压级中性点接地方式等。

电厂在系统中处于重要地位时，对其主接线要求较高。系统的归算电抗在主接线设计中主要用于短路计算，以便选择电气设备。电厂与系统的连接方式也与其地位和作用相适应，例如，中、小型火电厂通常靠近负荷中心，常有 6～10kV 地区负荷，仅向系统输送不大的剩余功率，与系统之间可采用单回弱联系方式，如图 3.31(a)所示；大型发电厂通常远离负荷中心，其绝大部分电能向系统输送，与系统之间则采用双回或环网强联系方式，如图 3.31(b)、(c)所示。

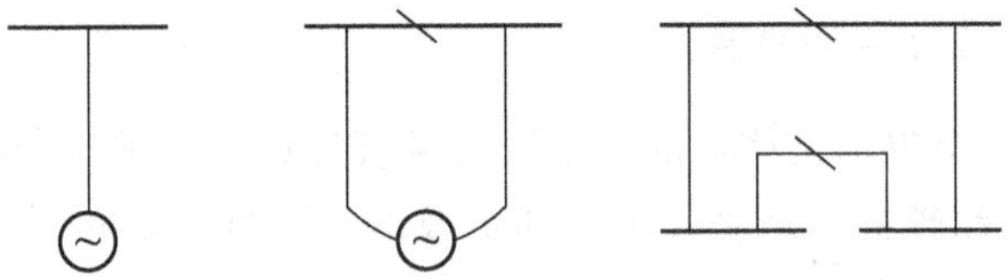

(a) 单回线联系　(b) 双回线联系　(c) 环网联系

图 3.31 电厂接入系统示意图

电力系统中性点接地方式是一个综合性问题。我国对 35kV 及以下电网中性点采用非直接接地(不接地或经消弧线圈、接地变压器接地等)，又称小接地电流系统；对 110kV 及以上电网中性点均采用直接接地，又称大接地电流系统。电网的中性点接地方式决定了主变压器中性点的接地方式。发电机中性点采用非直接接地，其中 125MW 及以下机组的中性点采用不接地或经消弧线圈接地，200MW 及以上机组的中性点采用经接地变压器接地(其二次侧接有一电阻)。

(3) 负荷情况。负荷情况包括负荷的地理位置、电压等级、出线回路数、输送容量、负荷类别、最大及最小负荷、功率因数、增长率、年最大负荷利用小时数等。

对于Ⅰ类负荷，必须有两个独立电源供电(如用双回路接于不同的母线段)；Ⅱ类负荷一般也要有两个独立电源供电；Ⅲ类负荷一般只需一个电源供电。

负荷的发展和增长速度受政治、经济、工业水平和自然条件等因素的影响。负荷的预测方法有多种，需要时可参考有关文献。粗略地，可以认为负荷在一定阶段内的自然增长率按如下指数规律变化。

$$L = L_0 e^{mt} \tag{3-14}$$

式中：L_0为初期负荷，MW；m为年负荷增长率，由概率统计确定；t为年数，一般按5～10年规划考虑；L为由负荷为L_0的某年算起，经t年后的负荷，MW。

（4）其他情况。其他情况包括环境条件、设备制造情况等。当地的气温、湿度、覆冰、污秽、风向、水文、地质、海拔高度及地震等因素，对主接线中电气设备的选择、厂房和配电装置的布置等均有影响。为使所设计的主接线具有可行性，必须对主要设备的性能、制造能力、价格和供货等情况进行汇集、分析、比较，以保证设计的先进性、经济性和可行性。

2. 拟定若干个可行的主接线方案

根据设计任务书的要求，在分析原始资料的基础上，可拟定出若干个可行的主接线方案。因为对发电机连接方式的考虑、主变压器的台数、容量及型式的考虑、各电压级接线形式的选择等不同，会有多种主接线方案(本期和远期)。

3. 对各方案进行技术论证

根据主接线的基本要求，从技术上论证各方案的优、缺点，对地位重要的大型发电厂或变电所要进行可靠性的定量计算、比较，淘汰一些明显不合理的、技术性较差的方案，保留2～3个技术上相当的、满足任务书要求的方案。

4. 对所保留的方案进行经济比较

对所保留的2～3个技术上相当的方案进行经济计算，并进行全面的技术、经济比较，确定最优方案。经济比较主要是对各个参加比较的主接线方案的综合总投资O和年运行费U两大项进行综合效益比较。比较时，一般只需计算各方案不同部分的综合总投资和年运行费，详细计算可参考有关资料。

5. 短路电流计算和选择电气设备

对选定的电气主接线进行短路电流计算，并选择合理的电气设备。

6. 绘制电气主接线图

对最终确定的电气主接线，按工程要求绘制电气主接线图工程图及部分施工图。

7. 撰写技术说明书和计算书

技术说明书和计算书应按照规定的格式撰写，符合工程要求。

3.8.3 电气主接线的设计举例

某火力发电厂原始资料为：装机4台，分别为供热式机组2×50MW(U_N=10.5kV)，凝汽式机组2×300MW(U_N=15.75kV)，厂用电率6%，机组年利用小时T_{max}=6 500h。

系统规划部门提供的电力负荷及与电力系统连接情况资料如下。

（1）10.5kV电压级最大负荷20MW，最小负荷15MW，$\cos\varphi=0.8$，电缆馈线10回。

（2）220kV电压级最大负荷250MW，最小负荷200MW，$\cos\varphi=0.85$，$T_{max}=$

4 500h，架空线 5 回。

(3) 500kV 电压级与容量为 3 500MW 的电力系统连接，系统归算到本电厂 500kV 母线上的标幺电抗 $x_s^*=0.021$(基准容量为 100MV·A)，500kV 架空线 4 回，备用线 1 回。

此外，尚有相应的地理环境、气候条件及其他相应资料。

1. 对原始资料的分析

设计电厂为大、中型火电厂，其容量为 2×50＋2×300＝700MW，占电力系统总容量 700/(3 500＋700)×100％＝16.7％，超过了电力系统的检修备用容量 8％ ～ 15％和事故备用容量 10％的限额，说明该厂在未来电力系统中的作用和地位至关重要，且年利用小时数为 6 500h＞5 000h，远远大于电力系统发电机组的平均最大负荷利用小时数(如 2002 年我国电力系统发电机组年最大负荷利用小时数为 4 800h)。该厂为火电厂，在电力系统中将主要承担基荷，从而该厂主接线设计务必着重考虑其可靠性。

从负荷特点及电压等级可知，10.5kV 电压等级上的地方负荷容量不大，共有 10 回电缆馈线，与 50MW 发电机的机端电压相等，采用直馈线为宜。15.75kV 电压为 300MW 发电机出口电压，既无直配负荷，又无特殊要求，拟采用单元接线形式，可节省价格昂贵的发电机出口断路器，又利于配电装置的布置；220kV 电压级出线回路数为 5 回，为保证检修出线断路器不致对该回路停电，拟采取带旁路母线接线形式；500kV 与系统有 4 回馈线，呈强联系形式并送出本厂最大可能的电力为 700－15－200－700×6％＝443MW。可见，该厂 500kV 级的接线对可靠性要求应当很高。

2. 主接线方案的拟定

根据对原始资料的分析，现将各电压级可能采用的较佳方案列出，进而以优化组合方式组成最佳可比方案。

(1) 10kV 电压级。鉴于 10kV 出线回路多，且发电机单机容量为 50MW，远大于有关设计规程对选用单母线分段接线不得超过 24MW 的规定，应确定为双母线分段接线形式，2 台 50MW 机组分别接在两段母线上，剩余功率通过主变压器送往高一级电压 220kV。考虑到 50MW 机组为供热式机组，通常“以热定电”，机组年最大负荷小时数较低，即 10kV 电压级与 220kV 电压之间按弱联系考虑，只设 1 台主变压器；同时，由于 10kV 电压最大负荷为 20MW，远小于 2×50MW 发电机组装机容量，即使在发电机检修或升压变压器检修的情况下，也可保证该电压等级负荷要求。由于 2 台 50MW 机组均接于 10kV 母线上，有较大短路电流，为选择合适的电气设备，应在分段处加装母线电抗器，各条电缆馈线上装设线路电抗器。

(2) 220kV 电压级。出线回路数大于 4 回，为使其出线断路器检修时不停电，应采用单母线分段带旁路接线或双母线带旁路接线，以保证其供电的可靠性和灵活性。其进线仅从 10kV 送来剩余容量 2×50－((100×6％)＋20)＝ 74MW，不能满足 220kV 最大负荷 250MW 的要求。为此，拟以 1 台 300MW 机组按发电机—变压器单元接线形式接至 220kV 母线上，其剩余容量或机组检修时不足容量由联络变压器与 500kV 接线相连，相互交换功率。

(3) 500kV 电压级。500kV 负荷容量大，其主接线是本厂向系统输送功率的主要接线方式，为保证可靠性，可能有多种接线形式，经定性分析筛选后，可选用的方案为双母线带旁路接线和一台半断路器接线，通过联络变压器与220kV连接，并通过一台三绕组变压器联系220kV及10kV电压，以提高可靠性，一台300MW机组与变压器组成单元接线，直接将功率送往500kV电力系统。

根据以上分析、筛选、组合，可保留两种可能接线方案：方案Ⅰ如图3.32所示；方案Ⅱ为500kV侧采用双母线带旁路母线接线，220kV侧采用单母线分段带旁路母线接线，示意图略。

3. 主接线最终方案的确定

通常，经过经济比较计算计算出年费用最小方案者，即为经济上的最优方案；然而，主接线最终方案的确定还必须从可靠性、灵活性等多方面综合评估，包括大型电厂、变电站对主接线可靠性若干指标的定量计算，最后确定最终方案。

通过定性分析和可靠性及经济计算，在技术上(可靠性、灵活性)方案Ⅰ明显占优势，这主要是由于一台半断路器接线方式的高可靠性指标，但在经济上则不如方案Ⅱ。鉴于大、中型发电厂大机组应以可靠性和灵活性为主，所以，经综合分析，决定选图3.32所示的方案Ⅰ为设计最终方案。

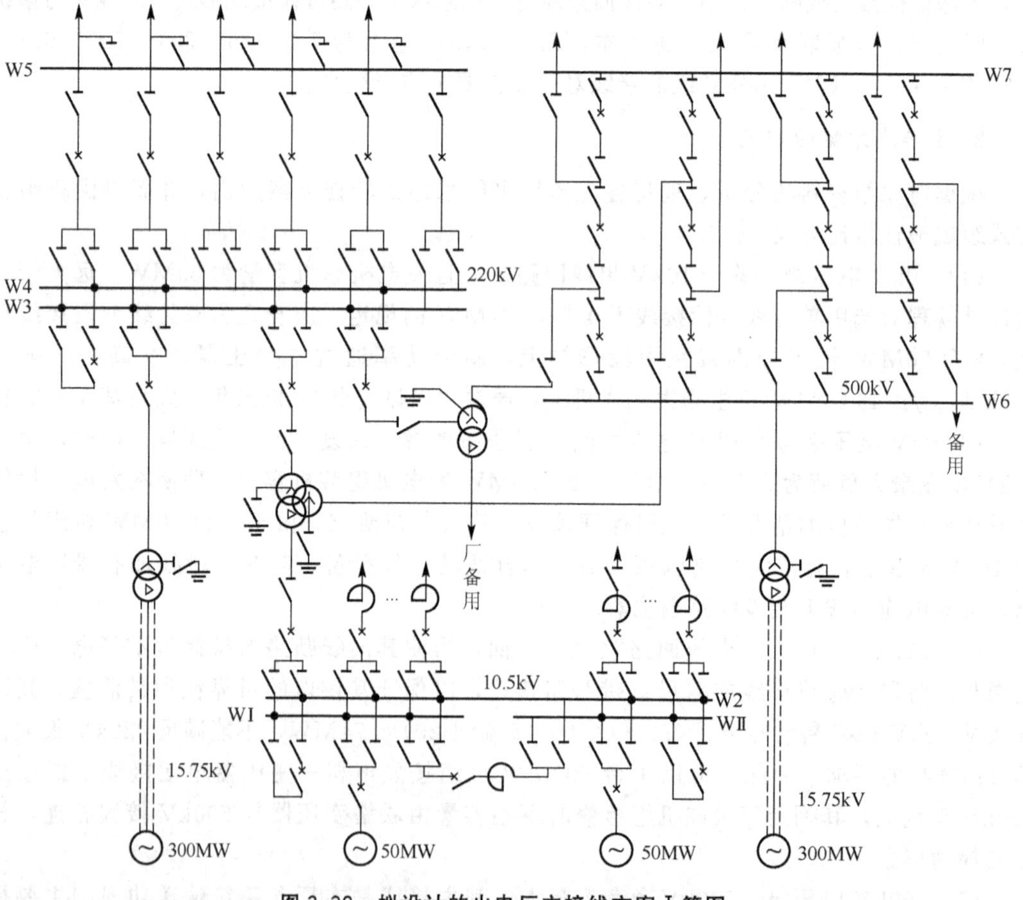

图3.32 拟设计的火电厂主接线方案Ⅰ简图

3.9 GIS的主接线及设计

3.9.1 GIS的特点

与传统的敞开式配电装置相比，GIS具有下列优势。

(1) 小型化。SF_6气体的绝缘性能和灭弧性能都比空气高许多，因此安全净距可以减少。但是仅用SF_6气体作为绝缘介质还不足以使GIS设备的绝缘水平提高很多。GIS设备的电场结构是稍不均匀结构，均匀电场的击穿电压比非均匀电场提高了29倍。稍不均匀电场的比例虽没有那么高，但也足可以将GIS设备的体积减小10倍。这大大节省了变电站的占地面积和空间体积，能够实现小型化，额定电压越高，节省得越多。

(2) 运行安全可靠。GIS的金属外壳是接地的，既可防止运行人员触及带电导体，又可使设备运行不受污秽、雨雪、雾露等不利的环境条件的影响。

(3) 元件全部密封不受环境干扰，损耗少、噪声低。GIS外壳上的感应磁场很小，因此，涡流损耗很小，减少了电能的损耗。弹簧机构的采用使操作噪声很低。

(4) 安装工作量小、检修周期长。由于实现了小型化，GIS可在工厂内进行整机装配和试验合格后，以单元或间隔的形式运达现场，因此可缩短现场安装工期，又能提高可靠性。因其结构布局合理，灭弧系统先进，大大提高了产品的使用寿命，因此检修周期长，维修工作量小，而且由于小型化，离地面低，因此，日常维护方便。

3.9.2 GIS主接线的基本形式

根据我国国情，结合GIS设备的特点，其主接线分为下面5种类型。

(1) 桥形接线。桥形主接线所用的设备最省，整个接线只有3台断路器，但其灵活性和可靠性差。小型发电厂和变电站可以选用这种主接线。

(2) 单母线分段接线。单母线分段的主接线简单、经济、方便，比桥形主接线可靠。

(3) 双母线分段接线。为了避免单母线分段时，在母线或母线隔离开关故障或检修时，所有馈线都要停电的情况，而发展成为双母线。正常时，两条母线并列运行，当母线或母线联线断路器等有故障时，一条母线运行，一条母线检修，从而保证了供电可靠性。

一般不推荐双母线不分段的主接线，其原因是当GIS设备局部发生故障后，要检修故障元件时，须两条母线全停电才能检修。若使用双母线不分段接线，全厂都需停电，扩大了故障范围。虽然有时故障点不在母线上，而在其他元件，并已经跳闸，但也不能消除故障。因为GIS设备检修时，必须要把故障气室里的SF_6气体全部抽出来，这时气室里的绝缘介质已不是SF_6气体，而是空气。GIS设备导电触头之间的距离是按有SF_6气体，并充以一定压力的SF_6设计的，距离比空气绝缘时要小得多，不足以承受原来的电压。因此，要迫使两条母线都停电后才能进行检修工作。国内某600MW的火电厂，其220kV配电装置为GIS设备，主接线用双母线不分段，电厂的发电机、主变压器、厂用变压器分别布置在两段母线上。投产2年后，Ⅰ段母线的接地开关发生接地短路故障，元件严重烧伤，需要更换。但因母线没有分段，导致两条母线都要停电才能更换故障元件。这样全厂的发电机、主变压器、厂用变压器都要停电。

（4）3/2 断路器的主接线。该接线运行调度灵活，操作检修方便，有高度的可靠性，继电保护对母线系统之间回路的分配没有任何限制，在母线区域内故障时，故障母线的所有断路器都可以自动跳闸，不影响任何回路运行。因此，3/2 断路器的主接线常用于大容量、高电压的系统中。

（5）多角形接线。我国于 20 世纪 60 年代起，在水电厂的 110～330kV 升压站中使用多角形接线，在角数不太多的情况下，具有较高的可靠性和灵活性。因所需的断路器、隔离开关较少，故造价便宜。

在出线不多、扩建的可能性很小的情况下可以选用多角形接线。由于降压变电站和火电厂的升压站扩建的可能性很大，故不用多角形接线。因此，设计部门也不推荐多角形接线的主接线。

3.9.3 GIS 主接线设计

1. 设计原则

GIS 设备的各元件已形成标准化，可按用户提出的不同主接线要求进行组合，形成用户满意的布置形式。GIS 设备的主接线设计原则与常规设备相同，按照国家标准执行，它的基本要求还是可靠性、灵活性和经济性，在工程实践中按下列各条具体内容执行。

（1）任何一台断路器检修时，不得影响用户的供电。

（2）任何一台断路器检修和另一台断路器故障、重合闸拒动时，不宜切除两回以上的线路。

（3）一段母线故障时，宜将故障范围限制在全部母线的 1/4 内。当分段断路器或母联断路器故障时，其故障范围宜限制在全部母线的 1/2 内。

根据 GIS 具有的故障少、检修周期长、运行可靠性高的特点，主接线可以简化。例如，110kV 和 220kV 配电装置可以不用旁路母线。但也要看到 GIS 设备发生故障时，其停电范围可能比常规式设备大的特点。实践证明，GIS 设备在投入运行的第一年故障率高；运行一年之后，故障率明显减少。因此，GIS 设备的主接线不能过分简化，要适当。尤其是 110kV、220kV 母线不分段时，其主接线的可靠性降低。

2. GIS 的主要技术参数及选择

GIS 的额定值由下述参数组成。

（1）额定电压。额定电压为开关设备和控制设备所在系统的最高电压上限。额定电压的标准值如下。

① 范围Ⅰ：额定电压 252kV 及以下时为 3.6kV、7.2kV、12kV、24kV、40.5kV、72.5kV、126kV、252kV。

② 范围Ⅱ：额定电压 252kV 以上时为 363kV、550kV、800kV、1 100kV。

（2）额定绝缘水平。开关设备和控制设备的额定绝缘水平应按规程规定的值选取。

（3）额定频率。额定频率的标准值为 50Hz。

(4) 额定电流和温升。开关设备和控制设备的额定电流是在规定的使用和性能条件下，开关设备和控制设备应该能够持续通过的电流的有效值，额定电流应当从 R10 系列中选取。

(5) 额定短时耐受电流。额定短时耐受电流是在规定的使用和性能条件下，在规定的时间内，开关设备和控制设备在合闸位置能够承载的电流的有效值。额定短时耐受电流的标准值应当从 R10 系列中选取，并应该等于开关设备和控制设备的短路额定值。

(6) 额定峰值耐受电流。额定峰值耐受电流是在规定的使用和性能条件下，开关设备和控制设备在合闸位置能够承载的额定短时耐受电流第一个大半波的电流峰值。额定峰值耐受电流应该等于 2.5 倍的额定短时耐受电流。

(7) 额定短路持续时间。额定短路持续时间是开关设备和控制设备在合闸位置能承载额定短时耐受电流的时间间隔。额定短路持续时间的标准值为 2s。如果需要，可以选取小于或大于 2s 的值。推荐值为 0.5s、1s、3s 和 4s。

上述参数构成了 GIS 设备的整体参数，它们反映了 G1S 设备的整体通流和耐压能力，一般还应在整体参数的范围内选择各元件(断路器、隔离开关、接地开关、快速接地开关、互感器、避雷器和绝缘子)的额定参数，如开关设备的操动机构和辅助设备的额定值等。

GIS 应设计成能安全地进行下述各项工作：正常运行、检查和维修、引出电缆的接地、电缆故障的定位、引出电缆或其他设备的绝缘试验、消除危险的静电电荷、安装或扩建后的相序校核和操作联锁等。

GIS 设备的选择应使协议允许的基础位移或热胀冷缩的热效应不致影响其保证的性能。额定值及结构相同的所有可能更换的元件应具有互换性。

3.9.4 GIS 配电装置的布置

GIS 设备可以安装在钢支架上，也可以直接装在地面上。

GIS 设备的安全净距远比常规设备小，这是因为 GIS 设备的绝缘介质采用 SF_6 气体，它的绝缘性能和灭弧性能都比空气高许多，故此安全净距可以减少。

GIS 设备的布置方式有很多种，在不同的电压下，GIS 设备的间隔尺寸、同相间的距离和不同相间的距离、元件组合尺寸都由 GIS 制造厂家决定，不同额定参数要求下的典型间隔尺寸都由制造厂家给定，设计者根据制造厂的说明书选用。但配电室里的走道尺寸、维修走道尺寸、厂房的几何尺寸、吊车钩至地面的高度等则由设计者决定。

在变电站每一回馈线的出口，除了有 SF_6 或空气瓷套管之外，还有避雷器、电抗器、耦合式电容器等高压设备。这些设备都是以空气作为绝缘介质，处于不均匀电场下的常规设备，它们与 SF_6 或空气瓷套管的绝缘距离按常规设备考虑。

另外，SF_6 会产生毒性分解物，规程规定配电室里的 SF_6 气体含量不得高于 1 000ppm，空气中的氧含量不得低于 18%。为了监视 GIS 设备中 SF_6 气体是否泄漏，每个单独的气室都应装设真空压力表或密度表计。另外，在 GIS 配电室中必须装设通风设备，其通风量为配电室空间体积的 3～5 倍，以及时将室内的气体排出，补充新鲜空气。

3.9.5 GIS设备的保护与接地

1. GIS设备的过电压保护

GIS设备的内部电场都是稍不均匀电场，伏秒特性比较平坦，冲击系数小。因此，限制雷电过电压和操作过电压就显得比常规式设备更为重要。GIS设备的结构紧凑，设备之间的电气距离小，防雷措施与常规设备相比，较容易满足要求。但GIS设备没有自恢复能力，所以不允许GIS设备内部产生电晕，所有的导电触头都要加屏蔽罩，设计过电压保护应有较大的绝缘裕度。

GIS设备具有较小的波阻抗。波阻抗一般为60～120Ω，而架空线的波阻抗一般为300～400Ω，所以侵入波从架空线传到GIS设备时，其折射电压也小。与常规变电站的避雷器保护范围相比，GIS变电站的防雷保护范围比常规式的范围大。但是考虑到GIS设备母线的传播速度低于光速，故也有常规变电站的防雷保护范围大于GIS变电站的情况。

2. 主回路的接地

为了保证维护工作的安全性，需要触及或可能触及的主回路的所有部件应能够接地，可以通过下述方法接地。

(1) 如果连接的回路有带电的可能性，则应采用关合能力等于额定峰值耐受电流的接地开关。

(2) 如果能够肯定连接的回路不带电，则应采用没有关合能力或关合能力小于额定峰值耐受电流的接地开关。

(3) 当GIS露天布置或装设在室内与土壤直接接触的地面上时，其接地开关、金属氧化物避雷器的专用接地端子与GIS接地母线的连接处宜装设集中接地装置。

此外，外壳打开后，在对回路元件维修期间，除事先通过接地开关接地之处外，还应与可移开的接地装置连接。

3. GIS外壳接地

GIS设备中，所有不属于主回路和辅助回路的金属部件都应接地。GIS设备的母线和外壳是一对同轴电极，构成稍不均匀电场。当电流通过母线时外壳上有感应电压，使外壳产生涡流而发热，使GIS设备容量减小，当运行人员接触外壳时会触电危及人身安全。为了使GIS设备不降低输送容量，又不危及人身安全，要使GIS设备外壳的感应电压在安全规定的范围之内，同时保证外壳不发热。另外，GIS设备的支架、管道、电缆外皮与外壳连接之后，也有感应电压和环流产生。在外壳与上述零件接触不良的地方还可能会产生火花，使管道、电缆外皮产生电腐蚀。

为了解决上述问题，目前用两种方法：一种是在GIS设备外壳用全链多点接地的方法，其优点在于GIS外壳的感应电压为零，但此方法会引起环流，金属外壳仍然发热，输送容量还是要下降；第二种方法是将GIS外壳分段绝缘，每一段只有一个接地点，这样GIS外壳不产生环流，但有感应电压。

（1）三相共筒式母线的GIS外壳接地。三相母线共同安装在一个母线管里，在正常运行情况下，三相电流在外壳的感应电压为零，外壳没有涡流，所以不会危及运行人员的安全，外壳也不会发热。但在故障时，三相电压失去平衡，在外壳将感应电压，产生环流，虽然时间不长，但也会危及运行人员的安全。所以GIS外壳及其金属结构都要多点接地。对于三相共筒式或分相式的GIS，其基座上的每一接地母线应使分设其两端的接地线与发电厂或变电站的接地网连接。

（2）单相单筒式母线的GIS外壳接地。由于单相单筒式母线的GIS设备三相母线分别装于不同的母线管里，在正常运行时，外壳有感应电流，其值为主回路电流的70%～90%，根据外壳的材料而定，铝合金外壳的感应电流是钢外壳的3～4倍。该感应电流会引起外壳及其金属结构发热，并使GIS设备的额定容量减小，使二次回路受到干扰，GIS外壳一般采用分段绝缘，同时在现场还采用下述措施。

① 安装接地线，其截面按GIS设备的热稳定要求进行计算。接地线必须直接接到主地网，不允许元件接地线串联后接地。当GIS的间隔较多时，可设置两条接地母线，接地母线与主电网连接点不少于两处。

② 由于单相母线管的三相感应电流相位相差120°电度角，因此，在接地前，可用一块短金属板将三相母线管的接地线连在一起然后接地。此时，通过接地线的接地电流只是三相不平衡电流，其值较小。

③ 其外壳均应多点接地，以防止GIS设备外壳的感应电流通过设备支架、运行平台、楼梯、扶手和金属管道。在外壳与金属结构之间应绝缘，以防产生环流。

④ 为了防止感应电流通过控制电缆和电力电缆的外皮，只允许电缆外皮一点接地，以防止电缆外皮产生环流而影响电缆的传输容量。GIS室内的所有金属管道也只允许一点接地。

⑤ GIS设备与主变压器连接时，GIS设备的外壳与SF_6油套管之间应绝缘。

⑥ 三相联动的隔离开关、接地开关的连杆之间应绝缘，接地开关与快速接地开关的接地端子应与外壳绝缘。

4. GIS设备的外壳保护

GIS设备的外壳用铝合金或钢材制成。当母线管或元件内部发生故障时，电弧使SF_6气体的压力升高，则可造成外壳烧穿或爆炸，这个现象称为电弧的外部效应。当内部发生故障而不能及时切断故障点时，电弧能将外壳烧穿，烧穿的时间与外壳的材料、厚度和故障电流的大小有关，烧穿时间与故障电流成反比，而与外壳的厚度成正比。

当SF_6气体压力增高，超出正常压力时，要配置以开启压力和关闭压力表示其特征的压力释放阀。为了不使故障扩大，造成外壳烧穿或爆炸，要配置防爆装置以保护GIS设备的外壳。防爆装置包括：①防爆膜，当SF_6气体压力过高时，防爆膜被冲破，使气室里压力下降；②快速接地开关，使开关直接接地，通过保护装置切断电源。

保护方式的选择与气室大小有关。切断同一短路电流时，气室越小，压力的升高幅度越大；气室越大，压力升高的幅度越小。因此，小气室对防爆膜敏感，可靠性高。在大气室，即使故障电流很大也难以达到防爆膜的破坏值，而快速接地开关是由故障电流作为启动电流的，只要故障电流达到动作值，快速接地开关必然动作，因此，大气室用快速接地开关时的可靠性要高。

3.10 自用电及接线

3.10.1 概述

1. 自用电的作用

所谓自用电是指发电厂或变电所在生产过程中自身所使用的电能。尤其是发电厂，为了保证电厂的正常生产，需要许多由电动机拖动的机械为发电厂的主要设备和辅助设备服务，这些机械被称为厂用机械。此外，还要为运行、检修和试验提供用电负荷。发电厂的自用电也称为厂用电。

自用电也是发电厂或变电所的最重要的负荷，其供电电源、接线和设备必须可靠，以保证发电厂或变电所的安全可靠、经济合理地运行。

2. 厂用电率

发电厂在一定时间内，厂用电所消耗的电量占发电厂总发电量的百分数称为厂用电率。

发电厂的厂用电率与电厂类型、容量、自动化水平、运行水平等多种因素有关。一般凝汽式火电厂的厂用电率为5%～8%，热电厂为8%～10%，水电厂为0.3%～2.0%。降低厂用电率，减少厂用电的耗电量，不仅能降低发电成本，提高发电厂的经济效益，而且还可以增加对系统的供电量。

3. 厂用负荷分类

厂用电负荷按其在电厂生产过程中的重要性可分为以下几类。

1) Ⅰ类负荷

凡短时停电(包括手动操作恢复供电所需的时间)会造成设备损坏、危及人身安全、主机停运或出力明显下降的厂用负荷，如火电厂的给水泵、凝结水泵、循环水泵、引风机、给粉机等以及水电厂的调速器、润滑油泵等负荷，都属于Ⅰ类负荷。对于Ⅰ类负荷，通常设置双套机械，互为备用，并分别接到有两个独立电源的母线上，当一个电源失去后，另一个电源应立即自动投入。除此之外，还应保证Ⅰ类负荷的电动机能够可靠自启动。

2) Ⅱ类负荷

允许短时停电(不超过数分钟)，经运行人员及时操作后恢复供电，不致造成生产混乱的厂用负荷，如疏水泵、灰浆泵、输煤设备等均属于Ⅱ类负荷。对Ⅱ类负荷，一般应由两段母线供电，并可采用手动切换。

3) Ⅲ类负荷

Ⅲ类负荷是指较长时间停电而不直接影响电能生产的厂用负荷，如修配车间、油处理设备等负荷，一般由一个电源供电。

4）事故保安负荷

事故保安负荷指在发电机停机过程及停机后的一段时间内仍应保证供电的负荷，否则将引起主要设备损坏、自动控制失灵或者推迟恢复供电，甚至危及人身安全。按事故保安负荷对供电电源的不同要求，可将其分为两类：①直流保安负荷，包括直流润滑油泵、事故照明等，直流保安负荷由蓄电池组供电；②交流保安负荷，包括顶轴油泵、交流润滑油泵、盘车电机等。

5）不间断供电负荷

在机组运行期间以及正常或事故停机过程中，甚至在停机后的一段时间内，需要连续供电并具有恒频恒压特性的负荷称为不间断供电负荷，如实时控制的计算机、热工保护、自动控制和调节装置等。不间断供电负荷一般采用由蓄电池供电的电动发电机组或配备数控的静态逆变装置。

4. 厂用电供电电压等级及供电电源

1）厂用电供电电压等级

厂用负荷的供电电压主要取决于发电机的额定容量、额定电压、厂用电动机的电压、容量和数量等因素。

发电厂和变电所中一般供电网络的电压：低压供电网络为 0.4kV(380V/220V)；高压供电网络有 3、6、10kV 等。电压等级不宜过多，否则会造成厂用电接线复杂、运行维护不方便、降低供电可靠性。因此，为了正确选择高压供电网络电压，需进行技术经济论证。

2）厂用电供电电源

(1) 工作电源。工作电源是指保证发电厂或变电所正常运行的电源。工作电源不仅应供电可靠，而且要满足厂用负荷容量的要求。

厂用低压工作电源一般采用 0.4kV 电压等级，由厂用低压变压器获得。

(2) 备用电源。为了提高可靠性，每一段厂用母线至少要由两个电源供电，其中一个为工作电源，另一个为备用电源。当工作电源故障或检修时，仍能不间断地由备用电源供电。厂用备用电源有明备用和暗备用两种方式。

明备用就是专门设置一台变压器(或线路)，它经常处于备用状态(停运)，如图 3.33(a) 中的变压器 T3。正常运行时，断路器 QF1～QF3 均为断开状态。当任一台厂用工作变压器退出运行时，均可由变压器 T3 替代工作。

暗备用就是不设专用的备用变压器。而将每台工作变压器的容量加大，正常运行时，每台变压器都在半载下运行，互为备用状态，如图 3.33(b)所示。中小型水电厂和降压变电所多采用暗备用方式。

厂用备用电源应尽量保证其独立性，即失去工作电源时，不应影响备用电源的供电。此外，还应装设备用电源自动投入装置。

(3) 事故保安电源。事故保安电源是为保证事故保安负荷的用电而设置的，并应能自动投入。事故保安电源必须是一种独立而又十分可靠的电源。它分直流事故保安电源

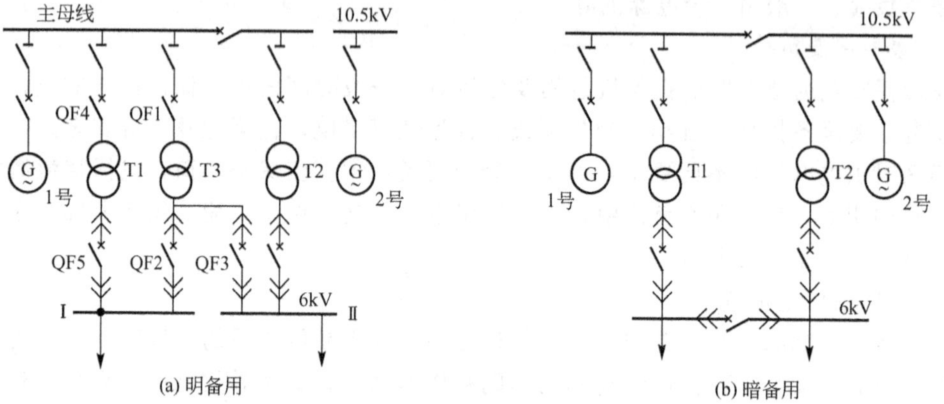

图 3.33　厂用备用电源的两种接线方式

和交流事故保安电源。前者由蓄电池组供电；后者宜采用快速启动的柴油发电机组或由外部引来的可靠交流电源。此外还应设置交流不停电电源。交流不停电电源宜采用接在直流母线上的逆变机组或静态逆变装置。目前多用静态逆变装置。

3.10.2　厂用电接线

1. 厂用电接线的基本要求

(1) 供电可靠、运行灵活。确保厂用负荷的连续供电，并能在正常、事故、检修、启动等各种情况下满足供电要求。而且要尽可能地使切换操作方便，备用电源能在短时间内投入。

(2) 接线简单清晰、投资少、运行费用低。

(3) 尽量缩小厂用电系统的故障停电范围，柴油发电机组应尽量避免引起全厂停电事故。各机、炉的厂用电源由本机供电，这样当厂用系统发生故障时，只影响一台发电机组的运行。

(4) 接线的整体性。厂用电接线应与发电厂电气主接线紧密配合，体现其整体性。

(5) 电厂分期建设时厂用电接线的合理性。接线应便于分期扩建或连续施工，不致中断厂用电的供应。尤其是对备用电源的接入和公共负荷的安排要全面规划、便于过渡。

2. 厂用电接线的基本形式

发电厂厂用电系统接线通常都采用单母线分段接线形式，并多采用成套配电装置接收和分配电能。

在火电厂中，高压母线均采取按炉分段的接线原则，即将厂用电母线按照锅炉的台数分成若干独立段，凡属同一台锅炉及同组的汽轮机的厂用负荷均接于同一段母线上，这样既便于运行、检修，又能使事故影响范围局限在一机一炉，不致过多干扰正常运行的完好机炉。

低压厂用母线一般也按炉分段，每段经开关设备接于 6/0.4kV 厂用低压变压器的低压侧。

3.10.3 变电所的自用电接线

1. 变电所的自用电负荷

在中小型降压变电所中，自用电的负荷主要是照明、蓄电池的充电设备、硅整流设备、变压器的冷却风扇、采暖、通风、油处理设备、检修器具以及供水水泵等。其中，重要负荷有主变压器的冷却风扇或强迫油循环冷却装置的油泵、水泵、风扇以及整流操作电源等。

2. 变电所的自用电接线

由于变电所的自用电负荷耗电量不多，因此，变电所的自用电接线简单。中小型降压变电所采用一台所用变压器即可，从变电所中最低一级电压母线引接电源，其二次采用 380/220V 中性点直接接地的三相四相制供电，动力和照明合用一个电源。

枢纽变电所、总容量为 60MVA 及以上的变电所，装有水冷却或强迫油循环冷却的主变压器以及装有同步调相机的变电所均装设两台所用变压器，分别接在电压最低一级母线的不同分段上。

装有两台所用变压器的变电所应装设备用电源自动投入装置，以提高对所用电供电的可靠性。

变电所的所用电一般采用单母线接线形式。当有两台所用变压器时，采用单母线分段接线形式。

在一些中小型变电所，可用复式整流装置代替价格昂贵、维护复杂的蓄电池组，变电所的控制信号、保护装置、断路器操作电源等均由交流整流装置供电。由于取消了蓄电池组，所以所用交流电源就显得更为重要。对于采用整流操作或无人值班的变电所，除应装两台所用变压器外，还需将其接在不同电压等级或独立电源上，以保证在变电所内停电时不间断地对所用电供电。

阅读材料

直流输电与交流输电的比较

1. 高压直流输电的特点

1）直流输电在经济方面的优点

(1) 线路造价低。对于架空输电线，交流用 3 根导线；而直流一般用两根；采用大地或海水作回路时只要一根，能节省大量的线路建设费用。对于电缆，由于绝缘介质的直流强度远高于交流强度，如通常的油浸纸电缆，其直流的允许工作电压约为交流的 3 倍，直流电缆的投资少得多。

(2) 年电能损失小。直流架空输电线只用两根，导线电阻损耗比交流输电小；没有感抗和容抗的无功损耗；没有趋肤效应；导线的截面利用充分。另外，直流架空线路的空间电荷效应使其电晕损耗和无线电干扰都比交流线路小。

所以，直流架空输电线路在线路建设初投资和年运行费用上均较交流输电经济。

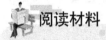

2）直流输电在技术方面的优点

(1) 不存在系统稳定问题，可实现电网的非同期互联，而交流电力系统中所有的同步发电机都保持同步运行。

在一定输电电压下，交流输电容许输送功率和距离受到网络结构和参数的限制，还须采取提高稳定性的措施，增加了费用。而用直流输电系统连接两个交流系统，由于直流线路没有电抗，不存在上述稳定问题。因此，直流输电的输送容量和距离不受同步运行稳定性的限制，还可连接两个不同频率的系统，实现非同期联网，提高系统的稳定性。

(2) 限制短路电流。如果用交流输电线连接两个交流系统，短路容量增大，甚至需要更换断路器或增设限流装置。然而若用直流输电线路连接两个交流系统，直流系统的“定电流控制”将快速把短路电流限制在额定功率附近，短路容量不因互联而增大。

(3) 调节快速，运行可靠。直流输电通过可控硅换流器能快速调整有功功率，实现“潮流翻转”(功率流动方向的改变)，在正常时能保证稳定输出，在事故情况下，可实现健全系统对故障系统的紧急支援，也能实现振荡阻尼和次同步振荡的抑制。在交直流线路并列运行时，如果交流线路发生短路，可短暂增大直流输送功率以减少发电机转子加速，提高系统的可靠性。

(4) 没有电容充电电流。直流线路稳态时无电容电流，沿线电压分布平稳，无空、轻载时交流长线受端及中部发生电压异常升高的现象，也不需要并联电抗补偿。

(5) 节省线路走廊。按同电压500kV考虑，一条直流输电线路的走廊约40m，一条交流线路走廊约50m，而前者输送容量约为后者的2倍，即直流传输效率约为交流的2倍。

3）直流输电的缺点

(1) 换流装置较昂贵。这是限制直流输电应用的最主要原因。在输送相同容量时，直流线路单位长度的造价比交流低；而直流输电两端换流设备造价比交流变电站贵很多，这就引起了所谓的“等价距离”问题。

(2) 消耗无功功率多。一般每端换流站消耗无功功率约为输送功率的40%～60%，需要补功补偿。

(3) 产生谐波影响。换流器在交流和直流侧都产生谐波电压和谐波电流，使电容器和发电机过热、换流器的控制不稳定，对通信系统产生干扰。

(4) 缺乏直流开关。直流无波形过零点，灭弧比较困难。目前把换流器的控制脉冲信号闭锁，能起到部分开关功能的作用，但在多端供电式，就不能单独切断事故线路，而要切断整个线路。

(5) 不能用变压器来改变电压等级。直流输电主要用于长距离大容量输电、交流系统之间异步互联和海底电缆送电等。与直流输电比较，现有的交流500kV输电(经济输送容量为1 000MW、输送距离为300～500km)已不能满足需要，只有提高电压等级，采用特高压输电方式，才能获得较高的经济效益。

2. 特高压交流输电的特点

1）优点

(1) 提高传输容量和传输距离。随着电网区域的扩大，电能的传输容量和传输距离也不断增大。所需电网电压等级越高，紧凑型输电的效果越好。

(2) 提高电能传输的经济性。输电电压越高，输送单位容量的价格越低。

(3) 节省线路走廊。一般来说，1 回 1 150kV 输电线路可代替 6 回 500kV 线路。采用特高压输电提高了走廊利用率。

2）缺点

特高压输电的主要缺点是系统的稳定性和可靠性问题不易解决。1965—2004 年，世界上共发生了多次交流大电网瓦解事故，其中 5 次发生在美国，3 次发生在欧洲，尤其是 2003 年 8 月 14 日的美加大停电更是损失惨重，涉及美国东部俄亥俄州、纽约州、密歇根州等 6 个州和加拿大东部安大略、魁北克这两个省，共计损失负荷 61.80GW，5 000 万居民瞬间失去了电力供应。这些严重的大电网瓦解事故说明采用交流互联的大电网存在着安全稳定、事故连锁反应及大面积停电等难以解决的问题。特别是在特高压线路出现初期，不能形成主网架，路负载能力较低，电源的集中送出带来了较大的稳定性问题。下级电网不能解环运行，导致不能有效降低受端电网短路电流，这些都威胁着电网的安全运行。另外，特高压交流输电对环境影响较大。

交流特高压和高压直流都能用于长距离大容量输电线路和大区电网间的互联线路，两者各有优缺点。输电线路的建设主要考虑的是经济性，而互联线路则要将系统的稳定性放在第一位。随着技术的发展，双方的优缺点还可能互相转化，两种输电技术将在很长一段时间里并存且有激烈的竞争。

3. 两种技术在我国的发展前景

2020 年前，直流输电将应用于以长距离大容量输电为目的的大区电网互联。

根据我国电网的远景规划，在北方火电基地建成之前，我国将形成北部、中部、南方三大联合电力系统。三峡水电站于 2009 年建成，装机容量 2 250 万 kW(原设计 1 820 万kW)，向华东输送容量约 8GW，输送距离 1 100km。采用 500kV 交流加 500kV 直流的交、直流混合方案。这一方案使电站的出线回路偏多，电压等级偏低。

从国外电力系统发展的历史来看，一座或数座大型电站接入系统会促使系统出现更高一级电压等级。俄罗斯为核电站送电建设了 750kV 电网，加拿大为邱吉瀑布水电站群建设了 735kV 电网，我国三峡水电站的建成以及今后发展特大型水、火基地，都有可能需要建立特高压输电网。但是，在现阶段，特高压输电技术储备不足，没有成套成熟的技术；而直流输电在可控性、隔离故障及运行管理等方面占有许多优势，特别是采用直流联网时两网之间的波动互不干扰，稳定性很高。因此，在未来 20 年，直流输电将作为长距离大容量输电的主要方式和 500kV 交流网架的强化措施，以便在无更高一级交流电压输电线路时形成大区电网互联。

(资料来源：高电压技术，詹奕等)

习　题

3.1　填空题

1. 对主接线的基本要求是：__________、__________和__________。
2. 母线起__________和__________电能的作用。
3. 单母线分段的作用是__________。
4. 桥式接线分为__________和__________两种。
5. 主接线中变压器按用途分为__________、__________和__________。
6. 厂用电一般采用__________接线，母线一般按__________分段。
7. 三绕组变压器在结构上有两种基本形式，分别是__________和__________。
8. 分裂电抗器具有正常时电抗__________，短路时电抗__________的特点。
9. 火力发电厂中，厂用电一般采用__________和__________两种电压等级供电。
10. 变压器绕组连接方式有__________和__________两种。

3.2　选择题

1. 内桥接线一般适用于(　　)的场合。

A. 有穿越功率通过　　B. 线路较短，变压器需经常切换

C. 线路较长，变压器不经常切换　　D. 不致使电网运行开环

2. 对于330kV及以上系统，其配电装置宜采用(　　)接线。

A. 单母线分段　　B. 双母线分段

C. 双母带旁母　　D. 一台半断路器(3/2)

3. 在单母线分段接线中，当分段断路器闭合运行时，对分段断路器的要求是(　　)。

A. 能实现自动重合闸　　B. 应具有过电压保护功能

C. 能在任一段母线故障时自动跳闸　　D. 应具有低电压保护功能

4. 厂用电率是发电厂的主要运行经济指标，它与发电厂的类型等因素有关。热电厂的厂用电率为(　　)。

A. 5%～8%　　B. 8%～10%　　C. 0.3%～2%　　D. 10%～15%

5. 我国电力变压器三相绕组110kV及以上电压侧采用的连接方式均为(　　)。

A. YN　　B. Y　　C. D　　D. Y或D

6. 线路电抗器的百分电抗值一般为(　　)

A. 5%～8%　　B. 8%～12%　　C. 3%～6%　　D. 10%～15%

7. 4/3台断路器接线中，4/3是指(　　)

A. 4条回路共用3台断路器　　B. 3条回路共用4台断路器

C. 3条回路共用3台断路器　　D. 4条回路共用4台断路器

8. 分裂电抗器的耦合系数 f 值取决于电抗器的结构，一般为(　　)。

A. 1　　B. 0.1～0.3　　C. 0.4～0.6　　D. 0

9. 单元接线中主变压器容量 S_N 按发电机额定容量扣除本机组的厂用负荷后，一般留有(　　)的裕度。

A. 5%　　B. 10%　　C. 15%　　D. 20%

10. 变电站中主变压器容量 S_N 按其中一台停用时其余变压器能满足变电站最大负荷的(　　)选择。

A. 85%~95%　　B. 100%　　C. 60%~70%　　D. 20%~50%

3.3 判断题

1. 所有Ⅰ、Ⅱ类负荷绝对不允许停电。(　　)
2. 在发电机-三绕组变压器单元接线中，在发电机出口处可不装设断路器。(　　)
3. 角形接线中，其角数等于断路器台数。(　　)
4. 角形接线在开、闭环两种状态下的电流差别不大。(　　)
5. 外桥接线省去了变压器侧的断路器。(　　)
6. 在单元接线中，发电机出口短路电流比较大。(　　)
7. 在选择主变压器容量时，可只考虑当前负荷的需要。(　　)
8. 变压器的绕组连接方式必须使其线电压与系统线电压相位一致。(　　)
9. 联络变压器一般只装设一台。(　　)
10. 线路电抗器装设于架空馈线上。(　　)

3.4 问答、分析题

1. 何谓电气主接线？电气主接线的基本形式有哪些？
2. 断路器和隔离开关的操作顺序是如何规定的？为什么要这样规定？
3. 旁路母线起什么作用？以单母线带旁路接线为例，说明检修出线断路器时如何操作。
4. 何为一台半断路器接线？它有哪些优缺点？一台半断路器接线中的交叉布置有何意义？
5. 选择主变压器时应考虑哪些因素？其容量、台数、型式等应根据哪些原则来选择？
6. 电气主接线中为什么要限制短路电流？通常采用哪些方法？
7. 某220kV系统的重要变电站，装置2台120 MVA的主变压器；220kV侧有4回进线，110kV侧有10回出线且均为Ⅰ、Ⅱ类负荷，不允许停电检修出线断路器，应采用何种接线方式为好？画出接线图并简要说明。
8. 画出具有2回电源进线、4回出线并设置专用旁路断路器的双母线带旁路母线的电气主接线，并说明用旁路断路器代替出线断路器的倒闸操作步骤(电源进线不接入旁路)。
9. 自用电的作用和意义是什么？
10. 厂用电负荷分哪几大类？为什么要进行分类？
11. 什么是备用电源？明备用和暗备用的区别是什么？
12. 对自用电接线有哪些基本要求？

第4章 电气设备选择

本章知识构架

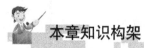

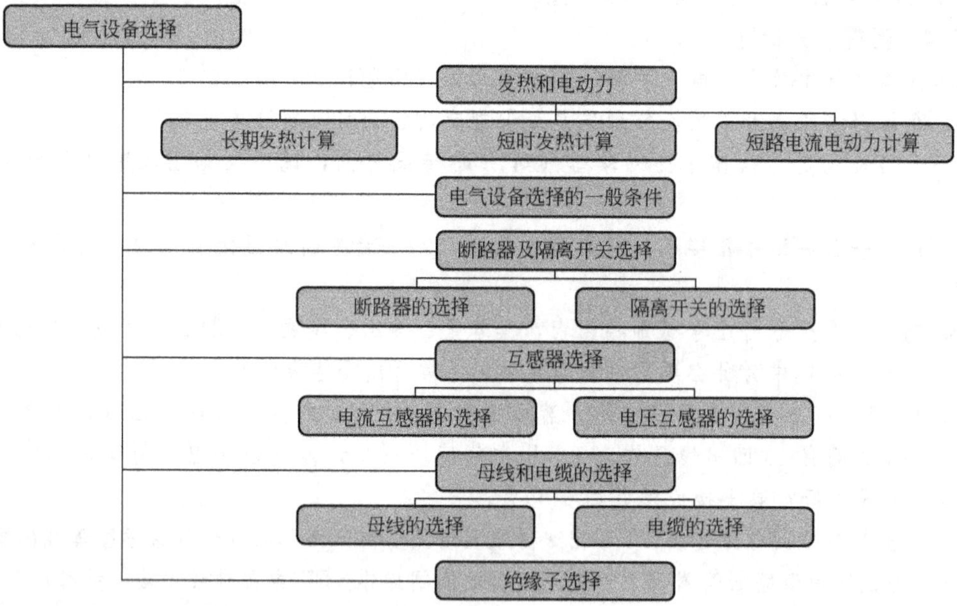

本章教学目标与要求

- **掌握电气设备选择的一般条件和原则；**
- **掌握断路器及隔离开关的选择方法；**
- **掌握互感器的选择方法及配置原则；**
- 熟悉导体的发热及电动力计算；
- 熟悉母线及电缆的选择方法；
- 熟悉绝缘子的选择方法。

本章导图 750kV SF_6 断路器、隔离开关及其套管图

4.1 载流导体的发热和电动力

4.1.1 概述

1. 发热和电动力对电气设备的影响

电气设备在运行中有两种工作状态：①正常工作状态，即运行参数都不超过额定值，电气设备能够长期而稳定地工作的状态；②短路时工作状态，当电力系统中发生短路故障时，电气设备要流过很大的短路电流，在短路故障被切除前的短时间内，电气设备要承受短路电流产生的发热和电动力的作用。

电流通过导体和电气设备时，将引起发热。发热主要是由于功率损耗产生的，这些损耗包括以下 3 种：①铜损，即电流在导体电阻中的损耗；②铁损，即在导体周围的金属构件中产生的磁滞和涡流损耗；③介损，即绝缘材料在电场作用下产生的损耗。这些损耗都转换为热能，使电气设备的温度升高。这里主要讨论铜损发热问题。

电气设备由正常工作电流引起的发热称为长期发热，由短路电流引起的发热称为短时发热。发热不仅消耗能量，而且导致电气设备的温度升高，从而产生不良的影响。

(1) 机械强度下降。金属材料的温度升高时，会使材料退火软化，机械强度下降。例如，铝导体长期发热超过 100℃或短时发热超过 150℃时，材料的抗拉强度明显下降。

(2) 接触电阻增加。发热导致接触电阻增加的原因主要有两方面：一是发热影响接触导体及其弹性元件的机械性能，使接触压力下降，导致接触电阻增加，并引起发热进一步加剧；二是温度的升高加剧了接触面的氧化，其氧化层又使接触电阻和发热增大。当接触面的温度过高时，可能导致引起温度升高的恶性循环，即温度升高→接触电阻增加→温度升高，最后使接触连接部分迅速遭到破坏，引发事故。

(3) 绝缘性能下降。在电场强度和温度的作用下，绝缘材料将逐渐老化。当温度超过材料的允许温度时，将加速其绝缘的老化，缩短电气设备的正常使用年限。严重时，可能会造成绝缘烧损。因此，绝缘部件往往是电气设备中耐热能力最差的部件，成为限制电气设备允许工作温度的重要条件。

为了保证电气设备可靠地工作，无论是在长期发热还是在短时发热情况下，其发热温度都不能超过各自规定的最高温度，即长期最高允许温度和短时最高允许温度。

按照有关规定：铝导体的长期最高允许温度，一般不超过+70℃。在计及太阳辐射(日照)的影响时，钢芯铝绞线及管型导体，可按不超过+80℃来考虑。当导体接触面处有镀(搪)锡的可靠覆盖层时，可提高到+85℃。

当电气设备通过短路电流时，短路电流所产生的巨大电动力对电气设备具有很大的危害性：①载流部分可能因为电动力而振动，或者因电动力所产生的应力大于其材料允许应力而变形，甚至使绝缘部件(如绝缘子)或载流部件损坏；②电气设备的电磁绕组受到巨大的电动力作用，可能使绕组变形或损坏；③巨大的电动力可能使开关电器的触头瞬间解除接触压力，甚至发生斥开现象，导致设备故障。因此，电气设备必须具备足够的动稳定性，以承受短路电流所产生的电动力的作用。

2. 导体的发热与散热

导体在通过电流时要发热，同时导体也向周围介质中散热。导体的发热主要来自导体电阻损耗的热量和太阳日照的热量。导体的散热过程实质是热量的传递过程，包括导热、对流及辐射3种形式，主要为后两种散热形式。

4.1.2 导体的长期发热

研究分析导体长期通过工作电流时的发热过程，目的是计算导体的长期允许电流，以及提高导体载流量应采取的措施。

1. 导体的温升过程

导体在未通过电流时，其温度和周围介质温度相同。当通过电流时，由于发热，使温度升高，并因此与周围介质产生温差，热量将逐渐散失到周围介质中去。在正常工作情况下，导体通过的电流是持续稳定的，因此，经过一段时间后，电流所产生的全部热量将随时完全散失到周围介质中去，即达到发热与散热的平衡，使导体的温度维持为某一稳定值。当工作状况改变时，热平衡被破坏，导体的温度发生变化，再过一段时间，又建立新的热平衡，导体在新的稳定温度下工作。所以，导体温升的过程也是一个能量守恒的过程。

导体散失到周围介质的热量，为对流换热量 Q_1 与辐射换热量 Q_f 之和，这是一种复合换热。为了计算方便，用一个总换热系数 α 来包括对流换热与辐射换热的作用，即

$$Q_1+Q_f=\alpha(\theta_W-\theta_0)F \quad (W/m) \tag{4-1}$$

式中：α——导体总的换热系数，$W/(m^2\cdot ℃)$；

F——导体的等效换热面积，m^2/m。

在导体升温的过程中，导体产生的热量 Q_R，一部分用于温度的升高所需的热量 Q_W，另一部分散失到周围的介质中 Q_1+Q_f。因此，对于均匀导体(同一截面同一种材料)，其

持续发热的热平衡方程为

$$Q_R = Q_W + Q_1 + Q_f \quad (\text{W/m}) \tag{4-2}$$

在微分时间 dt 内，由式(4-2)可得

$$I^2 R dt = mc d\theta + \alpha F(\theta_W - \theta_0) dt \quad (\text{J/m}) \tag{4-3}$$

式中：I——流过导体的电流，A；

R——导体的交流电阻，Ω；

m——导体的质量，kg；

c——导体的比热容，$J/(m^2 \cdot ℃)$；

θ_W——导体的温度，℃；

θ_0——周围空气的温度，℃。

在正常工作时，导体的温度变化范围不大，可以认为电阻 R、比热容 c、换热系数 α 等为常数，故式(4-3)是一个常系数微分方程，经整理后，即得

$$dt = -\frac{mc}{\alpha F} \times \frac{1}{I^2 R - \alpha F(\theta_W - \theta_0)} d[I^2 R - \alpha F(\theta_W - \theta_0)]$$

对上式进行积分，当时间由 $0 \to t$ 时，温度从 0 时刻时的开始温度 θ_k 上升至相应温度 θ_t，则

$$\int_0^t dt = -\frac{mc}{\alpha F}\int_{\theta_k}^{\theta_t} \frac{1}{I^2 R - \alpha F(\theta_W - \theta_0)} d[I^2 R - \alpha F(\theta_W - \theta_0)]$$

解得

$$\theta_t - \theta_0 = \frac{I^2 R}{\alpha F}(1 - e^{-\frac{\alpha F}{mc}t}) + (\theta_W - \theta_0)e^{-\frac{\alpha F}{mc}t} \tag{4-4}$$

设开始温升 $\tau_k = \theta_k - \theta_0$，对应时间 t 的温升为 $\tau = \theta_t - \theta_0$，代入式(4-4)，得

$$\tau = \frac{I^2 R}{\alpha F}(1 - e^{-\frac{\alpha F}{mc}t}) + \tau_k e^{-\frac{\alpha F}{mc}t} \tag{4-5}$$

当 $t \to \infty$ 时，导体的温升趋于一稳定值 τ_W，称为稳定温升，即

$$\tau_W = \frac{I^2 R}{\alpha F} \tag{4-6}$$

由此可见，在工作电流作用下，当导体电阻损耗的电功率($I^2 R$)与散失介质中的热功率(αF)相等时，导体的温度就不再增加，即达到稳定温升 τ_W，而稳定温升的大小与开始温升无关。

当导体一定时，式中的$\frac{mc}{\alpha F}$是一个常数，称作发热时间常数，记作

$$T = \frac{mc}{\alpha F} \tag{4-7}$$

发热时间常数的物理意义是导体的热容量与散热能力的比值，其大小仅与导体的材料和几何尺寸有关。

将式(4-7)代入式(4-5)，得

$$\tau = \frac{I^2 R}{\alpha F}(1 - e^{-\frac{t}{T}}) + \tau_k e^{-\frac{t}{T}} \tag{4-8}$$

式(4-8)为均匀导体持续发热时温升与时间的关系式，其曲线如图 4.1 所示。

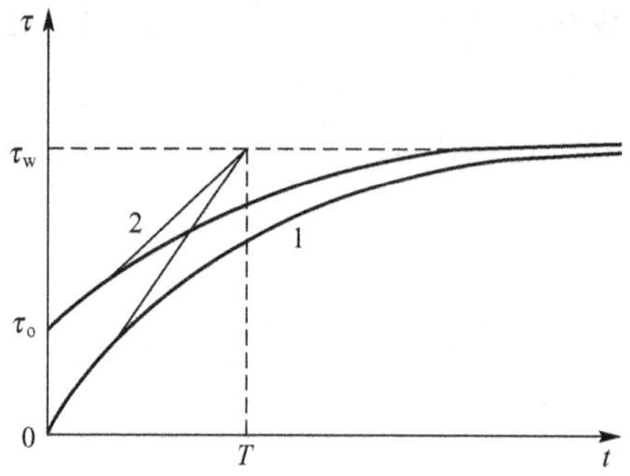

图 4.1　均匀导体持续发热时温升与时间关系曲线

1—起始温升为 0℃；2—起始温升为 τ_0

由式(4-8)和图 4.1 可得出以下结论。

(1) 温升过程是按指数曲线变化，开始阶段上升很快，随着时间的延长，其上升速度逐渐减小。这是因为起始阶段导体温度较低，散热量也少，发热量主要用来使导体温度升高，所以温度上升速度较快。在导体的温度升高后，也就使导体对周围介质的温差加大，散热量就逐渐增加，因此，导体温度升高的速度也就减慢，最后达到稳定值。

(2) 对于某一导体，当通过的电流不同时，发热量不同，稳定温升也就不同。电流大时，稳定温升高；电流小时，稳定温升低。

(3) 大约经过(3～4)T 的时间，导体的温升即可认为已趋近稳定温升 τ_W。

2. 导体的载流量

据上所述，导体长期通过电流 I 时，稳定温升为 $\tau_W=\dfrac{I^2R}{\alpha F}$。由此可知：导体的稳定温升，与电流的平方和导体材料的电阻成正比，而与总换热系数及换热面积成反比。根据式(4-6)，可计算出导体的载流量。

由于

$$I^2R=\tau_W\alpha F=Q_1+Q_f$$

故导体的载流量为

$$I=\sqrt{\frac{\alpha F(\theta_W-\theta_0)}{R}}=\sqrt{\frac{Q_1+Q_f}{R}}\quad(\text{A})\qquad(4-9)$$

此式也可计算导体的正常发热温度 θ_W，即

$$\theta_W=\theta_0+\frac{I^2R}{\alpha F}\quad(℃)\qquad(4-10)$$

当已知稳定温升时，还可以利用关系式 $S=\rho\dfrac{l}{R}$来计算载流导体的截面积。

根据以上讨论，当导体通过工作电流 I_g 时，导体稳定于工作温度 $\theta_W=\theta_g$，即

$$I_g^2R=\alpha F(\theta_g-\theta_0)\qquad(4-11)$$

在规定的散热条件下，当导体通过的电流为额定电流 I_N，周围介质温度为额定值 θ_{0N} 时，导体的温度稳定在长期发热允许温度 θ_N，即

$$I_N^2R=\alpha F(\theta_N-\theta_{0N})\qquad(4-12)$$

实际上，对确定的导体，其额定值是已知的。当已知周围介质温度 θ_0 和工作电流时，导体的工作温度 θ_g 为

$$\theta_g=\theta_0+(\theta_N-\theta_{0N})\frac{I_g^2}{I_N^2}\quad(℃)\qquad(4-13)$$

当周围介质温度 θ_0 不等于额定值 θ_{0N}时，则导体允许的长期工作电流 I_{xu} 也就不等于

额定电流 I_N，应为

$$I_{xu}=I_N\sqrt{\frac{\theta_N-\theta_0}{\theta_N-\theta_{0N}}}=K_\theta I_N \quad (A) \tag{4-14}$$

式中：$K_\theta=\sqrt{\frac{\theta_N-\theta_0}{\theta_N-\theta_{0N}}}$，称为导体载流量的修正系数。

3. 提高导体载流量的措施

在工程实践中，为了保证配电装置的安全和提高经济效益，应采取措施提高导体的载流量。常用的措施如下。

(1) 减小导体的电阻。因为导体的载流量与导体的电阻成反比，故减小导体的电阻可以有效地提高导体载流量。减小导体电阻的方法：①采用电阻率 ρ 较小的材料作导体，如铜、铝、铝合金等；②减小导体的接触电阻(R_j)；③增大导体的截面积(S)，但随着截面积的增加，往往集肤系数(K_f)也跟着增加，所以单条导体的截面积不宜做得过大，如矩形截面铝导体，单条导体的最大截面积不宜超过 $1250mm^2$。

(2) 增大有效散热面积。导体的载流量与有效散热表面积(F)成正比，所以导体宜采用周边最大的截面形式，如矩形截面、槽形截面等，并应采用有利于增大散热面积的方式布置，如矩形导体竖放。

(3) 提高换热系数。提高换热系数的方法主要有：①加强冷却，如改善通风条件或采取强制通风，采用专用的冷却介质，如 SF_6 气体、冷却水等；②室内裸导体表面涂漆，利用漆辐射系数大的特点，提高换热系数，以加强散热，提高导体载流量。表面涂漆还便于识别相序，一般交流 A、B、C 三相母线分别涂成黄、绿、红 3 种颜色。

4.1.3 导体的短时发热

短时发热时，导体的发热量比正常发热量要多得多，导体的温度升得很高。计算短时发热量的目的，就是确定导体可能出现的最高温度，以判定导体是否满足热稳定。

1. 短时发热过程

由于短路时的发热过程很短，发出的热量向外界散热很少，几乎全部用来升高导体自身的温度，即可认为是一个绝热过程。同时，由于导体温度的变化范围很大，电阻和比热容也随温度而变，故不能作为常数对待。

图 4.2 所示为导体在短路前后温度的变化曲线。在时间 t_1 以前，导体处于正常工作状态，其温度稳定在工作温度 θ_g。在时间 t_1 时发生短路，导体温度急剧升高，θ_Z 是短路后导体的最高温度。时间 t_2 时短路被切除，导体温度逐渐下降，最后接近于周围介质温度 θ_0。

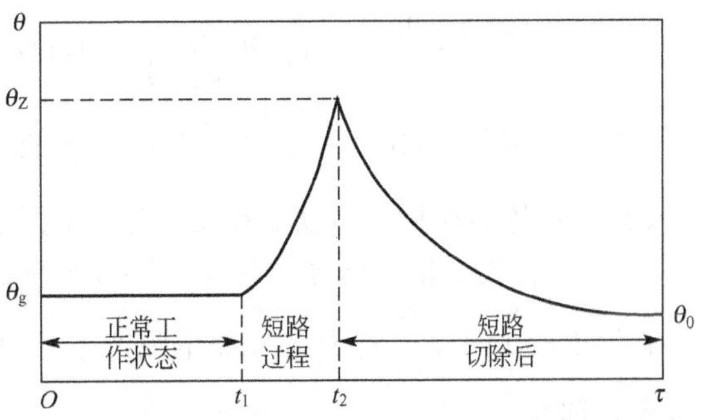

图 4.2 短路前后导体温度的变化

在绝热过程中，电阻 R_θ 和比热容 c_θ 随温度而变化的关系式是

$$R_\theta=\rho_0(1+\alpha\theta)\frac{l}{S}\quad(\Omega)\tag{4-15}$$

$$c_\theta=c_0(1+\beta\theta)\quad[\mathrm{J/(m^2\cdot℃)}]\tag{4-16}$$

式中：ρ_0——温度为 0℃时导体电阻，Ω；

c_0——温度为 0℃时导体比热容，$\mathrm{J/(m^2\cdot℃)}$；

α——导体电阻的温度系数，$℃^{-1}$；

β——导体比热容的温度系数，$℃^{-1}$；

l——导体的长度，m；

S——导体材料的截面积，m^2。

根据绝热过程的特点，导体的发热量等于导体吸收的热量，则短时发热的热平衡方程式为

$$Q_R=Q_W\quad(\mathrm{W/m})\tag{4-17}$$

在时间 dt 内，由式(6－17)可得

$$I_{kt}^2R_\theta dt=mc_\theta d\theta\quad(\mathrm{J/m})\tag{4-18}$$

式中：I_{kt}——短路全电流，A；

m——导体的质量，kg，$m=\rho_W Sl$，其中 ρ_W 为导体材料的密度($\mathrm{kg/m^3}$)。

将式(4－15)、式(4－16)及 $m=\rho_W Sl$ 等代入式(4－18)，即得导体短时发热的微方程式

$$I_{kt}^2\rho_0(1+\alpha\theta)\frac{l}{S}dt=\rho_W Slc_0(1+\beta\theta)d\theta\tag{4-19}$$

式(4－19)整理后得

$$\frac{1}{S^2}I_{kt}^2dt=\frac{c_0\rho_W}{\rho_0}\left(\frac{1+\beta\theta}{1+\alpha\theta}\right)d\theta\tag{4-20}$$

对式(4－20)进行积分，当时间从短路开始($t=0$)到短路切除时(t_d)，导体的温度由开始温度 θ_k 上升到最终温度 θ_Z，则

$$\frac{1}{S^2}\int_0^{t_d}I_{kt}^2dt=\frac{c_0\rho_W}{\rho_0}\int_{\theta_k}^{\theta_Z}\frac{1+\beta\theta}{1+\alpha\theta}d\theta=A_Z-A_k\tag{4-21}$$

式中：$A_Z=\frac{c_0\rho_W}{\rho_0}\left[\frac{\alpha-\beta}{\alpha^2}\ln(1+\theta_Z)+\frac{\beta}{\alpha}\theta_Z\right]\quad[\mathrm{J/(\Omega\cdot m^4)}]$

$A_k=\frac{c_0\rho_W}{\rho_0}\left[\frac{\alpha-\beta}{\alpha^2}\ln(1+\theta_k)+\frac{\beta}{\alpha}\theta_k\right]\quad[\mathrm{J/(\Omega\cdot m^4)}]$

A 只与导体的材料和温度 θ 有关。对于不同的导体材料(如铜、铝、钢)，都可以作出 $\theta=f(A)$ 曲线。铜、铝、钢导体的 $\theta=f(A)$ 曲线如图 4.3 所示。

在式(4－21)中，$\int_0^{t_d}I_{kt}^2dt$ 与短路电流产生的热量成正比，称为短路电流的热效应，用 Q_k 表示，即

$$Q_k=\int_0^{t_d}I_{kt}^2dt\tag{4-22}$$

将式(4－22)代入式(4－20)，得

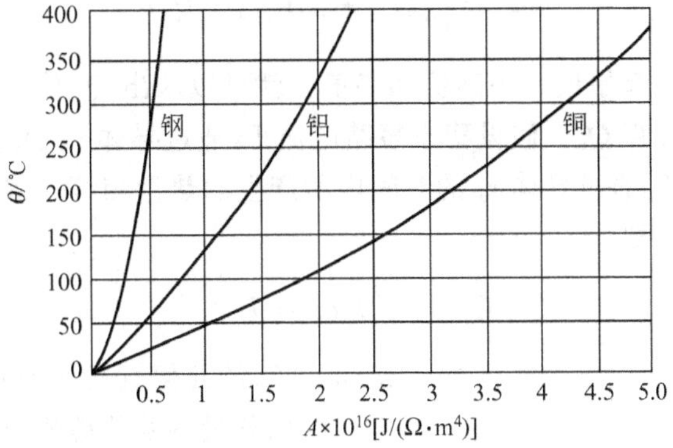

图 4.3 导体 $\theta=f(A)$ 曲线

$$A_Z=\frac{1}{S^2}Q_k+A_k \tag{4-23}$$

利用图 4.3 所示的 $\theta=f(A)$ 曲线计算导体短路时的最高温度的步骤如下：①首先根据运行温度 θ_k 从曲线中查处 A_k 值；②将 A_k 与 Q_k 的值代入式(4-23)中计算出 A_Z；③最后再根据 A_Z，从曲线中查出 θ_Z 之值。可见，$\theta=f(A)$ 曲线为计算 θ 或 A 提供了便利。

2. 热效应 Q_k 的计算

短路电流由周期分量和非周期分量两部分组成。根据电力系统短路故障分析的有关知识，在任一时刻有以下关系成立

$$I_{kt}^2=I_p^2+I_{np}^2 \tag{4-24}$$

式中：I_{kt}——短路电流有效值；

I_p——短路电流周期分量有效值；

I_{np}——短路电流非周期分量有效值。

故有

$$Q_k=\int_0^{t_d}I_{kt}^2\mathrm{d}t=\int_0^{t_d}I_p^2\mathrm{d}t+\int_0^{t_d}I_{np}^2\mathrm{d}t=Q_p+Q_{np} \tag{4-25}$$

式中：Q_p——周期分量热效应值；

Q_{np}——非周期分量热效应值。

1）周期分量热效应值 Q_p 的计算

短路电流的周期分量有效值是一个时间的变量，很难用准确的表达式进行计算，在工程实践中，通常采用两种近似方法求 Q_p。

(1) 辛卜生公式法计算 Q_p。用辛卜生公式近似求曲线 $I_p^2=f(t)$ 的定积分 $\int_0^{t_d}I_p^2\mathrm{d}t$，可将积分区间($0\rightarrow t_d$)等分为若干段，分段越多，结果越精确，但计算工作量也就越大，通常选取 4 段，则中间分点分别为$\frac{1}{4}t_d$、$\frac{2}{4}t_d$、$\frac{3}{4}t_d$，代入辛卜生公式，可得

$$Q_p=\frac{t_d}{12}(I''^2+4I_{t_d/4}^2+2I_{2t_d/4}^2+I_{3t_d/4}^2+I_{t_d}^2)$$

为了进一步简化，假设 $I_{t_d/4}^2+I_{3t_d/4}^2=2I_{2t_d/4}^2$，则上式简化为

$$Q_p = \frac{t_d}{12}(I''^2 + 10I^2_{2t_d/4} + I^2_{t_d}) \tag{4-26}$$

即只要算出短路电流的起始值、中间值和终值，就可以求出 Q_p 值。

（2）等值时间法计算 Q_p。假设稳态短路电流 I_∞ 通过导体 t_{dz} 的时间内所产生的热量与实际的周期分量电流 I_p 通过导体 t_d 的时间内所产生的热量相等，则称 t_{dz} 为短路电流周期分量发热的等值时间，即

$$Q_p = \int_0^{t_d} I_p^2 \mathrm{d}t = I_\infty^2 t_{dz} \tag{4-27}$$

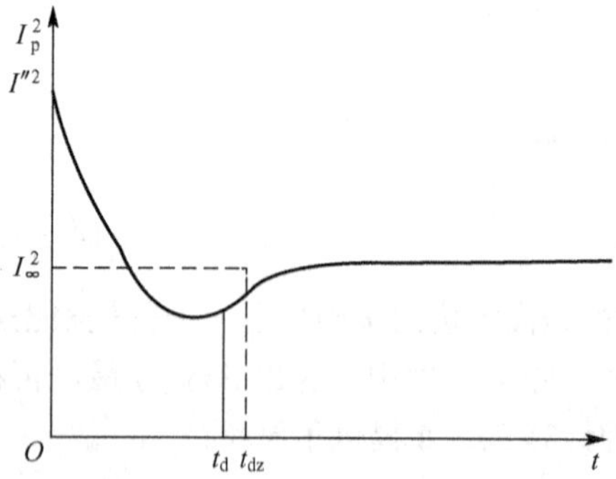

图 4.4 周期分量等值时间的概念

式(4－27)的几何意义如图 4.4 所示。

周期分量的发热等值时间 t_{dz} 与短路持续时间 t_d 有关，也与短路电流的衰减特性即短路起始值 I'' 与稳态值 I_∞ 之比 β'' 有关 $\left(\beta''=\frac{I''}{I_\infty}\right)$，而且还与发电机的电压调节性能有关。为了计算上的方便，绘出 $t_{dz}=f(t_d, \beta'')$ 曲线，如图 4.5 所示。图中只给出 $t_d \leqslant 5\text{s}$ 时的曲线图。若 $t_d > 5\text{s}$ 时，认为短路电流已进入稳态值 I_∞，只要把超出 5s 的时间直接加到等值时间上去，即

$$t_{dz} = t_{dz(5)} + (t_d - 5) \tag{4-28}$$

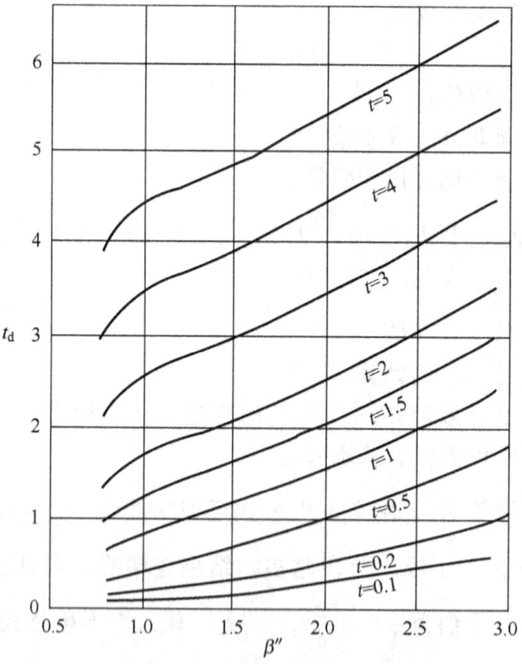

图 4.5 具有自动电压调整时周期分量等效时间曲线

2）非周期分量热效应值 Q_{np} 的计算

由式(4－25)有

$$Q_{np}=\int_0^{t_d} I_{np}^2 \mathrm{d}t$$

式中，$I_{np}=\sqrt{2}I''\mathrm{e}^{-\frac{t}{T_f}}$，代入上式得

$$Q_{np}=\int_0^{t_d}(\sqrt{2}I''\mathrm{e}^{-\frac{t}{T_f}})^2\mathrm{d}t=T_f I''^2(1-\mathrm{e}^{-\frac{2t_d}{T_f}})$$

式中，T_f 为非周期分量衰减时间常数，其值见表 4－1。

表 4－1　非周期分量衰减时间常数

短路点位置	T_f	
	$t_d \leqslant 0.1s$	$t_d > 0.1s$
发电机出口及母线	0.15	0.2
发电机升高电压母线及出线发电机电压电抗器后	0.08	0.1
变电所各级电压母线及出线		0.05

当短路时间大于 0.1s 时，上式中的后一项可以忽略，故

$$Q_{np}=T_f I''^2 \tag{4-29}$$

对非周期分量热效应值的计算也可以引入非周期分量等值时间的概念。

令
$$Q_{np}=I_\infty^2 t_{np}=T_f I''^2$$

式中的 t_{np} 称为非周期分量等值时间，故有

$$t_{np}=T_f\left(\frac{I''}{I_\infty}\right)^2=T_f\beta''^2 \tag{4-30}$$

所以，用等值时间法计算短路电流的总热效应值为

$$Q_k=Q_p+Q_{ke}=I_\infty^2 t_{ke}=I_\infty^2(t_p+t_{np}) \tag{4-31}$$

式中的 t_{ke} 为总热效应的等值时间。当短路电流持续时间大于 1s 时，非周期分量的热效应值所占比例很小，可以忽略不计。

4.1.4　短路电流的电动力

导体通过电流时，相互之间的作用力称为电动力。正常工作电流所产生的电动力不大，但短路冲击电流所产生的电动力数值很大，可能导致导体或电器发生变形或损坏。导体或电器必须能承受这一作用力，才能可靠地工作。为此，必须研究短路冲击电流产生的电动力大小和特征。

进行电动力计算的目的，是为了校验导体或电器实际所受的电动力是否超过其允许应力，即校验导体或电器的动稳定性。

1. 两平行导体间电动力的计算

当两个平行导体通过电流时，由于磁场相互作用而产生电动力，电动力的方向与所通过的电流的方向有关。当电流的方向相反时，导体间产生斥力；而当电流方向相同时，则产生吸力。

根据比奥—沙瓦定律，导体间的电动力为

$$F=2K_x i_1 i_2 \frac{l}{a}\times 10^{-7}\quad (\mathrm{N}) \tag{4-32}$$

式中：i_1、i_2——分别通过两平行导体的电流，A；

l——该段导体的长度，m；

a——两根导体轴线间的距离，m；

K_x——形状系数。

形状系数表示实际形状导体所受的电动力与细长导体(把电流看成是集中在轴线上)电动力之比。实际上，由于相间距离相对于导体的尺寸要大得多，所以相间母线的 K_x 值取 1，但当一相采用多条母线并联时，条间距离很小，条与条之间的电动力计算时要计及 K_x 的影响，其取值可查阅有关技术手册。

2. 三相短路时的电动力计算

发生三相短路时，每相导体所承受的电动力等于该相导体与其他两相之间电动力的矢量和。三相导体布置在同一平面时，由于各相导体所通过的电流相位不同，故边缘相与中间相所承受的电动力也不同。

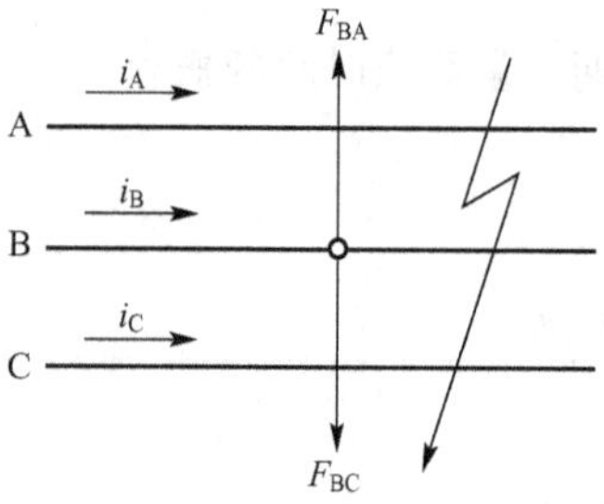

(a) 作用在中间相(B相)的电动力

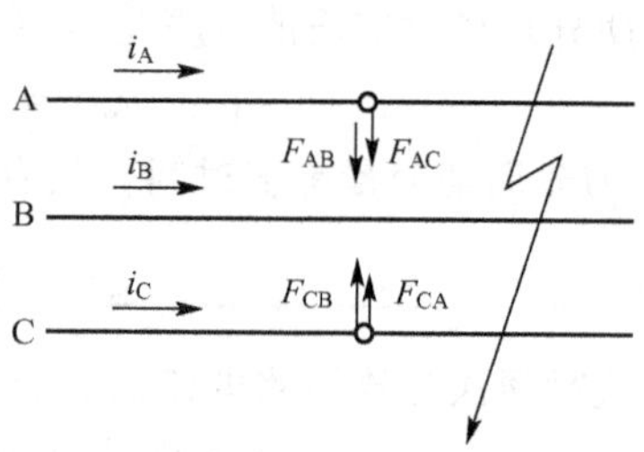

(b) 作用在外边相(A相或C相)的电动力

图 4.6　对称三相短路时的电动力示意图

图 4.6 为对称三相短路时的电动力示意图。作用在中间相(B 相)的电动力为

$$F_B=F_{BA}-F_{BC}=2\times 10^{-7}\frac{l}{a}(i_B i_A-i_B i_C) \tag{4-33}$$

作用在外边相(A 相或 C 相)的电动力为

$$F_A=F_{AB}+F_{AC}=2\times 10^{-7}\frac{l}{a}(i_A i_B+0.5 i_A i_C) \tag{4-34}$$

三相对称的短路电流表达式为

$$i_A=I_m[\sin(\omega t+\varphi_A)-e^{-\frac{t}{T}}\sin\varphi_A]$$

$$i_B=I_m\left[\sin\left(\omega t+\varphi_A-\frac{2}{3}\pi\right)-e^{-\frac{t}{T}}\sin\left(\varphi_A-\frac{2}{3}\pi\right)\right]$$

$$i_C=I_m\left[\sin\left(\omega t+\varphi_A+\frac{2}{3}\pi\right)-e^{-\frac{t}{T}}\sin\left(\varphi_A+\frac{2}{3}\right)\pi\right]$$

式中：I_m——短路电流周期分量的最大值，A；

φ_A——短路电流 A 相的和相角，rad；

T——短路电流非周期分量衰减时间常数，s。

将三相对称的短路电流代入式(4－33)和式(4－34)，并进行整理化简得，中间相(B 相)的电动力为

$$F_{Bmax}=1.73\times10^{-7}\frac{l}{a}[i_{sh}^{3}]^{2} \tag{4-35}$$

边相(A 或 C 相)的电动力为

$$F_{Amax}=F_{Cmax}=1.616\times10^{-7}\frac{l}{a}[i_{sh}^{3}]^{2} \tag{4-36}$$

式中：$[i_{sh}^{(3)}]$——三相冲击短路电流，kA；

l——导体的长度，m；

a——两根导体轴线间的距离，m。

又因为两相短路时的冲击电流为

$$[i_{sh}^{(2)}]=\frac{\sqrt{3}}{2}[i_{sh}^{(3)}]$$

所以发生两相短路时，最大电动力为

$$[F_{max}^{(2)}]=2\times10^{-7}\frac{l}{a}[i_{sh}^{(2)}]^{2}=1.5\times10^{-7}\frac{l}{a}[i_{sh}^{(3)}]^{2} \tag{4-37}$$

比较式(4－35)～式(4－37)可见，两相短路时的最大电动力小于同一地点三相短路时的最大电动力，且三相短路时中间相(B 相)的电动力最大。所以，要用三相短路时的最大电动力校验电气设备的动稳定。

3. *考虑母线共振影响时对电动力的修正*

如果把导体看成是多跨的连续梁，则母线的一阶固有振动频率为

$$f_1=\frac{N_f}{L^2}\sqrt{\frac{EI}{m}} \tag{4-38}$$

式中：N_f——频率系数；

L——跨距，m；

E——导体材料的弹性模量，Pa；

I——导体截面惯性矩，m^4；

m——导体单位长度的质量，kg/m。

N_f 根据导体连续跨数和支撑方式决定，其值如表 4－2 所示。

表 4－2 导体不同固定方式时的频率系数 N_f 值

跨数及支撑方式	N_f	跨数及支撑方式	N_f
单跨、两端简支	1.57	单跨、两端固定多等跨、简支	3.56
单跨、一端固定、一端简支两等跨、简支	2.45	单跨、一端固定、一端活动	0.56

当一阶固有振动频率 f_1 在 30～160Hz 范围内时，因其接近电动力的频率(或倍频)而产生共振，导致母线材料的应力增加，此时应以动态应力系数 β 进行修正，故考虑共振影

响后的电动力的公式为

$$F_{max}=1.73\times10^{-7}\frac{l}{a}i_{sh}^{2}\beta\quad(N)\tag{4-39}$$

在工程计算中，可查电力工程手册获得动态应力系数 β，如图 4.7 所示。由图 4.7 可知，固有频率在中间范围内变化时，$\beta>1$，动态应力较大；当固有频率较低时，$\beta<1$；固有频率较高时，$\beta\approx1$。对屋外配电装置中的铝管导体，取 $\beta=0.58$。

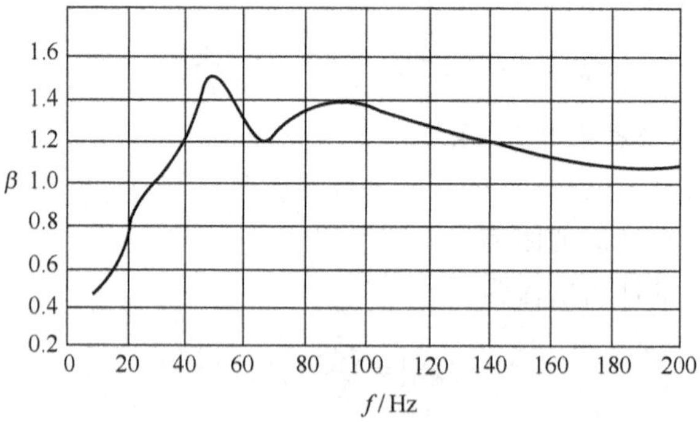

图 4.7 动态应力系数 β

为了避免导体发生危险的共振，对于重要的导体，应使其固有频率在下述范围以外：

单条导体及一组中的各条导体为 35～135Hz；

多条导体及有引下线的单条导体为 35～155Hz；

槽形和管形导体为 30～160Hz。

如果固有频率在上述范围以外，可取 $\beta=1$。若在上述范围内，则电动力用公式(4－39)计算。

4.2 电气设备选择的一般条件

电气设备的选择是发电厂和变电所电气部分设计的重要内容之一。如何正确地选择电气设备，将直接影响到电气主接线和配电装置的安全及经济运行。因此，在进行电气设备的选择时，必须执行国家的有关技术经济政策，在保证安全、可靠的前提下，力争做到技术先进、经济合理、运行方便和留有适当的发展余地，以满足电力系统安全、经济运行的需要。学习中应注意把学过的基本理论与工程实践结合起来，在熟悉各种电气设备性能的基础上，结合实例来掌握各种电气设备的选择方法。

电力系统中的各种电气设备由于用途和工作条件各异，它们的具体选择方法也就不尽相同，但从基本要求来说是相同的。电气设备要能可靠地工作，必须按正常工作条件进行选择，按短路条件校验其动、热稳定性。

4.2.1 按正常工作条件选择

导体和电器的正常工作条件是指额定电压、额定电流和自然环境条件 3 个方面。

1. 额定电压

不同额定电压的高压电气设备，其绝缘部分应能长期承受相应的最高工作电压。由于电网调压或负荷的变化，使电网的运行电压常高于电网的额定电压。因此，所选导体和电器的允许最高工作电压应不低于所连接电网的最高运行电压。

当导体和电器的额定电压为 U_N 时，导体和电器的最高工作电压一般为 1.1～1.15U_N；而实际电网的最高运行电压一般不超过 1.1U_N。因此，在选择设备时，一般按照导体和电器的额定电压 U_N 不低于安装地点电网额定电压 U_{Ns}的条件选择，即

$$U_N \geqslant U_{Ns} \tag{4-40}$$

2. 额定电流

设备的额定电流 I_N 是指在规定的环境温度下，设备能允许长期通过的电流 I_{al}不应小于该回路的最大持续工作电流 I_{max}

$$I_N(I_{al}) \geqslant I_{max} \tag{4-41}$$

由于发电机、调相机和变压器在电压降低 5%时出力保持不变，故其相应回路的最大持续工作电流 $I_{max}=1.05I_N$（I_N 为发电机的额定电流）；母联断路器和母线分段断路器回路的最大持续工作电流，一般取该母线上最大一台发电机或一组变压器的；母线分段电抗器回路的最大持续工作电流，按母线上事故切除最大一台发电机时，这台发电机额定电流的 50%～80%计算；馈电线回路的最大持续工作电流，除考虑线路正常负荷电流外，还应包括线路损耗和发生事故时转移过来的负荷。此外，还应考虑到装置地点、使用条件、检修和运行等要求，对导体和电器进行型号的选择。

3. 自然环境条件

选择导体和电器时，应按当地环境条件校核它们的基本使用条件。当气温、风速、湿度、污秽等级、海拔高度、地震烈度、覆冰厚度等环境条件超出一般电器的规定使用条件时，应向制造部门提出补充要求或采取相应的防护措施。例如，当电气设备布置在制造部门规定的海拔高度以上地区时，由于环境条件变化的影响，引起电气设备所允许的最高工作电压下降，需要进行校正。一般当海拔在 1 000～3 500m 范围内，若海拔高度比厂家规定值每升高 100m，则最高工作电压要下降 1%。在海拔高度超过 1 000m 的地区，应选用高原型产品或选用外绝缘提高一级的产品。对于现有 110kV 及以下大多数电器，因外绝缘具有一定裕度，故可使用在海拔 2 000m 以下的地区。

当周围环境温度 θ_0 与导体（或电器）规定环境极限温度 θ_{tim}不等时，其长期允许电流可按下式修正

$$I_N^1 = I_N \sqrt{\frac{\theta_N-\theta_0}{\theta_N-\theta_{tim}}} = KI_N \tag{4-42}$$

其中：
$$K=\sqrt{\frac{\theta_N-\theta}{\theta_N-\theta_0}}$$

式中：K_θ——修正系数；

θ_N——导体或电气设备正常发热允许最高温度，一般可取 $\theta_N=70$℃。

我国生产的电气设备的规定环境极限温度 $\theta_{tim}=40$℃，如环境温度高于+40℃（但小于或等于 60℃）时，其允许电流一般可按每增高 1℃，额定电流减少 1.8%进行修正；当环境温度低于+40℃时，环境温度每降低 1℃，额定电流可增加 0.5%，但增加幅度最多不得超过原额定电流的 20%。

我国生产的裸导体的额定环境温度为+25℃，当装置地点环境温度在－5～+50℃ 范围内变化时，导体允许通过的电流需要计算修正。

4.2.2 按短路条件校验

1. 短路电流的计算条件

为使所选导体和电器具有足够的可靠性、经济性和合理性，并在一定的时期内适应电力系统的发展需要，对导体和电器进行校验用的短路电流应满足下列条件。

(1) 计算时应按本工程设计的规划容量计算，并考虑电力系统的远景发展规划(一般考虑本工程建成后 5～10 年)。所用的接线方式，应按可能发生最大短路电流的正常接线方式，而不应仅按在切换过程中可能并列运行的接线方式。

(2) 短路的种类可按三相短路考虑。若发电机出口的短路，或中性点直接接地系统、自耦变压器等回路中的单相、两相接地短路较三相短路严重时，则应按严重情况验算。

(3) 短路计算点应选择在正常接线方式下，通过导体或电器的短路电流为最大的地点。但对于带电抗器的 6～10kV 出线及厂用分支线回路，在选择母线至母线隔离开关之间的引线、套管时，计算短路点应该取在电抗器前。选择其余的导体和电器时，计算短路点一般取在电抗器后。

现将短路计算点的选择方法以图 4.8 为例进行说明。

(1) 发电机、变压器回路的断路器应把断路器前或后短路时通过断路器的电流值进行比较，取其较大者为短路计算点。例如，要选择发电机断路器 QF1 的短路计算点，当 k1 点短路时，流过 QF1 的电流为 I_{F1}，当 k2 点短路时，流过 QF1 的电流为 $I_{F2}+I_B$。若两台发电机的容量相等，则如 $I_{F2}+I_B>I_{F1}$，故应选 k2 点作为 QF1 的短路计算点。

(2) 母联断路器 QFC 应考虑其闭合并向备用母线充电时，备用母线故障，即 k4 点短路。此时，全部短路电流 $I_{F2}+I_B+I_{F1}$ 流过母联断路器 QFC 及汇流母线。

(3) 带电抗器的出线回路在母线和母线隔离开关隔板前的母线引线及套管，应按电抗器前如 k7 点短路选择。而对隔板后的导体和电器一般可按电抗器后 k8 为短路计算点，以便出线选用轻型断路器，节约投资。

(4) 短路计算时间。校验短路热稳定和开断电流时，还必须合理地确定短路计算时间 t_d。短路计算时间 t_d 为继电保护动作时间 t_b 和相应断路器的全分闸时间 t_{off}之和，即

$$t_d=t_b+t_{off} \tag{4-43}$$

式中：t_{off}——断路器的固有分闸时间和燃弧时间之和。

在验算裸导体的短路热效应时，宜采用主保护动作时间。如主保护有死区时，则采

用能对该死区起作用的后备保护动作时间，并采用相应处的短路电流值。在验算电器的短路热效应时，宜采用后备保护动作时间。

对于开断电器(如断路器、重合器、熔断器等)，应能在最严重的情况下开断短路电流。因此电器的开断计算时间 t_{din} 是从短路瞬间开始到断路器灭弧触头分离的时间，其中包括主保护动作时间 t_{b1} 和断路器固有分闸时间 t_{in} 之和。即

$$t_{din}=t_{b1}+t_{in} \tag{4-44}$$

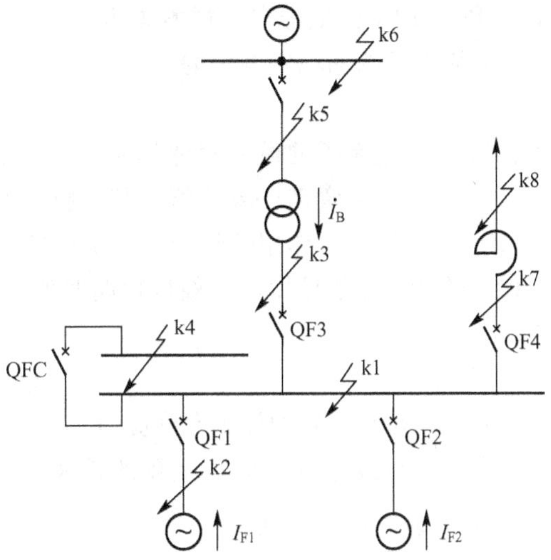

图 4.8 短路计算点的选择

2. 短路热稳定校验

短路热稳定就是要求所选的电气设备能承受短路电流所产生的热效应，当短路电流通过时，电气设备最高温度不应超过其短时发热最高允许温度。

电气设备和载流部分的热稳定度校验，依校验对象的不同而采用不同的具体条件。

(1) 对一般电器，热稳定度校验条件为

$$I_t^2 t \geqslant Q_k \tag{4-45}$$

式中：I_t——电器的热稳定试验电流；

t——电器的热稳定试验时间；

Q_k——短路电流所产生的热效应。

以上的 I_t 和 t 均可由电器产品说明书查得。

(2) 对母线及绝缘导线和电缆等导体，可按下列条件校验其热稳定度

$$\theta_{kal} \geqslant \theta_k \tag{4-46}$$

式中：θ_{kal}——导体在短路时的最高允许温度，可查表；

θ_k——导体短路时产生的最高温度。

或

$$S \geqslant S_{min} \quad (mm^2) \tag{4-47}$$

式中：S——按正常工作条件选择的导体或电缆的截面积，mm^2；

S_{min}——按热稳定确定的导体的最小截面积，mm^2，具体计算见本章。

3. 短路动稳定校验

动稳定是指导体和电器承受短路电流机械效应的能力。

电器和导体的动稳定度校验，也依校验对象的不同而采用不同的具体条件。

(1) 对一般电器，动稳定度校验条件

$$i_{es} \geqslant i_{sh} \tag{4-48}$$

或

$$I_{es} \geqslant I_{sh} \tag{4-49}$$

式中：i_{es}、I_{es}——电器的极限通过电流峰值和有效值；

i_{sh}、I_{sh}——三相短路冲击电流峰值和有效值。

以上 i_{es} 和 I_{es} 均可由电器产品样本查得。

（2）绝缘子的动稳定度校验条件

$$F_{al} \geqslant F_c^{(3)} \tag{4-50}$$

式中：F_{al}——绝缘子的最大允许载荷可由产品样本查得，如果产品样本给出的是绝缘子的抗弯破坏载荷值，则应将抗弯破坏载荷值乘以 0.6 作为 F_{al}；

$F_c^{(3)}$——短路时作用于绝缘子上的计算力。

（3）对母线等硬导体，一般按短路时所受到的最大应力来校验其动稳定度，满足的条件为

$$\sigma_{al} \geqslant \sigma_c \tag{4-51}$$

式中：σ_{al}——母线材料的最大允许应力，σ 单位为 Pa，硬铜 $\sigma_{al} \approx 137$MPa，硬铝 $\sigma_{al} \approx 69$MPa；

σ_c——母线通过 i_{sh} 时所受到的最大计算应力。

4. 几种特殊情况说明

由于回路的特殊性，对下列几种情况可不校验热稳定或动稳定。

（1）用熔断器保护的电器，其热稳定由熔体的熔断时间保证，故可不校验热稳定。

（2）采用限流熔断器保护的设备可不校验动稳定。

（3）在电压互感器回路中的裸导体和电器可不校验动、热稳定。

（4）对于电缆，因其内部为软导线，外部机械强度很高，不必校验其动稳定。

4.3 高压断路器、隔离开关的选择

4.3.1 高压断路器的选择

高压断路器按下列项目选择和校验：①型式和种类；②额定电压；③额定电流；④额定开断电流；⑤额定关合电流；⑥热稳定；⑦动稳定。

1. 种类和型式选择

高压断路器的种类和型式的选择，除满足各项技术条件和环境条件外，还应考虑便于安装调试和运行维护，并经技术经济比较后才能确定。根据我国当前生产制造情况，电压为 6～220kV 的电网可选用少油断路器、真空断路器和 SF_6 断路器；330～500kV 电网一般采用 SF_6 断路器。但近年来，真空断路器在 35kV 及以下电力系统中得到了广泛应用，有取代油断路器的趋势。SF_6 断路器也已在向中压 10～35kV 系统发展，并在城乡电网建设和改造中获得了应用。采用封闭母线的大容量机组，当需要装设断路器时，应选用发电机专用断路器。

高压断路器的操动机构，大多数是由制造厂配套供应，仅部分少油断路器需由设计选定，有电磁式、弹簧式或液压式等几种型式的操动机构可供选择。一般电磁式操动机构需配专用的直流合闸电源，但其结构简单可靠；弹簧式结构比较复杂，调整要求较高；液压操动机构加工精度要求较高。操动机构的型式，可根据安装调试方便和运行可靠性进行选择。

2. 额定电压选择

高压断路器的额定电压 U_N 应大于或等于所在电网的额定电压 U_{Ns}，即

$$U_N \geqslant U_{Ns} \tag{4-52}$$

3. 额定电流选择

高压断路器的额定电流 I_N 应大于或等于流过它的最大持续工作电流 I_{max}，即

$$I_N \geqslant I_{max} \tag{4-53}$$

当断路器使用的环境温度不等于规定环境温度时，应对断路器的额定电流进行修正。

4. 额定开断电流选择

在给定的电网电压下，高压断路器的额定开断电流 I_{Nbr} 应满足

$$I_{Nbr} \geqslant I_{kp} \tag{4-54}$$

式中：I_{kp}——断路器实际开断时间的短路电流周期分量有效值。

断路器的实际开断时间等于继电保护主保护动作时间与断路器的固有分闸时间之和。

对于设有快速保护的高速断路器，其开断时间小于 0.1s，当在电源附近短路时，短路电流的非周期分量可能超过周期分量幅值的 20%，因此其开断电流应计及非周期分量的影响，取短路全电流有效值 I_{kt} 进行校验。

装有自动重合闸装置的断路器，应考虑重合闸对额定开断电流的影响。

5. 额定关合电流选择

在断路器合闸之前，若线路上已存在短路故障，则在断路器合闸过程中，触头间在未接触时即有很大的短路电流通过(预击穿)，更易发生触头熔焊和遭受电动力的破坏。且断路器在关合短路电流时，不可避免地在接通后又自动跳闸，此时要求能切断短路电流。为了保证断路器在关合短路时的安全，断路器的额定短路关合电流 i_{Ncl} 应不小于短路冲击电流 i_{sh}，即

$$i_{Ncl} \geqslant i_{sh} \tag{4-55}$$

6. 热稳定校验

热稳定应满足式(4-45)，即

$$I_t^2 t \geqslant Q_k$$

7. 动稳定校验

动稳定应满足式(4-48)，即

$$i_{es} \geqslant i_{sh}$$

4.3.2 隔离开关的选择

隔离开关的选择方法与断路器相同，但隔离开关没有灭弧装置，不承担接通和断开负荷电流和短路电流的任务，因此，不需要选择额定开断电流和额定关合电流。

隔离开关按下列项目选择和校验：①型式和种类；②额定电压；③额定电流；④热

稳定；⑤动稳定。

1. 种类和型式选择

隔离开关的型式较多，对配电装置的布置和占地面积影响很大，因此其型式应根据配电装置特点和要求以及技术经济条件来确定。表4-3为隔离开关选型参考表。

表4-3 隔离开关选型参考表

使用场合		特点	参考型号
屋内	屋内配电装置成套高压开关柜	三极，10kV及以下	GN2，GN6，GN8，GN19
	发电机回路，大电流回路	单极，大电流3 000～13 000A	GN10
		三极，15kV，200～600A	GN11
		三极，10kV，大电流2 000～3 000A	GN18，GN22，GN2
		单极，插入式结构，带封闭罩20kV，大电流10 000～13 000A	GN14
屋外	220kV及以下各型配电装置	双柱式，220kV及以下	GW4
	高型，硬母线布置	V形，35～110kV	GW5
	硬母线布置	单柱式，220～500kV	GW6
	220kV及以上中型配电装置	三柱式，220～500kV	GW7

2. 额定电压选择

$$U_N \geqslant U_{Ns}$$

3. 额定电流选择

$$I_N \geqslant I_{max}$$

当断路器使用的环境温度不等于规定环境温度时，应对断路器的额定电流进行修正。

4. 热稳定校验

$$I_t^2 t \geqslant Q_k$$

5. 动稳定校验

$$i_{es} \geqslant i_{sh}$$

4.4 互感器的选择

4.4.1 互感器的配置原则

互感器在主接线中的配置与测量仪表、同期点的选择、保护和自动装置的要求以及主接线的形式有关，其配置原则如下。

1. 电流互感器配置

(1) 为了满足测量和保护装置的需要，在变压器、出线、母线分段和母联断路器、分断断路器等回路均设有电流互感器。对于大接地电流系统，一般按三相配置；对于小接地电流系统，根据具体要求按两相或三相配置。在指定的计量点，还应设置计量用的电流互感器。

(2) 对于保护用电流互感器应尽量消除保护的死区。例如，装有两组电流互感器，且位置允许时应设在断路器两侧，使断路器处于交叉保护范围之中。

2. 电压互感器的配置

(1) 母线。一般除旁路母线外，工作及备用母线上都装有一组电压互感器，用于同期、测量仪表和保护装置。

(2) 线路。35kV 及其以上输电线路当对端有电源时，为了监视线路有无电压，进行同期和设置重合闸，装有一台或三台单相电压互感器；10kV 及其以下架空出线自动重合闸，可利用母线上的电压互感器。

(3) 供电部门指定的计量点，一般装有专用电压互感器。

(4) 变压器。变压器的高压侧有时为了保护的需要，设有一组电压互感器。

4.4.2 电流互感器的选择

电流互感器应按下列技术条件选择。

1. 一次回路额定电压和电流选择

电流互感器的一次额定电压和电流必须满足

$$U_{N1} \geqslant U_{Ns} \tag{4-55}$$

$$I_{N1} \geqslant I_{max} \tag{4-56}$$

式中：U_{Ns}——电流互感器所在电力网的额定电压；

U_{N1}、I_{N1}——电流互感器的一次额定电压和电流；

I_{max}——电流互感器一次回路最大工作电流。

2. 二次回路额定电流选择

电流互感器的二次额定电流有 5A 和 1A 两种，一般强电系统用 5A，弱电系统用 1A。

3. 电流互感器种类和型式的选择

在选择互感器时，应根据安装地点(如屋内、屋外)和安装方式(如穿墙式、支持式、装入式等)，选择其型式。

4. 电流互感器准确度的选择

为了保证测量仪表的准确度，互感器的准确级不得低于所供测量仪表的准确级。例如，装于重要回路(如发电机，变压器，出线等)中的电能表和计费的电能表一般采用0.5～1级，相应的互感器的准确度不应低于0.5级。当所供仪表要求不同准确度时，应按最高级别来确定互感器的准确度。

5. 额定容量的选择

为了保证互感器的准确度，互感器二次侧所接负荷 S_2 应不大于该准确度所规定的额定容量 S_{N2}，即

$$S_{N2} \geqslant S_2 = I_{N2}^2 Z_{2L} \tag{4-57}$$

互感器二次负荷(忽略电抗)包括测量仪表电流线圈电阻 r_1、继电器电阻 r_2、连接导线电阻 r_3 和接触电阻 r_4，即

$$Z_{2L} = r_1 + r_2 + r_3 + r_4 \quad (\Omega) \tag{4-58}$$

式(4-58)中 r_1、r_2 可由回路中所接仪表和继电器的参数算得，r_4 由于不能准确测量，一般可取0.1，仅连接导线电阻 r_3 为未知数，将式(4-58)代入式(4-57)中，整理后得

$$r_3 \leqslant \frac{S_{N2} - I_{N2}^2 (r_1 + r_2 + r_4)}{I_{N2}^2} \tag{4-59}$$

由于导线截面 $S = \frac{\rho L_c}{r_3}$

则

$$S \geqslant \frac{I_{N2}^2 \rho L_c}{S_{N2} - I_{N2}^2 (r_1 + r_2 + r_4)} = \frac{\rho L_c}{Z_{N2} - (r_1 + r_2 + r_4)} \tag{4-60}$$

式中：S、L_c——连接导线截面 m^2 和计算长度 m；

ρ——导线的电阻率，铜 $\rho = 1.75 \times 10^{-8} \Omega \cdot m$；

Z_{N2}——互感器的额定二次阻抗。

式(4-60)表明在满足电流互感器额定容量的条件下，选择二次连接导线的最小允许截面。式中：L_c与仪表到互感器的实际距离 L 及电流互感器的接线方式有关。星形接线时，$L_c = L$；不完全星形接线时，$L_c = \sqrt{3} L$；单相接线时，$L_c = 2L$。

发电厂和变电所应采用铜芯控制电缆。由式(4-60)算出的铜导线截面不应小于$1.5mm^2$，以满足机械强度要求。

6. 热稳定校验

电流互感器热稳定能力常以1s允许通过一次额定电流 I_{N1} 的倍数 K_t(热稳定电流倍数)来表示，故热稳定应按下式校验

$$(K_t I_{N1})^2 t \geqslant I_\infty^2 t_{ima} \tag{4-61}$$

7. 动稳定校验

电流互感器常以允许通过一次额定电流最大值($\sqrt{2} I_{N1}$)的倍数 K_{es}(动稳定电流倍数)，表示其内部动稳定能力，所以内部动稳定可用下式校验

$$\sqrt{2}I_{N1}K_{es} \geqslant i_{sh} \qquad (4-62)$$

4.4.3 电压互感器的选择

电压互感器应按一次回路电压、二次回路电压、安装地点和使用条件、二次负荷及准确级等要求进行选择。

1. 一次回路电压选择

为了确保电压互感器在规定的准确度下安全运行，电压互感器一次绕组所接电力网电压 U_1 应在$(1.1\sim0.9)U_{N1}$范围内变动，即满足下列条件

$$1.1U_{N1} > U_1 > 0.9U_{N1} \qquad (4-63)$$

式中：U_{N1}——电压互感器一次侧额定电压。

选择时，满足 $U_{N1}=U_{Ns}$即可。

2. 二次回路电压选择

二次回路电压必须满足测量电压为100V，根据电压互感器接线的不同，二次电压各不同，可根据电压互感器的接线方式选择。

电压互感器各侧额定电压的选择可按表4-4进行。

表4-4 电压互感器额定电压选择

互感器型式	接入系统方式	系统额定电压 U_{Ns}/kV	互感器额定电压		
			一次绕组/kV	二次绕组/V	第三绕组/V
三相五柱三绕组	接于线电压	3～10	U_{Ns}	100	100/3
三相三柱双绕组	接于线电压	3～10	U_{Ns}	100	无此绕组
单相双绕组	接于线电压	3～35	U_{Ns}	100	无此绕组
单相三绕组	接于相电压	3～63	$U_{Ns}/\sqrt{3}$	$100/\sqrt{3}$	100/3
单相三绕组	接于相电压	110及以上	$U_{Ns}/\sqrt{3}$	$100/\sqrt{3}$	100

3. 电压互感器的种类和型式的选择

电压互感器的种类和型式应根据安装地点和使用条件进行选择，如在6～35kV屋内配置中，一般采用油浸式或浇注式；110～220kV配电装置一般采用串级式电磁式电压互感器；220kV及其以上配电装置，当容量和准确度满足要求时，一般采用电容式电压互感器。

4. 电压互感器的准确度和容量的选择

有关电压互感器准确度选择应满足所供测量仪表的最高准确度。同时，应根据仪表和继电器接线要求选择电压互感器的接线方式，并尽可能将负荷均匀分布在各相上，然后计算各相负荷大小。

电压互感器的额定二次容量(对应于所要求的准确度)S_{N2}应不小于互感器的二次负荷S_2，即

$$S_{N2} \geqslant S_2 \tag{4-64}$$

$$S_2 = \sqrt{(\sum S_{me}\cos\varphi)^2 + (\sum S_{me}\sin\varphi)^2} = \sqrt{(\sum P_{me})^2 + (\sum Q_{me})^2} \tag{4-65}$$

式中：S_{me}、P_{me}、Q_{me}——各仪表的视在功率、有功功率和无功功率；

$\cos\varphi$——各仪表的功率因数。

由于电压互感器三相负荷常不平衡，为了满足准确度的要求，在计算电压互感器一相负荷时，必须注意互感器和负荷的接线方式，以此为根据，算出每一相负荷，取最大相负荷进行比较。

计算电压互感器各相的负荷时，必须注意互感器和负荷的接线方式。

4.5　母线和电缆的选择

4.5.1　母线的选择

母线选择的项目一般包括：①母线材料、类型和布置方式；②导体截面；③热稳定；④动稳定等项进行选择和校验；⑤对于110kV以上母线要进行电晕的校验；⑥对重要回路的母线还要进行共振频率的校验。

1. 母线材料、类型和布置方式

(1) 配电装置的母线常用导体材料有铜、铝和钢。铜的电阻率低，机械强度大，抗腐蚀性能好，是首选的母线材料。但是铜在工业和国防上的用途广泛，还因储量不多，价格较贵，所以一般情况下，尽可能以铝代铜，只有在大电流装置及有腐蚀性气体的屋外配电装置中，才考虑用铜作为母线材料。

(2) 常用的硬母线截面有矩形、槽形和管形。矩形母线常用于35kV及以下、电流在4 000A及以下的配电装置中。为避免集肤效应系数过大，单条矩形截面积最大不超过1 250mm。当工作电流超过最大截面单条母线允许电流时，可用几条矩形母线并列使用，但一般避免采用4条及以上矩形母线并列。

槽形母线机械强度好，载流量较大，趋肤效应系数也较小，一般用于4 000～8 000A的配电装置中。管形母线趋肤效应系数小，机械强度高，管内还可通风和通水冷却，因此，可用于8 000A以上的大电流母线。另外，由于圆形表面光滑，电晕放电电压高，因此，可用于110kV及以上配电装置。图4.9为某750kV变电站母线架设图。

(3) 母线的散热性能和机械强度与母线的布置方式有关。图4.10为矩形母线的布置方式示意图。当三相母线水平布置时，图4.10(a)与图4.10 (b)相比，前者散热较好，载流量大，但机械强度较低，而后者情况正好相反。图4.10(c)的布置方式兼顾了前二者的优点，但使配电装置的高度增加，所以母线的布置应根据具体情况而定。

2. 母线截面的选择

除配电装置的汇流母线及较短导体(20m以下)按最大长期工作电流选择截面外，其余导体的截面一般按经济密度选择。

图 4.9　某 750kV 变电站母线架设图

1）按最大长期工作电流选择

母线长期发热的允许电流 I_{al}，应不小于所在回路的最大长期工作电流 I_{max}，即

$$KI_{al} \geqslant I_{max} \qquad (4-66)$$

式中：I_{al}——相对于母线允许温度和标准环境条件下导体长期允许电流；

K——综合修正系数，与环境温度和导体连接方式等有关。

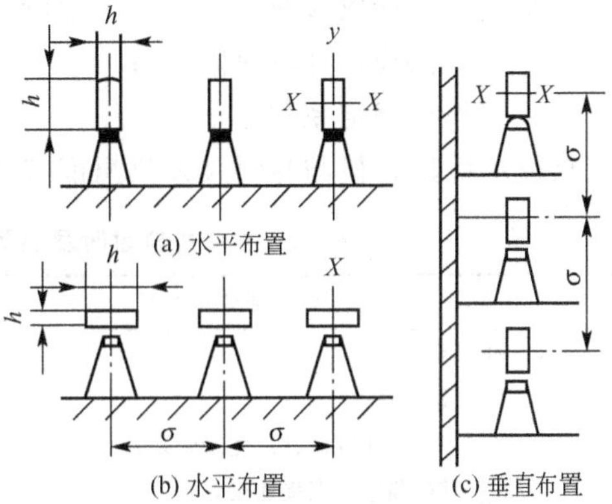

图 4.10　矩形母线的布置方式示意图

2）按经济电流密度选择

按经济电流密度选择母线截面可使年综合费用最低，年综合费用包括电流通过导体所产生的年电能损耗费、导体投资和折旧费、利息等。从降低电能损耗角度看，母线截面越大越好，而从降低投资、折旧费和利息的角度，则希望截面越小越好。综合这些因素，使年综合费用最小时所对应的母线截面称为母线的经济截面，对应的电流密度称为经济电流密度。表 4-5 为我国目前仍然沿用的经济电流密度值。

表 4-5　经济电流密度值(A/mm²)

导体材料	最大负荷利用小时数 T_{max}/h		
	3 000 以下	3 000～5 000	5 000 以上
裸铜导线和母线	3.0	2.25	1.75
裸铝导线和母线(钢芯)	1.65	1.15	0.9
钢芯电缆	2.5	2.25	2.0
铝芯电缆	1.92	1.73	1.54
钢线	0.45	0.4	0.35

按经济电流密度选择母线截面按下式计算

$$S_{ec}=\frac{I_{max}}{J_{ec}} \tag{4-67}$$

式中：I_{max}——通过导体的最大工作电流，A；

J_{ec}——经济电流密度，A/mm^2。

在选取母线截面时，应尽量选用接近按式(4－67)计算所得到的截面。当无合适规格的导体时，为节约投资，允许选择小于经济截面的导体，但要同时满足式(4－66)的要求。

3. 母线热稳定校验

按正常电流及经济电流密度选出母线截面后，还应校验热稳定。按热稳定要求的导体最小截面为

$$S_{min}=\frac{I_{\infty}}{C}\sqrt{t_{dz}K_s} \tag{4-68}$$

式中：I_{∞}——短路电流稳态值，A；

K_s——趋肤效应系数，对于矩形母线截面在 $100mm^2$ 以下，$K_s=1$；

t_{dz}——热稳定计算时间，s；

C——热稳定系数。

热稳定系数 C 值与材料及发热温度有关。母线的 C 值如表 4－6 所示。

表 4－6　导体材料短时发热最高允许温度(θ_{al})和热稳定系数 C

导体种类和材料	θ_{al}/℃	C
母线及导线：钢	320	
铝	220	
钢(不和电器直接连接时)	420	175
钢(和电器直接连接时)	320	95
油浸纸绝缘电缆：铜芯，10kV 及以下	250	70
铝芯，10kV 及以下	200	63
20～35kV	175	165
充油纸绝缘电缆：60～330kV	150	95
橡皮绝缘电缆	150	
聚氯乙烯绝缘电缆	120	
交联聚氯乙烯绝缘电缆：铜芯	230	
铝芯	200	

4. 硬母线的动稳定校验

各种形状的母线通常都安装在支柱绝缘子上，当冲击电流通过母线时，电动力将使母线产生弯曲应力，因此必须校验母线的动稳定性。

安装在同一平面内的三相母线，其中间相受力最大，即

$$F_{max}=1.73\times10^{-7}\frac{l}{a}i_{sh}^2K_f \quad (N) \tag{4-69}$$

式中：K_f——母线形状系数，当母线相间距离远大于母线截面周长时，$K_f=1$，其他情况可由有关手册查得；

l——母线跨距，m；

a——母线相间距，m。

母线通常每隔一定距离由绝缘瓷瓶自由支撑着。因此当母线受电动力作用时，可以将母线看成一个多跨距载荷均匀分布的梁，当跨距段在两段以上时，其最大弯曲力矩为

$$M=\frac{F_{max}l}{10} \tag{4-70}$$

若只有两段跨距时，则

$$M=\frac{F_{max}l}{8} \tag{4-71}$$

式中：F_{max}——一个跨距长度母线所受的电动力，N。

母线材料在弯曲时最大相间计算应力为

$$\sigma_{ca}=\frac{M}{W} \tag{4-72}$$

式中：W——母线对垂直于作用力方向轴的截面系数，又称抗弯矩(m^3)，其值与母线截面形状及布置方式有关，对常遇到的几种情况的计算式列于表 4－7 中。

表 4－7 母线抗弯矩 W 计算表

母线截面形状	每相条数	布置方式	截面系数/m^3	备　注
矩形	1	水平平放	$b^2h/6$	b 为截面长度，h 为截面宽度
矩形	2	水平平放	$b^2h/3$	同上
矩形	1	水平竖放	$b^x h^2/6$	同上
矩形	2	水平竖放	$1.44bh^2$	同上
管形	1		$\pi(D^4-d^4)/32D$	d、D 为管的内、外径
圆形	1		$\pi D^3/32$	D 为圆的直径

要想保证母线不致弯曲变形而遭到破坏，必须使母线的计算应力不超过母线的允许应力，即母线的动稳定性校验条件为

$$\sigma_{ca}\leqslant\sigma_{al} \tag{4-73}$$

式中：σ_{al}——母线材料的允许应力，对硬铝母线，$\sigma_{al}=69MPa$；对硬铜母线，$\sigma_{al}=137MPa$。

如果在校验时，$\sigma_{ca}\geqslant\sigma_{al}$，则必须采取措施减小母线的计算应力，具体措施有：将母线由竖放改为平放；放大母线截面，但会使投资增加；限制短路电流值能使 σ_{ca} 大大减小，但须增设电抗器；增大相间距离 a；减小母线跨距 l 的尺寸，此时可以根据母线材料最大允许应力来确定绝缘瓷瓶之间最大允许跨距，即

$$l_{max}=\sqrt{\frac{10\sigma_{al}W}{F_1}} \tag{4-74}$$

式中：F_1——单位长度母线上所受的电动力，N/m。

当矩形母线水平放置时，为避免导体因自重而过分弯曲，所选取的跨距一般不超过 1.5～2m。考虑到绝缘子支座及引下线安装方便，常选取绝缘子跨距等于配电装置间隔的宽度。

5. 对于110kV以上母线进行电晕电压校验

电晕放电会造成电晕损耗、无线电干扰、噪声等许多危害。因此，110～220kV裸母线晴天不发生可见电晕的条件是，电晕临界电压U_c应大于最高工作电压U_{Wmax}，即

$$U_c > U_{Wmax} \quad (4-75)$$

对于330～500kV超高压配电装置，电晕是选择导线的控制条件。要求在1.1倍最高工作电压下，晴天夜晚不应发生可见电晕。选择母线时应综合考虑导体直径、分裂间距和相间距离等条件，经过技术经济比较，确定最佳方案。

6. 共振频率校验

如果母线的固有振动频率与短路电动力交流分量的频率相近以至发生共振，则母线导体的动态应力增大，这可能使得母线导体及支持结构的设计和选择发生困难。此外，正常运行时若发生共振，会产生较大的噪声，干扰运行。因此，母线应尽量避免共振。为了避免共振和校验机械强度，对于重要回路(如发电机、变压器及汇流母线等)的母线应进行共振频率校验。

前面已经给出了各种母线导体避免共振的频率范围，如果母线固有振动频率无法限制在共振频率范围之外时，母线受力计算必须乘以振动系数β。

由式(4－42)可得在考虑母线共振影响的母线支持绝缘子之间的最大允许跨距为

$$L_{max} = \sqrt{\frac{N_f}{f_1}\sqrt{\frac{EI}{m}}} \quad (\mathrm{m}) \quad (4-76)$$

若已知母线的材料、形状、布置方式和应避开共振的固有振动频率f_1(一般$f_1=200\mathrm{Hz}$)时，可由式(4－74)计算出母线不发生共振所允许的最大绝缘子跨距。如选择的绝缘子跨距小于L_{max}，则$\beta=1$。

4.5.2 电缆的选择与校验

电缆的基本结构包括导电芯、绝缘层、铅包(或铝包)和保护层几个部分。供配电系统中常用的电力电缆，按其缆芯材料分为铜芯和铝芯两大类。按其采用的绝缘介质分油浸纸绝缘和塑料绝缘两大类。

电缆制造成本高，投资大，但是具有运行可靠、不易受外界影响、不需架设电杆、不占地面、不碍观瞻等优点。

电力电缆应根据其结构类型、电压等级和经济电流密度来选择，并须以其最大长期工作电流、正常运行情况下的电压损失以及短路时的热稳定进行校验。短路时的动稳定可以不必校验。

1. 按结构类型选择

根据电缆的用途、电缆敷设的方法和场所，选择电缆的芯数、芯线的材料、绝缘的种类、保护层的结构以及电缆的其他特征，最后确定电缆的型号。常用的电力电缆有油浸纸绝缘电缆、塑料绝缘电缆和橡胶电缆等。随着电缆工业的发展，塑料电缆发展很快，其中交联聚乙烯电缆，由于有优良的电气性能和机械性能，在中、低压系统中应用十分广泛。

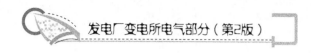

2. 按额定电压选择

可按照电缆的额定电压 U_N 不低于敷设地点电网额定电压 U_{Ns} 的条件选择，即

$$U_N \geqslant U_{Ns} \tag{4-77}$$

3. 电缆截面的选择

一般根据最大长期工作电流选择，但是对有些回路，如发电机、变压器回路，其年最大负荷利用时间超过 5 000h，且长度超过 20m 时，应按经济电流密度来选择。

1）按最大长期工作电流选择

电缆长期发热的允许电流 I_{al} 应不小于所在回路的最大长期工作电流 I_{max}，即

$$KI_{al} \geqslant I_{max} \tag{4-78}$$

式中：I_{al}——相对于电缆允许温度和标准环境条件下导体长期允许电流；

K——综合修正系数(与环境温度、敷设方式及土壤热阻系数有关的综合修正系数，可由有关手册查得)。

2）按经济电流密度选择

按经济电流密度选择电缆截面的方法与按经济电流密度选择母线截面的方法相同，即按下式计算

$$S_{ec} = \frac{I_{max}}{J_{ec}} \tag{4-79}$$

按经济电流密度选出的电缆，还必须按最大长期工作电流校验。

按经济电流密度选出的电缆，还应决定经济合理的电缆根数，截面 $S \leqslant 150\text{mm}^2$ 时，其经济根数为一根；当截面大于 150mm^2 时，其经济根数可按 $S/150$ 决定。例如，计算出 S_{ec} 为 200mm^2，选择两根截面为 120mm^2 的电缆为宜。

为了不损伤电缆的绝缘和保护层，电缆弯曲的曲率半径不应小于一定值(例如，三芯纸绝缘电缆的曲率半径不应小于电缆外径的 15 倍)。为此，一般避免采用芯线截面大于 185mm^2 的电缆。

4. 热稳定校验

电缆截面热稳定的校验方法与母线热稳定校验方法相同。满足热稳定要求的最小截面可按下式算得

$$S_{min} = \frac{I_{\infty}}{C}\sqrt{t_{dz}} \tag{4-80}$$

式中：C——与电缆材料及允许发热有关的系数。

验算电缆热稳定的短路点按下列情况确定。

(1) 单根无中间接头电缆，选电缆末端短路；长度小于 200m 的电缆，可选电缆首端短路。

(2) 有中间接头的电缆，短路点选择在第一个中间接头处。

(3) 无中间接头的并列连接电缆，短路点选在并列点后。

5. 电压损失校验

正常运行时，电缆的电压损失应不大于额定电压的5%，即

$$\Delta U\% = \frac{\sqrt{3}I_{max}\rho L}{U_N S} \times 100\% \leqslant 5\% \tag{4-81}$$

式中：S——电缆截面，mm^2；

ρ——电缆导体的电阻率，铝芯 $\rho=0.035\Omega mm^2/m(50℃)$；铜芯 $\rho=0.0206\Omega mm^2/m(50℃)$。

4.6 绝缘子的选择

绝缘子包括支柱绝缘子和穿墙套管。支柱绝缘子按额定电压和类型选择，并按短路校验动稳定；穿墙套管按额定电压、额定电流和类型选择，并按短路校验热、动稳定。

1. 支柱绝缘子及穿墙套管的种类和型式选择

支柱绝缘子和穿墙套管的选择，应按装置种类(户内、户外)、环境条件来选择满足使用要求的产品。

如前所述，户内联合胶装多棱式支柱绝缘子兼有外胶装式、内胶装式的优点，并适合于潮湿和湿热带地区；户外棒式支柱绝缘子性能较针式优越。所以规程规定：户内配电装置宜采用联合胶装多棱式支柱绝缘子；户外配电装置宜采用棒式支柱绝缘子，在有严重的灰尘或对绝缘有害的气体存在的环境中，应选用防污型绝缘子。某750kV变电站分裂主变及隔离开关的绝缘支柱如图4.11所示。

墙套管一般采用铝导体穿墙套管。

2. 按额定电压选择支柱绝缘子和穿墙套管

支柱绝缘子和穿墙套管的额定电压应满足

$$U_N \geqslant U_{Ns}$$

发电厂和变电所的3～20kV户外支柱绝缘子及穿墙套管，当有冰雪或污秽时，宜选用高一级额定电压的产品。

3. 按最大工作电流选择穿墙套管

穿墙套管的最大工作电流应满足

$$I_N \geqslant I_{max}$$

母线型穿墙套管本身不带导体，不必按工作电流选择和校验热稳定，只需保证套管型式与母线的形状和尺寸配合及校验动稳定。

4. 穿墙套管热稳定校验

$$I_t^2 t \geqslant Q_k$$

5. 支柱绝缘子和穿墙套管动稳定校验

支柱绝缘子和穿墙套管的动稳定应满足

$$F_{al} \geqslant F_{ca} \quad (N) \tag{4-82}$$

式中：F_{al}——支柱绝缘子或穿墙套管的允许荷重，N；

F_{ca}——三相短路时，作用于绝缘子帽或穿墙套管端部的计算作用力，N。

F_{al}可按生产厂家给出的破坏荷重 F_d 的 60%考虑，即

$$F_{al} = 0.6F_d \quad (N) \tag{4-83}$$

F_{ca}即最严重短路情况下作用于支柱绝缘子或穿墙套管上的最大电动力，由于母线电动力是作用在母线截面中心线上，而支柱绝缘子的抗弯破坏荷重是按作用在绝缘子帽上给出的，如图 4.11 所示，二者力臂不等，短路时作用于绝缘子帽上的最大计算力为

$$F_{ca} = \frac{H}{H_1}F_{max} \quad (N) \tag{4-84}$$

式中：F_{max}——最严重短路情况下作用于母线上的最大电动力，N；

H_1——支柱绝缘子高度，mm；

H——从绝缘子底部至母线水平中心线的高度，mm；

b——母线支持片的厚度，一般竖放矩形母线 b=18mm；平放矩形母线 b=12mm。

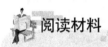

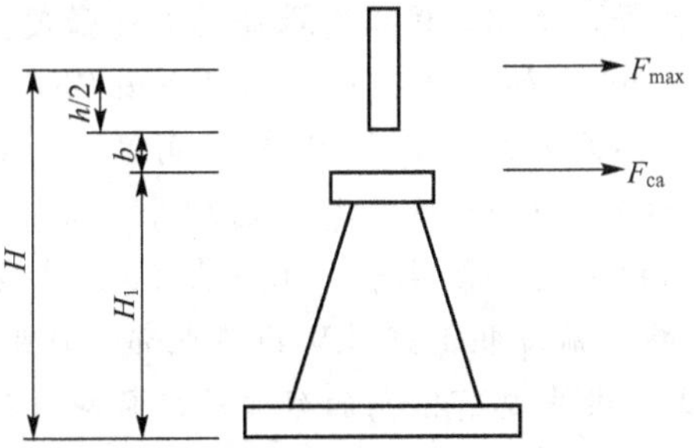

图 4.11 支柱绝缘子受力图

阅读材料

绝缘子的要求及发展

特高压输变电对绝缘子提出了更高的要求，如在机械强度、绝缘子串的长度、防污闪、降低无线电干扰的能力等方面要求更高。特高压输电的铁塔间距大、导线分裂数多，本身已很重，再加上覆冰、风力等苛刻的运行条件，要求绝缘子承受的抗拉、抗张机械负荷很大。按国外经验，对百万伏级特高压线路，至少要求绝缘子的额定机电破坏负荷为 300～500kN。而且特高压线路绝缘子的数量比超高压线路多几倍，元件数量的激增对每个元件的可靠性提出了更高要求，只有这样才能保证整个系统的可靠运行。另外，还要求绝缘子具有良好的防污性能。

盘形悬式瓷绝缘子的历史悠久，具有良好的机电性能，组装灵活，已被各国电网广泛使用，尤以亚洲、北美使用最为普遍。目前已有大量330kN、420kN、540kN的盘形悬式瓷绝缘子用于1 000kV输电线路，并已开发出700～840kN的产品。

钢化玻璃绝缘子主要用于英、法、意大利等国以及南美地区，其中法国SEDIVER公司的产品占有玻璃绝缘子市场的最大份额。现有300kN、400kN、530kN的钢化玻璃绝缘子已广泛运行于近20年来建设的800kV交流和500kV直流超高压输电网上。加拿大735kV詹姆斯湾工程的280万片玻璃绝缘子已运行了近20年。

前苏联1150kV线路全线采用210kN、300kN、400kN的玻璃绝缘子。前苏联电力系统对110～750kV架空线路上的玻璃绝缘子已进行了10～15年的系统观察，对1 150kV也有6年以上的系统观察。观察表明，所有型式的绝缘子，前5年劣化率逐年下降，此后在10～20年里绝缘子的故障率固定在某稳定值。25年来百万计的玻璃绝缘子积累的运行经验证明，完全的机械损坏是很少见的，1967～1986年间350万片悬式绝缘子由于绝缘子金具和连接部位的机械破坏事故只发生了6次。因此，按机械强度的可靠性估计，生产的玻璃绝缘子故障率为(7～10)/年。而且，试验研究表明，和完整绝缘子的机械强度相比，残留部分的机械强度并未降低。1 150kV线路建设前几年的一系列现场研究认为：线路的大部分地区爬电比距取1.5cm/kV，沿线污秽地段取1.8cm/kV。而且，最有应用前景的绝缘子是草帽型和球面型绝缘子，因为这两种绝缘子的下表面光滑、几何形状简单，自清洗效果显著，受潮时保证有很高的电气强度。

国外复合绝缘子已有近50年的发展历史，现以法国SEDIVER公司、美国RELIABLE公司、德国CERAMTEC公司、日本NGK公司等的产品为代表，并广泛用于美国、加拿大等特高压输电线路。1976年世界上电压等级最高的输电线路——加拿大735kV输电线路就采用了300支复合绝缘子，20世纪90年代复合绝缘子大量用于美国765kV以及直流500kV线路。前苏联1 150kV线路也部分采用了复合绝缘子。

特高压用支柱绝缘子由于要求具有很高的弯曲破坏负荷、耐地震能力强等特点，因而需要较高的制造水平。国外目前几个先进的工业国家已能制造高弯曲破坏负荷的绝缘子元件，如前西德罗森塔尔公司已研制成功长2m、最大杆径250mm、弯曲负荷为100kN·m的元件。日本NGK公司知多工厂、法国SEDIVER公司也具备制造高弯曲破坏负荷的绝缘子元件的能力。目前，国际上百万伏级支柱绝缘子采用单柱式、双柱并列式、三角锥式3种结构。随着远距离大容量输电的需要，百万伏级支柱绝缘子顶部弯曲负荷要求为20kN是很可能的。如做成单柱式，其下部元件的弯曲负荷为145kN·m，将难以制造。而且，单柱式耐地震能力差，运行中的可靠性也就降低。三角锥式结构的支柱绝缘子由于其顶部负荷能达到较高水平，而被推荐更适合用于大容量输电和地震区。

特高压电压等级的套管长度很长、要求高，对其制造技术水平要求非常高。瑞士MICAFIL现可生产765kV、1 050kV电压等级、额定电流为1 000～2 000A的特高压套管。瑞典ASEA公司、美国GE公司、英国BUSHING公司、意大利PASSONI & VILLA、德国公司等均有能力制造765kV电压等级的套管。

（资料来源：电力设备. 万启发，吴维宁等）

习　题

4.1 填空题

1. 发热对电气设备产生的不良影响有__________、__________及__________。

2. 电气设备选择的原则是：__________、__________。

3. 短路电流热效应的计算方法有__________和__________。

4. 导体散热的形式有__________、__________及__________ 3 种。

5. 变电站硬母线常采用的形状有__________、__________和__________。

6. 常用的导体材料有__________和__________。

7. 矩形母线的布置方式分__________、__________。

8. 母线截面的选择方法有__________、__________。

9. 绝缘子按结构用途分为__________、__________。

10. 电流互感器二次额定电流分__________、__________两种。

4.2 选择题

1. 短路热稳定的计算时间是指(　　)。

   A. 继电保护时间加上断路器固有分闸时间

   B. 熄弧时间加上燃弧时间

   C. 继电保护时间加上断路器全开断时间

   D. 固有分闸时间加上燃弧时间

2. 三相平行导体中最大电动力发生在(　　)。

   A. A 相　　　B. B 相

   C. C 相　　　D. 任何一相

3. 为了识别相序及增强导体散热能力，A、B、C 三相硬母线一般涂成(　　)。

   A. 红、黄、绿　　　B. 红、绿、黄

   C. 黄、绿、红　　　D. 黄、红、绿

4. 在电气设备器选择校验中，短路种类一般应按(　　)验算。

   A. 三相短路　　　B. 两相短路

   C. 单相短路　　　D. 两相接地短路

5. 互感器的准确级应该(　　)所供测量仪表的准确级。

   A. 等于　　　B. 高于

   C. 低于　　　D. 等于或高于

6. 35kV 及以下硬母线常采用(　　)母线。

   A. 矩形　　　B. 槽形

   C. 管形　　　D. 圆形

7. 正常运行时，电缆的电压损失不应大于额定电压的(　　)。

   A. 10%　　　B. 5%

   C. 3%　　　D. 8%

8. 熔断器熔管额定电流 I_{Nft} 和熔体额定电流 I_{Nfs} 的关系为(　　)。

A. $I_{Nft}>I_{Nfs}$　　B. $I_{Nft}<I_{Nfs}$

C. $I_{Nft}\geqslant I_{Nfs}$　　D. 不确定

9. 导体和电器的最高工作电压一般为额定电压 U_N 的(　　)。

A. 90%～～100%　　B. 1.1～1.15 倍

C. 1.0～1.3 倍　　D. 1.3～1.5 倍

10. 330～500kV 电网一般采用(　　)断路器。

A. 少油　　B. 真空

C. SF_6　　D. 空气

4.3　判断题

1. 按正常电流及经济电流密度选出母线截面后，可不校验热稳定。(　　)
2. 在选择导线截面时不允许选用小于经济截面的导体。(　　)
3. 单条矩形母线面积最大不超过 1 250mm^2。(　　)
4. 增大导体的电阻，可提高导体的载流量。(　　)
5. 矩形母线导体竖放可增大有效散热面积。(　　)
6. 不论温度如何变化，导体材料的电阻和比热都不变。(　　)
7. 前后两级熔断器之间必须进行选择性校验。(　　)
8. 电流互感器的二次负荷可超过相应准确级下的额定容量。(　　)
9. 短路计算点应选择在正常接线方式下，通过导体的短路电流为最大的地点。(　　)
10. 隔离开关和断路器一样，应按额定开断电流进行选择。(　　)

4.4　问答题

1. 研究导体和电器的发热的意义是什么？长期发热和短时发热各有何特点？
2. 导体长期允许电流是根据什么确定的？提高导体载流量的措施有哪些？
3. 为什么要计算导体短时发热最高温度？
4. 电动力对导体和电器运行有何影响？

第5章

配电装置

本章知识构架

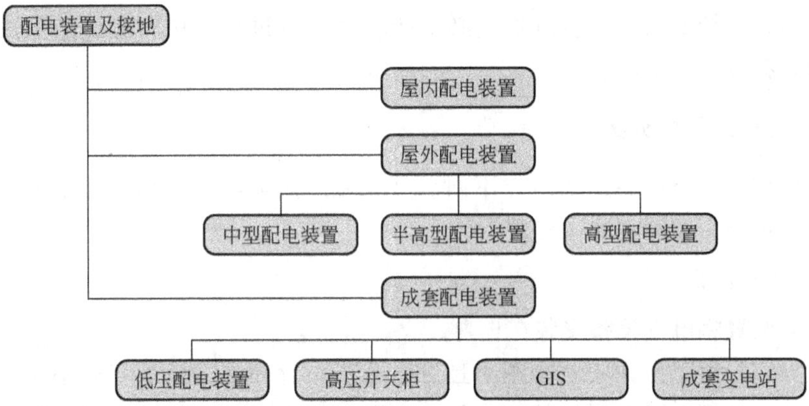

本章教学目标与要求

- **掌握配电装置的最小净距；**
- 熟悉配电装置设计的基本步骤；
- 了解配电装置的概念；
- 了解对配电装置的基本要求；
- 了解户内配电装置的布置原则；
- 了解户外配电装置的布置原则；
- 了解各种成套配电装置的结构；
- 了解成套变电站的组成及结构。

本章导图　某 500kV 开关站配电装置图

5.1 概　　述

配电装置是发电厂和变电站的重要组成部分，它是指根据电气主接线的要求，将母线、开关电器、保护电器、测量电器及必要的辅助设备进行集中布置组建而成的总体装置，其作用是接收和分配电能。

5.1.1 配电装置的分类

配电装置按电气设备装设的地点不同，可分为户内配电装置和户外配电装置；按其组装方式，又可分为装配式和成套式。

1. 户内配电装置

户内配电装置将电气设备安装在户内。

(1) 优点：①由于允许安全净距小且可以分层布置而使占地面积较小；②维修、巡视和操作在室内进行，可减轻维护工作量，不受气候影响；③外界污秽空气对电气设备影响较小，可以减少维护工作。

(2) 缺点：房屋建筑投资较大，建设周期长，但可采用价格较低的户内型设备。

2. 户外配电装置

户外配电装置将电气设备安装在户外，图 5.1 所示为某 750kV 变电站户外配电装置图。

图 5.1　某 750kV 变电站户外配电装置图

(1) 优点：①土建工作量和费用较小，建设周期短；②与户内配电装置相比，扩建比较方便；③相邻设备之间距离较大，便于带电作业。

(2) 缺点：①与户内配电装置相比，占地面积大；②受外界环境影响，设备运行条件较差，须加强绝缘；③不良气候对设备维护和操作有影响。

3. 装配式配电装置

装配式配电装置是指在现场将各个电气设备逐件地安装在配电装置中。

(1) 优点：①建造安装灵活；②投资少；③金属消耗量少。

(2) 缺点：①安装工作量大；②施工工期长。

4. 成套配电装置

成套配电装置是指由制造厂将开关电器、互感器等组装成独立的开关柜(配电屏)，运抵现场后只需对开关柜(配电屏)进行安装固定，便可建成配电装置。

(1) 优点：①电气设备布置在封闭或半封闭的金属外壳或金属框架中，相间和对地距离可以缩小，结构紧凑，占地面积小；②所有电气设备已在工厂组成一体，如 SF_6 全封闭组合电器、开关柜等，大大减小现场安装工作量，有利于缩短建设周期，也便于扩建和搬迁；③运行可靠性高，维护方便。

(2) 缺点：耗用钢材较多，造价较高。

5. 配电装置的应用

在发电厂和变电站中，35kV 及以下的配电装置多采用户内配电装置，其中 3～10kV 的大多采用成套配电装置；110kV 及以上的配电装置大多采用户外配电装置；对 110～220kV 配电装置有特殊要求时，如建于城市中心或处于严重污秽地区(如沿海或化工厂区)时，也可以采用户内配电装置。

成套配电装置一般布置在户内，目前我国生产的 3～35kV 的各种成套配电装置，在发电厂和变电站中已被广泛采用，110～500kV 的 SF_6 全封闭组合电器也已得到应用。

5.1.2 配电装置的基本要求及设计的基本步骤

1. 设计基本要求

1) 可靠性

根据电力系统条件和自然环境特点以及有关规程，合理选择电气设备，使选用电气设备具有正确的技术参数，合理制定布置方案，积极慎重地采用新布置、新设备、新材料、新结构；保证其具有足够的安全净距；还应考虑设备防水、防冻、防风、抗震、耐污等性能。

2) 便于操作、巡视和检修

配电装置的结构应使操作集中，尽可能避免运行人员在操作一个回路时需要走几层楼或几条走廊；配电装置的结构和布置应力求整齐清晰，便于操作巡视和检修。

3) 安全性

为保证工作人员的安全，应使工作人员与带电体边缘有足够的安全距离；设置适当的安全出口；设备外壳和底座都采用保护接地；装设防误操作的闭锁装置及连锁装置；还应考虑防火等安全措施。

4）经济性

在满足上述要求的前提下，应节省投资，减少占地面积。

5）考虑扩建

要根据发电厂和变电站的具体情况，分析是否有发展和扩建的可能。如有，在配电装置结构和占地面积等方面要留有余地。

2. 设计基本步骤

(1) 选择配电装置的类型。选择时应考虑配电装置的电压等级、电气设备的形式、出线多少和方式、有无电抗器、地形、环境条件等因素。

(2) 拟定配电装置的配置图。配置图是一种示意图，用来表示进线(如发电机、变压器)、出线(如线路)、断路器、互感器、避雷器等合理分配于各层、各间隔中的情况，并表示出导线和电气设备各间隔的轮廓，但不要求按比例尺寸绘出。通过配置图可以了解和分析配电装置方案，统计所用的主要电气设备。

(3) 设计绘制配电装置平面图和断面图。平面图是按比例画出房屋及其间隔、通道和出口等处的平面布置轮廓，平面上的间隔值是为了确定间隔数及排列，故可不表示所装电气设备。断面图是用来表明所取断面的间隔中各种设备的具体空间位置、安装和相互连接的结构图。断面图也应按比例绘制。

5.1.3 配电装置的最小安全净距

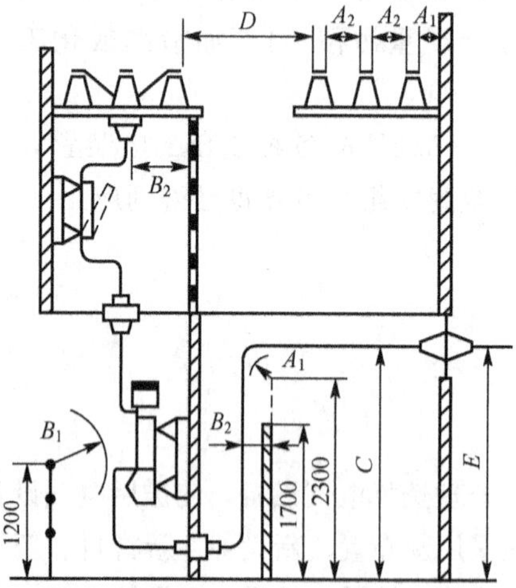

图 5.2 户内配电装置安全净距校验图

配电装置各部分之间，为确保人身和设备的安全所必需的最小电气距离，称为最小安全净距。在这一距离下，无论在正常最高工作电压或出现内、外部过电压时，都不致使空气间隙被击穿。

对于敞露在空气中的户内、外配电装置中各有关部分之间的最小安全净距分别为 A、B、C、D、E 这5类，如图 5.2 和图 5.3 所示。

图中有关尺寸说明如下。

(1) 配电装置中，电气设备的栅状遮拦高度不应低于 1 200mm，栅状遮拦至地面的净距以及栅条间的净距应不大于 200mm。

(2) 配电装置中，电气设备的网状遮拦不应低于 1 700mm，网状遮拦网孔不应大于 40mm×40mm。

(3) 位于地面(或楼面)上面的裸导体导电部分，如其尺寸受空间限制不能保证 C 值时，应采用网状遮拦隔离。网状遮拦下通行部分的高度不应小于 1 900mm。

最小安全净距 A 类分为 A_1 和 A_2，A_1 和 A_2 是最基本的最小安全净距，即带电部分对接地部分之间和不同相的带电部分之间的空间最小安全净距。A_1 和 A_2 值是根据过电压与绝缘配合计算，并根据间隙放电试验曲线来确定的。一般地，220kV 及以下的配电装置，大气过电压起主要作用；330kV 及以上的配电措施，内过电压起主要作用；当采用残压较低的避雷器(如氧化锌避雷器)时，A_1 和 A_2 值可减小；当海拔超过 1 000m 时，按每升高 100m，绝缘强度增加 1%来增加 A 值。

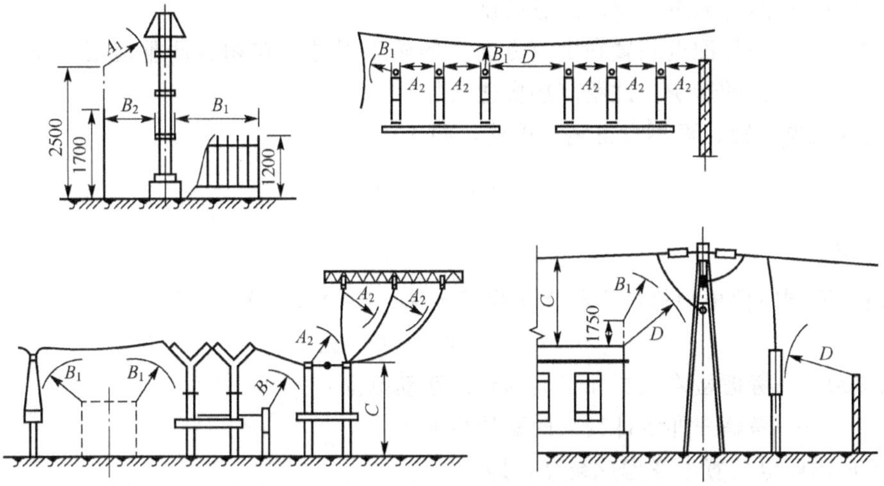

图 5.3 户外配电装置安全净距校验图

B、C、D、E 等类安全净值是在 A 值的基础上再考虑运行维护、设备移动、检修工具活动范围、施工误差等具体情况而确定。它们的含义分别叙述如下。

1. A 值

A 值分为两类 A_1 和 A_2。

A_1——带电部分至接地部分之间的最小电气净距；

A_2——不同相的带电导体之间的最小电气净距。

2. B 值

B 值分为两类 B_1 和 B_2。

B_1——带电部分至栅状遮拦间的距离和可移动设备在移动中至带电裸导体间的距离，即

$$B_1 = A_1 + 750(\text{mm}) \tag{5-1}$$

式中：750——考虑运行人员手臂误入栅栏时手臂的长度。

设备移动时的摇摆也不会大于此值。当导线垂直交叉且又要求不同时停电检修的情况下，检修人员在导线上下活动范围也为此值。

B_2——带电部分至网状遮拦间的电气净距，即

$$B_2 = A_1 + 30 + 70(\text{mm}) \tag{5-2}$$

式中：30——考虑在水平方向的施工误差；

70——指运行人员手指误入网状遮拦时，手指长度不大于此值。

3. C 值

C 值为无遮拦裸导体至地面的垂直净距。保证人举手后，手与带电裸导体间的距离不小于值，即

$$C=A_1+2\ 300+200(\text{mm}) \tag{5-3}$$

式中：2 300——运行人员举手后的总高度；

200——户外配电装置在垂直方向上的施工误差，在积雪严重地区，还应考虑积雪的影响，此距离还应适当加大。

对户内配电装置，可不考虑施工误差，即

$$C=A_1+2\ 300(\text{mm}) \tag{5-4}$$

4. D 值

D 值为不同时停电检修的平行无遮拦裸导体之间的水平净距，即

$$D=A_1+1\ 800+200(\text{mm}) \tag{5-5}$$

式中：1 800——考虑检修人员和工具的允许活动范围；

200——考虑户外条件较差而取的裕度。

对于户内配电装置不考虑此裕度，即

$$D=A_1+1\ 800(\text{mm}) \tag{5-6}$$

5. E 值

E 值为户内配电装置通向户外的出线套管中心线至户外通道路面的距离。35kV 以下取 $E=4\ 000$mm，60kV 及以上，$E=A_1+3\ 500$(mm)，并取整数值，其中 3 500 为人站在载重汽车车厢中举手的高度。

图 5.1 和图 5.2 分别为 A、B、C、D、E 各值的含义示意图。表 5-1 和表 5-2 分别给出了各参数的具体值。当海拔超过 1 000m 时，表中所列 A 值应按每升高 100m 增大 1%进行修正，B、C、D、E 值应分别增加 A_1 值的修正值。

设计配电装置中带电导体之间和导体对接地构架的距离时，还应考虑其他因素，如软绞线在短路电动力、风摆、温度和覆冰等作用下使相间及对地距离的减小；隔离开关开断允许电流时不致发生相间和接地故障；降低大电流导体附近铁磁物质的发热；减小 110kV 及以上带电导体的电晕损失和带电检修；等等。工程上采用相间距离和相对地的距离，通常大于表 5-1 和表 5-2 所列的数值。

表 5-1　户内配电装置的安全净距(mm)

符号	适用范围	额定电压/kV									
		3	6	10	15	20	35	60	110J	110	220J
A_1	(1) 带电部分至接地部分之间 (2) 网状和栅状遮拦向上延伸线距地 2.3m 处，与遮拦上方带电部分之间	75	100	125	150	180	300	550	850	950	1 800

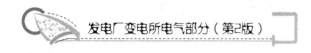

续表

符号	适用范围	额定电压/kV									
		3	6	10	15	20	35	60	110J	110	220J
A_2	(1) 不同相的带电部分之间 (2) 断路器和隔离开关的断口两侧带电部分之间	75	100	125	150	180	300	550	900	1 000	2 000
B_1	(1) 栅状遮拦至带电部分之间 (2) 交叉的不同时停电检修的无遮拦带电部分之间	825	850	875	900	930	1050	1 300	1 600	1 700	2 550
B_2	网状遮拦至带电部分之间	175	200	225	250	280	400	650	950	1 050	1 900
C	无遮拦裸导体至地(楼)面之间	2 375	2 400	2 425	2 450	2 480	2 600	2 850	3 150	3 250	4 100
D	平行的不同时停电检修的无遮拦裸导体之间	1 875	1 900	1 925	1 950	1 980	2 100	2 350	2 650	2 750	3 600
E	通向户外的出线套管至户外通道的路面	4 000	4 000	4 000	4 000	4 000	4 000	4 500	5 000	5 000	5 500

注：J系指中性点直接接地系统。

表5-2 户外配电装置的安全净距(mm)

符号	适用范围	额定电压/kV								
		3～10	15～20	35	60	110J	110	220J	330J	500J
A_1	(1) 带电部分至接地部分之间 (2) 网状遮拦向上延伸线距地2.5m处，与遮拦上方带电部分之间	200	300	400	650	900	1 000	1 800	2 500	3 800
A_2	(1) 不同相的带电部分之间 (2) 断路器和隔离开关的断口两侧引线带电部分之间	200	300	400	650	1 000	1 100	2 000	2 800	4 300
B_1	(1) 设备运输时，其外廓至无遮拦带电部分之间 (2) 交叉的不同时停电检修的无遮拦带电部分之间 (3) 栅状遮拦至绝缘体和带电部分之间 (4) 带电作业时的带电部分至接地部分之间	950	1 050	1 150	1 400	1 650	1 750	2 550	3 250	4 550
B_2	网状遮拦至带电部分之间	300	400	500	750	1 000	1 100	1 900	2 600	3 900
C	(1) 无遮拦裸导体至地面之间 (2) 无遮拦裸导体至建筑物、构筑物顶部之间	2 700	2 800	2 900	3 100	3 400	3 500	4 300	5 000	7 500
D	(1) 平行的不同时停电检修的无遮拦带电部分之间 (2) 带电部分与建筑物、构筑物的边沿部分之间	2 200	2 300	2 400	2 600	2 900	3 000	3 800	4 500	5 800

注：J系指中性点直接接地系统。

5.2 户内配电装置

5.2.1 户内配电装置分类

户内配电装置的结构形式除与电气主接线形式、电压等级、母线容量、断路形式、出线回路数、出线方式及有无电抗器等有密切关系外，还与施工、检修条件和运行经验有关。随着新设备和新技术的采用，运行和检修经验的不断丰富，配电装置的结构和形式将会不断地发展。

发电厂和变电站中6～10kV户内配电装置，按其布置形式可分为下列3类。

(1) 三层式。三层式是将所有电气设备分别布置在三层中(三层、二层、底层)，将母线、母线隔离开关等较轻设备布置在第三层，将断路器布置在二层，电抗器布置在底层。其优点是安全、可靠性高，占地面积少；缺点是结构复杂，施工时间长，造价较高，检修和运行维护不大方便，目前已较少采用。

(2) 二层式。二层式是将断路器和电抗器布置在一层，将母线、母线隔离开关等较轻设备布置在第二层。与三层式相比，它的优点是造价较低，运行维护和检修方便，缺点是占地面积有所增加。三层式和二层式均用于出线有电抗器的情况。

(3) 单层式。单层式是把所有设备布置在底层。优点是结构简单，施工时间短，造价低，运行、检修方便；缺点是占地面积较大，通常采用成套开关柜，以减少占地面积。

35～220kV的户内配电装置布置型式，只有二层式和单层式。

图5.4所示为二层二通道双母线分段、出线带电抗器的6～10kV户内配电装置配置图。可以看出电抗器、电流互感器、断路器放置在一层，而隔离开关、母线、电压互感器放置在二层。

5.2.2 户内配电装置的布置原则

1. 总体布置

(1) 同一回路的电器和导体应布置在一个间隔内，以保证检修和限制故障范围。所谓间隔是指为了将电气设备故障的影响限制在最小的范围内，以免波及相邻的电气回路，以及在检修电气设备时，避免检修人员与邻近回路的电气设备接触，而用砖或用石棉板等制成的墙体隔离的空间。按照回路的用途，可分为发电机、变压器、线路、母线(或分段)继电器、电压互感器和避雷器间隔等。各间隔依次排列起来形成所谓的列，按形成的列数可分为单列布置和双列布置。

(2) 尽量将电源布置在每段母线的中部，使母线截面通过较小的电流，但有时为了连接方便，根据主厂房或变电站的布置而将发电机或变压器间隔设在每段母线的端部。

(3) 较重的设备(如电抗器)布置在下层，以减轻楼板的荷重并便于安装。

(4) 充分利用间隔的位置。

(5) 设备对应布置，便于操作。

(6) 有利于扩建。

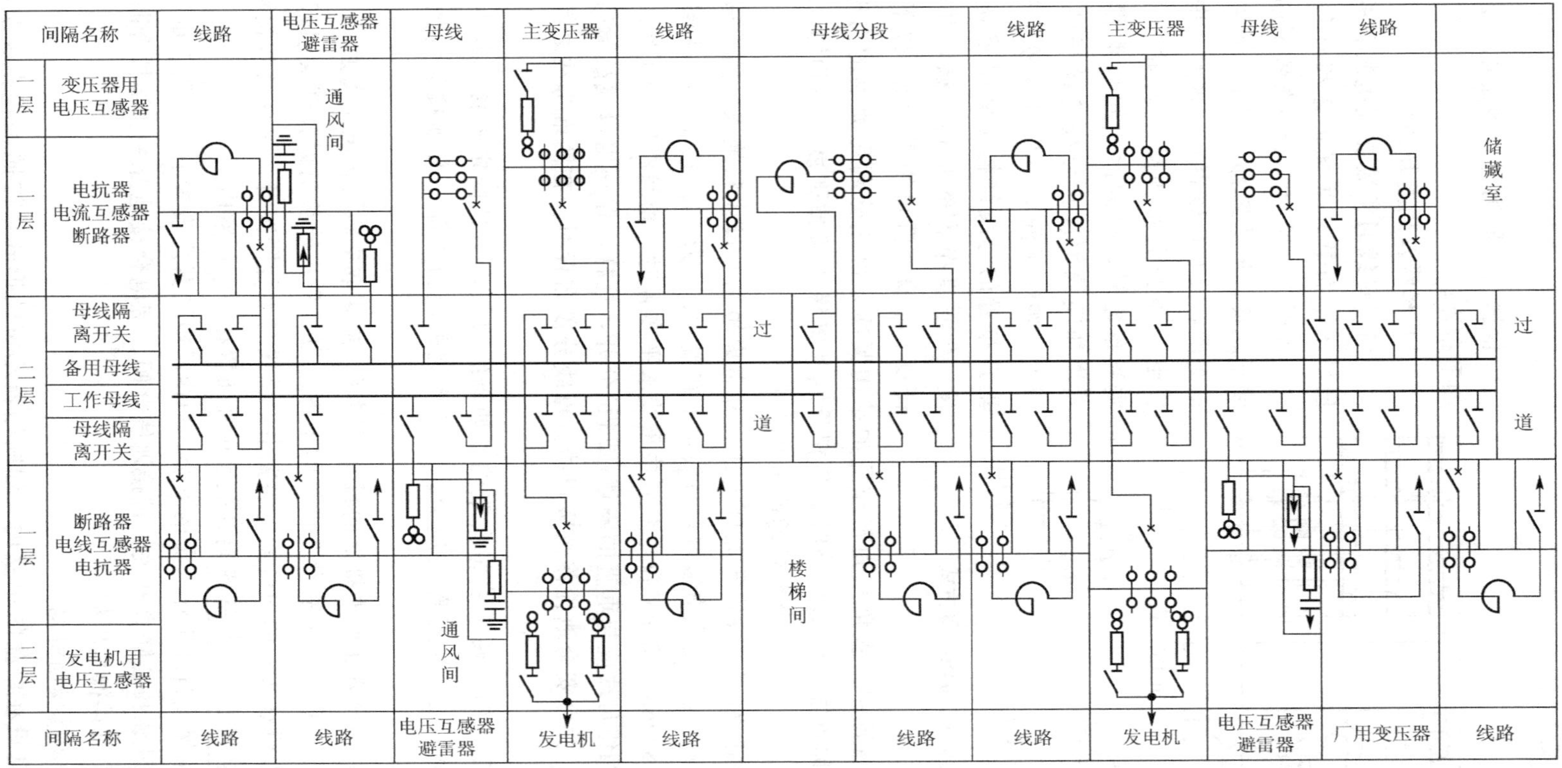

图 5.4　二层二通道双母线分段、出线带电抗器的 6～10kV 屋内配电装置配置图

2. 设备布置

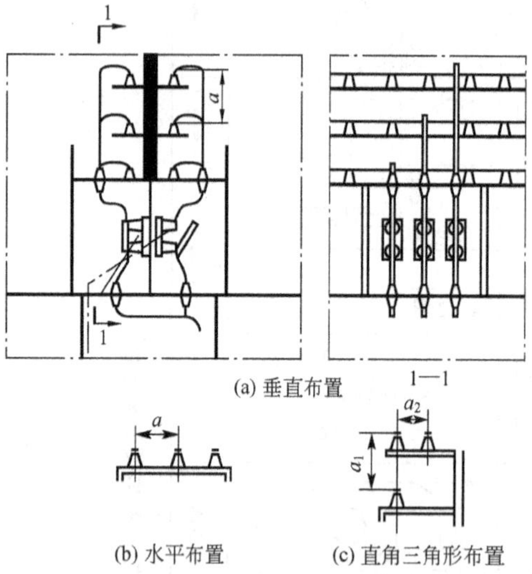

(a) 垂直布置

(b) 水平布置　　(c) 直角三角形布置

图 5.5　母线布置方式

根据上述原则对户内配电装置的设备作如下布置。

1）母线及隔离开关

（1）母线通常装在配电装置的上部，一般呈水平布置、垂直布置和直角三角形布置，如图 5.5 所示。水平布置不如垂直布置便于观察，但建筑部分简单，可降低建筑物的高度，安装比较容易，因此在中、小容量发电厂和变电站的配电装置中采用较多。垂直布置时，相间距离可以取得较大，无需增加间隔深度；支柱绝缘子装在水平隔板上，绝缘子间的距离可取较小值。因此，垂直布置的母线结构可获得较高的机械强度；但垂直布置的结构复杂，并增加建筑高度。垂直布置可用于 20kV 以下、短路电流很大的配电装置中。直角三角形布置的结构紧凑，可充分利用间隔的高度和深度，但三相为非对称布置，外部短路时，各相母线和绝缘子机械强度均不相同，这种布置方式可用于 6～35kV 大、中容量的配电装置中。

（2）母线相间距离 a 决定于相间电压，并考虑短路时母线和绝缘子的机械强度与安装条件。6～10kV 小容量配电装置，母线水平布置时，a 为 250～350mm；母线垂直布置时，a 为 700～800mm。35kV 配电装置中母线水平布置时，相间距离 a 约为 500mm。双母线布置中的两组母线应与垂直的隔墙(或板)分开，这样，在一组母线故障时，不会影响另一组母线，并可安全地检修故障母线。母线分段布置时，在两端母线之间也应以隔墙(或板)隔开。

（3）温度变化时，硬母线将会胀缩，如母线很长，又是固定连接，则在母线、绝缘子和套管中可能会产生危险的应力。为了将这种应力消除，必须按规定加装母线补偿器。

（4）当母线和导体互相连接处的材料不同时，应采取措施防止电化腐蚀。

（5）母线隔离开关，通常设在母线的下方。为了防止带负荷误拉开关引起飞弧造成母线短路，在双母线布置的户内配电装置中，母线与母线隔离开关之间宜装设耐火隔板。两层以上的配电装置中，母线隔离开关宜单独布置在一个小室内。

（6）为了确保设备及工作人员的安全，户内配电装置应设置有“五防”的闭锁装置。“五防”是指防止误拉合隔离开关、带接地线合闸、带电合接地开关、误拉合断路器、误入带电间隔等电气误操作事故。

2）断路器及其操动机构

断路器通常设在单独的小室内。油断路器小室的形式，按照油量多少及防爆结构的要求，可分为敞开式、封闭式和防爆式。四壁用实体墙壁、顶盖和无网眼的门完全封闭起来的小室，称为封闭小室；如果小室完全或部分使用非实体的隔板或遮拦，则称为敞开小室；当封闭小室的出口直接通向户外或专设的防爆通道，则称为防爆小室。

为了防火安全，35kV以下的油断路器和油浸式互感器一般安装在开关柜或间隔内；35kV及以上的油断路器和油浸式互感器应装设在有防爆隔墙的间隔内；总油量超过100kg油浸电力变压器，应安装在单独的防爆小室内；当间隔内的单台电气设备总油量超过100kg时，应装设储油或挡油措施。

断路器的操动机构设在操作通道内。手动操动机构和轻型远距离控制的操动机构均装在壁上，重型远距离控制的操动机构则落地装在混凝土基础上。

3）互感器和避雷器

(1)电流互感器无论是干式或油浸式，都可以和断路器放在同一个小室内。穿墙式电流互感器应尽可能作为穿墙套管使用。

(2) 电压互感器都经隔离开关和熔断器(110kV及以上只用隔离开关)接到母线上，需占用专用的间隔，但同一间隔内，可以装设几台不同用途的电压互感器。

(3) 当母线上接有架空线路时，母线上应装避雷器。由于避雷器体积不大，通常与电压互感器共占用一个间隔(相互之间应以隔层隔开)，并可共用一组隔离开关。

4）电抗器

电抗器比较重，大多布置在封闭小室的第一层。电抗器按其容量不同有3种不同的布置方式：三相垂直布置、品字形布置和三相水平布置，如图5.6所示。

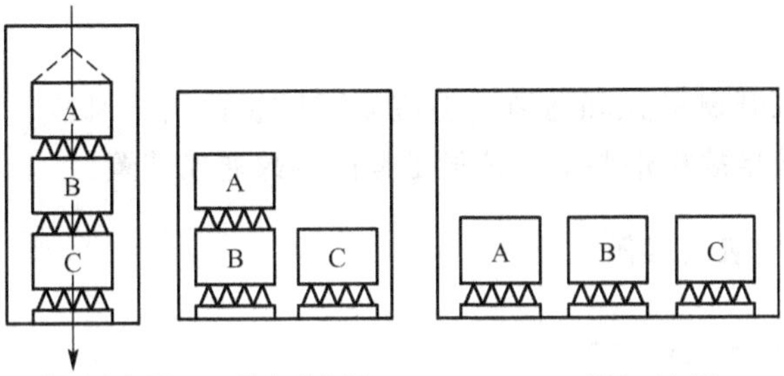

(a) 三相垂直布置　(b) 品字形布置　(c) 三相水平布置

图5.6　电抗器的布置方式

通常线路电抗器采用垂直布置或品字形布置。当电抗器的额定电流超过1 000A、电抗值超过5%～6%时，由于重量及尺寸过大，垂直布置会有困难，且使小室高度增加较多，故宜采用品字形布置。额定电流超过1 500A的母线分段电抗器或变压器低压侧的电抗器(或分裂电抗器)，宜采取水平布置。

安装电抗器必须注意：垂直布置时，B相应放在上下两相之间；品字形布置时，不应将A、C相重叠在一起，其原因是B相电抗器线圈的缠绕方向与A、C相线圈相反，这样在外部短路时，电抗器相间的最大作用力是吸引力，而不是排斥力，以便利用瓷绝缘子抗压强度比抗拉强度大的多的特点。

5）电缆隧道及电缆沟

电缆隧道及电缆沟是用来放置电缆的。

(1) 电缆隧道。电缆隧道为封闭狭长的构筑物，高 1.8m 以上，两侧设有数层敷设电缆的支架，可放置较多的电缆，人在隧道内能方便地进行电缆的敷设和维修工作，其造价较高，一般用于大型电厂。

(2) 电缆沟。电缆沟则为有盖板的沟道，沟宽与深均不足 1m，可容纳的电缆数量较少，敷设和维修电缆必须揭开水泥盖板，很不方便，且沟内容易积灰和积水，但土建施工简单，造价较低，常为变电站和中、小型发电厂所采用。国内外有不少发电厂，将电缆吊在天花板下，以节省电缆沟。为使电力电缆发生事故时不致影响控制电缆，一般将电力电缆与控制电缆分开排列在过道两侧。如布置在一侧时，控制电缆应尽量布置在下面并用耐火隔板与电力电缆隔开。

6）通道和出口

(1) 通道。配电装置的布置应便于设备操作、检修和搬运，故需设置必要的通道(走廊)。凡用来维护和搬运各种电器的通道，称为维护通道；如通道内设有断路器(或隔离开关)的操动机构、就地控制屏等，称为操作通道；仅和防爆小室相通的通道，称为防爆通道。配电装置室内各种通道的最小宽度(净距)应符合规程要求。

(2) 出口。为了保证工作人员的安全及工作的方便，不同长度的户内配电装置室，应有一定数目的出口。长度小于 7m 时，可设置一个出口；长度大于 7m 时，应有两个出口(最好设在两端)；当长度大于 60m 时，在中部适当的地方再增加一个出口。配电装置室出口的门应向外开，并应装弹簧锁；相邻配电装置室之间如有门时，应能向两个方向开启。

7）采光和通风

配电装置室可以开窗采光和通风，但应采取防止雨雪、风沙、污秽和小动物进入室内的措施。另外应按事故排烟要求，装设足够的事故通风装置。

5.2.3 户内配电装置实例

1. 6～10kV 双层式配电装置

图 5.7 为两层二通道双母线出线带电抗器的 6～10kV 配电装置的断面图。它适用于母线短路冲击电流值在 200kA 以下的大、中型变电所或机组容量在 5 万 kW 以下的发电厂中。装置内最大可装 SN4 型少油断路器和 1 000A 的电抗器。

母线和母线隔离开关在第二层。为了充分利用第二层的面积，母线呈单列布置，三相垂直排列，相间距离为 750mm，用隔板隔开。母线隔离开关装在母线下面的敞开小间中，二者之间用隔板隔开，以防止事故蔓延。第二层中有两个维护通道，母线隔离开关靠近通道的一侧，设有网状遮拦，以便巡视。

第一层布置断路器和电抗器等笨重设备，分两列布置，中间为操作通道，断路器及隔离开关均集中在第一层操纵通道内操作，比较方便。出线电抗器小室与出线断路器沿纵向前后布置，电抗器垂直布置，下部有通风道，能引入冷空气，而热空气则从靠外墙

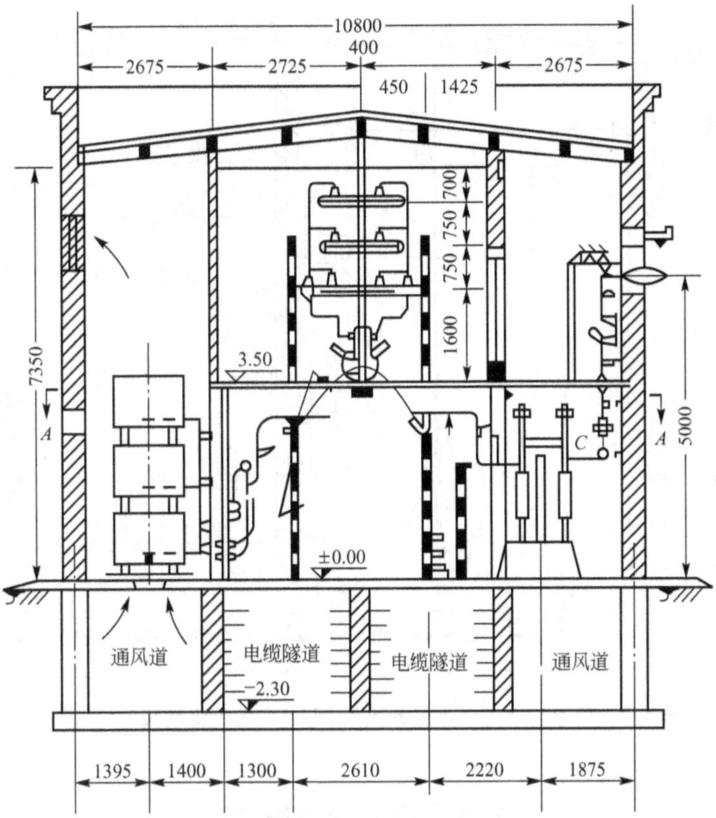

图 5.7 两层二通道双母线出线带电抗器的 6～10kV 配电装置的断面图

上部的百叶窗排出。对电抗器的监视，可在户内进行。电流互感器采用穿墙式，兼作穿墙套管。发电机、变压器回路采用架空引入，出线采用电缆经电缆隧道引出。

在母线隔离开关下方的楼板上，开有较大的孔洞，便于操作时对隔离开关进行观察，也可免设穿墙套管，但如发生故障，两层便相互影响。

由于配电装置中母线呈单列布置，增加了配电装置的总长度，这对发电机电压母线有多台几组的发电厂，后期所装的机组与配电装置的连接可能比较困难。同时，配电装置通风较差，需要采用机械通风装置。

2. 35kV 户内配电装置

图 5.8 为单层二通道单母线分段的 35kV 户内配电装置的断面图。母线三相采用垂直布置，导体竖放扰度小、散热条件较好。母线、母线隔离开关与断路器分别设在前后间隔内，中间用隔墙隔开，可减少事故影响范围。间隔前后设有操作和维护通道，通道上侧开窗，采光、通风都较好。隔离开关和断路器均集中在操作通道内操作，故操作比较方便。配电装置中所有的电器均布置在较低的地方，施工、检修都很方便。由于采用新型户内少油断路器 SN10-35，体积小、油量少、重量轻，故还具有占地面积小、投资省的优点。缺点是：出线回路的引出线要跨越母线(指架空出线)，需设网状遮拦；单列布置通道较长，巡视不如双列布置方便，对母线隔离开关的开闭状态监视不便。

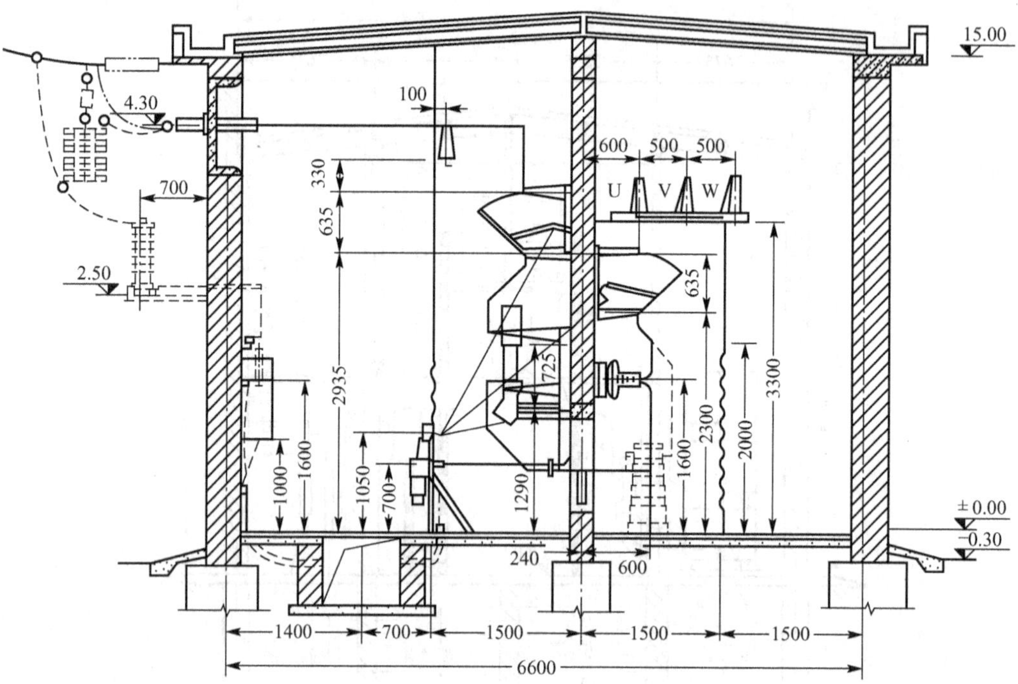

图 5.8　单层二通道单母线分段的 35kV 户内配电装置的断面图

5.3　户外配电装置

5.3.1　户外配电装置的分类

根据电气设备和母线布置的高度，户外配电装置可分为中型配电装置、高型配电装置和半高型配电装置。

1. 中型配电装置

中型配电装置是将所有电气设备都安装在同一个平面内，并装在一定高度的基础上，使带电部分对地保持必要的高度，以使工作人员能在地面上安全活动；母线所在的水平面稍高于电气设备所在的水平面，母线和电气设备均不能上、下重叠布置。中型配电装置布置比较清晰，不易误操作，运行可靠，施工和维护方便，造价较省，并有多年的运行经验，其缺点是占地面积过大。中型配电装置广泛用于 110～500kV 电压等级，且宜在地震烈度较高的地区采用。

2. 高型配电装置

高型配电装置是将一组母线及隔离开关与另一组母线及隔离开关上下重叠布置的配电装置，可以节省占地面积 50%左右，但耗费钢材较多，造价较高，操作和维护条件较差。在地震烈度较高的地区不宜采用高型。高型配电装置适用于 220kV 电压等级。

高型配电装置按其结构的不同，可分为单框架双列式、双框架单列式和三框架双列式3种类型。下面以双母线、进出线带旁路母线的主接线形式为例来叙述高型配电装置的3种类型结构。

(1) 单框架双列式。它是将两组母线及其隔离开关上下重叠布置在一个高型框架内，而旁路母线架(供布置旁路母线用)不提高，成为单框架结构，断路器为双列布置。

(2) 双框架单列式。双框架单列式除将两组母线及其隔离开关上下重叠布置在一个高型框架内外，再将一个旁路母线架提高且并列设在母线架的出线侧，也就是两个高型框架合并，成为双框架结构，断路器为单列布置。

(3) 三框架双列式。三框架双列式除将两组母线及其隔离开关上下重叠布置在一个高型框架内外，再把两个旁路母线架提高，并列设在母线架的两侧，也就是3个高型框架合并，成为三框架结构，断路器为双列布置。

三框架结构比单框架和双框架更能充分利用空间位置，因为它可以双侧出线，在中间的框架内分上下两层布置两组母线及其隔离开关，两侧的两个框架内，上层布置旁路母线和旁路隔离开关，下层布置进出线断路器，电流互感器和隔离开关，从而使占地面积最小。由于三框架布置较双框架和单框架优越，因而得到了广泛的应用。但和中型布置相比钢材消耗量较大，操作条件较差，检修上层设备不便。

3. 半高型配电装置

半高型配电装置是将母线置于高一层的水平面上，与断路器、电流互感器、隔离开关上下重叠布置，其占地面积比普通中型减少30%。半高型配电装置介于高型和中型之间，具有两者的优点，除母线隔离开关外，其余部分与中型布置基本相同，运行维护仍较方便。半高型配电装置适用于110kV电压等级。

由于高型和半高型配电装置可大量节省占地面积，因而在电力系统中得到广泛应用。

5.3.2 户外配电装置的布置原则

1. 母线及构架

1) 母线。户外配电装置的母线有软母线和硬母线两种。

(1) 软母线。软母线分为钢芯铝绞线、软管母线和分裂导线，三相呈水平布置，用悬式绝缘子悬挂在母线构架上。软母线的优点是可选用较大的档距，但一般不超过3个间隔宽度；缺点是导线弧垂导致导线相间及对地距离增加，相应地母线及跨越线构架的宽度和高度均需要加大。

(2) 硬母线。硬母线常用的有矩形和管形。矩形母线用于35kV及以下配电装置，管形则用于110kV及以上的配电装置。硬母线的优点是：①弧垂极小，无需另设高大构架；②管形硬母线一般安装在柱式绝缘子上，母线不会摇摆，相间距离可缩小，与剪刀式隔离开关配合可以节省占地面积。③管形母线直径大，表面光滑，可提高电晕起始电压。缺点是：①管形母线易产生微风共振和存在端部效应，对基础不均匀下沉比较敏感；②支柱绝缘子抗震能力较差。

2) 构架。构架可用型钢或钢筋混凝土制成。钢构架机械强度大，可以按任何负荷和尺寸制造，便于固定设备，抗震能力强，运输方便。钢筋混凝土构架可以节约大量钢材，也可满足各种强度和尺寸的要求，经久耐用，维护简单。钢筋混凝土环形杆可以在工厂成批生产，并可分段制造，运输和安装尚比较方便，但不便于固定设备。以钢筋混凝土环形杆和镀锌钢梁组成的构架，兼有二者的优点，已在我国 220kV 以下各种配电装置中广泛采用。图 5.9 所示为某变电站母线及架构图。

图 5.9　某 500kV 开关站母线及架构图

2. 电力变压器

电力变压器外壳不带电，故通常采用落地布置，安装在变压器基础上。变压器基础一般制成双梁形并铺以铁轨，轨距等于变压器的滚轮中心距。为了防止变压器发生事故时，燃油流失使事故扩大，单个油箱油量超过 1 000kg 以上的变压器，按照防火要求，在设备下面需设置储油池或挡油墙，其尺寸应比设备外廓大 1m，储油池内一般铺设厚度不小于 0.25m 的卵石层。

主变压器与建筑物的距离不应小于 1.25m，且距变压器 5m 以内的建筑物，在变压器总高度以下及外廓两侧各 5m 的范围内，不应有门窗和通风孔。当变压器油量超过 2 500kg 以上时，两台(或两相)变压器之间的防火净距不应小于 5～10m，如布置有困难，应设置防火墙，如图 5.10 所示。

3. 高压断路器

断路器有低式和高式两种布置。低式布置的断路器安装在 0.5～1m 的混凝土基础上，其优点是检修比较方便，抗震性能好，但低式布置必须设置围栏，因而影响通道的畅通。在中型配电装置中，断路器和互感器多采用高式布置，即把断路器安装在约高 2m 的混凝土基础上，因断路器支持绝缘子最低绝缘部位对地距离为 2.5m，故不需要设置围栏。

图 5.10 750kV 分裂主变布置图

4. 隔离开关和互感器

隔离开关和互感器均采用高式布置，其要求与断路器相同。

5. 避雷器

避雷器也有高式和低式两种布置。110kV 及以上的阀型避雷器由于器身细长，多落地安装在 0.4m 的基础上。磁吹避雷器及 35kV 阀型避雷器形体矮小，稳定度较好，一般采用高式布置。

6. 电缆沟

电缆沟的布置，应使电缆所走的路径最短。按布置方向可分为以下 3 种。

(1) 横向电缆沟。横向电缆沟与母线平行，一般布置在断路器与隔离开关之间。

(2) 纵向电缆沟。纵向电缆沟与母线垂直，为主干电缆沟，因敷设电缆较多，一般分两路。

(3) 辐射型电缆沟。当采用弱电控制和晶体管、微机保护时，为了加强抗干扰，可采用辐射型电缆沟。

7. 通道

为了运输设备和消防的需要，应在主要设备近旁铺设行车道路。大、中型变电站内一般均应铺设宽 3m 的环形道。户外配电装置内应设置 0.8～1m 的巡视小道，以便运行人员巡视电气设备，电缆沟盖板可作为部分巡视小道。

5.3.3 户外配电装置实例

在我国 20 世纪 50 年代，户外配电装置主要采用普通中型，但因占地面积较大逐渐被淘汰，自 20 世纪 60 年代开始出现了新型配电装置，分相中型、半高型和高型得到了广泛应用。

1. 普通中型配电装置

图 5.11 为 110kV 管型母线普通中型户外配电装置，采用双母线带旁路接线的引出线

间隔断面图。母线的相间距离为 1.4m，边相距架构中性线 3m，母线支柱绝缘子架设在 5.5m 高的钢筋混凝土支架上。断路器、隔离开关、电流互感器和结合电容均采用高式布置。为简化结构，将母线与门型架构合并。搬运设备通道设在断路器与母线架之间，检修与搬运设备都比较方便，通道还可以兼作断路器的检修场地。当断路器为单列布置时，配电装置会出现进出线回路引线与母线交叉的双层布置，从而降低了装置的可靠性。

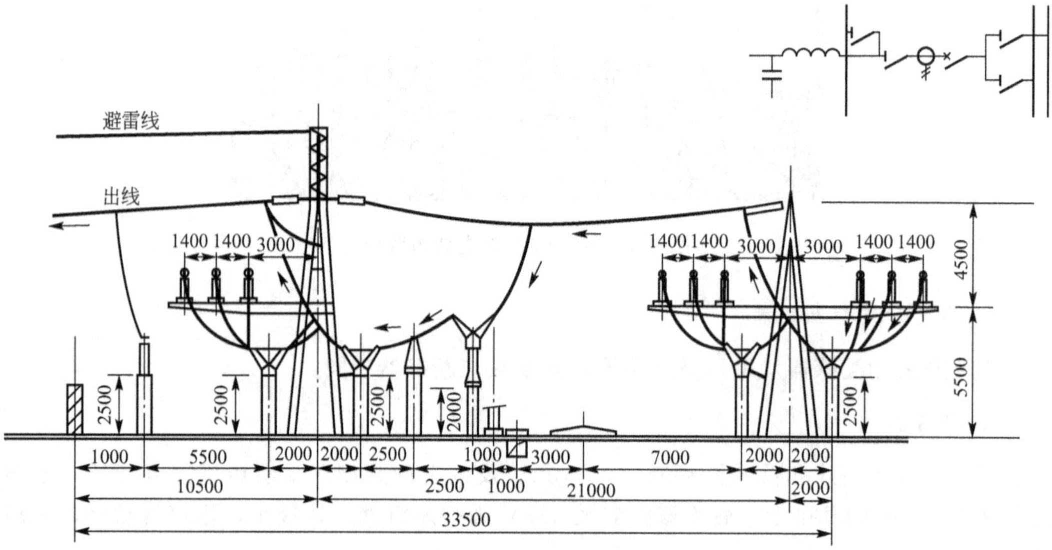

图 5.11　110kV 管型母线普通中型户外配电装置

图 5.12 为 500kV 软母线 3/2 接线的引出线间隔断面图。该配电装置选用双柱伸缩式隔离开关，因 U 相隔离开关接线端子距母线的距离较大，需增设单相支柱式绝缘子支撑固定。母线相间距离为 6.5m，边相对架构中心线距离为 5.5m。断路器采用低式布置，隔离开关、电流互感器、结合电容等采用高式布置。为搬运设备方便，考虑相间通道的要求，设备相间距离取 8.5m。

2. 分相中型配电装置

图 5.13 为 220kV 双母线带旁路接线，采用管型母线分相中型配电装置的断面图。分相中型配电装置与普通中型配电装置相比，主要的区别是将母线隔离开关分解为单相布置，将每相的隔离开关直接布置在各相母线的下方。隔离开关选用单柱式隔离开关。母线引出线直接由隔离开关接至断路器，当两者之间的距离较大时，为满足动稳定与抗震的要求，需要装设棒式支柱式绝缘子支撑固定。

该分相中型配电装置的断路器为双列布置。母线为铝合金管型母线，为降低母线高度，采用棒式支柱式绝缘子固定，使母线距地面距离仅为 9.26m。同时缩小了纵向距离，与普通中型配电装置相比，占地面积可节约 20%～30%。

采用管型母线的分相中型配电装置，具有布置清晰、简化结构、节约三材、节约用地等优点，日益得到广泛的应用。但是，由于支柱式绝缘子的防污能力和抗震能力较差，故在污秽严重地区和地震烈度较高地区不宜采用。

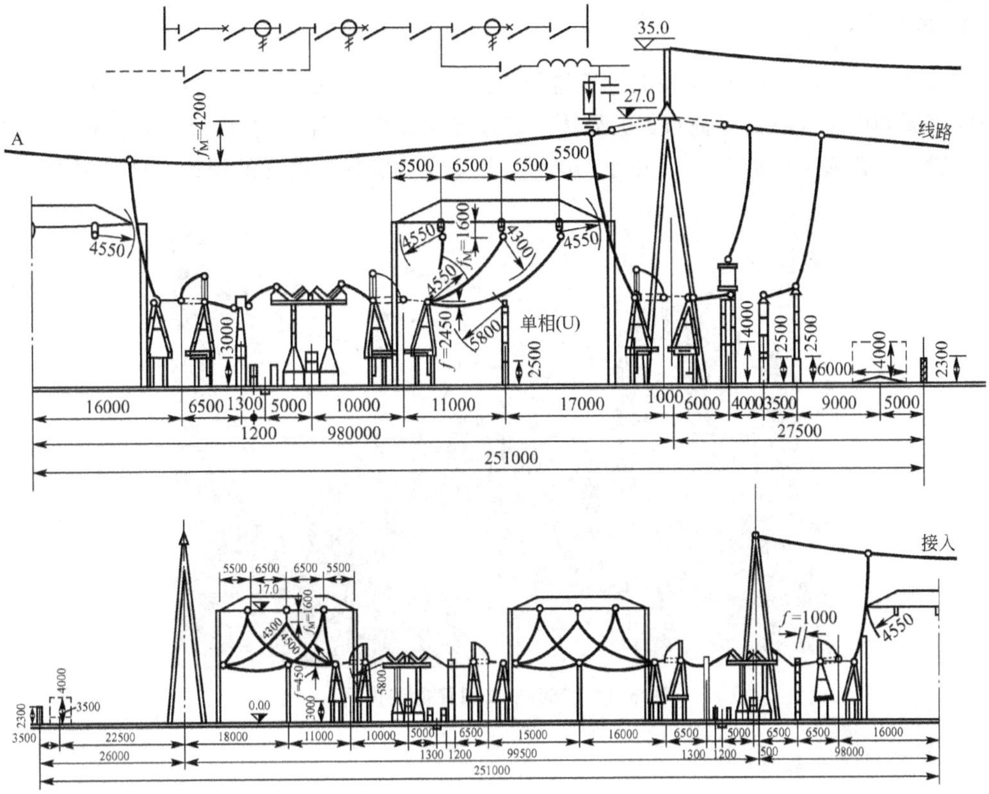

图 5.12 500kV 软母线 3/2 接线的引出线间隔断面图

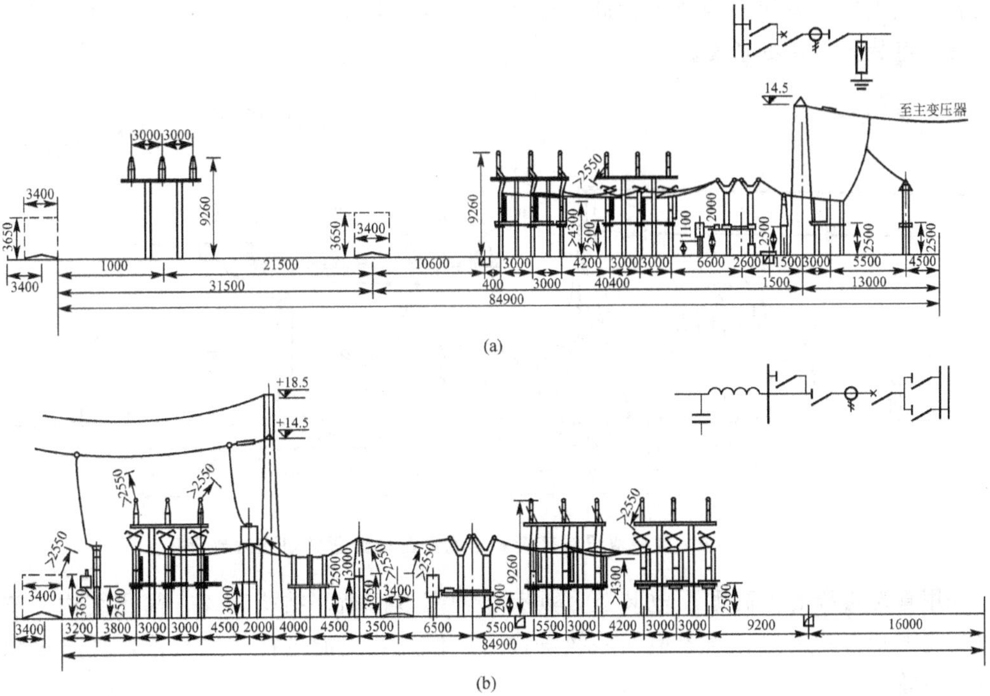

图 5.13 220kV 管型母线分相中型配电装置的断面图

3. 高型配电装置

图 5.14 所示为 750kV 高型配电装置图。这种布置方式不仅将两组母线重叠布置，同时与断路器和电流互感器重叠布置。显然，该布置方式特别紧凑，纵向尺寸显著减少，占地面积一般只有普通中型的 50%；此外，母线、绝缘子串和控制电缆的用量也比中型少。

图 5.14　750kV 高型配电装置图

4. 半高型配电装置

图 5.15 为 110kV 管型双母线带旁路半高型配电装置的进出线断面图。该配电装置将母线和母线隔离开关的安装位置抬高，而将断路器、电流互感器等设备布置在母线的下方，使配电装置布置更紧凑。

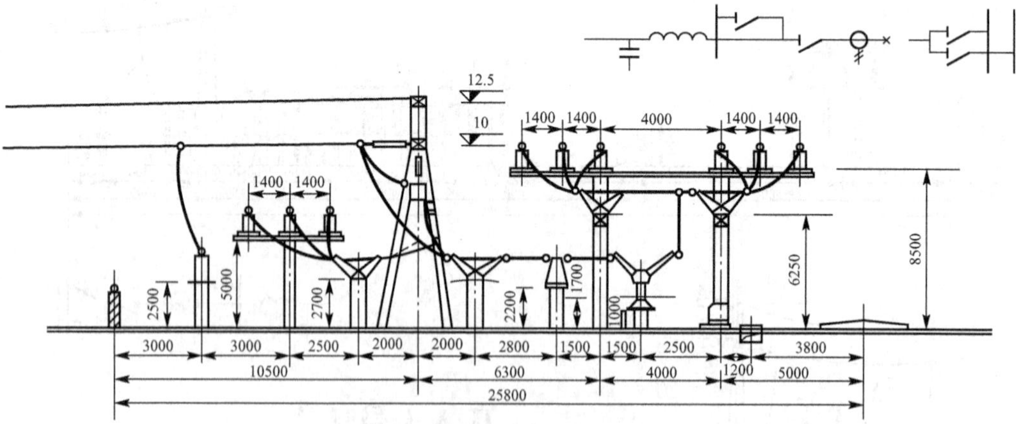

图 5.15　110kV 管型双母线带旁路半高型配电装置的进出线断面图

采用管型母线的半高型配电装置，具有布置简单清晰、结构紧凑、简化结构、节约三材、进一步节约用地、缩短巡回路线等优点。但是，不能进行带电检修，其防污和抗震性能较差。

5.4 成套配电装置

5.4.1 概述

成套配电装置就是按照电气主接线的要求，由制造厂将同一功能回路的开关电器、测量仪表、保护电器和辅助设备都组装在开关柜(配电屏)内，运抵现场后只需对开关柜(配电屏)进行安装固定。

成套配电装置分为低压配电屏(开关柜)、高压开关柜、SF_6 全封闭组合电器和成套变电站 4 类。

5.4.2 低压配电装置

发电厂和变电站中所用的低压成套配电装置(开关柜)，主要有低压固定式配电屏和低压抽屉式开关柜两种。

1. 低压固定式配电屏

低压固定式配电屏主要有 PGL、GGL、GGD、GHL、BSL 等系列，其框架用角钢和薄钢板焊成，屏面有门、维护方便；在上部屏门上装有测量仪表，中部面板上设有闸刀开关的操作手柄和控制按钮等，下部屏门内有继电器、二次端子和电能表；母线布置在屏顶，并设有防护罩；其他电器元件都装在屏后；屏间装有隔板，可限制故障范围。

低压配电屏结构简单、价廉、并可双面维护、检修方便、在发电厂(或变电站)中、作为厂(站)用低压配电装置、一般几回低压线路共用一块低压配电屏。

2. 低压抽屉式开关柜

低压抽屉式开关柜，国产产品有 BFC、BCL、GCL、GCK、GCS 等系列，还有许多引进国外技术的产品系列，如 EEC-M35 为引进英国 EEC 公司技术，SIKUS 系列、SIVACON 系列为德国西门子(中国)有限公司生产等。

BFC 系列开关柜为密封结构，主要低压设备均安装在抽屉内或手车上。若回路发生故障，可拉出检修或换上备用抽屉与手车，迅速恢复供电。BFC 系列开关柜顶部为母线室，中部为抽屉室，每个抽屉内装设一个电路的设备；中部为二次线和端子排室；柜的前后均设有向外开启的门。开关柜前面的门上装有仪表、控制按钮和自动空气开关操作手柄等。抽屉内有连锁机构，可防止误操作。

BFC 系列抽屉式开关柜具有密封性好、可靠性高、体积较小和布置紧凑等优点，但是由于它的价格较贵，所以目前主要用于大容量机组的厂用电配电装置和灰尘较多的车间中。

5.4.3 高压开关柜

我国目前生产的 3～35kV 高压开关柜分为固定式和手车式两类。

1. 手车式高压开关柜

图 5.16 为 JYN2-10/01～05 系列手车式高压开关柜内部结构示意图，为单母线接线，

一般由下述几部分组成。

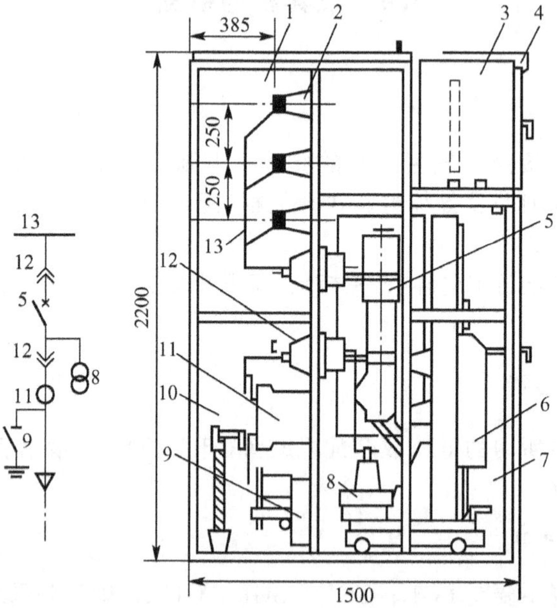

图 5.16 JYN2-10/01～05 系列手车式高压开关柜内部结构示意图

1—母线室；2—母线及绝缘子；3—继电器仪表室；4—小母线室；5—断路器；6—手车；7—手车室；8—电压互感器；9—接地开关；10—出线室；11—电流互感器；12——次触头隔离罩；13—母线

(1) 手车室。柜前正中部为手车室，断路器及操动机构装在小车上，断路器手车正面上部为推进机构，用脚踩手车下部连锁踏板，车后母线室面板上的遮板提起，插入手柄，转动蜗杆，可使手车在柜内平稳前进或后移。当手车在工作位置时，断路器通过隔离插头与母线和出线相通。检修时，将小车拉出柜外，动、静触头分离，一次触头隔离罩自动关闭、起安全隔离作用。如果急需恢复供电，可换上备用小车，既方便检修，又可减少停电时间。手车与柜相连的二次线采用插头连接。当断路器离开工作位置后，其一次隔离插头虽已断开了，而二次线仍可接通，以便调试断路器。手车两侧及底部设有接地滑道、定位销和位置指示等附件。

(2) 继电器仪表室。测量仪表、信号继电器和继电保护用压板装在该小室的仪表门上，小室内有继电器、端子排、熔断器和电能表。

(3) 母线室。母线室位于开关柜的后上部，室内装有母线和静隔离触头。母线为封闭式，不易积灰和短路，可靠性高。

(4) 出线室。出线室位于开关柜后部下方，室内装有出线侧静隔离触头、电流互感器、引出电缆(或硬母线)和接地开关等。

(5) 小母线室。在柜顶的前部设有小母线，室内装有小母线和接线座。

在柜前、后面板上设有观察窗，便于巡视。高压开关柜的封闭结构能防尘和防止小动物侵入而造成短路，运行可靠、维护工作量少，故可用于发电厂中 6～10kV 厂用配电装置。

2. 固定式高压开关柜

固定式高压开关柜有 GG、KGN、XGN 等系列。图 5.17 所示为 XGN2-10 型固定式高压开关柜外形和结构示意图。它由断路器室、母线室、电缆室和仪表室等组成。断路器室在柜体下部，断路器的传动由拉杆与操动机构连接；断路器操动机构在面板左侧，其上方为隔离开关的操作及连锁结构；断路器下接线端子与电流互感器连接，电流互感器与下隔离开关的接线端子连接；断路器上接线端子与上隔离开关接线端子连接。断路器室设有压力释放通道，当内部电弧燃烧时，气体可通过排气通道将压力释放。母线室在柜体后上部，为减小柜体高度，母线呈品字形布置。电缆室在柜体下部的后方，电缆规定在支架上。仪表室在柜体前上部，便于运行人员观察。

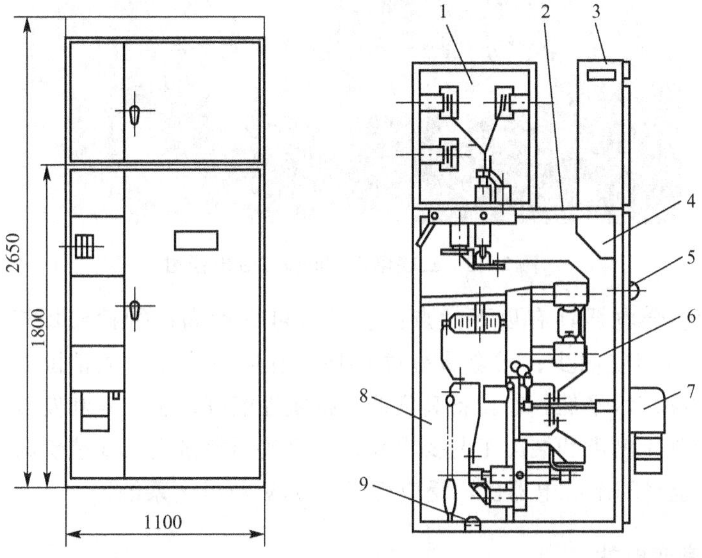

(a) 外形图　　(b) 结构示意图

图 5.17 XGN2-10 型固定式高压开关柜外形和结构示意图

1—母线室；2—压力释放通道；3—仪表室；4—组合开关室；5—手动操作及连锁机构；6—断路器室；7—电磁式弹簧机构；8—电缆室；9—接地母线

5.4.4 SF_6 全封闭组合电器

SF_6 全封闭式组合电器（Gas Insulated Switchgear，GIS），它是以 SF_6 为绝缘和灭弧介质，以优质环氧树脂绝缘子作支撑元件的成套高压电气设备。它由断路器、隔离开关、快速或慢速接地开关、电流互感器、电压互感器、避雷器、母线和出线套管等元件，按电气主接线的要求依次连接，组合成一个整体。

图 5.18 为三峡电厂 500kV GIS 电器图。为了便于支撑和检修，母线布置在下部，断路器(双断口)水平布置在上部，出线用电缆，整个回路按照电路顺序成Ⅱ布置，使装置机构紧凑。母线采用三相共箱式(即三相母线封闭在公共外壳内)，其余元件均采用分箱式；盆式绝缘子用于支撑带电导体和将装置分隔成不漏气的隔离室；隔离室具有便于监

视、易于发现故障点、限制故障范围以及检修或扩建时减少停电范围的作用；在两组母线汇合处设有伸缩节，以较少由温差和安装误差引起的附加应力。此外，装置外壳上还设有检查孔、窥视孔和防爆盘等设备。

图 5.18　三峡电厂 500kV GIS 电器图

SF_6 全封闭组合电器具有以下优点：①运行可靠性高；②检修周期长，维护方便；③占地面积小，占用空间少；④金属外壳接地，有屏蔽作用，能消除对无线电的干扰，无静电感应；⑤噪声水平低；⑥设备高度低，抗震性能好；⑦土建和安装工作量小。

缺点：①对加工精度和装配工艺要求高；②金属消耗量大；③造价高。

目前，SF_6 全封闭组合电器已广泛应用于 110kV 及以上系统。

5.4.5　成套变电站

成套变电站分为组合式、箱式和可移动式变电站 3 种。它用来从高压系统向低压系统输送电能，可作为城市建筑、生活小区、中小型工厂、市政设施、矿山、油田及施工临时用电等部门、场所的变配电设备。目前中压变电站中，成套变电站在工业发达国家已占 70%，而美国已占 90%。

成套变电站是由高压开关设备、电力变压器和低压开关设备 3 部分组合构成的配电装置。有关元件在工厂内被预先组装在一个或几个箱壳内，具有成套性强、结构紧凑、体积小、占地少、造价低、施工周期短、可靠性高、操作维护简便、美观、适用等优点，近年来在我国迅速发展。

我国规定成套变电站的交流额定电压，高压侧为 7.2～40.5kV，低压侧不超过 1kV；变压器最大容量为 1 600kVA。

成套变电站的箱壳大都采用普通或热镀锌钢板、铝合金板，骨架用成型钢焊接或螺栓连接，它保护变电站免受外部影响及防止触及危险部件；其 3 部分分隔为 3 室，布置方式为目字形或品字形；高压室元件选用国产、引进或进口的环网柜、负荷开关加限流熔断器、真空断路器；变压器为干式或油浸式；低压室由动力、照明、电能计量(也可能在高压室)及无功补偿柜(补偿容量一般为变压器额定容量的15%～30%)构成；通风散热方面，设有风扇、温度自动控制器、防凝露控制器。

5.5 发电厂变电站配电装置设计

5.5.1 配电装置设计的基本步骤

1. 选择配电装置的形式

根据配电装置的电压等级、设备形式、出线多少和方式、有无电抗器、地形、环境条件等因素综合比较后选择。

2. 拟定配电装置的配置图

在配电装置的基本形式确定以后，就可以按照电气接线进行总体布置，用图形符号表示出各间隔内的导线和电器，形成配置图。

3. 绘制图形

按照DL/T 5352 2006《高压配电装置设计技术规程》的有关规定，并参考各种配电装置的典型设计和手册，设计、绘制配电装置的平面图和断面图。

5.5.2 设计要求

1. 满足安全净距的要求

户内、户外配电装置的安全净距不应小于表5-1和表5-2所列数值。

2. 满足施工的要求

(1) 配电装置的结构在满足安全运行的前提下应该尽量予以简化，并考虑构件的标准化和批量生产，减少构架类型，以达到节省材料、缩短工期的目的。

(2) 配电装置的设计要考虑安装及检修时设备搬运及起吊的便利。

(3) 工艺布置设计应考虑土建施工误差，确保电气安全距离的要求，一般不宜选用规程规定的最小值，而应留有适当裕度(5cm左右)。

(4) 配电装置的设计必须考虑分期建设和扩建过渡的便利，尽量做到过渡时少停电或不停电，为施工安全与方便提供有利条件。

3. 满足运行的要求

(1) 各级电压配电装置之间及它们与各种建(构)筑物之间的距离和相对位置，应按最终规模统筹规划，充分考虑运行操作时的安全和便利。

(2) 配电装置的布置应做到整齐清晰，各个间隔之间要有明显的界限，对同一种用途的同类设备，尽可能布置在同一条中心线上(指户外)，或处于同一处标高(指户内)。

(3) 架空出线间隔的排列应根据出线走廊规划的要求，尽量避免线路交叉，并与终端塔的位置相配合。当配电装置为单列布置时，应考虑尽可能不在两个以上相邻间隔同时引出架空线。

(4) 配电装置各回路的相序排列应一致。一般按面对出线，从左到右、从远到近、从上到下按 A、B、C 相序排列。对户内硬导体及户外母线桥裸导体应有相色标志，A、B、C 相色标志应分别为黄、绿、红三色。

(5) 配电装置内的母线排列顺序，一般靠变压器侧布置的母线为Ⅰ母，靠线路侧布置的母线为Ⅱ母；双层布置的配电装置中，下层布置的母线为Ⅰ母，上层布置的母线为Ⅱ母。

(6) 配电装置内应设有供操作、巡视用的通道。

(7) 为防止外人任意进入，发电厂及大型变电站的户外配电装置周围宜设置高度不低于 1.5m 的围栏，配电装置中电气设备的周围设置不低于 1.2m 的栅栏。

(8) 户内外配电装置均应装设闭锁装置及联锁装置，以防止带负荷拉合隔离开关、带接地线合闸、带电挂接地线、误拉合断路器、误入户内有电间隔等电气误操作事故(俗称“电气五防”)。

4. 满足检修的要求

(1) 电压为 110kV 及以上的户外配电装置，应视其在系统中的地位、接线方式、配电装置形式以及该地区的检修经验等情况，考虑带电作业的要求，带电作业需注意校核电气距离及构架载荷。带电作业的内容一般有清扫、测试及更换绝缘子，拆换金具及线夹，断接引线，检修母线隔离开关，更换阻波器等。

(2) 为保证检修人员在检修电器及母线时的安全，电压为 63kV 及以上的配电装置，对断路器两侧的隔离开关和线路隔离开关的线路侧，应配置接地开关；每段母线上应装设接地开关或接地器。其装设数量主要按作用在母线上的电磁感应电压确定，在一般情况下，每段母线应装设二组接地开关或接地器，其中包括母线电压互感器隔离开关的接地开关在内。

5. 噪声的允许标准及限制措施

配电装置设计应重视对噪声的控制，降低有关运行场所的连续噪声级。配电装置中的主要噪声源是主变压器、电抗器及电晕放电，其中以前者最为最严重，故设计时必须注意主变压器与主(网)控制楼(室)、通信楼(室)及办公室等的相对位置和距离，尽量避免平行相对布置，以便降低变电站内各建筑物的室内连续噪声级。

6. 静电感应的场强水平和限制措施

(1) 场强水平。

当高压输电线路或配电装置的母线下方或电气设备附近有对地绝缘的导电物体时，由于电容耦合感应而产生电压。当上述被感应物体接地时，就产生感应电流，这种现象称为静电感应。

鉴于感应电压和感应电流与空间场强的密切关系，故实用中常以空间场强来衡量某处的静电感应水平，所谓空间场强，是指离地面 1.5m 处的空间电场强度。

发电厂和变电站中，场强分布具有一定的规律性：对于母线，在中相下方场强较低，边相外侧场强较高，邻跨的同名相导线对场强有增强作用，两组三相导线交叉时，同名相导线交叉角下方场强较大；对于设备，在隔离开关及其引线处，以及断路器、电流互感器旁的场强较大，且落地布置的设备附近的场强较装在支架上者为高。

关于电场对生物的影响，一般认为 10kV/m 是一个安全水平，最高允许场强在线路下可定为 15kV/m，走廊边沿为 3～5kV/m。

(2) 静电感应的限制措施。

① 尽量不要在电气设备上方设置软导线。由于上面没有带电导线，静电感应强度较小便于进行设备检修。

② 对平行跨导线的相序排列要避免或减少同相布置，尽量减少同相母线交叉与同相转角布置。因为同相区附近电场直接叠加，场强增大。

③ 当技术经济合理时，可适当提高电气设备及引线的安装高度。如 500kV 配电装置，为了限制静电感应，将 C 值(导体对地面净距)由内过电压所要求的 6.3m 提高到 7.5m，这样就可使配电装置的绝大部分场强低于 10kV/m，大部分低于 8kV/m。

④ 控制箱等操作设备应尽量布置在较低场强区。由于高电场下静电感应的感觉界限与低电压下电击的感觉界限不同，即使感应电流仅 100～200μA，未完全接触时已有放电，接触的瞬间会有明显的针刺感。因此，控制箱、断路器端子箱、检修电源箱、设备的放油阀门及分接开关等处的场强不宜太高，以便于运行和检修人员接近。

⑤ 在电场强度大于 10kV/m，且人员经常活动的地方，必要时可增设屏蔽线或设屏蔽环等。

5.5.3 形式选择及辅助装置配置

在发电厂与变电站设计中，采用哪种形式的配电装置，应根据设备选型及进出线方式，结合工程实际情况，因地制宜，并与发电厂或变电站以及相应土建工程总体布置协调，通过技术经济比较确定。在技术经济合理时，应优先采用占地少的配电装置形式。

1. 形式选择

一般情况下，330kV 及以上电压等级的配电装置宜采用户外中型配电装置。110kV 和 220kV 电压等级的配电装置宜采用户外中型配电装置或户外半高型配电装置。3～35kV 电压等级的配电装置宜采用户内成套式高压开关柜配置形式。

严重污秽地区、大城市中心地区、土石方开挖工程量大的山区的 110kV 和 220kV 配电装置，宜采用户内配电装置，当技术经济合理时，可采用气体绝缘金属封闭开关设备(GIS)配电装置。

严重污秽地区、海拔高度大于 2km 地区的 330kV 及以上电压等级的配电装置，当技术经济合理时，可采用气体绝缘金属封闭开关设备(GIS)配电装置或 HGIS 配电装置。

地震烈度为 9 度及以上地区的 110kV 及以上配电装置宜采用气体绝缘金属封闭开关

设备(GIS)配电装置。

2. 隔离开关的配置

考虑到各电压等级母线和进、出线处所装设的避雷器、电压互感器的作用不同，110～220kV 配电装置母线避雷器和电压互感器，宜合用一组隔离开关；330kV 及以上进、出线和母线上装设的避雷器及进、出线和母线电压互感器不应装设隔离开关。

330kV 及以上电压等级的线路并联电抗器回路不宜装设断路器或负荷开关，但母线并联电抗器回路应装设断路器和隔离开关。330kV 及以上线路上的并联电抗器的主要作用是削弱空负荷或轻负荷线路中的电容效应，降低工频暂态过电压，进而限制操作过电压的幅值，一般并联电抗器宜与超高压线路同时运行，因此，超高压并联电抗器回路不宜装设断路器或负荷开关。

3. 接地开关的配置

为保证设备和线路检修时的人身安全，66kV 及以上的配电装置，断路器两侧的隔离开关靠断路器侧，线路隔离开关靠线路侧，变压器进线隔离开关的变压器侧，应配置接地开关。66kV 及以上电压等级的并联电抗器的高压侧应配置接地开关。

对户外配电装置，为保证电气设备和母线的检修安全，每段母线上应装设接地开关或接地器；接地开关或接地器的安装数量应根据母线上电磁感应电压和平行母线的长度以及间隔距离进行计算确定。

330kV 及以上电压等级的同杆架设或平行回路的线路侧接地开关，应具有开合电磁感应和静电感应电流的能力，其开合水平应按具体工程情况经计算确定。对同杆架设或平行架设的线路，当平行线段很长或相邻带电线路电流很大，或带电线路的额定电压高于接地线段的额定电压时，这些情况下感应电流参数将很高，此时应根据工程情况计算感应电流，以选择具有开合感应电流能力的接地开关。

4. 闭锁装置的配置

目前，国内外生产的高压开关柜均实现了“五防”功能，对户外敞开式布置的高压配电装置也都配置了“微机五防”操作系统。220kV 及以下户内敞开式配电装置低式布置时，间隔应设置防止误入带电间隔的闭锁装置。

5.5.4 发电厂电气总平面布置

发电厂电气总平面布置是全厂总平面布置的重要组成部分，它涉及从电能发出到输送的全部电气设施，如主厂房、发电机引出线、各级电压配电装置、主变压器及主控制室(或集控室，网控室)等。

发电厂电气部分的布置应与全厂总布置统筹考虑，并注意研究厂址的气象资料、地形条件以及出线走廊等，使全厂布置有较强的整体性，达到整齐美观、布置紧凑、节省用地的要求，并保证运行安全可靠、维护检修方便、投资合理。

配电装置的布置位置，应使场内道路和低压电力、控制电缆的长度最短。发电厂内应避免不同电压等级的架空线路交叉。

1. 火力发电厂

火力发电厂的电气总平面布置，应着重考虑主厂房、各级电压配电装置及主控制室(或集控室、网控室)之间的相互配合，下面分别加以说明。

(1) 各级电压配电装置。

① 发电机电压配电装置应靠近主厂房，以减少连接配电装置与发电机引出线的母线桥或组合导线的长度。在中小型发电厂中，发电机电压配电装置总是与主控制室连在一起的，并布置在汽轮机房的外侧。升压变压器应靠近发电机电压配电装置，在大型火电厂中，多为发电机—变压器组连接，升压变压器应尽量靠近发电机间，可以缩短封闭母线的长度。

② 升高电压配电装置可能有两个或两个以上电压级，它们的布置既要注意二三绕组变压器的引线方便，又要保证高压架空线引出方便，尽量减少线路交叉与转角。

③ 主变压器与户外配电装置，应设在凉水塔冬季主导风向的上方，也应设在储煤场和烟囱主导风向的上方，使电气设备受结冰、落灰和有害气体侵蚀的程度最小。

④ 各级电压的配电装置均应留有扩建的余地。

(2) 主控制室。选择主控制室的位置时，应着重考虑以下因素：

① 使值班人员有良好的工作环境，能安静、专心地进行工作，故应特别注意降低噪声的干扰，这里主要是指与汽轮机房隔开一段距离。

② 便于监视户外配电装置，便于值班人员与各级电压配电装置和汽轮机房的联系，并能迅速地进行各种操作。

③ 应力求使主控制室与配电装置和汽轮机房之间的控制与操作电缆为最短。

基于以上各因素，在具有发电机电压配电装置的中型火电厂中，主控制室通常设在发电机电压配电装置的固定端，并用天桥与汽轮机房连通。

(3) 集控室与网络控制室。在单机容量为100MW及以上的大中型火电厂中，均为单元控制方式，设炉、机、电集中控制室，位于汽轮机与锅炉之间。大型火电厂大多为电力系统的枢纽，各级电压的出线回路数多，配电装置庞大，为了节省二次电缆和运行维护方便，在升高电压配电装置的近旁设置网络控制室。

2. 水力发电厂

在水力发电厂中，主控制室在主厂房的一端，即靠岸的一端。水力发电厂大多没有发电机电压配电装置，厂用配电装置也靠近机组。主变压器和高压厂用变压器布置在主厂房的后面(坝后)或尾水侧的墙边，其高程与厂内机组的运行平台相近，这样可使发电机与主变压器和厂用变压器间的连接导体较短，同时也便于向岸边的高压配电装置出线。高压配电装置的形式与布置(如中、高型配电装置，断路器单、双列布置等)取决于水电厂总体布置和地形。如果是坝内式或洞内式厂房，可采用SF_6组合电器。坝后式大型水电厂的高压配电装置通常设在下游岸边，用架空线与主厂房边的主变压器连接，因距主控制室较远，在高压配电装置附近还应设置继电保护装置室。

5.5.5 变电站电气总平面布置

变电站的类型较多，它们的设施不尽相同，因此，总平面布置也有差异。变电站主要由户内外配电装置、主变压器、主控制室、直流系统、远动通信设施等组成。220kV及以上的变电站多为电力系统枢纽变电站，大多装设有静止无功补偿装置；110kV以下的变电站通常装设补偿电容器组，以调节电能质量。此外，还应考虑变电站值班人员生活区、生活及消防供水、交通等设施的布置。

变电站的总布置应根据城市规划及交通、气象等条件，并考虑各级电压配电装置的特点以及出线方式、出线走廊等情况，综合各种因素进行设计。如果是工厂企业专用变电站，还应考虑与全厂总布置的协调配合。

在变电站电气总平面布置中，各级电压配电装置、主变压器、主控制室等的布置可参照火力发电厂的相应部分同样考虑。但是，变电站的布置方位可以有更多的选择余地，应使其进出线方便、交叉少，尽可能使主控制室自然采光好，并且与周围环境相协调。还应指出，由于变电站数量很多，节省占地面积显得特别重要。

高压配电装置的位置和朝向主要取决于对应的高压出线方向，并注意整体性的要求。一般各级电压配电装置有双列布置、L形布置、一列布置、Ⅱ形布置四种组合方式。

主变压器一般布置在各级电压配电装置和静止补偿装置或调相机较为中间的位置，便于高、中、低压侧引线的就近连接。

高压并联电抗器及串联补偿装置一般布置在出线侧，也可与主变压器并列布置，便于运输及检修。主控制室应在邻近各级电压配电装置处布置。

阅读材料

GIS设备的发展

SF_6气体具有优异的绝缘性能和灭弧性能。20世纪50年代，高压电器的绝缘介质就用SF_6气体代替了空气；20世纪60年代中期，美国制造了第一套GIS设备，使高压电器发生了质的飞跃，也给配电装置带来了一次革命。它具有占地面积少、元件全部密封、不受环境干扰、可靠性高、运行方便、检修周期长、维护工作量少、安装迅速、运行费用低等优点，引起世界电力部门的普遍重视。30年来，GIS设备发展很快，欧洲、美洲、中东的电力公司都规定配电装置要用GIS设备，在亚洲、非洲、澳洲的发达国家也基本上规定要用GIS设备，在南非有800kV GIS设备投入运行。

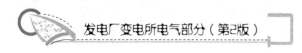

我国GIS设备的研制工作起步于20世纪60年代，与世界上其他国家基本同步，1971年我国首次试制成功110kV GIS设备，并投入运行。自改革开放以来，我国大型的核电站、火电站、水电站、变电站先后都选用了GIS设备。例如，大亚湾、秦山核电站，广州抽水蓄能电站，四川二滩水电站，浙江北仑港、上海石洞口、广东沙角等火电厂，广东江门、云南草铺等变电站，三峡水电站的升压变电站。自20世纪80年代开始，国产大型GIS设备也投入电网系统运行，共达407个间隔，较大的有三峡电厂的500kV GIS设备，如图5.18所示、广西天生桥及五强溪水电站的500kV GIS设备、陕西渭南变电站的330kV GIS设备、龙羊峡及安康水电厂的330kV GIS设备，上海杨树浦电厂的220kV GIS设备等。GIS设备除了具有优越的技术性能外，其最大的优点就是设备所占用的土地只有常规式设备的15%～35%，这对我国节约土地的国策是非常有利的，十分合乎我国国情。

资料来源：SF_6 气体绝缘全封闭组合电器，罗学琛

习　题

5.1　填空题

1. 配电装置按其组装方式，又可分为装配式和__________式。

2. 在发电厂和变电站中，35kV及以下的配电装置多采用__________，其中3～10kV的大多采用__________。

3. 配电装置各部分之间，为确保人身和设备的安全所必需的最小电气距离，称为__________。

4. 根据电气设备和母线布置特点，层外配电装置通常分为中型、__________和高型3种类型。

5. 母线通常装在配电装置的上部，一般呈水平布置、垂直布置和__________布置。

6. 电抗器按其容量不同有3种不同的布置方式：垂直布置、__________布置和水平布置。

7. 成套配电装置分为低压配电屏、高压开关柜、__________和成套变电站4类。

8. 成套变电站分为组合式、箱式和__________变电站3种。

5.2　选择题

1. 110kV中性点直接接地系统中，其户外配电装置带电部分到接地部分之间的安全净距 A_1 是(　　)m。

A. 0.85　　B. 0.9　　C. 1.0　　D. 1.2

2. 半高型配电装置是将(　　)。

A. 母线与母线重叠布置　　B. 母线与断路器等设备重叠布置

C. 电气设备与电气设备重叠布置　　D. 母线与避雷器重叠布置

3. 母线三角形布置适用于(　　)电压等级的大、中容量的配电装置中。

A. 6～35kV　　B. 35～110kV　　C. 110～220kV　　D. 330～550kV

4. 分相中型配电装置与普通中型配电装置相比，主要区别是将母线隔离开关分为单相分开布置，每相的隔离开关直接布置在各自母线的(　　)。

A. 左侧　　B. 右侧　　C. 上方　　D. 下方

5. 某变电所220kV配电装置的布置形式为两组母线上下布置，两组母线隔离开关亦上下重叠布置而断路器为双列布置，两个回路合用一个间隔。这种布置方式称为(　　)。

A. 半高型布置　　B. 普通中型布置

C. 分相中型布置　　D. 高型布置

6. 绘制(　　)不需要按比例绘制。

A. 配电装置图　　B. 配电装置平面图

C. 配电装置展开图　　D. 配电装置断面图

7. 户内配电装置中，电气设备的栅状遮拦高度不应低于(　　)mm。

A. 1 000　　B. 1 100　　C. 1 200　　D. 1 300

8. 由跨步电压的定义可知，其大小(　　)。

A. 不仅与接地装置的接地电阻有关，而且与具体人的步距大小有关

B. 只与接地电流大小有关

C. 与具体个人的步距大小和离接地装置远近有关

D. 与接地装置的接地电阻和接地电流大小有关

5.3　判断题

1. 设计配电装置的带电部分之间、带电部分与地或者通道路面之间的距离，均应小于规范中所规定的安全净距。(　　)

2. 户外配电装置布置中，隔离开关和互感器均采用高式布置，即应安装在约1.5m高的混凝土基础上。(　　)

3. 在户外配电装置中，主变压器与建筑物的距离不应小于2.5m。(　　)

4. 管形母线用于35kV及以下配电装置，矩形则用于110kV及以上的配电装置。(　　)

5. 中型配电装置是将所有电气设备都安装在同一个平面内。(　　)

6. 安装电抗器品字形布置时，不应将A、B相重叠在一起。(　　)

7. SF_6全封闭组合电器是以绝缘油作为绝缘和灭弧介质，以优质环氧树脂绝缘子作支撑元件的成套高压组合电器。(　　)

8. 温度变化时，若母线很长，则在母线、绝缘子和套管中可能会产生危险的应力，必须加装母线补偿器。(　　)

5.4　问答题

1. 什么是最小安全净距、最基本的最小安全净距？

2. 试述配电装置的分类及各自的特点。
3. 配电装置应满足哪些基本要求？
4. 户内配电装置有哪几种布置形式？各有何特点？
5. 户外配电装置有哪几种布置形式？各有何特点？适用于哪些场合？
6. SF_6 全封闭组合电器有哪些特点？
7. 成套变电站有哪些特点？
8. 什么是箱式变电站？它有哪些特点？

第6章 发电厂和变电所的控制与信号

本章知识构架

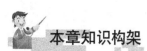

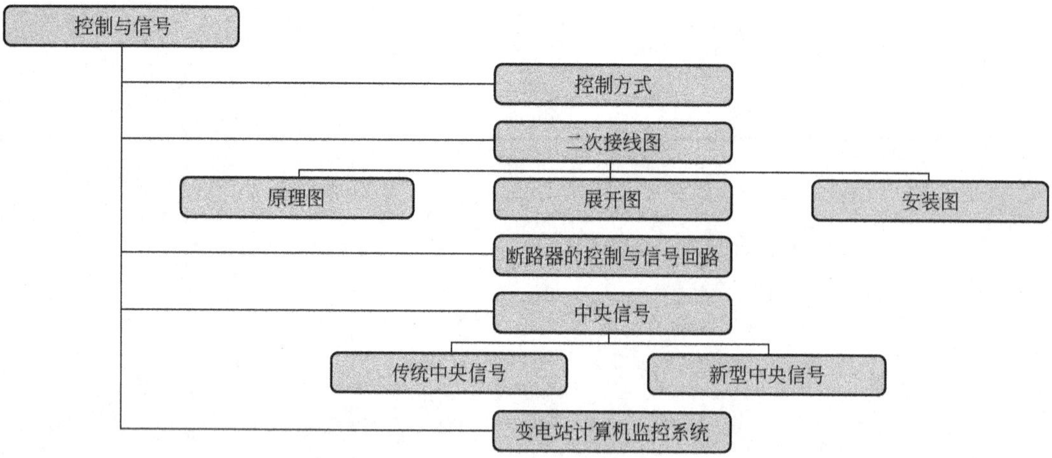

本章教学目标与要求

- **掌握断路器的控制原理接线；**
- 熟悉二次接线图的文字及图形符号；
- 熟悉中央信号的接线及工作原理；
- 熟悉变电站计算机监控系统的组成；
- 了解电厂目前的控制方式。

本章导图　某变电站主控室

6.1　发电厂和变电站的控制方式

6.1.1　发电厂的控制方式

就宏观而言，发电厂的控制方式分为主控制室方式和机炉电(汽机、锅炉和电气)集中控制方式。就微观而言，发电厂设备的控制又分为模拟信号测控方式和数字信号测控方式。目前，上述各种方式并存于我国电力系统，但发展方向是集中控制和数字化监控。

1. 主控制室方式

早期发电厂的单机容量小，常常采用多炉对多机(如四炉对三机)的母管制供汽方式，机炉电相关设备的控制采用分离控制，即设电气主控制室、锅炉分控制室和汽机分控制室。主控制室为全厂控制中心，负责启停机和事故处理方面的协调和指挥，因此，要求监视方便，操作灵活，能与全厂进行联系。

图 6.1 为典型火电厂主控制室的平面布置图。凡需要经常监视和操作的设备，如发电机和主变压器的控制元件、中央信号装置等须位于主环正中的屏台上，而线路和厂用变压器的控制元件、直流屏及远动屏等均布置在主环的两侧。凡不需要经常监视的屏，如继电保护屏、自动装置屏及电能表屏便布置在主环的后面。开关场的主变压器与 35kV 及以上的断路器的控制与监视均在主控制室进行；主控制室常与 6～10kV 配电装置室相连，并与主厂房通过天桥连通。

2. 机炉电集中控制方式

对于单机容量为 20 万 kW 及以上的大中型机组，一般应将机、炉、电设备集中在一个单元控制室简称集控室控制。现代大型火电厂为了提高热效率，趋向采用亚临界或超临界高压、高温机组，锅炉与汽机之间采用一台锅炉对一台汽机构成独立单元系统的供汽方式，不同单元系统之间没有横向的蒸汽管道联系，这样管道最短，投资较少；且运行中，锅炉能配合机组进行调节，便于机组启停及事故处理。

机炉电集中控制的范围，包括主厂房内的汽轮机、发电机、锅炉、厂用电以及与它们有密切联系的制粉、除氧、给水系统等，以便让运行人员注意主要的生产过程。至于主厂房以外的除灰系统、化学水处理等，均采用就地控制。

在集中控制方式下，常设有独立的高压电力网络控制室(简称网控室)，实际上就是一个升压变电站控制室，主变压器及接于高压母线的各断路器的控制与信号均设于网络控制室。网络控制室过去一般要设值班员，但发展方向是无人值班，其操作与监视则由全厂的某一集控室代管。另外，电厂的高压出线较少时一般不再设网控室，主变压器和高压出线的信号与控制均设在某一集控室。

6.1.2 变电站的控制方式

变电站的控制方式按有无值班员分为值班员控制方式、调度中心或综合自动化站控制中心远方遥控方式。即使对于值班员控制方式，还可按断路器的控制手段分为控制开关控制和计算机键盘控制；控制开关控制方式还可分为在主控室内的集中控制和在设备附近的就地控制。目前在经济发达地区，110kV 及以下的变电站通常采用无人值班的远方遥控方式，而 220kV 及以上的变电站一般采用值班员控制方式，并常常兼作其所带的低电压等级变电站的控制中心，称为集控站。另外，在大型的有人值班变电站，为减小主控室的面积，并节省控制与信号电缆，6kV 或 10kV 配电装置的断路器一般采用就地控制，但应将事故跳闸信号送入主控室。

另外，按控制电源电压的高低变电站的控制方式还可分为强电控制和弱电控制。前者的工作电压为直流 110V 或 220V；后者的工作电压为直流 48V(个别为 24V)，且一般只用于控制开关所在的操作命令发出回路和电厂的中央信号回路，以缩小控制屏所占空间，而合跳闸回路仍采用强电。

6.2 二次接线图

6.2.1 概述

在发电厂和变电所中，对电气一次设备的工作进行监测、控制、调节、保护，以及为运行、维护人员提供运行工况或生产指挥信号所需的电气设备叫二次设备。例如测量仪表、继电器、控制操作开关、按钮、自动控制设备、计算机、信号设备、控制电缆以及供给这些设备电源的交、直流电源装置。电气二次设备的图形符号按一定顺序和要求相互连接，构成的电路图称为二次接线图(或二次回路)。

二次接线图按其作用的不同分为监测回路、控制回路、信号回路、保护回路、调节回路、操作电源回路和励磁回路等。

二次接线图按其电源性质的不同分为交流回路与直流回路。

(1) 交流回路。交流回路包括：①由电流互感器的二次绕组与测量仪表和继电器的电流线圈串联组成的交流电流回路；②由电压互感器的二次侧引出的小母线与测量仪表和继电器的电压线圈并联组成的交流电压回路。

(2) 直流回路。由直流小母线、熔断器、控制开关、按钮、继电器及其触点、断路器辅助开关的触点、声光信号元件、连接片(俗称压板)等设备组成。

二次接线图的表示方法有 3 种：归总式原理图；展开式接线图；安装接线图。它们的功用各不相同。

6.2.2 归总式原理接线图

在归总式原理接线图(简称原理图)中，有关的一次设备及回路同二次回路一起画出，所有的电气元件都以整体形式表示，且画有它们之间的连接回路。这种接线图的优点是能够使看图者对二次回路的原理有一个整体概念。

无论是原理图，还是后面要讲的展开接线图和安装接线图，其上的图形符号和文字符号都是按国家标准规定画(列)出的。我国电力设计和运行中目前有两套主流版本的文字和图形符号标准在广泛使用，一个是1964年推出的GB 312—1964图形符号标准和GB 315—1964文字符号标准，另一个是正在逐步推广的GB 7159—1987文字符号标准、GB/T 4728—1996和DL 5028—1993电气工程制图标准。二次接线图常用图形符号新旧对照表见表6-1，常用文字符号对照表见表6-2。

表6-1 二次设备常用新旧图形符号对照

序号	名称	图形符号 新	图形符号 旧	序号	名称	图形符号 新	图形符号 旧
1	一般继电器及接触器线圈	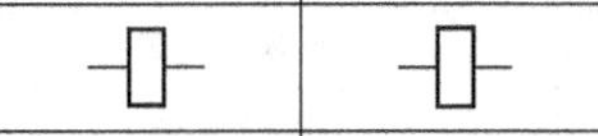		13	限位开关的动合(常开)触点	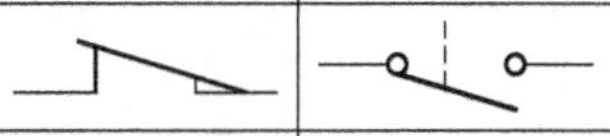	
2	热继电器驱动器件	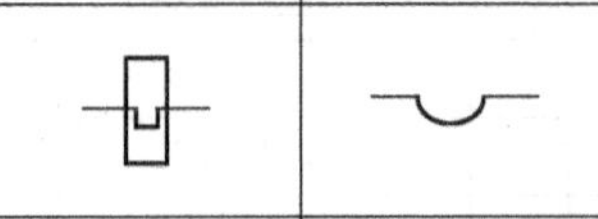		14	延时闭合的动合(常开)触点	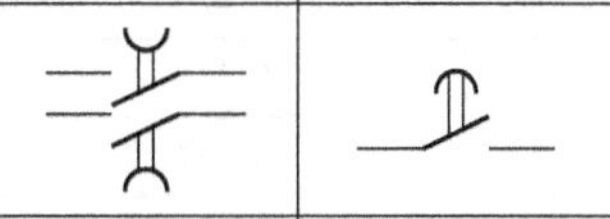	
3	蜂鸣器	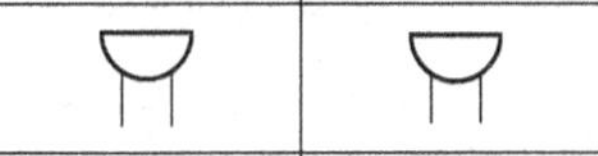		15	机械保持的动断(常闭)触点	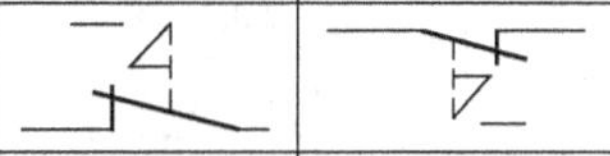	
4	机械型位置指示器	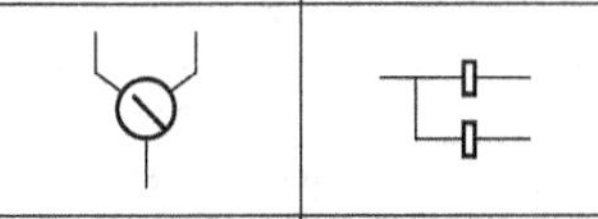		16	延时闭合的动断(常闭)触点	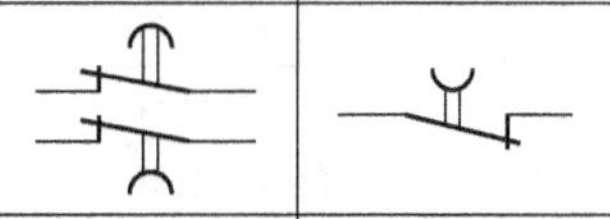	
5	连接片	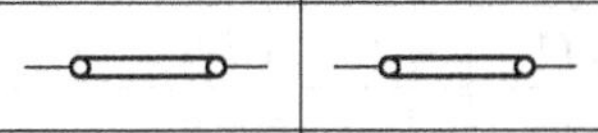		17	动合按键	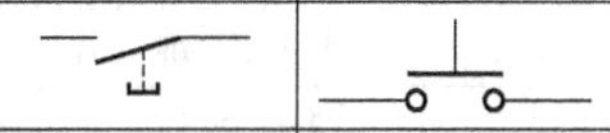	
6	电流互感器	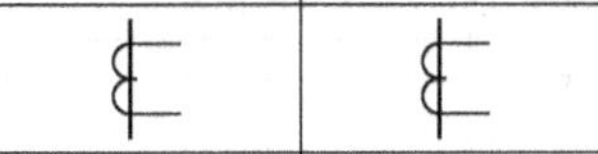		18	机械保持的动合(常开)触点	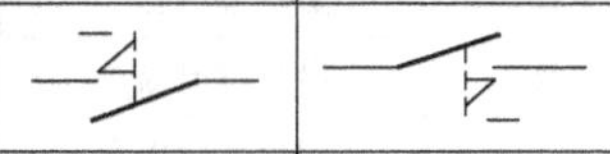	
7	动断(常闭)触点	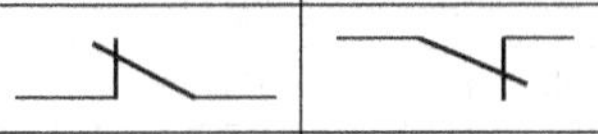		19	接触器的动合(常开)触点	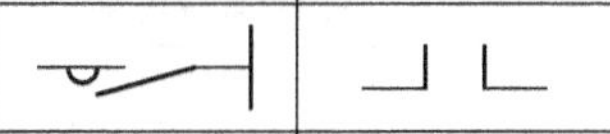	
8	电铃	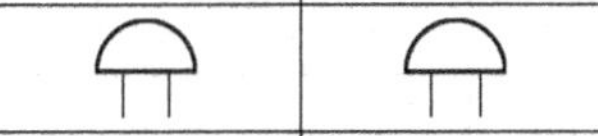		20	热继电器的动断(常闭)触点	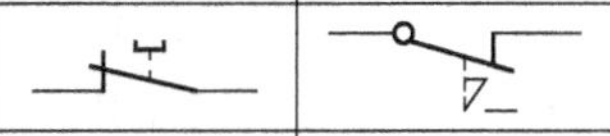	
9	延时断开的动合(常开)触点	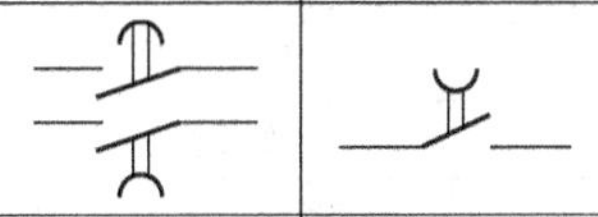		21	动断按键	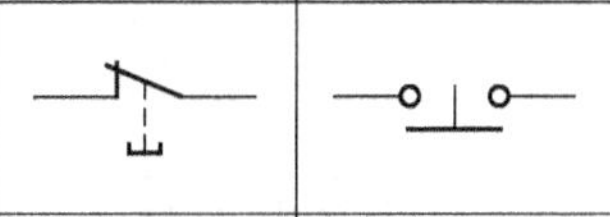	
10	切换片	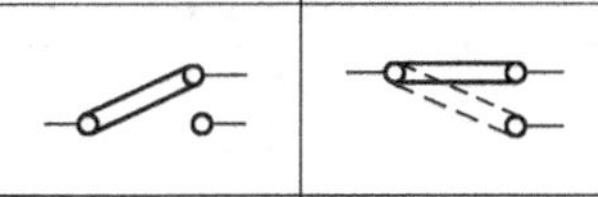		22	非电量继电器的动断(常闭)触点	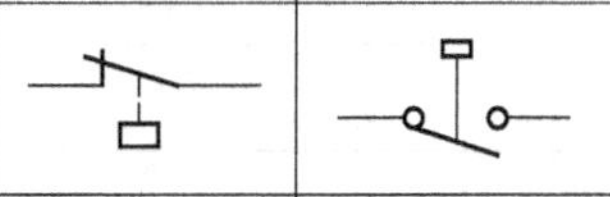	
11	延时断开的动断(常闭)触点	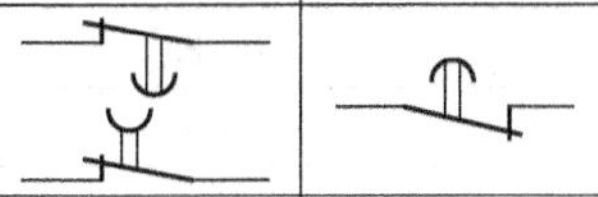		23	接触器的动断(常闭)触点	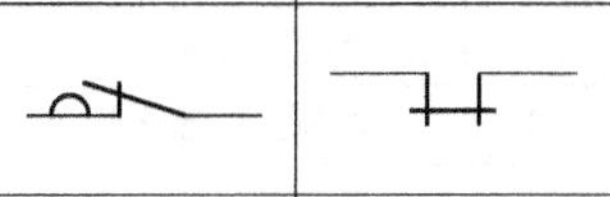	
12	动合(常开)触点	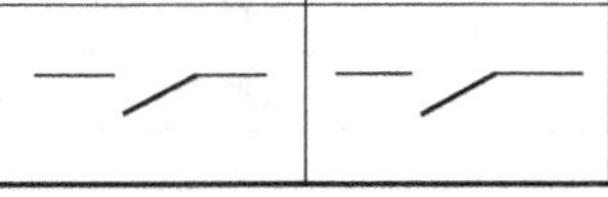		24	非电量继电器的动合(常开)触点	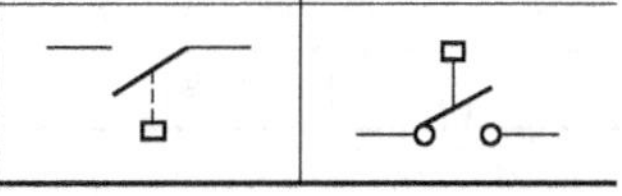	

表 6-2　常用二次设备新旧文字符号对照表

序号	名　称	新符号	旧符号	序号	名　称	新符号	旧符号
1	自动重合闸	APR	ZCH	39	瓦斯继电器	KG	WSJ
2	电源自动投入装置	AAT	BZT	40	温度继电器	KT	WJ
3	中央信号装置	ACS		41	热继电器	KH/KR	RJ
4	硅整流装置	AUF		42	接触器	KM	HC
5	电容器(组)	C		43	电流表	PA	
6	熔断器	FU	RD	44	电压表	PV	
7	蓄电池	GB		45	有功功率表	PPA	
8	声、光指示器	H		46	无功功率表	PPR	
9	警铃	HAB	DL	47	有功电能表	PJ	
10	蜂鸣器、电喇叭	HAU	FM	48	无功电能表	PRJ	
11	光指示器	HL		49	频率表	PF	
12	跳闸信号灯	HLT		50	刀开关	QK	DK
13	合闸信号灯	HLC		51	自动开关	QA	ZK
14	绿灯	HG	LD	52	电阻器；变阻器	R	R
15	红灯	HR	HD	53	控制开关	SA	KK
16	白灯	HW	BD	54	按钮开关	SB	AN
17	光字牌	HP	GP	55	转换开关	SM	ZK
18	继电器	K	J	56	手动准同步开关	SSM1	1STK
19	电流继电器	KA	LJ	57	解除手动准同步开关	SSM1	1STK
20	电压继电器	KV	YJ	58	自动准同步开关	SSA1	DTK
21	时间继电器	KT	SJ	59	电流互感器	TA	LH
22	信号继电器	KS	XJ	60	电压互感器	TV	YH
23	控制(中间)继电器	KM	ZJ	61	连接片	XB	LP
24	防跳继电器	KCF	TBJ	62	切换片	XB	QP
25	出口继电器	KCO	BCJ	63	端子排	XT	
26	跳闸位置继电器	KCT	TWJ	64	合闸线圈	YO	HQ
27	合闸位置继电器	KCC	HWJ	65	跳闸线圈	YR	TQ
28	事故信号继电器	KCA	SXJ	66	交流系统电源相序		
29	预告信号继电器	KCR	YXJ		第一相	L1	A
30	同步监察继电器	KY	TJJ		第二相	L2	B
31	重合闸继电器	KRC	ZCH		第三相	L3	C
32	重合闸后加速继电器	KCP	JSJ	67	交流系统设备端相序		
33	闪光继电器	KH			第一相	U	A
34	脉冲继电器	KP	XMJ		第二相	V	B
35	绝缘监察继电器	KVI			第三相	W	C
36	电源监视继电器	KVS	JJ		中性线	N	
37	电压监视继电器	KVP		68	保护线	PE	
38	闭锁继电器	KCB	BSJ	69	接地线	E	

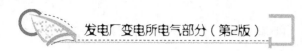

在二次接线图中，所有开关电器和继电器的触点都按照它们在正常状态时的位置来表示。所谓正常位置，就是指开关电器在断开位置及继电器线圈中没有电流(或电流很小未达到动作电流)时，它们的触点和辅助触点所处的状态。因此，通常说的常开触点或常开辅助触点，是指继电器线圈不通电或开关电器的主触点在断开位置时，该触点是断开的。常闭触点或常闭辅助触点，是指继电器线圈不通电或开关电器主触点在断开位置时，该触点是闭合的。

6～10kV 线路过电流保护归总式原理图如图 6.1 所示。由图可看出归总式原理图的特点是将二次接线与一次接线的有关部分绘在一起，图中各元件用整体形式表示；其相互联系的交流电流回路、交流电压回路(本图未绘出)及直流回路都综合在一起，并按实际连接顺序绘出。其优点是清楚地表明各元件的形式、数量、相互联系和作用，使读者对装置的构成有一个明确的整体概念，有利于理解装置的工作原理。

由图 6.1 可知，整套保护由 4 只继电器构成，即电流继电器 KA1、KA2，时间继电器 KT，信号继电器 KS。两只电流继电器分别串接于 A、C 两相电流互感器的二次绕组回路中。

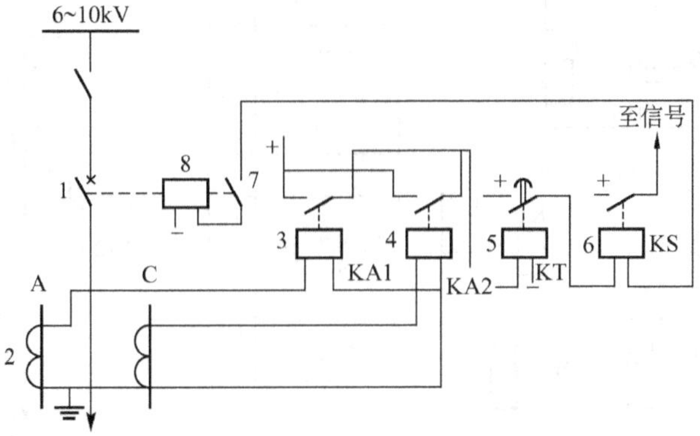

图 6.1 6～10kV 线路过电流保护的原理图

正常运行情况下，电流继电器线圈内通过的电流很小，继电器不动作，其触点是断开的。因此，时间继电器线圈与直流电源不构成通电回路，保护处于不动作状态。在线路故障情况下，如在线路某处发生短路故障时，线路上通过短路电流，并通过电流互感器反映到二次侧；接在二次侧的电流继电器线圈中通过与短路电流成一定比例的电流，当达到其动作值时，电流继电器 KA1(或 KA2)瞬时动作，闭合其常开触点，将由直流操作正电源母线来的正电加在时间继电器的线圈上(线圈的另一端接在负电源上)，时间继电器启动；经过一定时限后其触点闭合，这样正电源经过其触点和信号继电器的线圈、断路器的辅助触点 7 和跳闸线圈 8 接至负电源，使断路器 1 跳闸，切除线路的短路故障。此时电流继电器线圈中的电流消失，线路的保护装置返回。断路器事故跳闸后，接通中央事故信号装置发出事故音响信号。

从以上分析可见，原理图能给出保护装置和自动装置总体工作概况，能清楚地表明二次设备中各元件形式、数量、电气联系和动作原理。但是，原理图对于一些细节并未表示清楚，如未画出各元件的内部接线、元件编号和回路编号。直流电源仅标出电源的极性，没有具体表示出是从哪一组熔断器下面引来的。另外，关于信号在图中只标出了

“至信号”而没有画出具体的接线。因此，只有原理图不能进行二次接线的施工，特别对复杂的二次设备，如发生故障，更不易发现和寻找。下面介绍的展开接线图(简称展开图)可以弥补这些缺陷。

6.2.3 展开接线图

展开接线图(简称展开图)也是用来说明二次接线的动作原理的，使用很普遍。展开图的特点是：①每套装置的交流电流回路、交流电压回路和直流回路分开来表示；②属于同一仪表或继电器的电流线圈、电压线圈和触点分开画在不同的回路里，采用相同的文字标号，有多副触点时加下标；③交、直流回路各分为若干行，交流回路按 A、B、C 的相序，直流回路按继电器的动作顺序依次从上到下地排列。在每一回路的右侧通常有文字说明，以便于阅读。

图 6.2 是根据图 6.1 所示的原理图而绘制的展开图。

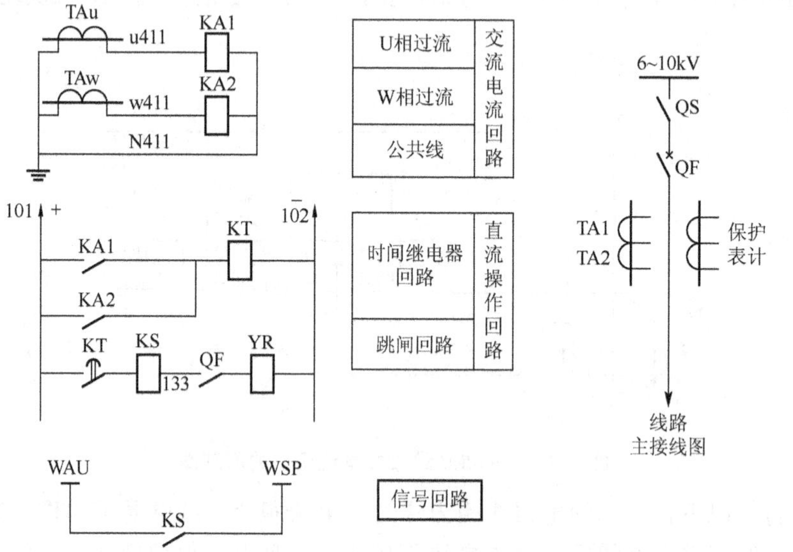

图 6.2 6～10kV 线路过电流保护展开图

从以上原理图与展开图比较可见，展开图接线清晰，易于阅读，便于了解整套装置的动作程序和工作原理，特别是在复杂电路中其优点更为突出，因此，在实际工作中广泛采用。

6.2.4 安装接线图

表示二次设备的具体安装位置和布线方式的图纸称安装图。它是二次设备制造、安装的实用图纸，也是运行、调试、检修的主要参考图纸。

设计或阅读安装图时，常遇到“安装单位”这一概念。所谓“安装单位”是指二次设备安装时所划分的单元，一般是按主设备划分。一块屏上属于某个一次设备或某套公用设备的全部二次设备称为一个安装单位。安装单位名称用汉字表示，如××发电机、××变压器、××线路、××母联(分段)断路器、中央信号装置、××母线保护等；安装单位编号用罗马数字表示，如Ⅰ、Ⅱ、Ⅲ、Ⅳ等。

1. 屏面布置图

屏面布置图是表示二次设备的尺寸、在屏面上的安装位置及相互距离的图纸。屏面布置图应按比例绘制(一般为 1∶10)。

(1) 屏面布置图应满足的要求。

① 凡需监视的仪表和继电器都不要布置得太高。

② 对于检查和试验较多的设备，应位于屏中部，同一类设备应布置在一起，以方便检查和试验。

③ 操作元件(如控制开关、按钮、调节手柄等)的高度要适中，相互间留有一定的距离，以方便操作和调节。

④ 力求布置紧凑、美观。相同安装单位的屏面布置应尽可能一致，同一屏上若有两个及以上安装单位，其设备一般按纵向划分。

(2) 控制屏屏面布置图。一般屏上部为测量仪表(电流表、电压表、功率表、功率因数表、频率表等)，并按最高一排仪表取齐；屏中部为光字牌、转换开关和同期开关及其标签框，光字牌按最低一排取齐；屏下部为模拟接线、隔离开关位置指示器、断路器位置信号灯、断路器据开关等。发电机的控制屏台下部还有调节手轮。

(3) 继电器屏屏面布置图。屏面上设备一般有各种继电器、连接片、试验部件及标签框。保护屏屏面布置一般为：①调整、检查较少、体积较小的继电器，如电流、电压、中间继电器等位于屏上部；②调整、检查较多、体积较大的继电器，如重合闸(KRC)、功率方向(KW)、差动(KD)及阻抗继电器(KI)等位于屏中部；③信号继电器、连接片及试验部件位于屏下部，以方便保护的投切、复归。屏下部离地 250mm 处开有 ϕ50mm 的圆孔，供试验时穿线用。

模拟母线按表 6-3 涂色。

表 6-3 模拟母线涂色

电压/kV	0.4	3	6	10	13.8	15.75	18	20	35	63	110	220	330	500	1 100
颜色	黄褐	深绿	深蓝	绛红	浅绿	绿	粉红	梨黄	鲜黄	橙黄	朱红	紫	白	淡黄	中蓝

2. 屏后接线图

屏后接线图是表明屏后布线方式的图纸。它是根据屏面布置图中设备的实际安装位置绘制，但是背视图，即其左右方向正好与屏面布置图相反；屏后两侧有端子排，屏顶有小母线，屏后上方的特制钢架上有小刀闸、熔断器和个别继电器等；每个设备都有“设备编号”，设备的接线柱上都加有标号和注明去向。屏后接线图不要求按比例绘制。

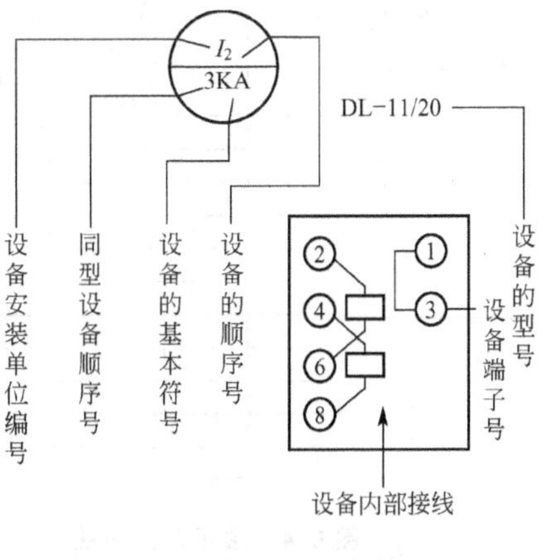

图 6.3 屏后接线图设备编号示例

(1) 设备编号。继电器屏电流继电器的设备编号示例如图 6.3 所示。通常在屏后接线图各设备图形的左上方都贴有一个圆圈，表明设备的编号。①安装单位编号及同一安装单位设备顺序号，标在圆圈上半部，如 I_1、I_2、I_3 等。罗马数字表示安装单位编号，阿拉伯数字表示同一安装单位设备顺序号，按屏后顺序从右到左、从上到下依次编号。②设备的文字符号及同类设备顺序号，标在圆圈下半部，如 1KA、2KA、3KA（或 KA1、KA2、KA3）等，与展开图一致。另外，在设备图形的上方还标有设备型号。

（2）回路标号。回路加标号的目的是：了解该回路的用途及进行正确的连接。回路标号由 1～4 个数字组成，对于交流回路，数字前加相别文字符号；不同用途的回路规定不同标号数字范围，反之，由标号数字范围可知道属哪类回路。回路标号是根据等电位原则进行，即任何时候电位都相等的那部分电路用同一标号，所以，元件或触点的两侧应该用不同标号。具体工程中，只对引至端子排的回路加以标号，同一安装单位的屏内设备之间的连接一般不加回路标号。

3. 端子排图

端子排图是表示屏上两端相互呼应、需要装设的端子数目、类型、排列次序以及端子与屏外设备连接情况的图纸。通常屏背面接线图包括其左、右侧的端子排图。在端子接线图中，端子的视图应从布线时面对端子的方向。图 6.4 所示为某一个端子排接线图。

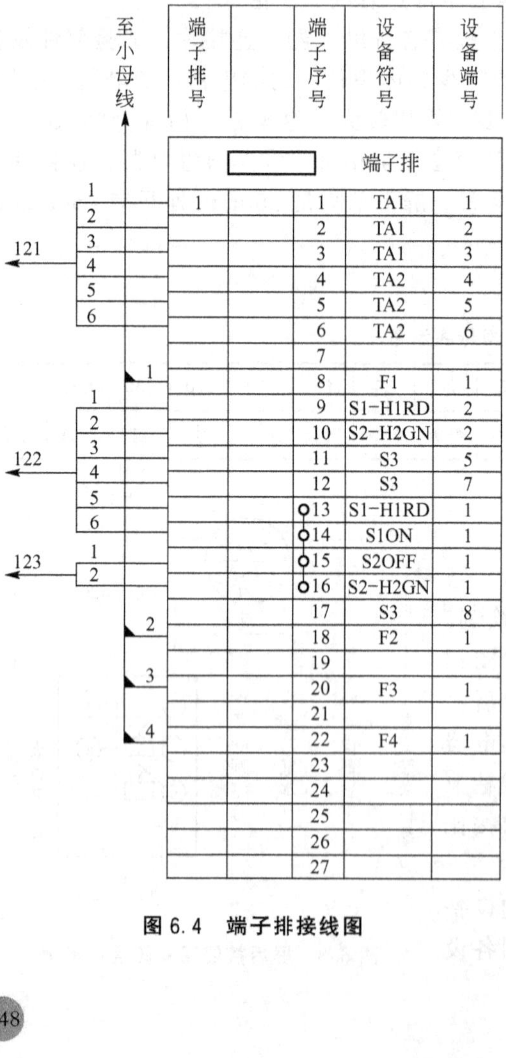

至小母线
端子排
端子序号
设备符号
设备端号
端子排
121
122
123
1 TA1 1
2 TA1 2
3 TA1 3
4 TA2 4
5 TA2 5
6 TA2 6
7
8 F1 1
9 S1-H1RD 2
10 S2-H2GN 2
11 S3 5
12 S3 7
13 S1-H1RD 1
14 S1ON 1
15 S2OFF 1
16 S2-H2GN 1
17 S3 8
18 F2 1
19
20 F3 1
21
22 F4 1
23
24
25
26
27

图 6.4 端子排接线图

凡屏内设备与屏外设备相连时，都要通过一些专门的端子，这些接线端子组合在一起，便称作端子排，可布置在屏后的左边或右边。端子排的一侧与屏内设备相连，另一侧用电缆与其他结构单元（或屏）的端子排连接。由图 6.4 可知，1 号端子右侧与电流互感器 TA1 的接线端子 1 连通，而左侧由编号为 121 的电缆连至保护屏，其余按此类推。

安装接线图中的设备编号、回路编号、端子排编号和设备接线的编号都有相应的规定，在此限于篇幅不一一介绍。

上述 3 种形式的二次接线图是我国普遍采用的，至今还广泛使用着。但目前我国已开始采用国际通用的图形符号和文字符号来表示二次接线图。因而根据表达对象和用途的不同，二次接线图有新的表示形式，一般可分为以下几种。

（1）单元接线图。表示成套装置或设备中一种结构单元内连接关系的接线图，称为单元接线图。所谓结构单元，是指可独立运用的组件，或由零件、部件构成的结合件，如发电机、电动机、成套开关柜等。单元接线图中，各部件可按展开图形式画出，也可按集中形式画出；但大都采用前者，因而通常又称展开图。

（2）互连接线图。互连接线图是表示成套装置或设备中的各个结构单元之间连接关系的一种接线图。

（3）端子接线图。端子接线图与前述的安装接线图中的端子排图是一致的。

（4）电缆配置图。电缆配置图中示出各单元之间的外部二次电缆敷设和路径情况，并注有电缆的编号、型号和连接点，是进行二次电缆敷设的重要依据。

6.3 断路器的控制与信号回路

在发电厂和变电所内对断路器的控制按控型地点不同可分为集中控制与就地控制两种。一般对主要设备，如发电机、主变压器、母线分段或母线联络断路器、旁路断路器、35kV及以上电压的线路以及高、低压厂用工作与备用变压器等采用集中控制方式，对6～10kV线路以及厂用电动机等一般采用就地控制方式。所谓集中控制方式就是集中在主控室内进行控制，被控制的断路器与主控室之间一般有几十米到几百米的距离，因此，在有些书中也称为距离控制。所谓就地控制就是在断路器安装地点进行控制。将一些不重要的设备下放到配电装置内就地控制，这样可以减小主控室的建筑面积，节约控制电缆。

断路器的控制通常是通过电气回路来实现的，为此必须有相应的二次设备，在主控制室的控制屏台上应当有能发出跳、合闸命令的控制开关(或按钮)，在断路器上应有执行命令的操动机构(跳、合闸线圈)。控制开关与操动机构之间是通过控制电缆连接起来的。控制回路按按操作电源性质的不同可分为直流操作和交流操作(包括整流操作)两种类型。直流操作一般采用蓄电池组供电，交流操作一般是由电流互感器、电压互感器或所用变压器供电。此外，对断路器的控制，按所采用的接线及设备又可分为强电控制和弱电选线控制两大类。本节重点讨论采用直流操作电源的强电控制接线。

6.3.1 控制开关和操动机构

1. 控制开关

发电厂和变电所中常见的控制开关主要有两种类型，一种是跳、合闸操作都分两步进行的，手柄有两个固定位置和两个操作位置的控制开关；另一种是跳、合闸操作只用一步进行的，手柄有一个固定位置和两个操作位置的控制开关。前者广泛用于火力发电厂和有人值班的变电所中，后者主要用于遥控及无人值班的变电所及水电站中。

1）LW 2系列转换开关

图6.5为LW2-Z型控制开关的外形。

控制开关的正面为一个操作手柄，安装于屏前，与手柄固定连接的转轴上装有数节触点盒，触点盒安装于屏后。每个触点盒中都有4个固定触点和一个动触点，动触点随转轴转动；固定触点分布在触点盒的四角，盒外有供接线用的4个引出端子。由于动触点的凸轮与簧片的形状及安装位置的不同，构成不同型式的触点盒。触点盒是封闭式的，每个控制开关上所装的触点盒的节数及型式可根据设计控制回路的需要进行组合，所以这种开关又称为封闭式万能转换开关。

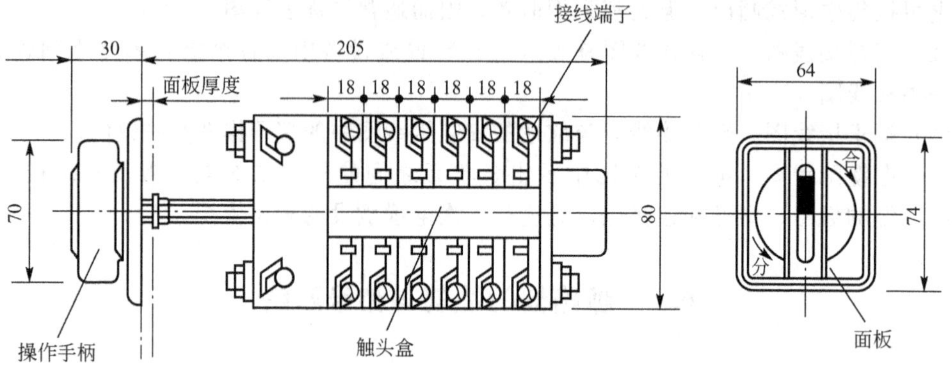

图 6.5 LW2-Z 型控制开关外形

LW2 系列封闭式万能转换开关在发电厂和变电所中应用很广，除了在断路器及接触器等的控制回路中用作控制开关外，还在测量表计回路、信号回路、各种自动装置及监察装置回路以及伺服电动机回路中用作转换开关。

LW2 系列转换开关是旋转式的，它从一种位置切换到另一种位置是通过将手柄向左或向右旋转一定角度来实现的。可以每隔 90°设一个定位，也可以每隔 45°设一个定位，前者最多有 4 个定位，后者最多有 8 个定位。定位的数目可以用限位机构加以限制。操作手柄可以做成在操作后自动复归原位的，也可以做成不能自动复归的。在控制开关中发跳、合闸命令的触点要求只在发命令时接通，因此，应当选用能够自动复归的，其他做切换用的开关不要求带自复机构。

根据手柄的构造(有无内附信号灯)、有无定位及自复机构，LW2 系列封闭式转换开关有如下不同型式：

LW2-YZ 手柄内带信号灯，有自复机构及定位；

LW2-Z 有自复机构及定位；

LW2-W 有自复机构；

LW2-Y 手柄内带信号灯，有定位；

LW2-H 手柄可以取出，有定位；

LW2 有定位。

其中，LW2-YZ、LW2-Z 及 LW2-W 这 3 种型式可以做控制开关用；LW2-H 型用于需要互相闭锁的场合，例如同期系统中；LW2-Y 型用于需要利用手柄中的信号灯监视熔断器状态的场合，例如直流系统中；LW2 型广泛用于一般切换电路中。

根据动触点的凸轮和簧片形状以及在转轴上安装的初始位置不同，触点盒可分为 14 种型式，其代号为 1、1a、2、4、5、6、6a、7、8、10、20、30、40、50 等，见表 6-4。其中动触点的基本类型有两种：一种是触点片紧固在轴上，随轴一起转动的，另一种是触点片与轴有一定角度的相对运动(自由行程)。后一种类型触点当手柄转动角度在其自由行程以内时，可以保持在原来的位置上不动。上述的 1、1a、2、4、5、6、6a、7、8 型触点是紧随轴转动的；10、40、50 型触点在轴上有 45°的自由行程；20 型触点在轴上有 90°的自由行程；30 型有 135°的自由行程。有自由行程的触点只适用信号回路，其触点切断能力较小。

表 6-4 LW2-Z、LW2-YZ 型开关中各触点盒的触点随手柄转动位置表(正视图)

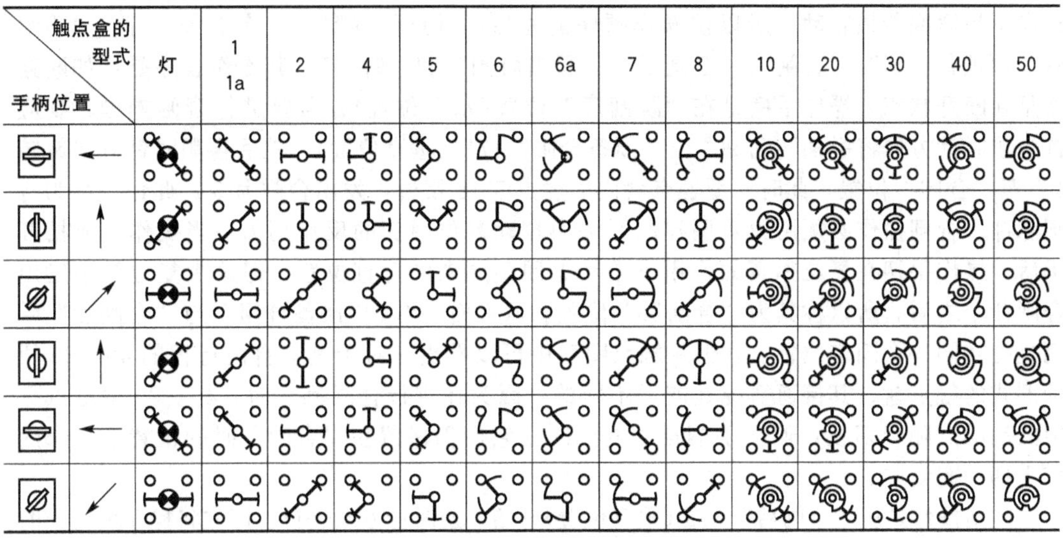
触点盒的型式
手柄位置
灯
1
1a
2
4
5
6
6a
7
8
10
20
30
40
50

2）触点图表

为了说明操作手柄在不同位置时，触点盒内各触点的通、断情况，一般列出触点图表。表 6-5 为 LW2-Z-1a、4、6a、40、20、6a/F8 型控制开关的触点图表。型号中，LW2-Z 为开关型号；1a、4、6a、40、20、6a 为开关上所带触点盒的型式，它们的排列次序就是从手柄处算起的装配顺序；斜线后面的 F8 为面板及手柄的型式(面板有两种，方形用 F 表示，圆形用 0 表示；手柄有 9 种，分别用数字 1～9 表示)。

表 6-5 LW2-Z-1a、4、6a、40、20、20/F8 控制开关触点图表

有"跳闸"后位置的手柄(正面)的样式和触点盒(背面)接线图	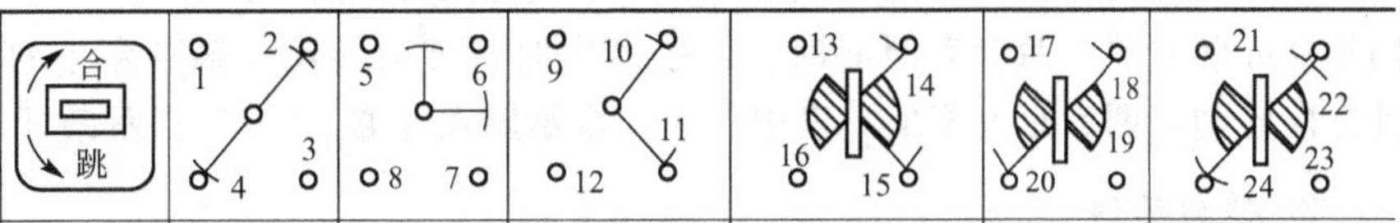														
手柄和触点盒型式	F8	1a		4		6a			40			20		20	
位置 \ 触点号	—	1—3	2—4	5—8	6—7	9—10	9—12	10—11	13—14	14—15	13—16	17—19	18—20	21—23	21—22	22—24
跳闸后		—	×	—	—	—	—	×	—	×	—	—	×	—	—	×
预备合闸		×	—	—	—	×	—	—	×	—	—	—	—	—	×	—
合闸		—	—	×	—	—	×	—	—	—	×	×	—	×	—	—
合闸后		×	—	—	—	×	—	—	—	—	×	×	—	×	—	—
预备跳闸		—	×	—	—	—	—	×	×	—	—	—	—	—	×	—
跳闸		—	—	—	×	—	—	×	—	×	—	—	×	—	—	×

注：×表示触点接通；—表示触点断开。

表中手柄样式是正面图，这种控制开关有两个固定位置(垂直和水平)和两个操作位置(由垂直位置再顺时针转 45°和由水平位置再逆时针转 45°)的开关，由于有自由行程的触点不是紧跟着轴转动，所以按操作顺序的先后，触点位置实际上有 6 种，即：“跳闸后”、“预备合闸”、“合闸”、“合闸后”、“预备跳闸”和“跳闸”。其操作程序是：如断路器是在断开状态，操作手柄是在“跳闸后”位置(水平位置)，需要进行合闸操作，则应首先顺时针方向将手柄转动 90°至“预备合闸”位置(垂直位置)，然后再顺时针方向旋转 45°至“合闸”位置，此时 4 型触点盒内的触点 5－8 接通，发出合闸命令，此命令称为合闸脉冲。合闸操作必须用力克服控制开关中自动复位弹簧的反作用力，当操作完成松开手后，操作手柄在复位弹簧的作用下自动返回到原来的垂直位置，但这次复位是在发出合闸命令之后，所以称其为“合闸后”位置。从表面上看，“预备合闸”与“合闸后”手柄是处在同一个固定位置上，但从触点图表中可以看出，对于具有自由行程的 40、20 两种型式的触点盒，其接通情况是前后不同的，因为在进行合闸操作时，40、20 型触点盒中的动触点随着切换，但在手柄自动复归时，它们仍保留在“合闸”时的位置上，未随着手柄一起复归。

跳闸操作是从“合闸后”位置(垂直位置)开始，逆时针方向进行。即先将操作手柄逆时针方向转动 90°至“预备跳闸”位置，然后再继续用力旋转 45°至“跳闸”位置。此时 4 型触点盒中的触点 6－7 接通，发出跳闸脉冲。松开手后，手柄自动复归，此时的位置称为“跳闸后”位置。这样，跳、合闸操作，都分成两步进行，有效地避免误操作的发生。

LW2-YZ 型控制开关与 LW2-Z 型在操作程序上完全相同，只是前者操作手柄内多一个指示灯，其触点图表见表 6.4。

LW2-W 型控制开关只有一个固定位置(垂直位置)，顺时针方向旋转 45°为合闸操作，逆时针方向旋转 45°为跳闸操作，操作后即自动回到原位。

在看触点图时，必须注意表中所给出的是触点盒背面接线图，即从屏后看的，而手柄是从屏前看的，两者对照看时，当手柄顺时针方向转动，触点盒中的可动触点应逆时针方向转动，两者正好相反。表中“×”表示触点接通，“—”表示断开。

2. 操动机构

操动机构就是断路器本身附带的跳合闸传动装置，其种类较多，有电磁操动机构、弹簧操动机构、液压操动机构、气压操动机构、电动机操动机构等，其中应用最广的是电磁操动机构。操动机构是由制造厂定型，与断路器一起配套供应。

与电气二次接线关系比较密切的是操动机构中跳、合闸线圈的电气参数。各种型式操动机构的跳闸电流一般都不很大(当直流操作电压为 110～220V 时约 0.5～5A)。而合闸电流则相差较大，如利用弹簧、液压、气压等操作，则合闸电流较小(当直流操作电压为 110～220V 时，一般不大于 5A)；如利用电磁力直接合闸，则合闸电流很大，可由几十安至数百安。此点在设计控制回路时必须注意，对于电磁型操动机构，合闸线圈回路不能利用控制开关触头直接接通，必须借助接触器的主触头去控制。原因是接触器带有灭弧装置，其主触点可以去接通、断开较大的电流。

6.3.2 断路器的控制及信号回路接线图

断路器的控制回路随着断路器的型式、操动机构的类型以及运行上的不同要求而有所差别，但其基本接线是相似的。

断路器的控制回路应能满足如下要求。

(1) 应能进行手动跳、合闸和由继电保护与自动装置实现自动跳、合闸。并且当跳、合闸操作完成后，应能自动切断跳、合闸脉冲电流。

(2) 应有防止断路器多次合闸的“跳跃”闭锁装置。

(3) 应能指示断路器的合闸与跳闸位置状态。

(4) 自动跳闸或合闸应有明显的信号。

(5) 应能监视熔断器的工作状态及跳、合闸回路的完整性。

(6) 控制回路应力求简单可靠，使用电缆芯数目最少。

下面以直流操作的电磁型操动机构为例，分别说明实现上述要求的方法。

1. 断路器的跳、合闸回路

简单的断路器跳、合闸回路如图 6.6 所示。为了构成断路器及手动跳、合闸回路，需要将控制开关 SA 上的跳、合闸触点相应地与操动机构上的跳闸线圈 YR 与合闸接触器线圈，KM 连接起来，中间还引入了断路器的辅助触点 QF。QF 触点是在断路器的操动机构中，与断路器的传动轴联动。它有两种，一种为动合(常开)触点，其位置与断路器主触头的位置是一致的，即断路器在跳闸位置时，它是断开的，断路器在合闸位置时，它是闭合的；另一种触点为动断(常闭)触点，其位置与断路器主触头的位置正好相反。因此，在合闸回路中引入了 QF 的动断(常闭)触点，在未进行合闸操作之前它是闭合的，此时只要将控制开关 SA 的手柄转至“合闸”位置，触点 5－8 接通，合闸接触器线圈中即有电流流过，接触器的触点 KM 闭合，将合闸线圈 YO 回路接通，断路器即行合闸。当断路器合闸过程完成，与断路器传动轴一起联动的辅助触点 QF 即断开，自动地切断合闸接触器线圈中的电流。同理，在跳闸回路中则引入了 QF 的动合(常开)触点，控制开关 SA 的触点也相应地改用了在“跳闸”位置接通的 6－7 触点。在跳、合闸回路中串入 QF 触点的目的：跳闸线圈与合闸线圈厂家是按短时通电设计的，在跳、合闸操作完成后，通过 QF 触点自动地将操作回路切断，以保证跳、合闸线圈的安全；跳闸线圈与合闸接触器线圈都是电感电路，如经常由控制开关 SA 的触点来切断跳、合闸操作电流，则容易将

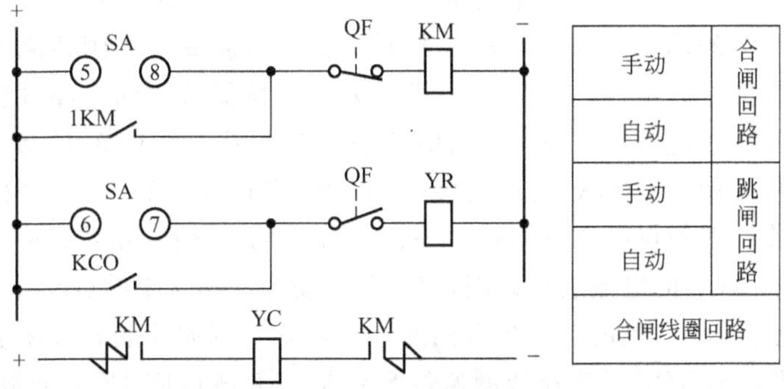

图 6.6 简化的断路器控制回路图

SA—控制开关；KM—合闸接触器线圈；YR—跳闸线圈；QF—断路器辅助触点；
1KM—自动装置触点；KCO—继电保护出口继电器触点；YO—合闸线圈

该触点烧毁，回路中串入了断路器的辅助触点 QF，就可由 QF 触点切断电弧，以避免损坏上述触点。为此，要求 QF 触点具有足够的切断容量并对其做精确调整。

为了实现自动跳、合闸，只需将保护继电器的触点 KCO 和自动装置(例如自动重合闸装置和备用自动投入装置)的触点 1KM 在相应的回路中与控制开关 SA 的触点并联接入即可。

2. 防止断路器多次合闸的“跳跃”闭锁装置

当断路器合闸后，如果由于某种原因造成控制开关的触点 SA 或自动装置的触点 1KM 未复归(例如操作手柄未松开、触点焊住等)，此时，如发生短路故障，继电保护动作使断路器自动跳闸，则会出现多次的“跳—合”现象，此种现象称为“跳跃”，断路器如果多次“跳跃”，会使断路器毁坏，造成事故扩大。所谓“防跳”就是要采取措施以防止这种“跳跃”的发生。对于 6～10kV 断路器，当用 CD_2 型操动机构时，由于机构本身在机械上有“防跳”性能，不需在控制回路中另加电气“防跳”装置，对于其他没有机械“防跳”性能的操动机构，均应在控制回路中装设电气“防跳”装置。带有电气“防跳”装置的简化控制回路图如图 6.7 所示。

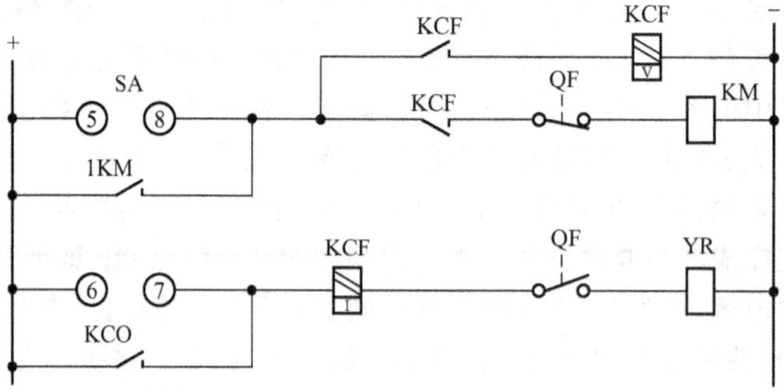

图 6.7　带有电气“防跳”装置的简化的断路器控制回路图

图 6.7 中的控制回路图与图 6.6 的差别是增加了一个中间继电器 KCF，称为跳跃闭锁继电器。它有两个线圈，一个是电流启动线圈，串联于跳闸回路中，这个线圈的额定电流应根据跳闸线圈的动作电流来选择，并要求其灵敏度高于跳闸线圈的灵敏度，以保证在跳闸操作时它能可靠地启动；另一个线圈为电压自保持线圈，经过自身的常开触点并联于合闸接触器中。此外，在合闸回路中还串联接入了一个 KCF 的常闭触点。其工作原理如下：当利用控制开关(SA)或自动装置(1KM)进行合闸时，如合闸在短路故障上，继电保护装置动作，其触点 KCO 闭合，将跳闸回路接通，使断路器跳闸。同时跳闸电流也流过防跳继电器 KCF 的电流启动线圈，使 KCF 动作，其常闭触点断开合闸回路，常开触点接 KCF 的电压线圈。此时，如果合闸脉冲未解除，例如控制开关未复归或自动装置触点 1KM 卡住等，则 KCF 的电压线圈通过 SA 的 5－8 触点或 1KM 的触点实现自保持，长期断开合闸回路，使断路器不能再次合闸。只有当合闸脉冲解除，KCF 的电压自保持线圈断电后，才能恢复至正常状态。跳跃闭锁继电器 KCF 一般装设在控制室内的继电保护屏上，也有的装设在断路器的操作箱内。

3. 断路器的位置指示灯回路

断路器的位置可以利用信号灯来指示，在双灯制的接线中，一般用红灯表示断路器的合闸状态，用绿灯表示断路器的跳闸状态，其接线原理图如图 6.8 所示。

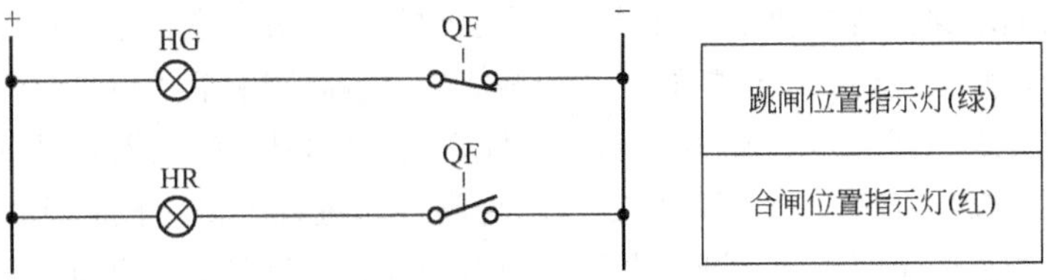

图 6.8 断路器的位置指示灯

指示灯是利用与断路器传动轴一起联动的辅助触点 QF 来进行切换的。当断路器在断开位置时，QF 的常闭触点接通，在控制屏台上绿灯(HG)亮，当断路器在合闸位置时，QF 的常开触点接通，红灯(HR)亮。

4. 断路器自动跳闸或自动合闸的信号装置

继电保护装置动作使断路器跳闸或自动装置动作将断路器合闸时，为了能给值班人员一个明显的信号，目前广泛采用指示灯闪光的办法。其接线图是按照不对应原则设计的。所谓不对应原则就是指控制开关的位置与断路器的位置不一致，例如断路器原先在“合闸”位置。控制开关是在“合闸后”位置，两者是一致的；当发生短路故障时，继电保护装置动作使断路器自动跳闸时，断路器已处在断开状态，而控制开关仍保留在原来的“合闸后”位置，此时两者就出现了不一致。凡属自动跳、合闸都将出现控制开关与断路器实际位置不一致的情况，因此，可利用这一特征来发出自动跳、合闸信号。为此，在信号灯回路不仅需要有断路器的辅助触点来进行切换，而且需要有控制开关的触点来加以区分，其接线原理图如图 6.9 所示。

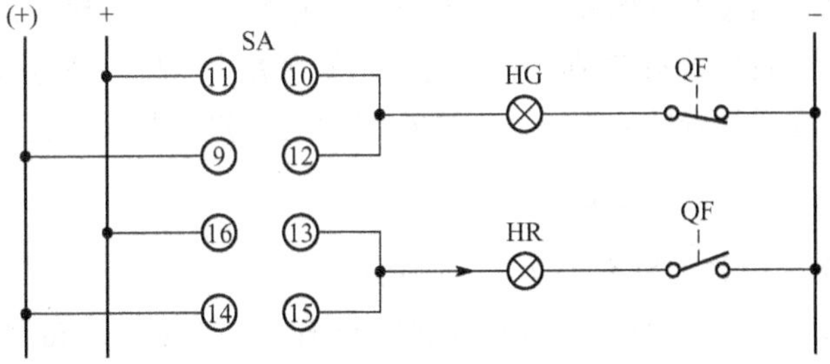

图 6.9 断路器自动跳、合闸的灯光信号

为了减少屏上信号指示灯数目及简化接线，自动跳、合闸指示灯与位置指示灯合用一组灯泡。为了区别手动跳、合闸与自动跳、合闸，在接线图中增加了控制开关 SA 的触点。当值班人员手动操作使断路器跳闸时，操作后控制开关是处在“跳闸后”位置，SA 的 10－11 触点接通，绿灯 HG 发出平光，指示断路器在跳闸状态。当断路器由继电保护动作自动跳闸时，控制开关仍处在原来的“合闸后”位置，而断路器已经跳开，两者的位置不一致，此

时绿灯 HG 经 SA 的 9－10 触点接至闪光小母线(＋)，曲于电源是连续的间断脉冲，所以绿灯开始闪光，以引起值班人员的注意。当值班人员将控制开关切换至“跳闸后”位置时，则控制开关与断路器两者的位置相对应，绿灯闪光停止，又发出平光。当由自动装置进行自动合闸时，也将出现位置不对应情况，此时红灯闪光，原理与上相同。

当断路器由继电保护装置动作跳闸时，为了引起值班人员注意，不仅已跳闸的断路器的绿色指示灯闪光，而且还要求发出事故跳闸音响信号。事故音响信号也是利用上述的不对应原则实现的，其接线原理图如图 6.10 所示。事故音响信号装置(蜂鸣器)全厂(所)公用一套，图 6.10 仅给出了其启动回路。为了避免在手动合闸操作过程中，当控制开关转到“预备合闸”和“合闸”位置的瞬间，由于断路器位置与控制开关的位置不对应而引起短时的事故音响信号，使值班人员难辨真假，产生紧张情绪，所以在接线图中应采用只有在“合闸后”位置才接通的 SA 触点，但从表 6－4 中可以看到，找不出这样一种合适触点，因而通常采用两个 SA 触点相串联的方法。图 6.10 中就是采用 SA 的 1－3 触点和 17－19 触点相串联的方法满足了只在“合闸后”位置才接通的这一要求。与此类似，灯光信号也存在同样的问题，是的，在操作过程中由于不对应，信号指示灯是要闪光的，但这在实际应用中并不认为是一种缺点，反而有益，因为闪光的停止将证明操作过程的完成。

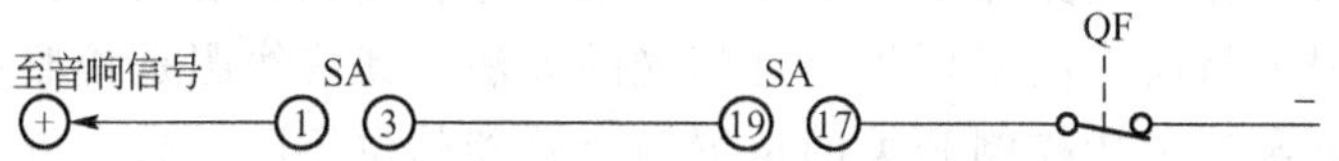

图 6.10 启动事故音响信号的回路

5. 熔断器与跳、合闸回路完整性的监视装置

控制回路的操作电源是经过熔断器供给的，对于熔断器的工作状态必须加以监视，以防熔断器的熔丝熔断而失去操作电源。同时为了保证设备的安全运行，对于跳闸回路的完整性也应有经常性的监视，以防由于跳闸回路断线而使在发生事故时继电保护装置不能将断路器跳开。对于装有自动合闸装置的断路器，对其合闸回路亦应设有经常性的监视。

目前广泛采用的监视方式有两种：一种是灯光监视方式，另一种是音响监视方式。大型发电厂和变电所可考虑采用音响监视方式，中小型发电厂和变电所一般采用灯光监视方式。

6. 灯光监视的断路器控制回路

灯光监视的断路器控制回路图如图 6.11 所示。

此图实际上是图 6.9 所示的信号指示灯回路与图 6.7 所示的断路器跳、合闸回路结合在一起所构成的。跳、合闸回路完整性的监视是利用在跳、合闸线圈回路中串联信号指示灯的办法来实现的。信号指示灯仍由断路器的辅助触点 QF 进行切换，在其回路中增加了跳闸线圈或合闸接触器的线圈对其工作原理并没有影响，但却起到了监视跳、合闸回路完整性的作用。由于正常通过辅助触点 QF 准备好的只是下一步操作的回路，即当断路器在合闸状态时，已经准备好的是跳闸回路；当断路器在跳闸状态时，准备好的是合闸回路，因此，红灯应串联于跳闸线圈回路中，绿灯应串联于合闸接触器线圈回路中。当红灯亮时，不仅说明断路器是在合闸位置，而且说明跳闸回路是完好的。此时，跳闸线

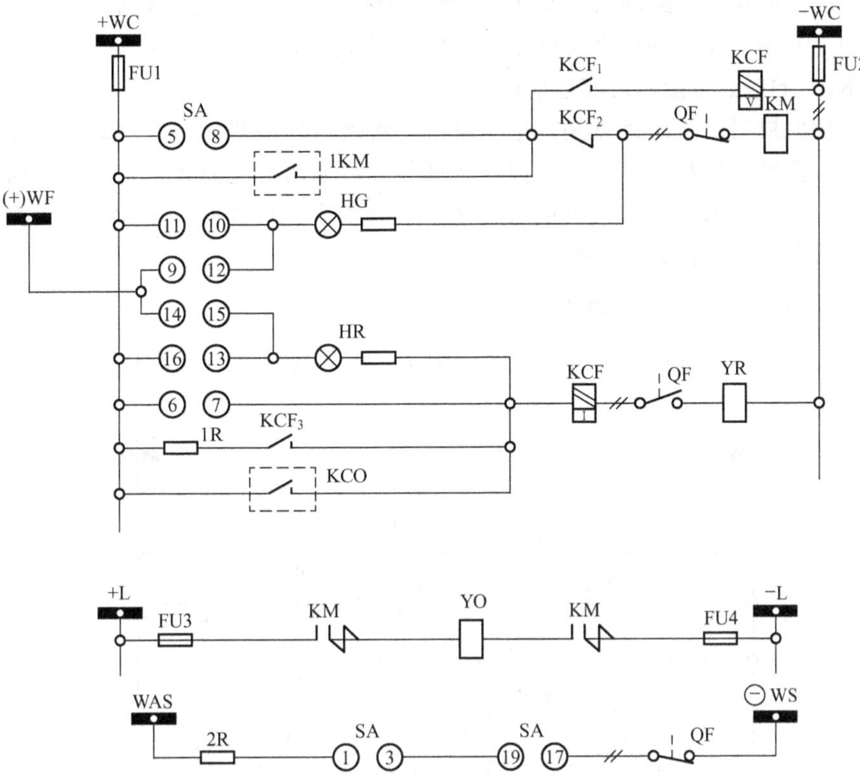

图 6.11 灯光监视的断路器控制回路图

圈中虽然有直电流流过，但并不致引起断路器跳闸，因为跳闸线圈的电阻与信号指示灯(包括其附加电阻)比较起来甚小，大部分电压降在信号指示灯上了。为了避免灯泡引出线上短路时引起跳闸线圈误动，通常采用在信号灯上回路附加电阻的方法予以解决。手动操作跳闸或继电保护装置动作跳闸是利用控制开关。SA 的 6 - 7 触点或继电器 KCO 的触点将信号灯 HR 短路来实现的，此时几乎全部电源电压都加在了跳闸线圈 YR 上，在跳跃闭锁继电器 KCF 的电流线圈上的压降很小，因此，跳闸线圈启动，使断路器跳闸。同理，当绿灯亮时，不仅说明断路器是在跳闸位置，而且说明合闸回路是完好的。为了进行手动操作合闸或自动合闸，只需利用控制开关 SA 的 5 - 8 触点或继电器 1KM 的触点将信号指示灯 HG 短接，使全部电压都加在合闸接触器的线圈 KM 上即可。

由于信号指示灯 HR 和 HG 是经过熔断器 FU1 和 FU2 供电的，因此，它们也起监视熔断器 FU1 和 FU2 的作用。

此外，在跳闸回路中与继电保护装置出口继电器触点 KCO 并联接入了一个 KCF_3 的常开触点，而且在其前面还串联了一个电阻 R，这一回路的作用如下。当继电保护装置动作于断路器跳闸时，为了防止保护装置出口继电器 KCO 的触点先于断路器的辅助触点 QF 断开而烧毁其触点，在保护装置出口回路并联了 KCF 的触点使 KCF 继电器动作后能进行自保持，此时，即使保护装置在 QF 触点断开之前复归，也不会发生由 KCO 触点来切断跳闸回路电流的情况，因而起到了保护该触点的作用。电阻只是一只阻值只有 1 欧姆的电阻，对跳闸回路的自保持无多大影响，当保护装置出口回路有串联信号继电器 KS 时(即在 KCO 触点后有串联的信号继电器线圈时)，有此电阻可以保证信号继电器 KS 的线圈不致被 KCF 的触点短接而可靠地动作。

灯光监视的控制回路的优点是：结构简单，断路器的位置状态有红绿灯指示，比较明显。但在大型发电厂和变电所中，因控制屏很多，如用灯光监视，则某一断路器的控制回路断线，信号指示灯的熄灭可能长时间不引起值班人员注意，因此，在大型发电厂和变电所内可考虑采用音响监视的控制回路接线。

7. 音响监视的断路器控制回路

音响监视的断路器控制回路图如图 6.12 所示。它与图 6.11 的主要区别如下。

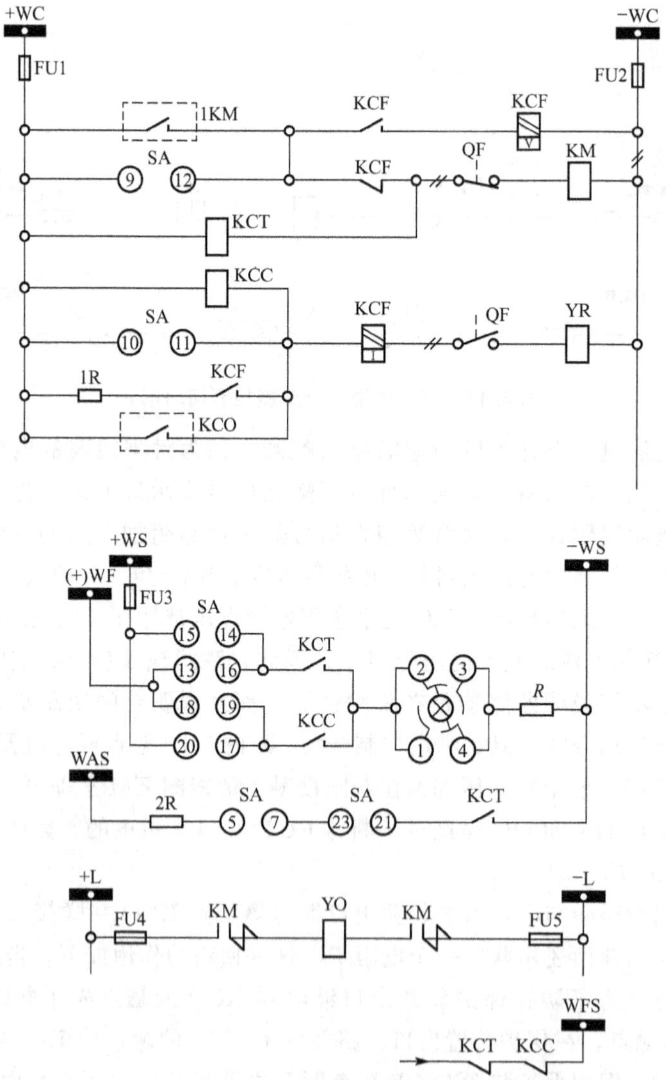

图 6.12 音响监视的断路器控制回路图

(1) 在合闸回路中用跳闸位置继电器 KCT 代替了绿色信号灯 HG，在跳闸回路中用合闸位置继电器 KCC 代替了红色信号灯 HR。正常时只有一个位置继电器通电，即当断路器在合闸位置时，合闸位置继电器 KCC 通电，当断路器在跳闸位置时，跳闸位置继电器 KCT 通电。当下一步操作的控制回路发生断线时，或熔断器 FU1 和 FU2 熔断时，继电器 KCT 和 KCC 的线圈将同时长期断电，利用两个相串联的常闭触点 KCT 和 KCC 接通音响信号回路(接至控制回路断线预告信号小母线)，发出“控制回路断线”信号。

(2) 断路器的位置指示灯回路与控制回路是分开的，而且只用了一个信号灯，灯泡是装在手柄内。此种控制开关的型号为 LW2-YZ 型，其第一节触点盒是专为信号灯而装设的，以保证不论手柄的位置如何，信号灯始终是与外面的电路连通的。信号灯回路的切换亦是利用不对应原理，为了节省控制电缆，减少占用芯数，利用跳、合闸位置继电器的常开触点代替了断路器的辅助触点 QF。因为指示灯只有一个。所以将跳、合闸位置继电器的触点移至了指示灯的前面。电阻只是指示灯本身附带的。在工作状态下，断路器在合闸位置，控制开关在“合闸后”位置，SA 的 20－17 触点是接通的，合闸位置继电器的常开触点和信号灯用的 SA 的 2－4 触点也是接通的，因此，灯是亮的，发出平光。当发生事故后继电保护装置动作使断路器跳闸时，合闸位置继电器的触点打开，KCT 的触点闭合，指示灯通过 KCT 的触点和 SA 的 13－14 触点接至闪光电源小母线(＋)，信号灯发出闪光。当值班人员知道该断路器已事故跳闸，将控制开关转到“跳闸后”位置，与断路器的位置相对应时，信号灯通过 SA 的 1－3 触点、KCT 的常开触点和 SA 的 15－14 触点接至信号电源小母线＋700，灯又恢复平光。同理，当由自动装置合闸时，信号灯亦发出闪光。因此，根据信号灯的闪光与否，只能分辨是自动操作还是手动操作。至于断路器的实际位置还是要根据信号灯发出平光时把手的位置来判断。

信号灯是经常亮着的，若灯光熄灭，则说明熔断器熔断、控制回路断线或灯泡烧毁。因此，当有“控制回路断线”音响信号时，值班人员可根据控制开关上信号灯熄灭与否来寻找是哪一回路发生了断线。

采用一个装在控制开关把手内的信号指示灯，可使控制屏盘面的布置简化而且清楚。

(3) 在事故音响回路中利用跳闸位置继电器的常开触点 KCT 代替了断路器的辅助触点 QF，可使从主控制室至断路器操动机构的联系电缆从四芯减少到三芯(图中的“〃”表示需要从主控制室引出的联系电缆芯)。

8. 分相操作的断路器控制回路

为了便于实现单相重合闸或综合重合闸，目前 220kV 及以上的断路器多采用分相操动机构。330～500kV 带气动机构分相操作的 SF_6 断路器控制回路如图 6.13 所示。为简明起见，未作出与同期、综合重合闸有关的部分。该回路特点如下。

(1) 兼有灯光监视、音响监视方式的一些功能。

(2) 设有就地、远方操作转换开关，可实现就地、远方操作。

(3) 正常就地、远方手动操作均采用三相操作方式。

(4) 每相一个合、跳闸回路。

(5) 每相设一套“防跳”装置。

(6) 配以综合重合闸后，可实现单跳单重或三跳三重。

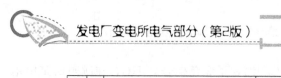

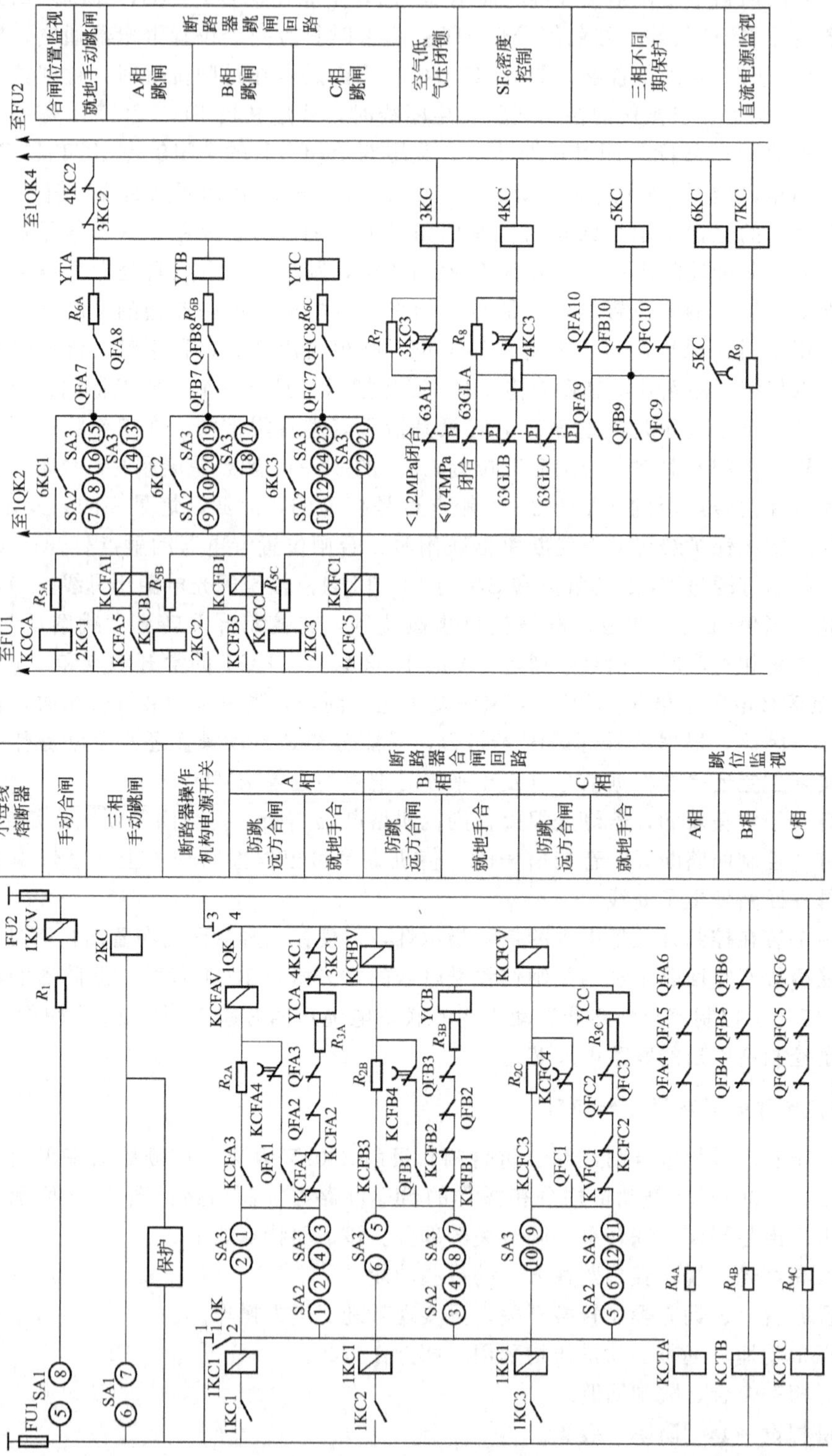

(a) 合闸回路

(b) 跳闸回路

图 6.13 带气动机构分相操作的 SF_6 控制回路(一)

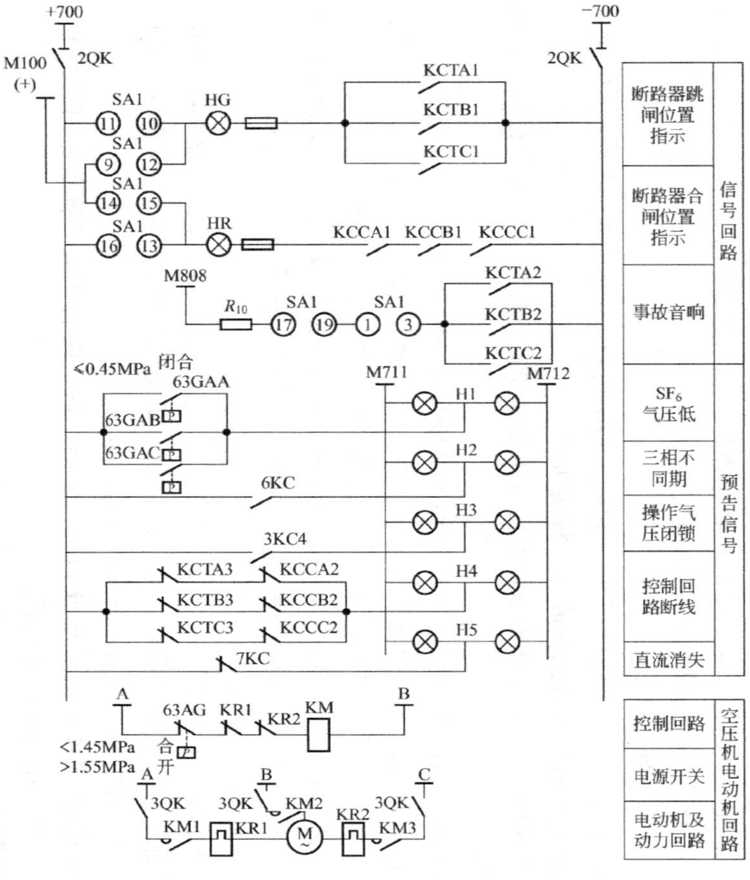

(c) 信号、空压机电动机回路

SA2 触点表

		1－2	3－4	5－6	7－8	9－10	11－12
合闸		×	×	×	—	—	—
断开		—	—	—	—	—	—
跳闸		—	—	—	×	×	×

SA3 触点表

		1－2	3－4	5－6	7－8	9－10	11－12	13－14	15－16	17－18	19－20	21－22	23－24
就地		—	×	—	×	—	×	—	×	—	×	—	×
断开		—	—	—	—	—	—	—	—	—	—	—	—
远方		×	—	×	—	×	—	×	—	×	—	×	—

FU1、FU2—熔断器；SA1—控制开关(LW2－Z)；SA2—就地手动操作开关(LW12－16)；SA3—就地、远方转换开关(LW12－16)；1KCV、1KC1—中间继电器1KC的电压、电流线圈；R_1～R_{10}—电阻；2KC～7KC—中间继电器；1QK～3QK—刀开关；QFA1～QFA9、QFB1～QFB9、QFC1～QFC9—断路器辅助触点；KCFA、KCFB、KCFC—防跳继电器(有电压、电流线圈)；YCA、YCB、YCC—合闸线圈；KCTA、KCTB、KCTC—跳闸位置继电器；KCCA、KCCB、KCCC—合闸位置继电器；YTA、YTB、YTC—跳闸线圈；63AL—空气压力开关触点；63GLA、63GLB、63GLC—SF_6密度继电器触点；HG—绿色信号灯；HR—红色信号灯；63GAA、63GAB、63GAC—SF_6密度继电器触点；H1～H5—光字牌；63GA—空气压力开关触点；KR1、KR2—热继电器；KM—接触器；M—电动机

图6.13 带气动机构分相操作的 SF_6 控制回路(一)(续)

（7）设有操作气压自动控制装置及低气压闭锁合、跳闸(并发信号)。

（8）设有 SF_6 低气压报警和闭锁合、跳闸。

（9）设有直流电源监视的音响信号。

图 6.13 中，SA1 开关仍采用 LW2 系列；SA2、SA3 采用 LW12－16 系列，其触点通断情况如图下的触点表所示。下面就前面未涉及的一些问题予以讨论。

1）就地手动操作

设操作气压、SF_6 气体密度正常，1QK 投入。此时图 6.13(b)中的 3KC、4KC 均失电。

置 SA3 于“就地”位置，其有关触点接通，准备好就地操作的合、跳闸回路。执行操作是通过 SA2 实现。

（1）合闸操作。设断路器 QF 在跳闸位置，转动 SA2 开关至“合闸”位置，由图 6.13(a)可知，此时三相的合闸回路分别接通。其中，A 相合闸回路通过触点 SA2(1－2)接通＋→FU1→1QK(1－2)→SA2(1－2)→SA3(4－3)→KCFA1→KCFA2→QFA2→QFA3→R3A→YCA→3KC1→4KC1→1QK(4－3)→FU2→－。

同样 B、C 相合闸回路也分别通过触点 SA2(3－4)、SA2(5－6)接通。YCA、YCB、YCC 三相合闸线圈同时带电，实现三相合闸。

（2）跳闸操作。设断路器 QF 在合闸位置，转动 SA2 开关至“跳闸”位置，由图 6.13(b)可见，三相跳闸回路分别通过触点 SA2(7－8)、SA2(9－10)、SA2(11－12)接通，可实现三相跳闸。

由于 SA2 开关联锁，就地不能实现分相操作。在断路器调试需就地分相操作时，可通过短接 SA2 开关在相应相的触点来实现。

2）远方手动和自动操作

设操作气压、SF_6 气体密度正常，1QK、2QK 均投入。置 SA3 于“远方”位置，其有关触点接通，准备好远方操作的合、跳闸回路。

（1）手动操作。用 SA1 开关进行手动操作过程和信号灯的反映与前述灯光监视的控制回路相同。

手动合闸时，由触点 SA1(5－8)启动合闸继电器 1KC，其动合触点 1KC1、1KC2、1KC3 分别启动 A、B、C 三相合闸回路，实现三相合闸。1KC 有自保持电流线圈，以保证合闸可靠完成。由图 6.13(c)可见，只有三相均合上时，红灯 HR 才亮。

手动跳闸时，由触点 SA1(6－7)启动跳闸继电器 2KC，其动合触点 2KC1、2KC2、3KC3 分别启动 A、B、C 三相跳闸回路，实现三相跳闸。由图 6.13(c)可见，只要有一相完成跳闸，绿灯 HG 就会亮。

（2）保护作用于三相跳闸时，由保护出口继电器触点启动跳闸继电器 2KC 实现。

（3）若配以综合重合闸装置，可实现单跳、单重或三跳、三重。因事故引起的单跳或三跳，均能使绿灯 HG 闪光并发事故音响信号。

远方手动操作同样不能实现分相跳、合闸，调试时若需分相操作，可分别短接跳、合闸继电器在相应相的触点来实现。

3）防跳装置

该接线防跳装置与上节讲述的三相操作控制回路比较，除每相设防跳装置及保留由跳闸回路启动防跳的接线外，最大的特点是：增设了在断路器合闸动作完成时随即启动防跳装置的接线。以A相为例，它由增设的QFA1、KCFA4组成，QFA1是长触点，合闸时，QFA1先于其他辅助触点闭合，KC2FAV通过QFA1、KCFA4启动，而经KC2FA3保持。从而切断合闸回路，实现防跳。

4）操作气压的自动控制及低气压闭锁

（1）操作气压自动控制。气动机构是用压缩空气储能进行合闸操作的，该操作系统空气的压力应维持在1.45～1.55MPa之间。在图6.13(c)中通过对空压机电动机的运行控制来实现。

当气压低于1.45MPa时，空气压力开关触点63AG闭合，启动接触器KM，从而启动电动机升压；当压力增至1.55MPa以上时，触点63AG打开，KM失磁，电动机电源断开，停止升压。

（2）操作气压低时的闭锁。当由于某种原因使操作气压降到一定值时，合闸能量不足，故此时应进行合、跳闸闭锁。该闭锁回路由图6.13(b)中空气压力开关触点63AL和中间继电器3KC组成。

当操作气压低于1.2MPa时，触点63AL闭合，启动3KC，并通过R7实现自保持；由触点3KC1、3KC2分别切断合、跳闸回路，实现合、跳闸回路闭锁；由触点3KC4发出“操作气压低闭锁”信号(光字牌H3和音响)。

当操作气压恢复到1.2MPa以上时，触点63AL断开，闭锁解除。

5）SF_6密度监控

图6.13所示接线中，对断路器的SF_6气体实行两级监控，每相装设一只密度继电器。

（1）在图6.13(c)中，由每相密度继电器的触点63GAA、63GAB、63GAC并联组成预告信号回路。当任一相SF_6气体密度低至0.45MPa及以下时，该相密度继电器的触点闭合，发出“SF_6气压低”信号(光字牌H1和音响)。

（2）在图6.13(b)中，由每相密度继电器的触点63GLA、63GLB、63GLC并联后与中间继电器4KC组成闭锁回路。如果上述预告信号发出后未及时处理，当任一相SF_6气体密度低至0.4MPa及以下时，该相密度继电器的触点闭合，启动4KC，并通过R8实现自保持；由触点4KC1、4KC2分别切断合、跳闸回路，实现合、跳闸闭锁。

6）三相不同期保护

在图6.13(b)中，由每相断路器的一副辅助动合和动断触点分别并联后再与中间继电器5KC串联，组成三相不同期(或称不同步)保护。当任意两相或三相不同期合闸时，回路将接通，例如在合闸过程中，A相已合上，QFA9闭合，但B相还未合上，QFB10未曾打开，此时回路接通，启动5KC，其触点延时启动6KC，触点6KC1、6KC2、6KC3分别启动A、B、C三相跳闸回路，使合上相的断路器跳闸。同时发出“三相不同期”预告信号(光字牌H2和音响)。中间继电器5KC一般带有1～2s的延时。

7）控制电源监视及其他功能

（1）控制电源监视。由于红、绿灯是接于辅助小母线上，故不能用它的灯光来监视控制电源。因此，在图6.13(b)控制回路中增设7KC中间继电器，当控制电源消失或熔断器熔断时，它的动断触点发出“直流消失”预告信号(光字牌H5和音响)。

(2) 合、跳闸回路的完好性监视。同样，红、绿灯也不能监视合、跳闸回路的完好性。在图6.13(c)中，监视回路是由同相的跳、合闸位置继电器KCT和KCC的动断触点串联后再三相并联组成。断路器在任何位置时，不是KCT启动就是KCC启动，当被启动继电器的回路(跳闸或合闸回路)故障时，该继电器失常，动断触点闭合，发出“控制回路断线”预告信号(光字牌H4和音响)。

6.4 中央信号系统

在发电厂和变电站中，为了掌握电气设备的工作状态，须用信号及时显示当时的情况。发生事故时，应发出各种灯光及音响信号，提示运行人员迅速判明事故的性质、范围和地点，以便做出正确的处理。所以，信号装置具有十分重要的作用。信号装置按用途来分，有下列几种。

(1) 事故信号。如断路器发生事故跳闸时，立即用蜂鸣器发出较强的音响，通知运行人员进行处理。同时，断路器的位置指示灯发出闪光。

(2) 预告信号。当运行设备出现危及安全运行的异常情况时，例如，发电机过负荷、变压器过负荷、二次回路断线等，便发出另一种有别于事故信号的音响——铃响。此外，标有故障内容的光字牌也变亮。

(3) 位置信号，包括断路器位置信号和隔离开关位置信号。前者用灯光来表示其合、跳闸位置；而后者则用一种专门的位置指示器来表示其位置状况。

(4) 其他信号，如指挥信号、联系信号和全厂信号等。这些信号是全厂公用的，可根据实际需要装设。

以上各种信号中，事故信号和预告信号都需在主控制室或集中控制室中反映出来，它们是电气设备各种信号的中央部分，通常称为中央信号。传统的做法是将这些信号集中装设在中央信号屏上。中央信号既有采用以冲击继电器为核心的电磁式集中信号系统，也有采用触发器等数字集成电路的模块式信号系统，而发展方向是用计算机软件实现信号的报警，并采用了大屏幕代替信号屏。

6.4.1 事故信号

它的作用是：当因电力系统事故，断路器发生跳闸后，启动蜂鸣器发出音响。实现音响方式较多，有交流，有直流，有直接动作，有间接动作；音响解除的方式有个别解除和中央解除；动作连续性又有能重复动作和不能重复动作之分。

1) 事故音响信号的启动

经典的集中式事故音响信号系统都有一个启动回路如图6.14所示，在被监视的几个断器之一因事故跳闸后相应的常闭辅助触点接通，由于此时它的控制开关仍处于合闸后位置，故使事故音响信号母线与信号电源母线负极接通，致使在脉冲变流器U的一次侧将出现一个阶跃性的直流电流，在U的二次侧感应出一个与之相对应的尖峰脉冲电流，此电流使执行元件K动作后，再启动后续回路发出音响信号。当脉冲变流器U的一次侧电流达稳定值后，二次侧感应电动势即消失，K可能返回，也可能不返，视所用的冲击继电器的类型而定。不论K返回与否，音响信号将靠自保持回路的作用继续发出，直到出现音响解除命令为止，音响停止，K 返回，自保持解除。音响启动回路的复归，是将相应的断路器的控制开关扳至“跳闸后”位置完成的。

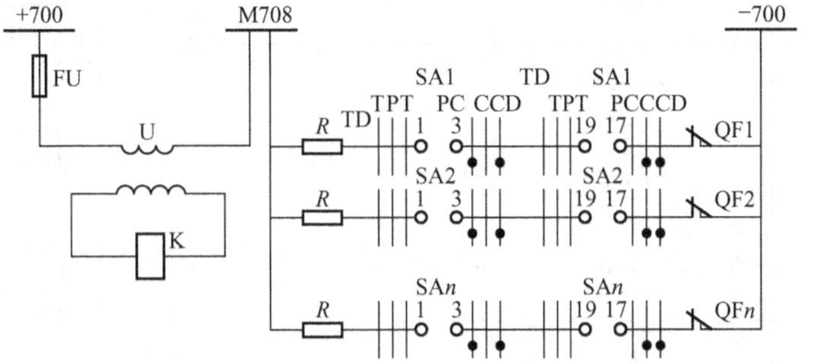

图 6.14 中央事故音响信号的启动回路

当前次发出的音响信号被解除，而相应的启动回路尚未复归时，若第二台断路器 QF2 又自动跳闸，第二条不对应回路接通，在 M708 与−700 之间又并联一支启动回路，从而使脉冲变流器 U 一次侧电流又增大(因为每一支并联回路中均串有电阻器 R)，二次侧在感应出尖峰脉冲电流，使 K 再次动作。可见，脉冲变流器不仅接收了事故脉冲并将其变成执行元件动作的尖脉冲，而且把启动回路与音响信号回路分开，以保证音响信号一经启动，即与启动它的回路无关，从而达到了音响信号重复动作的目的。

图 6.14中的脉冲变流器 U 与出口中间继电器 K(执行元件)是构成经典事故音响信号装置不可缺少的机构，称为冲击继电器。国内常用的冲击继电器有：①利用极化继电器作执行元件的 CJ 系列；②利用干簧管继电器作执行元件的 ZC 系列；③利用半导体器件作执行元件的 BC 系列。因极化继电器制造和调试复杂，且灵敏度差，故 CJ 系列冲击继电器已被淘汰，且中央信号装置正在逐渐被计算机监控系统所取代，由于篇幅所限，本书只介绍使用 ZC-23 型冲击继电器作为启动元件所构成的中央事故音响信号装置。

2）由 ZC-23 型冲击继电器构成的中央事故音响信号装置

由 ZC-23 型冲击继电器构成的中央事故音响信号装置电路如图 6.15 所示。工作原理分析如下：冲击继电器 K1 中 U 的一次侧并联有电容器和二极管 V2，目的是保护 U。因为在因事故发生断路器自动跳闸时，M708 与负信号电源母线突然接通，在 U 的一次侧会感应较高的电压；当 U 中的一次侧电流突然减小时(图 6.14 中的控制开关转至“跳闸后”位置时)，此时 U 的二次侧感应的电压与事故跳闸发生时所感应的电压正好反向，为防止此电压引起 KRD 动作，并入了 V1。事故跳闸发生时，U 的二次侧感应的电压能使 KRD 动作，其常开触点闭合后使 KC 动作，KC 动作后又使它的 3 个常开触点闭合，其中最上面的触点使继电器 KC 自保持带电，另外两对触点分别启动蜂鸣器 HAU 和时间继电器 KT1、KT1 的常开触点延时闭合后启动继电器 KC1，这样 KC1 的常闭触点断开，致使继电器 KC 失电，其 3 对常开触点全部返回，音响信号停止，实现了事故音响信号装置的自动复归，准备下一个事故跳闸信号到来时再次动作。此外，按下音响解除按钮 SB3，可实现装置的手动复归。

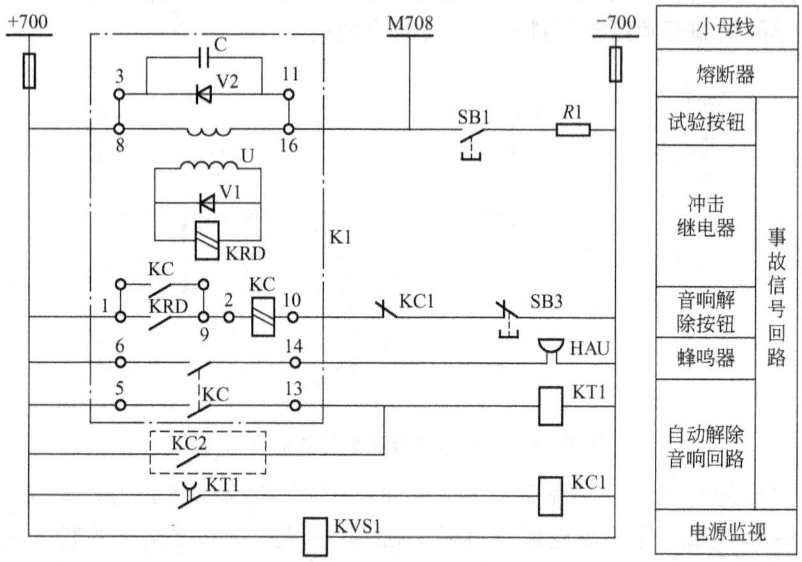

图 6.15　由 ZC-23 型冲击继电器构成的中央事故音响信号电路

KRD—干簧继电器；KC—冲击继电器中的出口中间继电器；KC1—事故音响信号装置的中间继电器；
KVS1—电源监视继电器；SB1—试验按钮；SB3—音响解除按钮；KT1—时间继电器

6.4.2　预告信号

预告信号是在电气设备运行发生异常时，一边发出铃响，一边使相应的光字牌点亮，通知运行人员进行处理。

电气设备不正常运行情况主要有：发电机过负荷；发电机轴承油温过高；发电机转子回路绝缘监视动作；发电机强行励磁动作；变压器过负荷；变压器油温过高；变压器瓦斯保护动作；自动装置动作；事故照明切换动作；交流电源绝缘监视动作；直流回路绝缘监视动作；交流回路电压互感器的熔断器熔断；直流回路熔断器熔断；直流电压过高或过低；断路器操动机构的液压或气压异常。

1）中央预告信号的启动电路

图 6.16 为由 ZC-23 型冲击继电器构成的中央预告信号的启动电路。SM 在工作位置 I 时，SM13-14、SM15-16 触点接通。如果电气设备发生不正常状况(如变压器过负荷)，

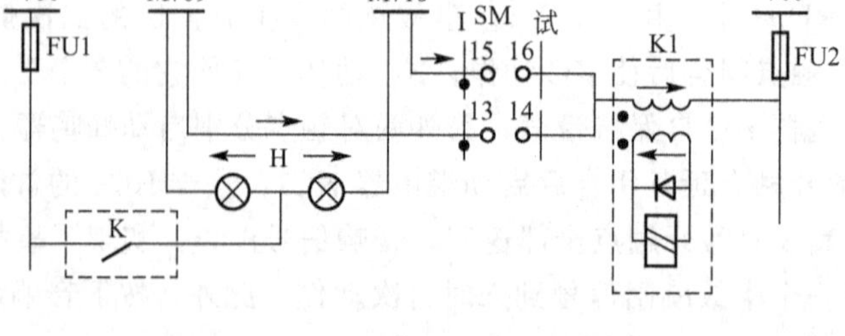

图 6.16　中央预告信号启动电路

则图中的 K 触点闭合，这时信号电源＋700→K→H→M709 和 M710→SM→冲击继电器的脉冲变流器→－700，形成通路，启动冲击继电器 K1，经延时启动警铃，发出预告信号。由于全厂(站)的小母线是公用的，所有的光字牌都并联在 M709、M710 预告信号小母线上，任何设备发生异常都使各自的光字牌发光。即使一个异常尚未结束另一个异常又到来时，因在信号电源(＋700)和(－700)之间又并入了新的光字牌，故仍能启动冲击继电器 K1 再一次延时发出预告信号——警铃。

2) 由 ZC－23 型冲击继电器构成的中央预告信号装置

由 ZC－23 型冲击继电器构成的中央预告信号装置的电路如图 6.17 所示。装置的主要工作原理如下。

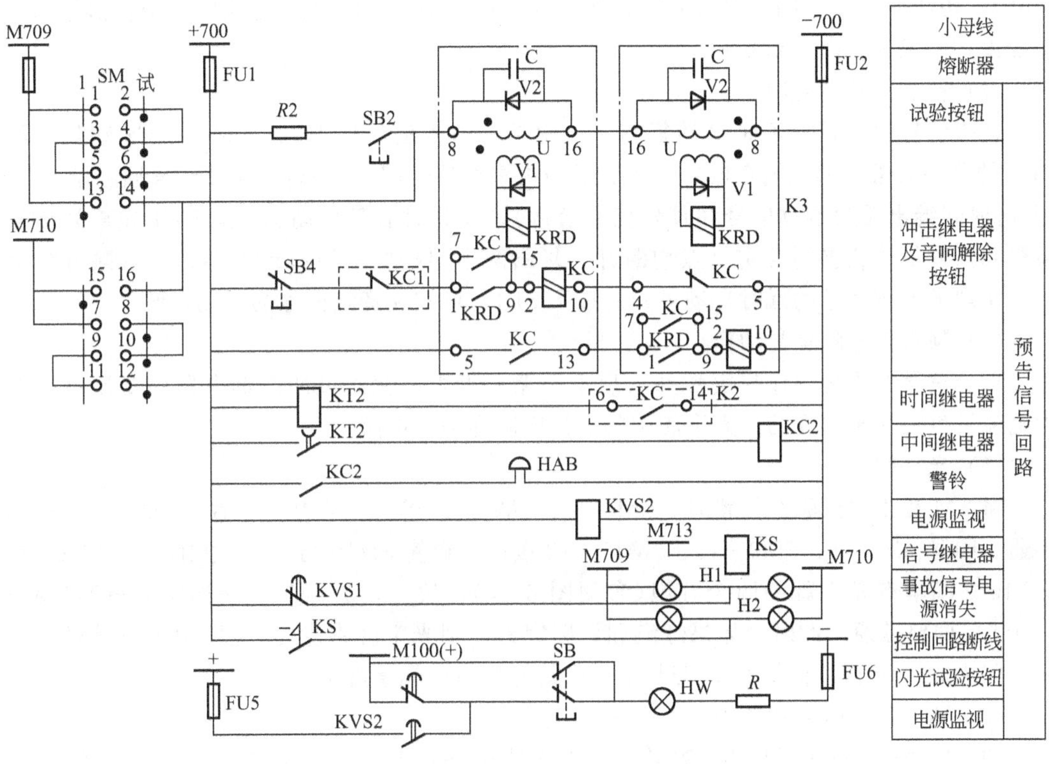

图 6.17 由 ZC－23 型冲击继电器构成的中央预告信号电路

HAB—警铃；K、K3—ZC－23 型冲击继电器；SB、SB2—试验按钮；SB4—音响解除按钮；SM—转换开关(测试光字牌、检测预告信号之间的转换)；KC2—中间继电器；KT2—时间继电器；KS—监视控制回路断线的信号继电器；KVS1—中央事故信号电路的电源监视继电器；KVS2—中央预告信号电路的电源监视继电器；H1、H2—光字牌；HW—预告信号电路电源监视灯

(1) 预告信号的启动。

将 SM 置于“工作”位置 1，SM13－14 和 SM15－16 触点接通，如果此时发生异常，使＋700 经光字牌与 M709 和 M710 接通，又经 M709→SM13－14(或 M710→SM15－16)→K2→K3→FU2→－700 形成通路，电流迅速增大，在两个冲击继电器脉冲变流器的二次侧均感应出电动势，其中 K3 二次侧产生的电动势使其 V1 导通。因此，只有 K2 的干簧

继电器 KRD 动作，其常开触点闭合，启动中间继电器 KC，KC 的一对常开触点实现自保持，另一对常开触点闭合，使 K2 的端子 6 和 14 接通，启动 K12，K12 经 0.2～0.3s 的短延时后触点闭合，又去启动 KC2，KC2 常开触点闭合接通 HAB 回路，发出音响信号；同时相应的光字牌也会亮，指出异常的性质。

(2) 预告信号的复归。

如果 KT2 的延时触点尚未闭合，而异常消失，则由于 K2 和 K3 的脉冲变流器 K2－U、K3－U 的一次电流突然减少或消失，在相应的二次侧将感应出负的脉冲电动势。此时 K2－U 二次侧的脉冲电动势被其二极管 K－V1 导通，而干簧继电器 K3－KRD 动作，启动 K3－KC，K3－KC 的一对常开触点闭合自保持；其常闭触点断开(即 K3 的端子 4 和 5 断开)，切断 K2－KC 的自保持回路，使 K2－KC 复归，KT2 也随之复归，预告信号即不能发出，实现了冲击自动复归。

(3) 音响信号的复归。

音响信号发出后需延时自动复归，过程是：预告信号经 K12 延时后 KC2 动作，使 KC2 的另一对常开触点闭合(在图 6.12 的中央事故信号回路中)启动事故信号回路中 KT1(此时时间继电器为事故信号和预告信号公用)，经延时后又启动 KC1，KC1 在事故信号装置和预告信号装置的常闭触点均断开，复归两个回路中的所有继电器，并解除音响信号，实现了音响信号的延时自动复归。按下 SB4，可实现音响信号的手动复归。

(4) 预告信号的重复动作。

预告信号的重复动作靠突然并入启动回路一电阻，使流过冲击继电器中变流器一次侧电流发生突变来实现的。光字牌中的灯泡电阻即为此电阻。

(5) 光字牌检查。

将 SM 置于“试验”位置时，SM1－2、SM3－4、SM5－6 接通，致使 M709 与＋700 接通；同时 SM7－8、SM9－10、SM11－12 接通，致使 M710 与－700 接通；又 M709 与 MT10 之间串有光字牌的两个灯泡(参阅图 6.16)，故＋700→M709→光字牌→M710→－700 的回路接通。此时，如果灯泡和回路完好，则光字牌将发光(比发预告信号时暗一些，因为此时两个灯泡串联)；若其中一个灯泡损坏则光字牌不亮。

(6) 预告信号电路的监视。

预告信号回路的电源用 KVS2 监视，正常时 KVS2 带电，其延时断开的常开触点闭合，HW 亮。如果熔断器熔断、接触不良或回路断线，其常闭触点将闭合，HW 变为闪光。

6.4.3 新型中央信号装置

近年来，有关厂家开发生产了多种新型中央信号装置，如由集成电路构成的 EXZ－1 型组合式信号报警装置、CHB89 型集中控制报警器、XXS－10A、XXS－11A 及 XXS－12 型闪光信号报警器；由微机控制的 XXS－31 型及 XXS－2A 系列闪光报警器。

现以 XXS－2A 系列微机闪光报警器为例简介如下：该系列装置由信号输入单元、中央处理单元、信号输出单元 3 部分组成，另外还有电源、光音显示、时钟等辅助部件。输入单元主要是将动合、动断等无源触点信息输入后转换成相应的电输入量，送入中央处理单元；中央处理单元对输入单元送来的信号进行判断、处理；输出单元根据中央处理单元判断结果发出相应的报警信号。此外，还有以下特殊功能。

(1) 输入单元中，动合、动断可以按8的倍数进行设定。

(2) 双色双音报警。光字牌有两种不同颜色(如红、黄色)，分别对应两种不同的报警音响(如电笛、电铃)，从视、听觉上明显区别事故和预告信号。光字牌采用固体发光平面管，光色清晰、寿命长(一般大于5万小时)。

(3) 自锁功能。当信号为短脉冲时，报警装置有记忆功能，保留其闪光和音响信号，确认后保持平光。按复位键后，如信号已消失，则光字牌熄灭。

(4) 自动确认功能。当发生事故时，如对发出的报警信号不按确认键确认，报警器可自动确认，光字牌由闪光转为平光，而音响停止时间可由用户通过控制器调节。

(5) 追忆功能。可在任何时候查询此前17分钟内的报警信号，已报过警的信号按其先后顺序在光字牌上逐个闪亮(1个/s)。追忆过程中，若有报警，则追忆自动停止，优先报警。

(6) 清除功能。操作清除键可清除报警器内已记忆的信号。

(7) 断电保护。若报警器在使用过程中发生断电，记忆信号仍可保存(可保存60天)。

(8) 多台报警器并网使用。可根据需要将多台报警器并网使用，共用一套音响和试验、确认、恢复按钮。

6.5 变电站计算机监控系统

6.5.1 变电站综合自动化

随着微电子技术、计算机技术和通信技术的发展，变电所综合自动化技术也得到了迅速发展。

变电所综合自动化是将变电所的测量仪表、信号系统、继电保护、自动装置和远动装置等二次设备经过功能的组合和优化设计，利用先进的计算机技术、现代电子技术、通信技术和信号处理技术，实现对全变电所的主要设备和输、配电线路的自动监视、测量、自动控制和计算机保护，以及与调度通信等综合性的自动化功能。

变电所综合自动化系统是指利用多台微型计算机和大规模集成电路组成的自动化系统，代替常规的测量和监视仪表，代替常规控制屏、中央信号系统和远动屏；利用计算机保护代替常规的继电保护屏。它弥补了常规的继电保护装置不能与外界通信的缺陷。变电所综合自动化系统可以采集到比较齐全的数据和信息，利用计算机的高速计算能力和逻辑判断功能，可方便地监视和控制变电所内各种设备的运行和操作。

变电所综合自动化系统的优越性主要表现在如下几个方面。

(1) 变电所综合自动化系统利用当代计算机技术和通信技术，提供了先进技术的设备，改变了传统的二次设备模式，信息共享，简化了系统，减少了连接电缆，减少了占地面积，降低了造价，改变了变电所的面貌。

(2) 提高了自动化水平，减轻了值班员的操作量，减少了维修工作量。

(3) 为各级调度中心提供了更多变电所的信息，使其能够及时掌握电网及变电所的运行情况。

(4) 提高了变电所的可控性，可以更多地采用远方集中控制、操作、反事故措施等。

(5) 采用无人值守管理模式，提高了劳动生产率，减少了人为误操作的可能。

(6) 全面提高了运行的可靠性和经济性。

变电所综合自动化的内容应包括电气量的采集和电气设备(如断路器等)的状态监视、控制和调节。实现变电所正常运行的监视和操作，保证变电所的正常运行和安全。发生事故时，由继电保护和故障录波等完成瞬态电气量的采集、监视和控制，并迅速切除故障和完成事故后的恢复正常操作。从长远的观点看，综合自动化系统的内容还应包括高压电器设备本身的监视信息(如断路器、变压器和避雷器等的绝缘和状态监视等)。除了需要将变电所所采集的信息传送给调度中心外，还要送给运行方式科和检修中心，以便为电气设备的监视和制定检修计划提供原始数据。

变电所综合自动化系统需完成的功能归纳起来可分为以下几种功能组：①控制、监视功能；②启动控制功能；③测量表计功能；④继电保护功能；⑤与继电保护有关功能；⑥接口功能；⑦系统功能。

结合我国的情况，变电所综合自动化系统的基本功能体现在计算机监控子系统，计算机保护子系统，电压、无功综合控制子系统，计算机低频减负荷控制子系统和备用电源自投控制子系统等5个子系统的功能中。

6.5.2 变电所计算机监控子系统的功能

变电所计算机监控子系统取代了常规的测量系统，取代了指针式仪表；改变了常规的操作机构和模拟盘，取代了常规的告警、报警、中央信号、光字牌等；取代了常规的远动装置等。其功能包括以下几部分内容。

1. 数据采集

变电所的数据包括模拟量、开关量和电能量。

(1) 模拟量的采集。变电所需采集的模拟量包括：各段母线电压、线路电压、电流、有功功率、无功功率，主变压器电流、有功功率和无功功率，电容器的电流、无功功率，馈出线的电流、电压、功率及频率、相位、功率因数等。此外，模拟量还有主变压器油温、直流电源电压、站用变压器电压等。

(2) 开关量的采集。变电所的开关量包括：断路器的状态、隔离开关状态、有载调压变压器分接头的位置、同期检测状态、继电保护动作信号、运行告警信号等。这些信号都以开关量的形式，通过光电隔离电路输入至计算机。

(3) 电能计量。电能计量即指对电能量(包括有功电能和无功电能)的采集。对电能量的采集，传统的方法是采用机械式的电能表，由电能表盘转动的圈数来反映电能量的大小。这些机械式的电能表，无法和计算机直接接口。为了使计算机能够对电能量进行计量，一般采用电能脉冲计量法和软件计算方法。

2. 事件顺序记录

包括断路器跳合闸记录、保护动作顺序记录。

3. 故障记录、故障录波和测距

(1) 故障录波与测距。110kV及以上的重要输电线路距离长、发生故障影响大，必须尽快查找出故障点，以便缩短修复时间，尽快恢复供电，减少损失。设置故障录波和故障测距是解决此问题的最好途径。变电所的故障录波和测距可采用两种方法实现，一是由计算机保护装置兼作故障记录和测距，再将记录和测距的结果送监控机存储及打印输出或直接送调度主站，这种方法可节约投资，减少硬件设备，但故障记录的量有限；另一种方法是采用专用的计算机故障录波器，并且故障录波器应具有串行通信功能，可以与监控系统通信。

(2) 故障记录。故障记录是记录继电保护动作前后与故障有关的电流量和母线电压。

4. 操作控制功能

无论是无人值守还是少人值守变电所，操作人员都可通过 CRT 屏幕对断路器和隔离开关(如果允许电动操作的话)进行分、合操作，对变压器分接开关位置进行调节控制，对电容器进行投、切控制，同时要能接受遥控操作命令，进行远方操作；为防止计算机系统故障时，无法操作被控设备，在设计时保留了人工直接跳、合闸手段。

5. 安全监视功能

监控系统在运行过程中，对采集的电流、电压、主变压器温度、频率等量，要不断进行越限监视，如发现越限，立刻发出告警信号，同时记录和显示越限时间和越限值。另外，还要监视保护装置是否失电，自控装置工作是否正常等。

6. 人机联系功能

(1) 变电所采用计算机网络监控系统后，无论是有人值守还是无人值守，最大的特点之一是操作人员或调度员可以远方通过计算机面对变电的进行监控，以实现对全站的断路器和隔离开关等进行分、合操作，彻底改变了传统的依靠指针式仪表和依靠模拟屏或操作屏等手段的操作方式。

(2) 作为变电所人机联系的主要桥梁和手段的 CRT 显示器，不仅可以取代常规的仪器、仪表，而且可实现许多常规仪表无法完成的功能。CRT 可以显示的内容归纳起来有以下几个方面。

① 显示采集和计算的实时运行参数。监控系统所采集和通过采集信息所计算出来的 U、I、P、Q、$\cos\varphi$，有功电能、无功电能及主变压器温度 T、系统频率 f 等，都可在 CRT 显示器上实时显示出来。

② 显示实时主接线图。主接线图上断路器和隔离开关的位置要与实际状态相对应。进行对断路器或隔离开关的操作时，在所显示的主接线图上，对所要操作的对象应有明显的标记(如闪烁等)。各项操作都应有汉字提示。

③ 事件顺序记录 SOE 显示。显示所发生的事件内容及发生事件的时间。

④ 越限报警显示。显示越限设备名、越限值和发生越限的时间。

⑤ 值班记录显示。

⑥ 历史趋势显示。显示主变压器负荷曲线、母线电压曲线等。

⑦ 保护定值和自控装置的设定值显示。

⑧ 故障记录显示、设备运行状况显示等。

(3) 变电所投入运行后，随着送电量的变化，保护定值、越限值等需要修改，甚至由于负荷的增长，需要更换原有的设备，如更换 TA 变比。因此，在人机联系中，必须有输入数据的功能。需要输入的数据至少有以下几种内容。

① TA 和 TV 变比。

② 保护定值和越限报警定值。

③ 自控装置的设定值。

④ 运行人员密码。

7. 打印功能

对于有人值守的变电所，监控系统可以配备打印机，完成以下打印记录功能：①定时打印报表和运行日志；②开关操作记录打印；⑧事件顺序记录打印；④越限打印；⑤召唤打印；⑥抄屏打印；⑦事故追忆打印。

对于无人值守变电所，可不设当地打印功能，各变电所的运行报表集中在控制中心打印输出。

8. 数据处理与记录功能

监控系统除了完成上述功能外，数据处理和记录也是很重要的环节。历史数据的形成和存储是数据处理的主要内容。此外，为满足继电保护专业和变电所管理的需要，必须进行一些数据统计，其内容包括：①主变压器和输电线路有功和无功功率每天的最大值和最小值以及相应的时间；②母线电压每天定时记录的最高值和最低值以及相应的时间；③计算受配电电能平衡率；④统计断路器动作次数；⑤断路器切除故障电流和跳闸次数的累计数；⑥控制操作和修改定值记录。

6.5.3 变电所综合自动化系统的结构

图 6.18 所示为变电所综合自动化系统的结构图。该系统为分级分布式系统集中组屏的结构形式。

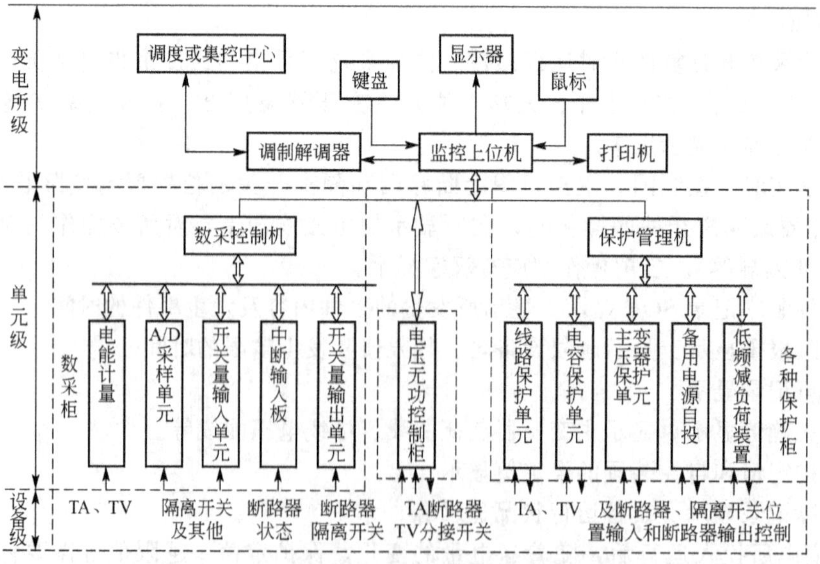

图 6.18　变电所自动化系统结构图

分级分布式的多 CPU 的体系结构每一级完成不同的功能，每一级由不同的设备或不同的子系统组成。一般来说，整个变电所的一、二次设备可分为 3 级，即变电所级、单元级和设备级。图 6.19 所示为变电所一、二次设备分级结构示意图。图中，变电所级称为 2 级，单元级为 1 级，设备级为 0 级。

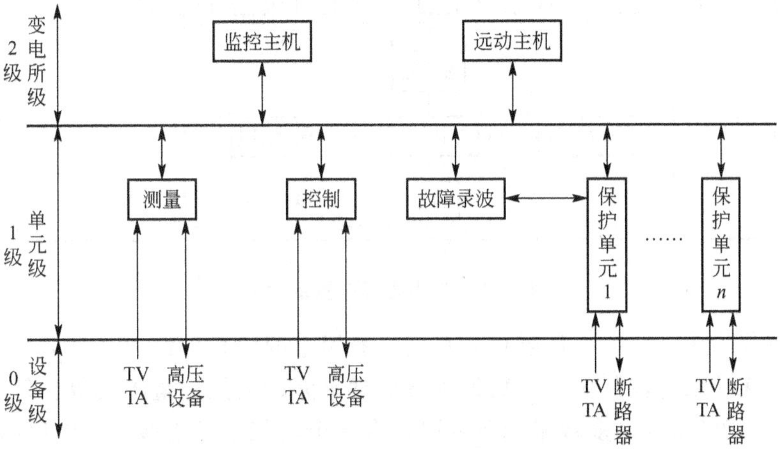

图 6.19 变电所一、二次设备分级结构示意图

设备级主要指变电所内的变压器和断路器，隔离开关及其辅助触点，电流、电压互感器等一次设备。变电所综合自动化系统主要位于 1 级和 2 级。

单元级一般按断路器间隔划分，具有测量、控制部件或继电保护部件。测量、控制部件负责该单元的测量、监视、断路器的操作控制和连锁及事件顺序记录等；保护部件负责该单元线路或变压器或电容器的保护、故障记录等。因此，单元级本身是由各种不同的单元装置组成，这些独立的单元装置直接通过局域网络或串行总线与变电所级联系；也可能设有数采管理机或保护管理机，分别管理各测量、监视单元和各保护单元，然后集中由数采管理机和保护管理机与变电所级通信。单元级本身实际上就是两级系统的结构。

变电所级包括全站性的监控主机、远动通信机等。变电所级设现场总线或局域网，供各主机之间和监控主机与单元级之间交换信息。

分级分布式系统集中组屏的结构是把整套综合自动化系统按其不同的功能组装成多个屏(或称柜)，如主变压器保护屏(柜)、线路保护屏、数采屏、出口屏等。

图 6.18 中保护用的计算机大多数采用 16 位或 32 位单片机；保护单元是按对象划分的，即一回线或一组电容器各用一台单片机，再把各保护单元和数采单元分别安装于各保护屏和数采屏上，由监控主机集中对各屏(柜)进行管理，然后通过调制解调器与调度中心联系。集中配屏布置示意图如图 6.20 所示。

分级分布式系统集中组屏结构的特点如下。

(1) 分层(级)分布式的配置。为了提高综合自动化系统整体的可靠性，图 6.18 所示的系统采用按功能划分的分布式多 CPU 系统，其功能单元包括：各种高、低压线路保护

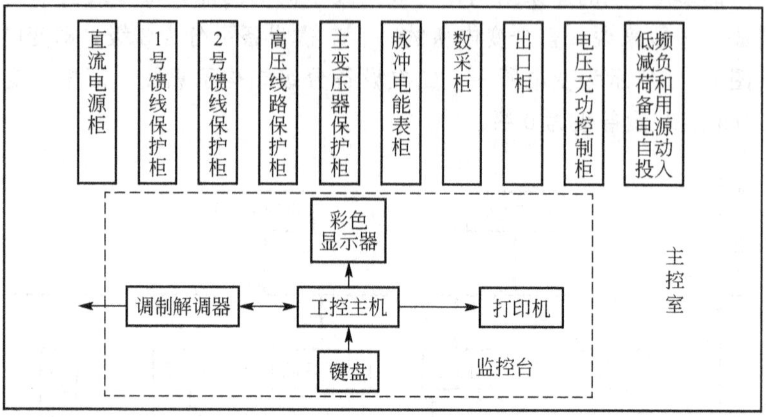

图 6.20 集中配屏布置示意图

单元；电容器保护单元；主变压器保护单元；备用电源自投控制单元；低频减负荷控制单元；电压、无功综合控制单元；数据采集处理单元；电能计量单元等。每个功能单元基本上由一个 CPU 组成，多数采用单片机，有一个功能单元由多个 CPU 完成的。例如主变压器保护，有主保护和多种后备保护，因此，往往由 2 个或 2 个以上 CPU 完成不同的保护功能，这种按功能设计的分散模块化结构具有软件相对简单、调试维护方便、组态灵活、系统整体可靠性高等特点。

在综合自动化系统的管理上，采取分级管理的模式，即各保护功能单元由保护管理机直接管理。一台保护管理机可以管理 32 个单元模块，它们间可以采用双绞线用 RS-485 接口连接，也可通过现场总线连接。而模拟量和开入/开出单元，由数采控制机负责管理。

保护管理机和数采控制机是处于变电所级和功能单元间的第二层结构。正常运行时，保护管理机监视各保护单元的工作情况，一旦发现某一单元本身工作不正常，立即报告监控机，并报告调度中心。如果某一保护单元有保护动作信息，也通过保护管理机，将保护动作信息送往监控机，再送往调度中心。调度中心或监控机也可通过保护管理机下达修改保护定值等命令。数采控制机则将各数采单元所采集的数据和开关状态送给监控机和送往调度中心，并接受调度或监控机下达的命令。总之，第二级管理机的作用是可明显地减轻监控机的负担，帮助监控机承担对单元级的管理。

变电所级的监控机通过局部网络与保护管理机和数采控制机通信。在无人值守的变电所，监控机的作用主要负责与调度中心的通信，使变电所综合自动化系统具有 RTU 的功能；完成四遥的任务。在有人值守的变电所，除了仍然负责与调度中心通信外，还负责人机联系，使综合自动化系统通过监控机完成当地显示、制表打印、开关操作等功能。

(2) 继电保护相对独立。继电保护装置是电力系统中对可靠性要求非常严格的设备，在综合自动化系统中，继电保护单元宜相对独立，其功能不依赖于通信网络或其他设备。各保护单元要有独立的电源，保护的输入仍由电流互感器和电压互感器通过电缆连接，输出跳闸命令也要通过常规的控制电缆送至断路器的跳闸线圈，保护的启动、测量和逻辑功能独立实现，不依赖通信网络交换信息。保护装置通过通信网络与保护管理机传输的只是保护动作信息或记录数据。为了无人值守的需要，也可通过通信接口实现远方读取和修改保护指定值。

(3) 具有与系统控制中心通信功能。综合自动化系统本身已具有对模拟量、开关量、电能脉冲量进行数据采集和数据处理的功能，也具有收集继电保护动作信息、事件顺序记录等功能，因此，不必另设独立的RTU装置，不必为调度中心单独采集信息，而将综合自动化系统采集的信息直接传送给调度中心，同时接受调度中心下达的控制操作命令。

(4) 模块化结构，可靠性高。由于各功能模块都由独立的电源供电，输入/输出回路都相互独立，任何一个模块故障只影响局部功能，不影响全局，而且由于各功能模块基本上是面向对象设计的，因而软件结构相对简单，因此，调试方便，也便于扩充。

(5) 室内工作环境好，管理维护方便。分级分布式系统采用集中组屏结构，全部屏(柜)安放在室内，工作环境较好，电磁干扰相对开关柜附近较弱，而且管理和维护方便。

阅读材料

IEC 61850 标准

变电站自动化系统在实现控制、监视和保护功能的同时，为了实现不同厂家的设备信息共享，使变电站自动化系统成为开放系统，还应具有互操作性。为此，国际电工委员会(IEC)制定了变电站内通信网络和系统标准体系——IEC 61850。

自从1994年，德国国家委员会提出对于通信协议的设想，1998年IEC、IEEE和美国EPRI达成共识，由IEC牵头，以美国UCA 2.0为基础，制定一个全世界通用的变电站自动化标准，其后IEC TC95工作组研究IEC 61850及其数据模型。1999年IEC TC57京都会议和2000年SPAG会议上都提出IEC 61850作为无缝通信标准。1999年8月IEC SB1成立配电自动化工作组，指出要开展无缝通信，统一数据建模，更多配电专家参与标准制定。在IEC TC57工作组2002年北京会议上，指出今后的工作方向为：追求现代技术水平的通信体系，实现完全的互操作性，体系向下兼容，基于现代技术水平的标准信息和通信技术平台，在IT系统和软件应用通过数据交换接口标准化实现开放式系统，例如变电站通信标准用于所有类型的分布式SCADA系统。IEC 61850不仅用于变电站内通信，而且用于变电站和控制中心通信。

IEC 61850标准经过多年的酝酿和讨论，已经是呼之欲出，于2003年内正式发布部分内容。IEC 61850标准是全世界唯一的变电站网络通信标准，也将成为电力系统中从调度中心到变电站、变电站内、配电自动化、无缝自动化标准，还可望成为通用网络通信平台的工业控制通信标准。当前，生产相关产品的国外各大公司都在围绕IEC 61850开展工作，并提出IEC 61850的发展方向是实现“即插即用”，在工业控制通信上最终实现“一个世界、一种技术、一个标准”。

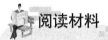

IEC 61850这个最新的通信规约为变电站通信提供了基于以太网的综合解决方案，将大大节省建设和操作成本，同时保护了客户投资利益，方便其拓展产品选择空间。应用IEC 61850标准是对传统变电站自动化系统的重大革新。IEC 61850为未来变电站自动化系统所设定的统一标准，起点高，可长期适用。因此，统一、规范的应用标准，是对客户，也是对电力市场的保护。

实施IEC 61850标准是变电和配电自动化产品、电网监控和保护产品等的开发方向。

（资料来源：变电站自动化技术，鲁国刚等）

习　题

6.1　填空题

1. 灯光监视的断路器控制回路用绿色指示灯亮表示断路器处在__________位置。
2. 中央信号装置由__________信号和__________信号组成。
3. 断路器控制回路断线时，应通过__________信号和__________信号通知值班人员。
4. 二次接线图的表示方法有原理接线图、__________和安装接线图3种方法。
5. 具有电气-机械防跳的断路器控制、信号回路，红灯闪光表示__________或__________。
6. 二次回路铜芯电缆按机械强度要求，连接强电端子的芯线最小截面积为__________ mm^2。
7. 断路器的“防跳”回路是将断路器闭锁在__________位置。
8. 二次回路标号按__________原则标注，即在电气回路中，连于一点上的所有导线需标以相同的回路信号。
9. 预告信号一般分__________和__________两种。
10. 控制回路和信号回路包括控制元件、__________和操动机构三大部分。

6.2　判断题

1. 信号回路要求动作可靠，反映保护动作的信号必须自保持，只可以人工复归。　（　）
2. 控制屏、保护屏上的端子排，正、负电源之间及电源与跳、合闸引出端子之间至少应隔开一空端子。　（　）
3. 断路器防跳回路的作用是防止断路器在无故障的情况下误跳闸。　（　）
4. 操作箱面板的跳闸信号灯应在保护动作跳闸和手动跳闸时都点亮。　（　）
5. 直流回路两点接地可能引起断路器误跳闸。　（　）
6. 对于SF_6断路器，当气压降低到不允许的程度时，断路器的跳闸回路断开，并发出“直流电源消失”信号。　（　）

7. 110kV 及以上线路保护与控制不分设熔断器，断路器红、绿指示灯兼作熔断器监视。 ( )

8. 当断路器处在手动分闸位置时，断路器的位置指示信号为绿灯闪光。 ( )

9. 断路器的控制回路应能在合、跳闸动作完成后，迅速断开合、跳闸回路。 ( )

10. 事故信号的作用是在电力系统发生事故时，启动警铃发出音响。 ( )

6.3 问答题

1. 为什么交、直流回路不能共用一条电缆?

2. 电流互感器10%误差不满足要求时，可采取哪些措施?

3. 对断路器控制回路有哪些基本要求?

4. 查找直流接地的操作步骤和注意事项有哪些?

5. 直流系统接地有何危害?

6. 为提高抗干扰能力，是否允许用电缆芯线两端接地的方式替代电缆屏蔽层的两端接地，为什么?

第7章 电气设备的运行与维护

本章知识构架

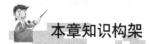

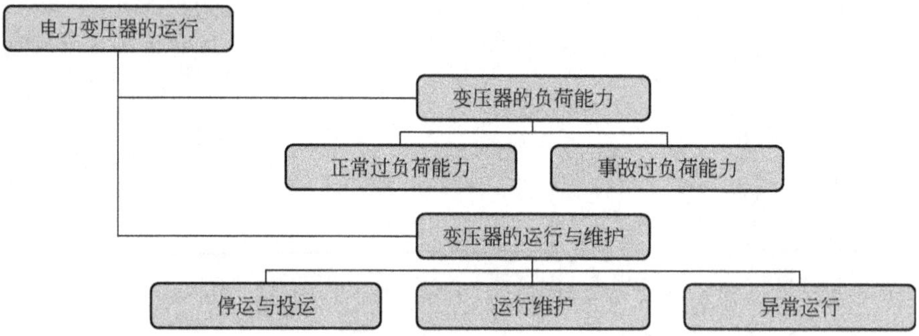

本章教学目标与要求

- ✓ **掌握变压器的事故过负荷能力；**
- ✓ **掌握变压器的运行维护及异常影响情况；**
- ✓ **掌握高压断路器、互感器的正常运行条件、巡视检查项目、异常运行及故障处理方法；**
- ✓ 熟悉隔离开关、GIS的正常运行条件、巡视检查项目、异常运行及故障处理方法；
- ✓ 了解导体及绝缘子的运行与维护知识；
- ✓ 了解变压器发热时的特点、绝缘老化原则。

本章导图 330kV 变压器实物图

7.1 变压器运行

7.1.1 概述

变压器的额定容量是指在规定的环境温度下，变压器能够长时间连续输出的最大功率。实际上变压器的负荷变化范围很大，不可能固定在额定值运行，在短时间间隔内，有时必须超过额定容量运行。变压器的负荷能力就是指在短时间内所能输出的超过额定容量的功率。

负荷能力的大小和持续时间决定于：①变压器的电流和温度是否超过规定的限值；②在整个运行期间，变压器总的绝缘老化是否超过正常值，即在过负荷期间绝缘老化可能多一些，在欠负荷期间绝缘老化要少一些，只要二者互相补偿，总的不超过正常值，能达到正常预期寿命即可。

变压器的负荷超过额定值运行时，将产生下列效应。

(1) 绕组、线夹、引线、绝缘部分及油的温度将会升高，且有可能达到不允许的温度。

(2) 铁心外的漏磁通密度将增加，使耦合的金属部分出现涡流、温度增高。

(3) 温度增高，使固体绝缘和油中的水分和气体成分发生变化。

(4) 管套、分接开关、电缆终端头和电流互感器等受到较高的热应力，安全裕度降低。

(5) 导体绝缘机械特性受高温的影响，热老化的累积过程将加快，使变压器的寿命缩短。

7.1.2 变压器发热时的特点

变压器运行时，其绕组和铁心的电能损耗都将转变为热量，使变压器各部分的温度升高，这些热量大多以传导、对流和辐射的方式向外扩散。变压器运行时，各部分的温度分布极不均匀。油浸式变压器各部分的温升分布如图 7.1 所示。它的散热过程如下。

（1）热量由绕组和铁心内部以传导方式传至导体或铁心表面，内外温差通常为几摄氏度。

（2）热量由铁心和绕组表面以对流方式传到变压器油中，约为绕组对空气温升的20%～30%。

（3）绕组和铁心附近的热油经对流把热量传到油箱或散热器的内表面。

（4）油箱或散热器内表面热量经传导散到外表面，内外表面的温差为2～3℃。

（5）热量由油箱壁经过对流和辐射散到周围空气中，这部分比重较大，占总温升的60%～70%。

从上述散热过程中，可以归纳出变压器发热时的特点。

（1）变压器的发热主要由铁心、高压绕组、低压绕组产生的热量引起的。

（2）在散热过程中，会引起各部分的温度差别很大。图7.2为油浸变压器温度沿高度的分布图。图上表示绕组的温度最高，油箱壁的温度最低；另外变压器各部分沿高度方向的温度分布也不均匀，温度的最热点在高度方向的70%～75%处，这是由于油受热后上升，在上升的过程中又不断吸收热量，所以上层油温较高，相应地，绕组、铁心的油温也较高；而沿径向，则温度最热的地方位于绕组厚度x(从内径算起)的1/3处。

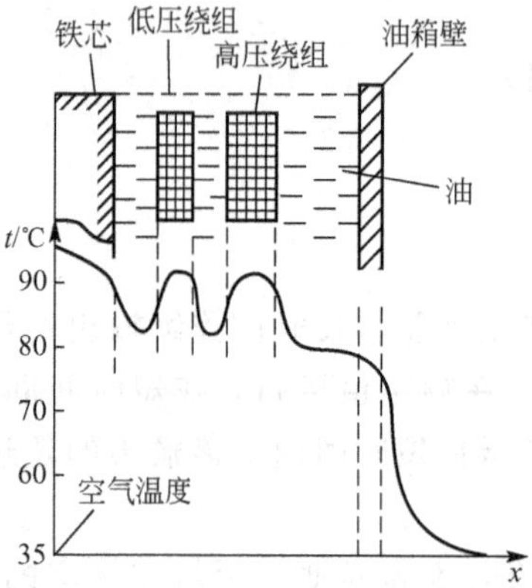

图7.1　油浸式变压器各部分的温升分布

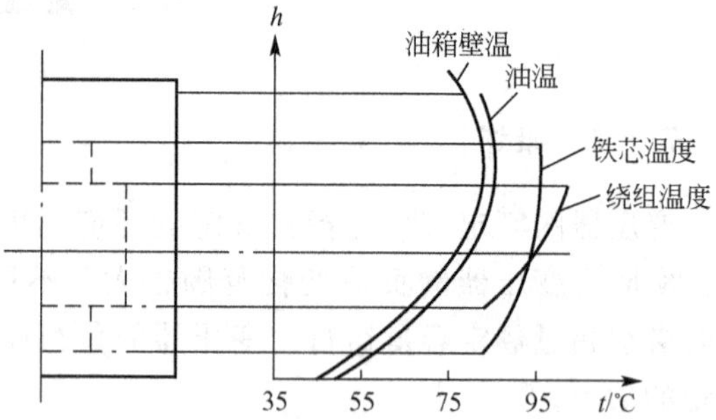

图7.2　油浸变压器温度沿高度的分布图

（3）大容量变压器的损耗量大，单靠箱壁和散热器已不能满足散热要求，往往需采用强迫油循环风冷、强迫油循环水冷或强迫油循环导向冷却等方式来改善散热条件。

7.1.3　稳态温升

变压器长期稳定运行，各部分温升达到稳定值。由于发热很不均匀，各部分温升通常都用平均温升和最大温升来表示。绕组或油的最大温升是指其最热处的温升，而绕组或油的平均温升是指整个绕组或全部油的平均温升。

变压器的允许温升主要取决于绝缘材料，为保证变压器的运行寿命，在设计制造与运行使用两方面均应考虑变压器的发热与冷却问题。

我国标准规定，在额定使用条件下变压器各部分的允许温升如表7-1所示。额定使用条件为：最高气温+40℃；最高日平均气温+30℃；最高年平均气温+20℃；最低气温-30℃。

表 7-1 变压器各部分的允许温升(℃)

温升＼冷却方式	自然油循环	强迫油循环风冷	导向强迫油循环风冷
绕组对空气的平均温升	65	65	70
绕组对油的平均温升	21	30	30
顶层油对空气的温升	55	40	45
油对空气的平均温升	44	35	40

7.1.4 变压器的绝缘老化

1. 变压器的绝缘老化现象

电力变压器大多使用油浸电缆纸和油作绝缘，属 A 级绝缘。在长期运行中由于受到大气条件和其他物理化学作用的影响，使绝缘材料的机械、电气性能衰减，逐渐失去其初期所具有的性质，产生绝缘老化现象。

对于绝缘材料的电气强度来说，在材料的纤维组织还未失去机械强度的时候，电气强度是不会降低的，甚至完全失去弹性的纤维组织，只要没有机械损伤，照样还有相当高的电气强度。但是已经老化了的绝缘材料，变得十分干燥而脆弱，在变压器运行时产生的电磁振动和电动力作用下，很容易损坏。由此可见，判断绝缘材料的老化程度，不能单从电气强度出发，而应考虑机械强度的降低情况，而且主要由机械强度的降低情况来决定。

变压器的绝缘老化，主要是受温度、湿度、氧气和油中的劣化产物的影响，其中高温是促成老化的直接原因。运行中绝缘的工作温度愈高，化学反应(主要是氧化作用)进行得愈快，引起机械强度和电气强度丧失得愈快，即绝缘的老化速度愈大，变压器的预期寿命也愈短。

2. 变压器的寿命

一般地，变压器的预期寿命是指当变压器绝缘的机械强度降低至其初始值 15%～20%所经过的时间。研究表明，变压器绕组热点温度在 80～140℃范围内，变压器的预期寿命和绕组热点温度的关系为

$$z = A\mathrm{e}^{-P\theta} \tag{7-1}$$

式中：z——变压器的预期寿命；

θ——变压器绕组热点的温度；

A——常数，与很多因素有关，如纤维制品的原始质量(原材料的组成和化学添加剂)，绝缘中的水分和游离氧等；

P——温度系数，在一定范围内，它可能是常数，但和纤维质量因素无关。

对于标准变压器，在额定负荷和正常环境温度下，热点温度的正常基准值为 98℃，此时变压器能获得正常预期寿命 20～30 年。

根据式(7－5)计算，正常预期寿命为

$$z_N = Ae^{-P\times 98} \tag{7-2}$$

用$\frac{z}{z_N}$表示任意温度θ时的相对预期寿命，则

$$z_* = \frac{z}{z_N} = Ae^{-P(\theta-98)} \tag{7-3}$$

z_*的倒数称为相对老化率v，即

$$v = e^{P(\theta-98)} \tag{7-4}$$

计算时，用基数2代替e较为方便，则

$$v = 2^{\frac{P(\theta-98)}{0.693}} = 2^{\frac{(\theta-98)}{\nabla}} \tag{7-5}$$

在式(7－5)中

$$\frac{1}{0.693} = \frac{\ln e}{\ln 2}$$

并令

$$\nabla = \frac{0.693}{P} \tag{7-6}$$

研究表明：∇为6℃左右。这意味着绕组温度每增加6℃，老化率加倍，此即所谓热老化定律(绝缘老化的6℃规则)。根据式(7－5)可计算出各温度下的老化率，其值见表7－2。

表7－2　各温度下的老化率

温度/℃	80	86	92	98	104	110	116	122	128	134	140
老化率v	0.125	0.25	0.5	1.0	2	4	8	16	32	64	128

3. 等值老化原则

如上所述，变压器运行时，如维持变压器绕组最热点的温度在＋98℃左右，可以获得正常预期寿命。实际上绕组温度受气温和负荷波动的影响，变动范围很大，因此，如将绕组最高容许温度规定为98℃，则大部分时间内，绕组温度达不到此值，亦即变压器的负荷能力未得到充分利用；反之，如不规定绕组的最高容许温度，或者将该值规定过高，变压器又可能达不到正常预期寿命。为了正确地解决这一问题，可应用等值老化原则，即在一部分时间内，根据运行要求，容许绕组温度大于98℃，而在另一部分时间内，使绕组的温度小于98℃，只要使变压器在温度较高的时间内所多损耗的寿命(或预期寿命)，与变压器在温度较低时间内所少损耗的寿命相互补偿，这样变压器的预期寿命可以和恒温98℃运行时等值。换句话说，等值老化原则就是使变压器在一定时间间隔T(一年或一昼夜)内绝缘老化或所损耗的寿命等于在时间间隔T内恒定温度98℃时变压器所损耗的寿命，用公式表示为

$$\int_0^T e^{P\theta}\mathrm{d}t = Te^{98P} \tag{7-7}$$

实际上，为了判断变压器在不同负荷下绝缘老化的情况，或软负荷期间变压器负荷能力的利用情况，通常引入比值λ来表明，λ称为绝缘老化率，其表达式为

$$\lambda = \frac{\int_0^T e^{P\theta} dt}{T e^{98P}} = \frac{1}{T}\int_0^T e^{P(\theta-98)} dt \tag{7-8}$$

显然，如λ>1，则变压器的老化大于正常老化，预期寿命大为缩短；如果λ<1，变压器的负荷能力未得到充分利用。因此，在一定时间间隔内，维持变压器的老化率接近于1是制定变压器负荷能力的主要依据。

7.1.5 变压器的正常过负荷

正常容许过负荷的条件是：①保证在指定的时间段内(1天或1年)，变压器绝缘的损耗等于额定损耗；②最大负载不应超过额定容量的1.5倍；③上层油温不超过95℃；绕组最热点温度不超过140℃。满足此条件，变压器可长期运行。

变压器的正常过负荷能力，是以不牺牲变压器正常预期寿命为原则而制定的。即允许变压器在一部分时间内正常过负荷运行而在另一部分时间内，小于额定负荷运行，只要在过负荷期间多损耗的寿命与在小负荷期间少损耗的寿命相互补偿，仍可获得规定的预期寿命。

7.1.6 变压器的事故过负荷

当系统发生事故时，变压器在较短时间内可能出现比正常过负荷更大的过负荷，这种事故情况下的过负荷称为事故过负荷。

当系统发生故障时，保证不间断供电是首要任务，变压器绝缘老化加速是次要的，所以事故过负荷和正常过负荷不同，它是以牺牲变压器寿命为代价的，绝缘老化率容许比正常过负荷时高得多。但是确定事故过负荷时，同样要考虑到绕组最热点的温度不要过高，和正常过负荷一样不得超过140℃，负荷电流不得超过额定值的2倍，避免引起事故扩大。

国际电工委员会(IEC)没有严格规定容许事故过负荷的具体数值，而是列出了事故过负荷时变压器寿命所牺牲的天数，即事故过负荷一次(例如事故过负荷1.3倍，运行2h)，变压器绝缘的老化相当于正常老化时的天数。运行人员可根据这个数据，参照变压器过去运行情况、当地的等值空气温度以及系统对事故过负荷的要求等情况灵活掌握。表7-3列出了自然油循环和风冷油循环的变压器在不同事故过负荷1h所牺牲的天数。表中K_1表示事故过负荷前等值负荷率；K_2表示事故过负荷倍数；“+”号表明即使在最低气温条件下也不容许运行；数字后面如附有A、B、C、D，则分别表明在最高等值空气温度为+30℃、+20℃、+10℃、0℃时容许运行。表中所列牺牲天数系指等值空气温度为+20℃时的数值，如等值空气温度不是+20℃，应乘以校正系数，见表7-4。

表 7-3 自然油循环和风冷油循环的变压器在不同事故过负荷 1h 所牺牲的天数(天)

K_2	K_1									
	0.25	0.5	0.7	0.8	0.9	1.0	1.1	1.2	1.3	1.4
0.7	0.001	0.004	0.026							
0.8	0.001	0.005	0.027	0.079						
0.9	0.001	0.005	0.029	0.083	0.266					
1.0	0.002	0.006	0.032	0.091	0.283	1.00				
1.1	0.003	0.008	0.039	0.102	0.310	1.07	1.07	4.18		
1.2	0.004	0.012	0.049	0.123	0.356	1.18	4.50	19.3A		
1.3	0.007	0.019	0.069	0.162	0.439	1.38	5.03A	20.9B	99.0D	
1.4	0.014	0.034	0.112	0.242	0.604	1.75A	5.97B	23.6B	108C	558D
1.5	0.029	0.069	0.205	0.416A	0.953A	2.52B	7.81B	28.6C	123D	+
1.6	0.066	0.150	0.424A	0.815B	1.74B	4.20C	11.7C	38.6D	+	+
1.7	0.158	0.353A	0.958B	1.78B	3.63C	8.15C	20.7D	+	+	+
1.8	0.397A	0.876B	2.33C	4.25C	8.38D	18.0D	+	+	+	+
1.9	1.05B	2.29C	6.00D	10.8D	+	+	+	+	+	+
2.0	2.88C	6.27D	+	+	+	+	+	+	+	+

表 7-4 等值空气温度不同于＋20℃时的校正系数

等值空气温度/℃	40	30	20	10	0
校正系数	10	3.2	1	0.32	0.1

7.1.7 变压器的投运与停运

1. 投运前应做的准备

(1) 对新投运的变压器以及长期停用或大修的变压器，在投运之前，应重新按《电气设备预防性试验规程》进行必要的试验。绝缘试验应合格，并符合基本要求的规定后，值班人员还应仔细检查并确定变压器在完好状态，应具备带电运行条件，有载开关或无载开关处于规定位置，且三相一致；各保护部件、过电压保护及继电保护系统处于正常可靠状态。

(2) 新投运的变压器必须在额定电压下做冲击合闸试验，冲击 5 次；大修或更换改造部分绕组的变压器则冲击 3 次。在有条件的情况下，冲击前变压器最好从零起升压，而后再进行正式冲击。

2. 变压器投运、停运操作顺序

变压器投运、停运操作顺序应在运行规程(或补充部分)中加以规定，并须遵守下列各项。

(1) 强迫油循环风冷式变压器投入运行时，应先逐台投入冷却器并按负载情况控制投入的台数；变压器停运时，要先停变压器，冷却装置继续运行一段时间，待油温不再上升后再停。

(2) 变压器的充电应当由装设有保护装置的电源侧的断路器进行，并要考虑到其他侧是否会发生超过绝缘方面所不允许的过电压现象。

(3) 在 110kV 及以上中性点直接接地系统中投运和停运变压器时，在操作前必须将中性点接地，操作完毕可按系统需要决定中性点是否断开。

(4) 装有储油柜的变压器带电前应排尽套管高座、散热器及净油器等上部的残留空气，对强迫油循环变压器，应开启油泵，使油循环一定时间后将空气排尽。开启油泵时，变压器各侧绕组均应接地。

(5) 运行中的备用变压器应随时可以投入运行，长期停运者应定期充电，同时投入冷却装置。

7.1.8 变压器的运行维护

1. 采用胶袋的油枕密封变压器的运行维护

(1) 在油枕加油时，应全密封加油，并注意尽量将胶袋外面与油枕内壁间的空气排尽，否则会造成假油位及气体继电器的误动作。

(2) 在油枕加油时，应注意油量及适当的进油速度，防止因进油速度太快、加油量过多使防爆管喷油、释压器发声或喷油。

2. 变压器分接开关的运行维护

目前，分接开关大多采用电阻式组合型，总体结构可分为 3 部分，即控制部分、传动部分和开关部分。有载分接开关对供电系统的电压合格率有着重要作用。有载分接开关应用越来越广泛，以适应对电压质量的考核要求。

1) 无载分接变压器

当变换分接头时，应先停电后操作。变换分头操作时一般要求进行正反转动 3 个循环，以消除触头上的氧化膜及油污，然后正式变换分接头。变换分接头后，应测量绕组档位的直流电阻，并检查销紧位置，还应将分接头变换情况做好记录并报告调度部门。对于运行中不常进行分接变换的变压器，每年结合小修(预试)将分接头操作 3 个循环，并测量全档位直流电阻，发现异常及时处理，合格时方可投运。

2) 有载分接开关和有载调压变压器

(1) 有载分接开关投运前，应检查其油枕油位是否正常，有无渗漏油现象，控制箱防潮应良好。用手动操作一个(升—降)循环，档位指示器与计数器应正确动作，极限位置的闭锁应可靠，手动与电动控制的连锁也应可靠。

(2) 对于有载开关的气体保护，其重气体应投入跳闸，轻气体则接信号。气体继电器应装在运行中便于安全放气的位置。新投运有载开关的气体继电器安装后，运行人员在必要时(有载筒体内有气体)应适时放气。

(3) 有载分接开关的电动控制应正确无误，电源可靠。各接线端子接触良好，驱动电机转动正常、转向正确，其熔断器额定电流按电机额定电流 2～2.5 倍配置。

(4) 有载分接开关的电动控制回路，在主控制盘上的电动操作按钮，与有载开关控制箱按钮应完好，电源指示灯、行程指示灯应完好，极限位置的电气闭锁应可靠。

(5) 有载分接开关的电动控制回路应设置电流闭锁装置，其电流整定值为主变压器额定电流的1.2倍，电流继电器返回系数应大于或等于0.9。当采用自动调压方式时主控制盘上必须有动作计数器，自动电压控制器的电压互感器断线闭锁应正确可靠。

(6) 新装或大修后有载分接开关，应在变压器空载运行时在主控制室用电动操作按钮及手动至少试操作一个(升—降)循环，各项指示正确，极限位置的电气闭锁可靠，方可调至要求的分解档位以带负荷运行，并加强监视。

(7) 值班员根据调度下达的电压曲线及电压差数，自行调压操作。每次操作应认真检查分接头动作和电压电流变化情况(每周一个分接头记为一次)，并做好记录。

(8) 两台有载调压变压器并联运行时，允许在变压器85%额定负荷电流以下进行分接变换操作。但不能在单台变压器上连续进行两个分接变换操作。需在一台变压器的一个分接变换完成后再进行另一台变压器的一个分接变换操作。

(9) 值班人员进行有载分接开关控制时，应按巡视检查要求进行，在操作前后均应注意并观察气体继电器有无气泡出现。

(10) 当运行中有载分接开关的气体继电器发出信号或分接开关油箱换油时，禁止操作，并应拉开电源隔离开关。

(11) 当运行中轻气体频繁动作时，值班人员应做好记录并汇报调度，停止操作，分析原因及时处理。

(12) 有载分接开关的油质监督与检查周期。

① 运行中每6个月应取油样进行耐压试验一次，其油耐压值不低于30kV/2.5mm。当油耐压在25～30kV/2.5mm之间时应停止使用自动调压控制器，若油耐压低于25kV/2.5mm时应停止调压操作并及时安排换油。当运行1～2年或变换操作达5 000次时，应换油。

② 有载分接开关本体吊芯检查。新投运1年后，或分接开关变换开关变换5 000次；运行3～4年或累计调节次数达10 000～20 000次，进口设备按制造厂规定；结合变压器检修。

(13) 有载分接开关吊芯检查时，应测试过渡电阻值，并应与制造厂出厂数据一致。

(14) 当电动操作出现“连动”(即操作一次，出现调正一个以上的分接头，俗称“滑档”)现象时，应在指示盘上出现第二个分头位置后，立即切断驱动电机的电源，然后手动操作到符合要求的分头位置，并通知维修人员及时处理。

7.1.9 变压器的异常运行与分析

电力变压器在运行中一旦发生异常情况，将影响系统的正常运行以及对用户的正常供电，甚至造成大面积停电。变压器运行中的异常情况一般有以下几种。

1. 声音异常

1) 正常状态下变压器的声音

变压器属静止设备，但运行中仍然会发出轻微的连续不断的“嗡嗡”声。这种声音是运行中电气设备的一种特有现象，一般称之为“噪声”。产生这种噪声的原因有以下几种。

(1) 励磁电流的磁场作用使硅钢片振动。

(2) 铁心的接缝和叠层之间的电磁力作用引起振动。

(3) 绕组的导线之间或绕组之间的电磁力作用引起振动。

(4) 变压器上的某些零部件引起振动。

正常运行中变压器发出的“嗡嗡”声是连续均匀的，如果产生的声音不均匀或有特殊响声，应视为不正常现象，判断变压器的声音是否正常，可借助与“听音棒”等工具进行。

2) 变压器的声音比平时增大

若变压器的声音比平时增大，且声音均匀，可能有以下几种原因。

(1) 电网发生过电压。当电网发生单相接地或产生谐振过电压时，都会使变压器的声音增大。出现这种情况时，可结合电压、电流表计的指示进行综合判断。

(2) 变压器过负荷。变压器过负荷时会使其声音增大，尤其是在满负荷的情况下突然有大的动力设备投入，将会使变压器发出沉重的“嗡嗡”声。

3) 变压器有杂音

若变压器的声音比正常时增大且有明显的杂音，但电流、电压无明显异常时，则可能是内部夹件或压紧铁心的螺栓松动，使得硅钢片振动增大所造成的。

4) 变压器有放电声音

若变压器内部或表面发生局部放电，声音中就会夹杂有“噼啪”放电声。发生这种情况时，若在夜间或阴雨天气下，看到变压器套管附近有蓝色的电晕或火花，则说明瓷件污秽严重或设备线夹接触不良，若变压器的内部放电，则是不接地的部件静电放电，或是分接开关接触不良放电，这时应将变压器作进一步的检测或停用。

5) 变压器有水沸腾声

若变压器的声音夹杂有水沸腾声且温度急剧变化，油位升高，则应判断为变压器绕组发生短路故障，或分接开关因接触不良引起严重过热，这时应立即停用变压器进行检查。

6) 变压器有爆裂声

若变压器声音中夹杂有不均匀的爆裂声，则是变压器内部或表面绝缘击穿，此时应立即将变压器停用检查。

7) 变压器有撞击声和摩擦声

若变压器的声音中夹杂有连续的有规律的撞击声和摩擦声，则可能是变压器外部某些零件如表计、电缆、油管等，因变压器振动造成撞击或摩擦，或外来高次谐波源所造成的，应根据情况予以处理。

2. 油温异常

运行中的变压器内部的铁损和铜损转化为热量，热量向四周介质扩散。当发热与散热达到平衡状态时，变压器各部分的温度趋于稳定。铁损是基本不变的，而铜损随负荷变化。顶层油温表指示的是变压器顶层的油温，温升是指顶层油温与周围空气温度的差值。运行中要以监视顶层油温为准，温升是参考数字(目前对绕组热点温度还没有能直接监视的条件)。变压器的绝缘耐热等级为A级时，绕组绝缘极限温度为105℃，对于强迫油循环的变压器，根据国际电工委员会推荐的计算方法：变压器在额定负载下运行，绕组平均温升为65℃，通常最热点温升比油平均温升约高13℃，即65+13=78(℃)，如果变压器在额定负载和冷却介质温度为+20℃条件下连续运行，则绕组最热点温度为98℃，其绝缘老化率等于1(即老化寿命为20年)。因此，为了保证绝缘不过早老化，运行人员应加强对变压器顶层油温的监视，按规定应控制在85℃以下。

若发现在同样正常条件下，油温比平时高出10℃以上，或负载不变而油温不断上升(冷却装置运行正常)，则可认为变压器内部出现异常。

导致油温异常的原因有以下几种。

(1) 内部故障引起温度异常。变压器的内部故障如绕组之间或层间短路，绕组对周围放电，内部引线接头发热；铁心多点接地使涡流增大过热；零序不平衡电流等漏磁通形成回路而发热等因素都可引起变压器温度异常。发生这些情况，还将伴随着气体或差动保护动作。故障严重时，还可能使防爆管或压力释放阀喷油，这时变压器应停用检查。

(2) 冷却器运行不正常引起温度异常。冷却器运行不正常或发生故障，如提油泵停运、风扇损坏、散热器管道积垢冷却效果不良、散热器阀门没有打开或散热器堵塞等因素引起温度升高。应对冷却系统进行维护或冲洗，提高冷却效果。

3. 油位异常

变压器储油柜的油位表，一般标有-30℃、+20℃、+40℃这3条线，它们是指变压器使用地点在最低温度和最高环境温度时对应的油面，并注明其温度。根据这3个标志可以判断是否需要加油或放油。运行中变压器温度的变化会使油的体积发生变化。从而引起油位的上下位移。

常见的油位异常有下列几种。

1) 假油位

如变压器温度变化正常，而变压器油标管内的油位变化不正常或不变，则说明是假油位。运行中出现假油位的原因有如下几种。

(1) 油标管堵塞。

(2) 油枕呼吸器堵塞。

(3) 防爆管通气孔堵塞。

(4) 变压器油枕内存有一定数量的空气。

2) 油面过低

油面过低应视为异常。因其低到一定限度时，会造成轻瓦斯保护动作；严重缺油时，变压器内部绕组暴露会导致绝缘下降，甚至造成因绝缘散热不良而引起损坏事故。处于备用的变压器如严重缺油，也会吸潮而使其绝缘功能降低。

造成变压器油面过低或严重缺油的原因有以下几种。

(1) 变压器严重渗油。

（2）修试人员因工作需要多次放油后未作补充。

（3）气温过低且油量不足，或油枕容积偏小，不能满足运行要求。

4. 变压器外观异常

变压器运行中外观异常有下列原因。

1）防爆管防爆膜破裂

防爆管防爆膜破裂，会引起水和潮气进入变压器内，导致绝缘油乳化及变压器的绝缘强度降低。原因有下列几个方面。

（1）防爆膜材质与玻璃选择处理不当。当材质未经压力试验验证或玻璃未经退火处理时，受到自身内应力的不均匀导致裂面。

（2）防爆膜及法兰加工不精密不平整，装置结构不合理，检修人员安装防爆膜时工艺不符要求，紧固螺钉受力不均匀，接触面无弹性等所造成。

（3）呼吸器堵塞或抽真空充氮时不慎，受压力而破损。

2）压力释放阀的异常

目前，大中型变压器已大多应用压力释放阀(下称“释放器”)代替老式的防爆管装置，因为一般老式的防爆管油枕只能起到半密封作用，而不能起到全密封的作用。当变压器油超过一定标准时，释放器便开始动作进行溢油或喷油，从而减小油压，保护了油箱。如果变压器油量过多、气温又高而造成非内部故障的溢油现象，溢出过多的油后释放器会自动复位，仍起到密封的作用。释放器备有信号报警以便运行人员迅速发现异常。

3）套管闪络放电

套管闪络放电会造成发热，导致绝缘老化受损甚至引起爆炸。常见原因如下。

（1）套管表面过脏，如粉尘、污秽等。在阴雨天就会发生套管表面绝缘强度降低，容易发生闪络事故，若套管表面不光洁，在运行中电场不均匀会发生放电现象。

（2）高压套管制造不良，末屏接地焊接不良形成绝缘损坏，或接地末屏出线的瓷瓶心轴与接地螺套不同心、接触不良或末屏不接地，也有可能导致电位提高而逐步损坏。

（3）当系统内部或外部过电压时，套管内由于存在隐患而导致击穿。

4）渗漏油

渗漏油是变压器常见的缺陷，常见的具体部位及原因如下。

（1）阀门系统。蝶阀胶垫材质、安装不良、放油阀精度不高、螺纹处渗漏。

（2）胶垫。接线桩头、高压套管基座、电流互感器出线桩头胶垫不密封、无弹性、渗漏。一般胶垫压缩应保持在2/3，有一定的弹性，随运行时间的增长、温度过高、振动等原因造成老化龟裂失去弹性或本身材质不符要求，位置不对称，偏心。

（3）绝缘子破裂渗漏油。

（4）设计制造不良。高压套管升高座法兰、油箱外表、油箱地盘大法兰等焊接处，因有的法兰制造和加工粗糙形成渗漏油。

5. 颜色、气味异常

变压器的许多故障常伴有过热现象，使得某些部件或局部过热，因而引起一些有关部件的颜色变化或产生特殊气味。

(1) 引线、线卡处过热引起异常。套管接线端部紧固部分松动，或引线头接线鼻子等接触面发生严重氧化，使接触处过热，颜色变暗失去光泽，表面镀层也遭到破坏。连接接头部分一般温度不宜超过 70℃，可用示温蜡片检查，一般黄色熔化为 60℃，绿色 70℃，红色 80℃，也可用红外线测温仪测量。温度很高时还会发出焦臭味。

(2) 套管、绝缘子有污秽或损伤严重时发生放电，闪络并产生一种特殊的臭氧味。

(3) 呼吸器硅胶一般正常干燥时为蓝色，其作用为吸附空气中进入油枕胶袋、隔膜中的潮气，以免变压器受潮。当硅胶蓝色变为粉红色，表明受潮而且硅胶已失效，一般粉红色部分超过 2/3 时，应予更换。硅胶变色过快的原因主要有以下几种。

① 如长期天气阴雨、空气湿度较大，吸湿变色过快。

② 呼吸器容量过小，如有载开关采用 0.51kg 的呼吸器，变色过快是常见现象，应更换较大容量的呼吸器。

③ 硅胶玻璃罩罐有裂纹破损。

④ 呼吸器下部油封罩内无油或油位太低起不到良好油封作用，使湿空气未经过油封过滤而直接进入硅胶罐内。

⑤ 呼吸器安装不良，如硅胶龟裂不合格，螺钉松动安装不密封而受潮。

(4) 附件电源线或二次线的老化损伤，造成短路产生的异常气味。

(5) 冷却器中电机短路，分控制箱内接触器、热继电器过热等烧损产生焦臭味。

7.2 高压断路器的运行与维护

7.2.1 断路器正常运行的条件

在电网运行中，高压断路器操作和动作较为频繁。为使断路器能安全可靠运行，保证其性能，必须做到以下几点。

(1) 断路器工作条件必须符合制造厂规定的使用条件，如户内或户外、海拔高度、环境温度、相对湿度等。

(2) 断路器的性能必须符合国家标准的要求及有关技术条件的规定。

(3) 在正常运行时，断路器的工作电流、最大工作电压和断流容量不得超过额定值。

(4) 在满足上述要求的情况下，断路器的瓷件、机构等部分均应处于良好状态。

(5) 运行中的断路器，机构的接地应可靠，接触必须良好可靠，防止因接触部位过热而引起断路器事故。

(6) 运行中与断路器相连接的汇流排，接触必须良好可靠，防止因接触部位过热而引起断路器事故。

(7) 运行中断路器本体、相位油漆及分合闸机械指示等应完好无缺，机构箱及电缆孔洞使用耐火材料封堵。场地周围应清洁。

(8) 断路器绝对不允许在带有工作电压时使用手动合闸，或手动就地操作按钮合闸，以避免合于故障时引起断路器爆炸和危及人身安全。

(9) 远方和电动操作的断路器禁止使用手动分闸。

(10) 明确断路器的允许分、合闸次数，以便很快地决定计划外检修。断路器每次故障跳闸后应进行外部检查，并做记录。

(11) 为使断路器运行正常，在下述情况下，断路器严禁投入运行。

① 严禁将有拒跳或合闸不可靠的断路器投入运行。

② 严禁将严重缺油、漏气、漏油及绝缘介质不合格的断路器投入运行。

③ 严禁将动作速度、同期、跳合闸时间不合格的断路器投入运行。

④ 断路器合闸后，由于某种原因，一相未合闸，应立即拉开断路器，查明原因。缺陷消除前，一般不可进行第二次合闸操作。

(12) 对采用空气操作的断路器，其气压应保持在允许的范围内。

(13) 多油式断路器的油箱或外壳应有可靠的接地。

(14) 少油式断路器外壳均带有工作电压，故运行中值班人员不得任意打开断路器室的门或网状遮拦。

7.2.2 断路器的巡视检查

1. 断路器在运行中的巡视检查项目

1) 瓷套检查

检查断路器的瓷套应清洁，无裂纹、破损和放电痕迹。

2) 表计观察

液压机构上都装有压力表，压力表的指示值过低，说明漏氮气，压力过高则是高压油窜入氮气中。如果液压机构频繁起泵，又看不出什么地方渗油，说明为内渗，即高压油渗到低压油内。这种情况的处理方法，一是停电进行处理，二是采取措施后带电处理。气动机构一般也有表计监视，机构正常时指示值应在正常范围。

对于 SF_6 断路器，应定时记录气体压力及温度，及时检查处理漏气现象。当室内的 SF_6 断路器有气体外泄时，要注意通风，工作人员要有防毒保护。

3) 真空断路器检查

真空灭弧室应无异常，真空泡应清晰，屏蔽罩内颜色应无变化。在分闸时，弧光呈蓝色为正常。

4) 断路器导电回路和机构部分的检查

检查导电回路应良好，软铜片连接部分应无断片、断股现象。与断路器连接的接头接触应良好，无过热现象。机构部分检查，紧固件应紧固，转动、传动部分应有润滑油，分、合闸位置指示器应正确。开口销应完整、开口。

5) 操动机构的检查

操动机构的性能在很大程度上决定了断路器的性能及质量优劣，因此对于断路器来说，操动机构是非常重要的。巡视检查中，必须重视对操动机构的检查。主要检查项目有以下几点。

（1）正常运行时，断路器的操动机构动作应良好，断路器分、合闸位置与机构指示器及红、绿指示灯应相符。

（2）机构箱门开启灵活，关闭紧密、良好。

（3）操动机构应清洁、完整、无锈蚀，连杆、弹簧、拉杆等应完整，紧急分闸机构应保持在良好状态。

（4）端子箱内二次线和端子排完好，无受潮、锈蚀、发霉等现象，电缆孔洞应用耐火材料封堵严密。

（5）冬季或雷雨季节，电加热器应能正常工作。

（6）断路器在分闸状态时，分闸连杆应复归，分闸锁扣到位，合闸弹簧应在储能位置。

（7）辅助开关触点应光滑平整，位置正确。

（8）各不同型号机构，应定时记录油泵(气泵)启动次数及打泵时间，以监视有无渗漏现象引起的频繁启动。

2. 断路器的特殊巡视检查项目

（1）在系统或线路发生事故使断路器跳闸后，应对断路器进行下列检查。

① 检查各部位有无松动、损坏，瓷件是否断裂等。

② 检查各引线接点有无发热、熔化等。

（2）高峰负荷时应检查各发热部位是否发热变色、示温片熔化脱落。

（3）天气突变、气温骤降时，应检查油位是否正常，连接导线是否紧密等。

（4）下雪天应观察各接头处有无融雪现象，以便发现接头发热。雪天、浓雾天气，应检查套管有无严重放电闪络现象。

（5）雷雨、大风过后，应检查套管瓷件有无闪络痕迹，室外断路器上有无杂物，导线有无断股或松股等现象。

3. SF_6 断路器的巡视检查项目

（1）套管不脏污，无破损、裂痕及闪络放电现象。

（2）连接部分无过热现象。

（3）内部无异声(漏气声、振动声)及异臭味。

（4）壳体及操动机构完整，不锈蚀；各类配管及其阀门无损伤、锈蚀，开闭位置正确，管道的绝缘法兰与绝缘支持良好。

（5）断路器分合位置指示正确，与当时运行情况相符。

4. 故障断路器紧急停用处理

当巡视检查发现以下情形之一时，应立即停用故障断路器进行处理。

（1）套管有严重破损和放电现象。

（2）SF_6 断路器气室严重漏气，发出操作闭锁信号。

（3）真空断路器出现真空破坏的“咝咝”声。

(4) 液压机构突然失压到零。

(5) 断路器端子与连接线连接处发热严重或熔化时。

7.2.3 断路器的异常运行及故障处理

1. 高压断路器的异常运行分析

1) 断路器拒绝合闸

高压断路器拒绝合闸的现象及分析如下。

(1) 控制开关置于“合闸”位置，红、绿灯指示不发生变化(绿灯仍闪光)，合闸电流表无摆动，说明操作机构未动作，为合闸回路(合闸线圈)无电压或很低、回路不通、合闸熔断器熔断或接触不良等故障。

(2) 控制开关置于“合闸”位置，绿灯灭，红灯不亮，合闸电流表有摆动，操作把手处于“合后”位置未发事故音响(若发出，说明开关未合上)，红绿灯均不亮。应检查断路器是否已合上，红灯灯泡、灯具是否良好，线路有无负荷电流，操作熔断器是否良好。以上若正常，断路器在合闸位置，应检查断路器的动合辅助触点是否已接通(应接通)。若断路器未合上，则同时会发事故音响，可能因操作时操作熔断器熔断或接触不良而未合上，应查明原因。

(3) 控制开关置“合闸”位置，绿灯灭后复亮(或闪光)，合闸电流表有摆动。可能是合闸电压低，以致操动机构未能将开关提升杆提起，传动机构动作未完成；或是机构机械问题，调整不当(如合闸铁心行程不够等)。

(4) 控制开关置“合闸”位置，绿灯灭，红灯亮随即又灭，绿灯闪光，合闸电流表有摆动。说明断路器曾合上过，可能是支架未能托住滚轮、挂钩(锁钩)未能挂牢、脱扣机构调整不当(如扣入太少)等。但应注意，合闸电压过高时，合闸不成功也是此种现象。

(5) 对于合闸时断路器出现的“跳跃”现象，多属断路器辅助触点(动断触点)打开过早(机械调整不当引起的)。断路器传动试验时，合闸次数过多，合闸线圈过热合不上时，也会出现“跳跃”现象。

根据前面分析，可再次操作，同时观察合闸接触器、合闸铁心是否动作，进一步查明故障点(就地控制的断路器，可以直接用此法)。

① 合闸接触器不启动，属二次回路(合闸回路)不通。可用万用表“测电压降法”和“测对地电位法”找出回路中故障元件或断线点。

② 合闸接触器已动作，合闸铁心和机械未动。原因有：合闸熔断器熔断或接触不良、合闸接触器触点接触不良或被灭弧罩卡住、合闸线圈断线、合闸电源总熔断器熔断或合闸硅整流器电源开关跳闸使合闸母线无电。

③ 合闸接触器、合闸铁心及机构均已动作，但断路器未合上。一般为机械问题，也可能为直流电压过低或过高。

(6) 弹簧储能机构合闸弹簧未储能(检查牵引杆位置)或分闸连杆未复归；液压机构压力低于规定值，合闸回路被闭锁。

(7) 合闸接触器故障，操作把手返回过早。

(8) 机械部分故障(机构卡死、连接松动、连接部分脱销)。

2) 电动操作不能分闸

断路器的“拒跳”对系统安全运行威胁很大，一旦某一单元发生故障时，将会造成上一级断路器跳闸，称为“越级跳闸”。这将扩大事故停电范围，甚至有时会导致系统解列，造成大面积停电的恶性事故。因此，“拒跳”比“拒合”带来的危害更大。

(1) 断路器不能电动分闸的原因。

① 电气方面原因：控制回路故障(如熔断器熔断、断路器动合辅助接点接触不良或跳闸线圈烧坏等)；液压(气动)机构压力降低导致跳闸回路被闭锁，或分闸控制阀未动作；SF_6 断路器气体压力低，密度继电器闭锁操作回路。

② 机械方面原因：跳闸铁心动作冲击力不足，说明铁心可能卡涩或跳闸铁心脱落；分闸弹簧失灵、分闸阀卡死、大量漏气等；触头发生焊接或机械卡涩，传动部分故障。

(2) 断路器“拒跳”的判断方法。

① 若红灯不亮，说明跳闸回路不通。此时，应检查操作回路熔断器是否熔断或接触不良，操作把手和断路器辅助触点是否接触不良，防跳跃继电器是否断线，操作回路是否发生断线，灯泡灯具是否完好等。

② 若操作电源良好，跳闸铁心动作无力，则是跳闸线圈动作电压过高或操作电压过低，跳闸铁心卡涩、脱落或跳闸线圈发生故障。

③ 若跳闸铁心顶杆动作良好，断路器拒跳，说明是机械卡涩或传动机构部分故障，如传动连杆销子脱落等。

④ 判明故障范围的方法如下。跳闸铁心不动作，控制开关在“预跳”位置红灯不闪光，测量跳闸线圈两端无电压(分闸操作时)，都能说明跳闸回路不通。如操作熔断器熔断或接触不良，跳闸回路元件(断路器动合辅助触点、液压机构低压力分闸闭锁触点、跳闸线圈及连接端子等)接触不良或断线等，也可能为控制开关接点接触不良。跳闸铁心不动，测量跳闸线圈两端的电压正常，说明跳闸回路其他元件正常，可能原因有：操作电压太低，跳闸线圈断线或连接端子未接通、线圈烧坏，跳闸铁心卡涩或脱落；跳闸铁心动作，分闸脱扣机构不脱扣(液压机构压力表指示不变化，分闸控制阀未动作)。原因有：脱扣机构扣入太深、啮合太紧；自由脱扣机构越过“死点”太多；跳闸线圈剩磁大，使铁心顶杆冲力不足；跳闸铁心行程不够；防跳保安螺钉未退出；跳闸线圈有层间短路分闸；锁扣深度太多(CD6 型操动机构)；等等。跳闸铁心动作，机构脱扣但断路器仍不分闸，原因有：操动、传动、提升机构卡涩造成摩擦力增大；机构轴销窜动或缺少润滑；断路器分闸力太小(有关弹簧拉伸或压缩尺寸过小或弹簧变形)；动静触头熔焊或卡滞；合闸滚轮与支架啮合太紧；等等。

3) 事故情况下高压断路器拒跳

事故拒跳原因，可根据拒跳断路器有无保护动作信号掉牌，断路器位置指示灯指示来判断。

(1) 无保护动作信号掉牌，手动断开断路器前红灯亮，能用控制开关分闸。这种情况多为保护拒动。如电流互感器二次开路或接线有误、保护整定值不当、保护回路断线、电压回路断线等。可以通过作保护传动试验验证和查明拒跳原因。同时，应检查拒跳断路器的保护投入位置是否正确。

（2）无保护动作信号掉牌，手动断开断路器前红灯不亮，手动用控制开关操作仍可能拒跳。可能的原因是控制回路熔断器熔断或接触不良，使保护失去电源，或控制（跳闸）回路断线。

（3）保护动作信号掉牌，手动断开断路器前红灯亮，用控制开关可使断路器分闸。保护出口回路有问题的可能性较大。

（4）有保护动作信号掉牌，手动操作用控制开关分闸，断路器拒动。若操作前红灯不亮，可能为控制（跳闸）回路不通。若红灯亮，可能属机构机械故障而拒跳。

4）断路器误动作

（1）断路器误跳闸。其原因可能有：①人员误动误碰造成断路器跳闸；②跳闸脱扣机构的缺陷造成断路器跳闸；③操动机构定位螺杆调整不当；④操作回路发生两点接地造成断路器自动跳闸。原因可能是保护误动作，电网中无故障造成的电流，电压波动，可判断为断路器操作机构误动作；保护定值不正确或保护错接线，电流互感器或电压互感器故障等原因会造成保护误动作，可对所有的现象进行综合判断；直流系统绝缘监察装置动作，发直流接地信号，且电网中无故障造成的电流、电压波动，可判断为直流两点接地；如果是直流电源有问题，则在电网中有故障或操作时，硅整流直流电源有时会出现电压波动、干扰脉冲等现象，使保护误动作。

（2）断路器误合闸。若停运的断路器未经操作自动合闸，则属误合闸。误合的原因可能有：①直流系统两点接地使合闸回路接通；②自动重合闸回路继电器触点误闭合，使断路器合闸回路接通；③由于合闸接触器线圈电阻偏高，动作电压偏低，在直流系统发生瞬间脉冲时，使断路器误合闸；④弹簧操动机构储能弹簧锁扣不可靠，在有震动情况下（如断路器跳闸时），锁扣自动解除，造成断路器自行合闸。

5）跳合闸线圈冒烟

跳合闸操作或继电保护自动装置动作后，出现跳合闸线圈严重过热或冒烟，可能是跳合闸线圈长时间带电所造成。

（1）合闸线圈烧毁的原因有：①合闸接触器本身卡涩或触点粘连；②操作把手的合闸触点断不开；③重合闸辅助触点粘连；④防跳跃闭锁继电器失灵。

为了防止烧坏合闸线圈，操作时应注意红绿灯信号变化和合闸电流表指示，既可以在合闸失灵时易于判断故障范围，又能及时发现合闸接触器长时间保持。发现合闸接触器保持，应迅速拔掉操作熔断器，拉开合闸电源。由于电磁机构合闸电流很大，不能用手直接拔合闸熔断器，防止电弧伤人。

（2）跳闸线圈烧毁的原因有：①传动保护时间过长，分合闸次数过多；②断路器跳闸后，机构辅助触点打不开，使跳闸线圈长时间带电。

2. 高压断路器的事故处理

断路器运行中，如发现异常，应尽快处理，否则有可能发展成为事故。

1）断路器拒绝合闸故障的处理

发生“拒合”情况，基本上是在合闸操作和重合闸过程中。其原因主要有两方面，一是电气方面故障;二是机械方面原因。判断断路器“拒合”的原因及处理方法的一般步骤如下。

(1) 判定是否由于故障线路保护后加速动作跳闸。

对于没有保护后加速动作信号的断路器,操作时,如合于故障线路(特别是线路上工作完毕送电)时,断路器跳闸时无任何保护动作信号,若认为是合闸失灵,再次操作合闸,会引起严重事故。只要在操作时按要领进行操作,同时注意表计的指示情况,就能正确判断区分。区分的依据有:合闸操作时,有无短路电流引起的表计指示冲击摆动、电压表指示突然下降等。若有这些现象,应立即停止操作,汇报调度,听候处理。如果确定不是保护后加速动作跳闸,可用控制开关再重新合一次,以检查前一次拒合闸是否是因操作不当引起的(如控制关复位过快或未扭到位等)。

(2) 检查电气回路各部位情况,以确定电气回路是否有故障。

① 检查直流电源是否正常、有无电压、电压是否合格、控制回路熔断器是否完好。

② 检查合闸控制回路熔丝和合闸熔断器是否良好(通过监视信号灯)。

③ 检查合闸接触器的触点是否正常(如电磁操动机构)。

④ 将控制开关调至“合闸”位置,看合闸铁心是否动作。若合闸铁心动作正常,则说明电气回路正常。

(3) 检查确定机械方面是否有故障。

① 检查操作把手触点、连线、端子处有无异常,操作把手与断路器是否联动。

② 检查油断路器机构箱内辅助触点是否接触良好,连动机构是否起作用,电缆连接有无开脱断线的情况。

③ 检查断路器合闸机构是否有卡涩现象,连接杆是否有脱钩情况。

④ 检查液压机构油压是否低于额定值,合闸回路是否闭锁。

⑤ 检查弹簧储能机构合闸弹簧是否储能良好(检查牵引杆位置)和检查分闸连杆复归是否良好,分闸锁扣是否钩住。

上述问题调整处理后,可进行合闸送电。

(4) 故障原因不明的处理。如果在短时间内不能查明故障,或者故障不能自行处理的,可以采用倒母线或旁路断路器代供的方法转移负荷。汇报上级派员检修故障断路器。

2) 断路器拒绝跳闸故障的处理

(1) 根据事故现象,可判别是否属断路器“拒跳”事故。“拒跳”故障的光字牌亮,信号掉牌显示保护动作,但该回路红灯仍亮,上一级的后备保护动作。在个别情况下后备保护不能及时动作,元件会有短时电流表指示值剧增,电压表指示值降低,功率表指针晃动,主变压器发出沉重的“嗡嗡”异常响声,而相应断路器仍处在合闸位置。

(2) 确定断路器故障后,应立即手动拉闸。

① 当尚未判明故障断路器之前而主变压器电源总断路器电流表指示值碰足、异常声响强烈,应先拉开电源总断路器,以防烧坏主变压器。

② 当上级后备保护动作造成停电时,若查明有分路保护动作,但断路器未跳闸,应拉开拒动的断路器,恢复上级电源断路器。若查明各分路保护均未动作(也可能为保护拒掉牌),则应检查停电范围内设备有无故障,若无故障应查找到故障(“拒跳”)断路器,加

以隔离。

③ 在检查出“拒跳”断路器后，应从以下几个方面检查故障原因。①检查直流回路是否良好，直流电压是否合格，操作回路熔断器是否完好，直流回路接线是否完好。②检查跳闸回路。跳闸回路有无断线(以红灯监视)，跳闸线圈是否烧坏或匝间是否短路，跳闸铁心是否卡涩，行程是否正确。③检查操作回路。操作把手是否良好，断路器内辅助触点接触是否良好，控制电缆接头有无开、松、脱、断情况。④检查断路器本身有无异常，断路器跳闸机构有无卡涩，触头是否熔焊在一起。⑤检查液压机构压力是否低于规定值，断路器跳闸回路是否被闭锁。

检查到故障原因后，除属可迅速排除的一般电气故障(如控制电源控制回路熔断器接触不良，熔丝熔断等)外，对一时难以处理的电气或机械性故障，均应联系调度，作为停用、转检修处理。

3) 断路器误跳闸故障的处理

(1) 及时、准确地记录所出现的信号、象征。汇报调度以便听取指挥，便于在互通情况中判断故障。若系统无异常、继电保护自动装置未动作、断路器自动跳闸，则属断路器误跳。

(2) 对于可以立即恢复运行的，如人员误碰、误操作，或受机械外力振动，保护盘受外力振动引起自动脱扣的误跳，如果排除了开关故障的原因，应根据调度命令，按下列情况恢复断路器运行。

① 单电源馈电线路可立即合闸送电。

② 单回联络线，需检查线路无电压合闸送电(可以经检查重合闸同期鉴定继电器触点在打开、无压鉴定继电器动断触点已闭合。判定线路上无电压，也可以用并列装置或在线路上验电及与调度联系判定线路上有无电压)。

③ 联络线、线路上有电压时，须经并列装置合闸或无非同期并列可能时方能合闸。

(3) 若由于对其他电气或机械部分故障，无法立即恢复送电的，则应联系调度将误跳断路器停用，转为检修处理。

4) 断路器误合闸故障的判断与处理

对“误合”的断路器，一般应按如下做法判断处理。

(1) 经检查确认为未经合闸操作，手柄处于“分后位置”，而红灯连续闪光，表明断路器已合闸，但属“误合”，应拉开误合的断路器。

(2) 如果拉开误合的短路器后，断路器又再“误合”，应取下合闸熔断器，分别检查电气方面和机械方面的原因，联系调度将断路器停用作检修处理。

8) 真空断路器的真空度下降

真空断路器是利用真空的高介质强度灭弧。真空度必须保证在0.013 3Pa以上，才能可靠地运行。若低于此真空度，则不能灭弧。由于现场测量真空度非常困难，因此，一般均以工频耐压试验合格为标准。正常巡视检查时要注意屏蔽罩的颜色有无异常变化。特别要注意断路器分闸时的弧光颜色，真空度正常情况下弧光呈微蓝色，真空度降低则变为橙红色。这时应及时更换真空灭弧室。造成真空断路器真空度降低的主要原因有以下几方面。

（1）使用材料气密情况不良。

（2）金属波纹管密封质量不良。

（3）在调试过程中，行程超过波纹管的范围，或超程过大，受冲击力太大。

7.3 隔离开关的运行与维护

隔离开关的正常运行状态，是指在规定条件下，连续通过额定电流而热稳定、动稳定不被破坏的工作状态。

7.3.1 隔离开关的正常巡视检查项目

隔离开关与断路器不同，它没有专门的灭弧结构，不能用来切断负荷电流和短路电流。使用时一般与断路器配合，只有在断开断路器后，才能进行操作，起隔离电源等作用。但是，隔离开关也要承受负荷电流、短路冲击电流，因而对其要求也是严格的。其巡视检查的项目如下。

1. 隔离开关本体检查

检查隔离开关合闸状况是否完好，有无合不到位或错位现象。

2. 绝缘子检查

检查隔离开关绝缘子是否清洁完整，有无裂纹、放电现象和闪络痕迹。

3. 触头检查

（1）检查触头接触面有无脏污、变形锈蚀，触头是否倾斜。

（2）检查触头弹簧或弹簧片有无折断现象。

（3）检查隔离开关触头是否由于接触不良引起发热、发红。夜巡时应特别留意，看触头是否烧红，严重时会烧焊在一起，使隔离开关无法拉开。

4. 操动机构检查

检查操作连杆及机械部分有无锈蚀、损坏，各机件是否紧固，有无歪斜、松动、脱落等不正常现象。

5. 底座检查

检查隔离开关底座连接轴上的开口销是否断裂、脱落；法兰螺栓是否紧固、有无松动现象；底座法兰有无裂纹；等等。

6. 接地部分检查

对于接地的隔离开关，应检查接地刀口是否严密，接地是否良好，接地体可见部分是否有断裂现象。

7. 防误闭锁装置检查

检查防误闭锁装置是否良好；在隔离开关拉、合后，检查电磁锁或机械锁是否锁牢。

7.3.2　隔离开关异常运行及分析

触头是隔离开关上最重要的部分，在运行中维护和检查比较复杂。这是因为不论哪一类隔离开关，在运行中它的触头的弹簧或弹簧片都会因锈蚀或过热，使弹力减低；隔离开关在断开后，触头暴露在空气中，容易发生氧化和脏污；隔离开关在操作过程中，电弧会烧坏触头的接触面，加之每个联动部件也会发生磨损或变形，因而影响了接触面的接触；在操作过程中用力不当，还会使接触面位置不正，造成触头压力不足；等等。上述情况均会造成隔离开关的触头接触不紧密。因而值班人员应把检查三相隔离开关每相触头接触是否紧密，作为巡视检查隔离开关的重点。具体检查项目如下。

1. 接触部分过热

正常情况下，隔离开关不应出现过热现象，其温度不应超过 70℃，可用示温蜡片检查试验。若接触部分温度达到 80℃时，则应减少负荷或将其停用。

运行中隔离开关过热的原因主要有以下几种。

(1) 隔离开关容量不足或过负荷。

(2) 隔离开关操作不到位，使导电接触面变小，接触电阻超过规定值。

(3) 触头烧伤或表面氧化，或静刀片压紧弹簧压力不足，接触电阻增大。

(4) 隔离开关引线连接处螺丝松动发热。

2. 不能分、合闸

运行中隔离开关不能分、合闸，其主要原因有以下几种。

(1) 传动机构螺钉松动，销子脱落。

(2) 隔离开关连杆与操动机构脱节。

(3) 动静触头变形错位。

(4) 动静触头烧熔粘连。

(5) 传动机构转轴生锈。

(6) 冰冻冻结。

(7) 瓷件破裂、断裂。

遇到上述情况要认真查找原因，不可硬拉硬合，否则会造成设备损坏，扩大停电范围。

3. 自动掉落合闸

一些垂直开合的隔离开关，在分闸位置时，如果操动机构的闭锁失灵或未加锁，遇到振动较大的情况，隔离开关可能会自动落下合闸。发生这种情况十分危险，尤其是当有人在停电设备上工作时，很可能造成人身伤害、设备损坏等事故。

隔离开关自动掉落合闸的主要原因有以下几种。

(1) 处于分闸位置的隔离开关操动机构未加锁。

(2) 机械闭锁失灵，如弹簧销子振动滑出。

为防止此类情况发生，要求操动机构的闭锁装置要可靠，拉开隔离开关后必须加锁。

4. 其他异常

运行中的隔离开关应按时巡视检查，若发现下列异常应及时处理。

(1) 隔离开关绝缘子断裂破损或闪络放电。

(2) 隔离开关动静触头放电或烧熔粘连。

(3) 隔离开关分流软线烧断或断股严重。

7.3.3 隔离开关的事故处理

隔离开关在运行中最常见的异常有如下几种。

1. 隔离开关过热

隔离开关接触不良，或者触头压力不足，都会引起发热。隔离开关发热严重时，可能损坏与之连接的引线和母线，可能产生高温而使隔离开关瓷件爆裂。

发现隔离开关过热，应报告调度员设法转移负荷，或减少通过的负荷电流，以减少发热量。如果发现隔离开关发热严重，应申请停电处理。

2. 隔离开关瓷件破损

隔离开关瓷件在运行中发生破损或放电，应立即报告调度员，尽快处理。

3. 带负荷误拉、合隔离开关

在变电所运行中，严禁用隔离开关拉、合负荷电流。

(1) 误分隔离开关。发生带负荷拉隔离开关时，如刀片刚离刀口(已起弧)，应立即将隔离开关反方向操作合好。如已拉开，则不许再合上。

(2) 误合隔离开关。运行人员带负荷误合隔离开关，则不论何种情况，都不允许再拉开。如确需拉开，则应用该回路断路器将负荷切断以后，再拉开隔离开关。

4. 隔离开关拉不开、合不上

运行中的隔离开关，如果发生拉不开的情况，不要硬拉，应查明原因处理后再拉。查清造成隔离开关拉不开的原因并处理后，方可操作。隔离开关合不上或合不到位，也应该查明原因，消除缺陷后再合。

7.4 互感器的运行与维护

7.4.1 电流互感器的运行及故障处理

1. 电流互感器的运行

电流互感器的正常运行状态是指在规定条件下运行，其热稳定和动稳定不被损坏，二次电流在额定运行值时，电流互感器能达到规定的准确度等级。

运行中的电流互感器二次回路不准开路，二次绕组必须可靠接地。

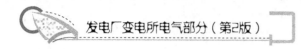

2. 电流互感器在运行中的巡视检查

（1）电流互感器应无异声及焦臭味。

（2）电流互感器连接接头应无过热现象。

（3）电流互感器瓷套应清洁，无裂痕和放电声。

（4）注油的电流互感器油位应正常，无渗漏油现象。

（5）对充油式的电流互感器，要定期对油进行试验，以检查油质情况，防止油绝缘降低。

（6）对环氧式的电流互感器，要定期进行局部放电试验，以检查其绝缘水平，防止爆炸起火。

（7）检查电流互感器一、二次侧接线应牢固，二次绕组应该经常接上仪表，防止二次侧开路。

（8）有放水装置的电流互感器，应定期进行放水，以免雨水积聚在电流互感器上。

（9）检查电流表的三相指示值应在允许范围内，不允许过负荷运行。

（10）检查户内浸膏式电流互感器应无流膏现象。

3. 电流互感器的故障处理

1）电流互感器本体故障

（1）过热、冒烟现象。原因可能是负荷过大、一次侧接线接触不良、内部故障、二次回路开路等。

（2）声音异常。原因有铁心松动、二次开路、严重过负荷等。

（3）外绝缘破裂放电或内部放电。

电流互感器在运行中，发现有上述现象，应进行检查判断，若鉴定不属于二次回路开路故障，而是本体故障，应转移负荷或立即停用。若声音异常等故障较轻微，可不立即停用，汇报调度和上级，安排计划停电检修，在停电前，值班员应加强监视。

2）二次开路故障

电流互感器一次电路大小与二次负载的电流大小无关，互感器正常工作时，由于阻抗很小，接近于短路状态，一次电流所产生的磁动势大部分被二次电流的磁动势所抵消，总磁通密度不大，二次绕组电动势也不大。当电流互感器开路时，阻抗无限大，二次电流为零，其磁动势也为零，总磁势等于一次绕组磁动势，也就是一次电流完全变成了励磁电流，在二次绕组内产生很高的电动势，其峰值可达几千伏，危及人身安全，或造成仪表、保护装置、互感器二次绝缘损坏，也可能使铁心过热而损坏。

（1）造成二次开路的原因。

① 端子排上电流回路导线端子的螺钉未拧紧，经长时间氧化或振动造成松动脱落。

② 二次回路电流很大时发热烧断，造成电流互感器二次开路。

③ 可切换三相电流的切换开关接触不良，造成电流互感器二次开路。

④ 设备部件设计制造不良。

⑤ 室外端子箱、接线盒进水受潮，端子螺钉和垫片锈蚀严重，造成开路。

⑥ 保护盘上电流互感器端子连接片未放或铜片未接触而压在胶木上，造成保护回路

开路，相当于电流互感器二次开路。

（2）电流互感器二次开路的判断。

① 三相电流表指示不一致(某路相电流为零)；功率指示降低；电能计量表计转慢或停转。

② 差动保护断线或电流回路断线光字牌亮。

③ 电流互感器二次回路端子、元件线头等放电、打火。

④ 电流互感器本体有异常声音或发热、冒烟等。

⑤ 继电保护发生误动或拒动(此情况可在开关误跳闸或越级跳闸后，检查原因时发现)。

（3）电流互感器二次开路的处理。

检查处理电流互感器二次开路故障时，应穿绝缘鞋，戴绝缘手套，使用绝缘良好的工具。

① 先分清二次开路故障属哪一组电流回路、开路的相别、对保护有无影响。汇报调度，停用可能误动的保护。

② 尽量减小一次负荷电流或转移负荷后停电处理。

③ 依照图纸，将故障电流互感器二次回路短接，若在短接时发现有火花，则说明短接有效；若在短接时没有火花，可能短接无效。开路点在短接点之前应再向前短接。

④ 若开路点为外部元件接头松动，接触不良等，可立即处理后，投入所退出的保护。

⑤ 运行人员自己无法处理，或无法查明原因，应及时汇报上级派人处理。如条件允许，应转移负荷后，停用故障电流互感器。

7.4.2 电压互感器的运行及故障处理

1. 电压互感器的正常运行

电压互感器的正常运行状态是指在规定条件下运行，其热稳定和动稳定不被破坏，二次电压在额定运行值时，电压互感器能达到规定的准确度等级。

运行中的电压互感器各级熔断器应配置适当，二次回路不得短路，并有可靠接地。

2. 电压互感器运行操作注意事项

（1）启用电压互感器应先一次后二次，停用则相反。

（2）停用电压互感器时应考虑该电压互感器所带保护及自动装置，为防止误动的可能，应将有关保护及自动装置停用。除此，还应考虑故障录波器的交流电压切换开关投向运行母线电压互感器。

（3）电压互感器停用或检修时，其二次空气开关应分开、二次熔断器应取下，防止反送电。

（4）双母线运行的电压互感器二次并列开关，正常运行时应断开，当倒母线时，应在母联断路器运行且改非自动后，将电压互感器二次开关投入。倒母线结束，在母联断路器改自动之前，停用该并列开关。

（5）双母线运行，一组电压互感器因故需单独停役时，应先将母线电压互感器经母联断路器一次并列且投入电压互感器二次并列开关后，再进行电压互感器的停役。

(6) 双母线运行，两组电压互感器二次并列的条件如下。

① 一次必须先经母联断路器并列运行，这是因为若一次不经母联断路器并列运行，可能由于一次电压不平衡，使二次环流较大，容易引起熔断器熔断，致使保护及自动装置失去电源。

② 二次侧有故障的电压互感器与正常二次侧不能并列。

3. 电压互感器的故障处理

1) 电压互感器本体故障

电压互感器有下列故障之一时，应立即停用。

(1) 高压熔断器熔体连续熔断2～3次(指10～35kV电压互感器)。

(2) 内部发热，温度过高。

(3) 内部有放电声或其他噪声。

(4) 电压互感器严重漏油、流胶或喷油。

(5) 内部发出焦臭味、冒烟或着火。

(6) 套管严重破裂放电，套管、引线与外壳之间有火花放电。

2) 电压互感器一次侧高压熔断器熔断

电压互感器在运行中，发生一次侧高压熔断器熔断时，运行人员应正确判断，汇报调度，停用自动装置，然后拉开电压互感器的隔离开关，取下二次侧熔丝(或断开电压互感器二次小开关)。在排除电压互感器本身故障后，调换熔断的高压熔丝，将电压互感器投入运行，正常后投上自动装置。

3) 电压互感器二次侧熔丝熔断(或电压互感器小开关跳闸)

在电压互感器运行中，发生二次侧熔丝熔断(或电压互感器小开关跳闸)，运行人员应正确判断，汇报调度，停用自切装置。二次熔丝熔断时，运行人员应及时调换二次熔丝。若更换后再次熔断，则不应再更换，应查明原因后再处理。

7.5 导体与绝缘子的运行与维护

7.5.1 导体的运行与维护

导体用于配电装置及输电线路中的母线，引入引出线、输电线等，完成电能的汇集、分配及输送的任务。要实现电网的安全、可靠及经济运行，必须保证导体及连接设备的完好状态。

1. 母线运行的巡视与检查

母线的运行系统按标准进行巡视检查。一般是监视电压、电流是否在标准范围内，母线连接器有无发热打火花现象，运行温度是否在允许范围内，母线表面的尘埃及氧化物状况，连接螺钉是否松动等，在巡视中要及时发现和及时处理。

2. 架空线的运行巡视检查

在运行中的钢芯铝绞线、钢丝绞线等，因振动，刮风及电动力的作用，加之环境的影响等，使导线断股、损伤，有效截面减少，造成局部过热而断裂。钢芯铝绞线及避雷线由于腐蚀作用，导线的抗拉强度降低，但其最大计算应力不得大于它的屈服强度。运行标准见表 7-5。

表 7-5　导线、避雷线断股损伤减小截面的处理标准

级　　别	处　理　方　法		
	缠　　绕	补　　修	切断重接
钢芯铝绞线	断股损伤截面不超过铝股总面积 7%	断股损伤截面占铝股总面积 7%～25%	钢芯断股； 断股损伤截面超过铝股总面积 25%
钢　绞　线		断股损伤截面占总面积 5%～17%	断股损伤截面超过总面积 17%
单金属绞线	断股损伤截面不超过总面积 7%	断股损伤截面占总面积 7%～17%	断股损伤截面超过总面积 17%

7.5.2　绝缘子的运行与维护

在运行中，绝缘子应按运行标准的要求进行巡视检查与维护。

巡视检查时应观察绝缘子，瓷横担脏污情况，瓷质有否裂纹，破碎，有否钢脚及钢帽锈蚀，钢脚弯曲，钢化玻璃绝缘子有否自爆等。一经发现应及时处理(进行必要的清扫等)。

绝缘子及横担有无闪络痕迹和局部火花放电现象。绝缘子串和瓷横担有无严重偏斜。瓷横担绑线有无松动、断股、烧伤。金具有无锈蚀、磨损、裂纹、开焊。开口销和弹簧稍有无缺少、代用或脱出等。

出现上述情况时，应予以及时处理或更换。运行维护单位必须有足够的储备品以供修复电路使用。要定期对绝缘子进行测试，电压分布应符合规程标准，若发现片上电压分布为零时，必须立即更换。每年必须进行一次预防性试验。

7.6　GIS 的运行与维护

7.6.1　气体泄漏检测及处理

1. 气体泄漏的危害

GIS 设备运行的可靠性很大程度上取决于 SF_6 气体是否漏气，即正常运行时，必须保证 SF_6 气体在额定压力下运行。由于设备密封不严而造成 SF_6 气体泄漏，则 GIS 设备的绝缘水平下降，断路器开断能力降低，严重时影响 GIS 设备的正常运行。

GIS 室内空间较封闭，一旦发生 SF_6 气体泄漏，流通极其缓慢，毒性分解物在室内沉积，不易排出，且 SF_6 气体不均匀，从而对进入 GIS 室的工作人员产生极大的危险，而且 SF_6 气体的密度较氧气大，当发生 SF_6 气体泄漏时，SF_6 气体将在低层空间积聚，造成局部缺氧，使人窒息。另一方面，SF_6 气体本身无色无味，发生泄漏后不易让人察觉，这就增加了对进入泄漏现场工作人员的潜在危险性。因此，需开通风机数次以利安全，工作人

员进入配电室时，必须用含氧计测量室内的含氧量不得低于18%，才允许进入。

GB 7674 2008《额定电压72.5kV及以上气体绝缘金属封闭开关设备》规定，封闭压力系统允许的相对年漏气率应不超过0.5%。

2. SF_6气体泄漏的检测及闭锁

安装、运行和检修过程中的GIS设备是否有SF_6气体泄漏，可以用SF_6气体检漏仪进行检测。我国现行使用的SF_6气体检漏仪种类较多，它是SF_6气体绝缘设备不可少的检测设备。

运行的GIS中SF_6气体是否泄漏，可以用两种方法监测：一种是用高精度的压力表；另一种是用密度计。SF_6气体泄漏，其密度必然有变化，从气体状态方程式可知，气体的体积不变，压力与温度成正比，即气体温度增高，压力增大。由于压力计因温度的变化而不能正确地反映GIS设备气室的压力变化，所以可用密度计。密度计设计了一个温度补偿装置，使得气体的密度不因温度的变化而影响密度的变化。密度计能根据SF_6气体密度变化判断气体是否泄漏。

压力计和密度计均有信号触点，当SF_6气体泄漏到一定压力时，信号触点接通，发出信号，并同时进行闭锁。例如，当气室里的压力太低时，可将断路器的操作回路切断，使断路器不能动作。

7.6.2 水分控制和处理

SF_6气体中的杂质和水分的含量是很微小的，但其危害性很大，它足以改变SF_6气体的性能。水分是SF_6气体中危害最大的杂质，水分引起绝缘件和金属部件产生化学腐蚀。除此之外，低温时水分引起固体介质表面凝露，使闪络电压急剧降低。

因此，在GIS设备中，应该严格控制水分。GB/T 12022—2006《工业六氟化硫》规定了SF_6气体的含水量不得高于5ppmw(按质量计的百万分之五)。

1. GIS设备中水分的来源

(1) GIS设备在制造、运输、安装、检修过程中都可能接触水分，水分将浸入到设备的各个元件里去。

(2) GIS设备的绝缘件带有0.1%～0.5%ppmv的水分，在运行过程中，慢慢地向外释放。

(3) GIS设备中的吸附剂本身就含有水分。

(4) 虽然作为新气要进行干燥处理，其含水量在规程规定的范围之内，但是SF_6气体中还是含有水分。试验证明，环境湿度增高，SF_6气体中的水分也增高。这是因为，GIS内部的压力高于设备外部的压力，但SF_6气体中水蒸气分压力小于设备外部的水蒸气分压力，水蒸气由GIS设备的外部向其内部渗透。

(5) 虽然GIS设备有可靠的密封系统，但水蒸气的分子直径为3.2×10^{-10}m，而SF_6气体的分子直径为4.56×10^{-10}m，水蒸气的分子直径小于SF_6气体，水分仍可以进入。

由于上述5种原因，GIS设备运行以后，SF_6气体的含水量会增大。

2. 气体含水量的控制

(1) 严格控制新的SF_6气体的含水量，避免在高湿度环境下进行装配工作，安装前所有部件都要经过干燥等处理。

（2）改善 GIS 设备密封材料的质量，严格遵守安装密封环的工艺规程，保证良好的密封，否则会使设备内的 SF_6气体泄漏到大气中去，而大气中的水蒸气也会渗入设备内。

（3）在 GIS 设备的气室内装有适当数量的吸附剂，以吸附 SF_6气体中的水分。

（4）GIS 设备尽量使用室内式布置，可以控制室内的温度、湿度，减少产生水分的机会，避免灰尘及其他杂物侵入到设备里去。

3. 气体含水量的测量

检测 SF_6气体含水量的方法有重量法、电解法、露点法、压电石英振荡法、气相色谱法，其中重量法是 IEC 推荐的仲裁法，常用的是电解法和露点法。在我国多用电解法微水量仪：将被试的 SF_6气体导入电解池中，气体中的水分即被吸收并电解。根据电解水分需的电量与水分量的关系，计算出 SF_6气体中的水分量。

测量周期：在安装完毕后 3 个月测量一次，或根据当地的气象条件，由当地的电力管理部门确定。

4. 水分含量超标处理

（1）用 SF_6气体处理车对气体进行干燥、过滤。

（2）对含水量较高的气室抽真空，并用干燥的氮气进行置换工艺。

（3）吸附剂的含水量太多时，更换新吸附剂。

阅读材料

我国电力变压器技术的发展现状及趋势

随着经济的发展及电力工业的强力需求，极大地推动了我国变压器行业的发展和技术进步。目前，我国变压器的年生产能力已跃居全球第一，产品技术水平也接近或达到世界先进水平。

大容量、高电压变压器的技术发展

我国第一个 750kV 输变电工程的建设带动了特高压变压器、电抗器产品的研制开发工作。我国首批 750kV 变压器、电抗器分别在保定天威保变电气股份有限公司、西安西电变压器有限责任公司和特变电工衡阳变压器有限公司研制成功，这是国内变压器制造业在 2004 年取得的一个比较大的成就。它们的研制成功，一方面满足了西北 750kV 输变电工程的需求；另一方面，750kV 产品的制造技术也为 500kV、330kV、220kV 乃至更低电压等级变压器的制造起到了指导作用，有助于我国变压器制造水平的进一步提升。此外，目前我国自行制造的三相变压器单台最大容量已达 84 万 kVA（500kV），可以与装机容量为 700MW 的机组配套，作为其主变压器使用。在高压直流换流变压器的国产化方面，国内企业也取得了重大突破。目前，特变电工沈阳变压器集团有限公司、西安西电变压器有限责任公司都已经具备了自主设计制造高压直流换流变压器的能力。在贵州—广州高压直流输电工程与灵宝背靠背直流工程中，采用的全部是国内企业自行研制的高压直流换流变压器。

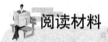

干式变压器的技术发展

干式变压器的防火性能很好，但是它的电压等级无法做得很高。以前，干式变压器的最高电压只到35kV。2004年由山东省金曼克集团公司研制开发的目前世界上最高电压等级的110kV环氧树脂浇注有载调压干式变压器投运成功。

以Nomex纸为绝缘材料的敞开式干式变压器近几年在国内发展很快，但Nomex纸的高成本仍然是个大问题。相比较来说，生产环氧树脂浇注干式变压器的企业要多一些。目前，国内环氧树脂浇注干式变压器和Nomex敞开式干式变压器的产量之比大约为10∶3。从性能方面来讲，二者相差无几，今后也将会同步发展。

非晶合金变压器的技术发展

国内近年来已开发成功很多规格的非晶合金变压器，但也面临着成本的问题。由于目前我国生产非晶合金材料的厂家并不多，而且价格较高，导致非晶合金变压器的成本居高不下。目前同等规格的非晶合金变压器的售价约为S9型变压器的1.5倍，用户需要7～8年才能通过节省能耗收回初期增加的投资。虽然国家出台了有关非晶合金变压器生产和使用者税收优惠的政策，但用户的购买积极性仍然不高。若非晶合金变压器的售价能降为S9型变压器的1.3倍及以下，用户用3～4年的时间即可收回初期增加的投资，用户的购买积极性才有可能提高。非晶合金变压器还存在材料宽度不够的问题，这使其容量受到了局限。目前来看，非晶合金变压器的最大容量只能达到2 500kVA。如果今后非晶合金材料的产量能够增加，其价格就有可能降低，这将为非晶合金变压器的发展赢得很大空间。

组合化产品的发展

组合化是未来配电变压器的发展趋势。以前变电站的变压器、开关、熔断丝等电力设备要分别采购，然后再配套。如今，把这几种产品装在一起，功能也集中在一起，用户使用起来就更加方便了。现在组合化有两种发展趋势：一种是组合式变压器(俗称“美式箱变”)，它将熔断丝和负荷开关装在变压器内部形成一个整体，低压输出侧可以分为几路，每一路都有计量装置，没有裸露的带电部分，接上线即可使用，一般多用于环网供电；还有一种是预装式变电站(俗称“欧式箱变”)，变压器的两侧分别为高压与低压配电柜，它们根据不同接线方式配置保护元件，也是即接线即使用的。一般来说，预装式变电站的容量相对大一些，功能全一些，组合式变压器的功能相对少一些，用户可以根据自己的需求选择。这两种组合化的产品发展很快，生产厂家和产量都在不断增长，市场需求也在不断扩大。

当前变压器制造业还有待攻关的技术难题

第一个需要攻关的课题就是“1 000kV变压器和电抗器的研制开发”。750kV是专门针对我国西北地区研究制定的电压等级。对于全国联网的电压等级，国家电网公司高层已经表示，今后要以百万伏级交流和±800kV级直流系统组成的输电网络为核心打造国家电网。1 000kV很可能成为继500kV之后的全国大部分地区的最高电压等级。所以，国内变压器制造企业现已看到这种趋势，纷纷研制1 000kV变压器和电抗器。

目前,我国变压器制造的3家龙头企业——特变电工沈阳变压器集团有限公司、保定天威保变电气股份有限公司和西安西电变压器有限责任公司已经具备研制生产1 000kV变压器和电抗器的能力,但仍需要投入资金进行技术改造。

第二是研发±800kV直流换流变压器,目前国内企业已经能够自主研制±500kV高压直流换流变压器,下一步要将电压等级提高为±800kV。

第三是开发20kV配电设备。在配电领域。目前占主导的10kV配电网已经不能满足需要,国家已将20kV作为配电网络的标准电压,而目前20kV配电设备还是一个空白,所以国内变压器制造企业应该多关注国家政策,开发相关产品。

今后变压器的发展

组合化、低损耗、低噪声、节能环保、高可靠性将是未来变压器的发展方向。随着用户对电能质量的要求越来越高,是否会产生高次谐波、引起电压闪变和波动、对电网造成污染等也将成为判断变压器性能优劣的重要标准。此外,有利于环境美观的地下式变压器、防火性能好的干式变压器和低损耗的S11型油浸配电变压器等都将得到越来越广泛的应用。

某330kV/240MVA变压器实物如本章导图所示。

(资料来源:电力设备,朱英浩院士)

习　题

7.1　填空题

1. 变压器的发热主要由__________、高压绕组、低压绕组产生的热量引起的。

2. 变压器的负荷能力就是指在短时间内所能输出的__________功率。

3. 变压器的允许温升主要取决于__________。

4. 判断绝缘材料的老化程度,不能单从电气强度出发,而主要应考虑__________的降低情况。

5. 变压器沿径向温度最热的地方位于绕组厚度(之内径算起)__________处。

6. 在长期运行中由于受到大气条件和其他物理化学作用的影响,使绝缘材料的机械、电气性能衰减,逐渐失去其初期所具有的性质,产生__________现象。

7. 新投运的变压器必须在额定电压下做__________试验,并且做5次。

8. 变压器的正常容许过负荷的最大负载不应超过额定容量的__________倍。

9. 变压器的绝缘老化主要是受温度、湿度、氧气和油中的劣化产物的影响,其中__________是促成老化的直接原因。

10. 数台变压器并列运行时,如果短路阻抗不同,负荷分配与短路阻抗的大小成__________。

7.2　选择题

1. 变压器各部分沿高度方向的温度分布不均匀,最热点在高度方向的(　　)处。

A. 10%～15%　　B. 30%～35%　　C. 50%～55%　　D. 70%～75%

2. 对于标准变压器，在额定负荷和正常环境温度下，热点温度的正常基准值为(　　)。

A. 75℃　　B. 85℃　　C. 90℃　　D. 98℃

3. 等值空气温度 δ_{eq} 与平均温度 δ_{av} 的关系下列(　　)正确。

A. $\delta_{eq}<\delta_{av}$　　B. $\delta_{eq}>\delta_{av}$　　C. $\delta_{eq}\leqslant\delta_{av}$　　D. $\delta_{eq}=\delta_{av}$

4. 变压器的预期寿命是指当变压器绝缘的机械强度降低至其初始值(　　)所经过的时间。

A. 5%～10%　　B. 10%～15%　　C. 15%～20%　　D. 20%～25%

5. 变压器并联运行时不必考虑(　　)条件。

A. 额定容量相同　　B. 联接组标号相同　　C. 变比相等　　D. 短路电压相等

6. 有载分接开关在运行中，每隔(　　)应取油样进行耐压试验一次。

A. 1 个月　　B. 3 个月　　C. 6 个月　　D. 12 个月

7.3 判断题

1. 在不同高度，绕组对油的温差是一常数。(　　)

2. 判断绝缘材料的老化程度，主要是从电气强度出发来考虑。(　　)

3. 相对预期寿命与相对老化率成倒数关系。(　　)

4. 绝缘老化的 6℃规则是指绕组温度每减少 6℃，老化率加倍。(　　)

5. 如果老化率 $v<1$，说明过负荷不在容许范围内。(　　)

6. 确定事故过负荷时，同样要考虑到绕组最热点的温度不要过高，和正常过负荷一样不得超过 140℃。(　　)

7. 变压器并列运行时，若变压比不相等时，一般规定变压比的偏差不得超过±5%。(　　)

8. 在 110kV 及以上中性点直接接地系统中投运和停运变压器时，在操作前必须将中性点接地。(　　)

9. 对于有载开关的气体保护，其轻气体应投入跳闸，重气体则接信号。(　　)

10. 变压器属静止设备，但运行中发出轻微的连续不断的“嗡嗡”声属正常现象。(　　)

7.4 问答题

1. 变压器发热时有何特点？

2. 何为等值老化原则？

3. 变压器正常容许过负荷有哪些条件？

4. 什么是等值空气温度？为什么它比同样时间间隔内的平均空气温度大？

5. 变压器并列运行时应遵循哪些条件？

6. 变压器投运前应做哪些准备？

7. 变压器运行中的异常情况有哪些？

8. 电力系统中为什么有的地方用自耦变压器？自耦变压器有哪些优缺点？

9. 断路器在运行中的巡视检查项目有哪些？

10. 断路器有哪些常见异常运行情况？如何处理？
11. 隔离开关有哪些常见异常运行情况？如何处理？
12. 电流互感器在运行中的巡视检查项目有哪些？
13. 电压互感器在运行中的巡视检查项目有哪些？
14. 导体与绝缘子的巡视项目有哪些？

参考答案

第 1 章

1. 易于转换、便于运输、便于控制。

2. 生产和汇聚分配电能的作用。其类型见本书的第 1 章所述。

3. 直接生产、转换和输配电能的设备，称为一次设备。如发电机、变压器、断路器、隔离开关、电抗器、电容器等。对一次设备进行监察、测量、控制、保护、调节的设备，称为二次设备。如互感器，计量表计、保护装置、绝缘监测装置、直流电源设备等。

4. 由电气设备通过连接线，按其功能要求组成接受和分配电能的电路，称为电气主接线。主接线表明电能的生产、汇集、转换、分配关系和运行方式，是运行操作、切换电路的依据。

按主接线图，由母线、开关设备、保护电器、测量电器及必要的辅助设备组建成接受和分配电能的装置，称为配电装置。配电装置是发电厂和变电所的重要组成部分。

5. 通过学习，使学生树立工程观点，了解现代大型发电厂的电能生产过程及其特点，发电、变电和输电的电气部分，新理论、新技术和新设备在发电厂、变电站电气系统中的应用，掌握发电厂电气主系统的设计方法，并在分析、计算和解决实际工程能力等方面得到训练，为以后从事电气设计、运行管理和科研工作，奠定必需的理论基础。

第 2 章

2.1 填空题

1. 弧柱区　2. 马鞍　3. 银　4. 灭弧 操动机构　5. 较小 较大　6. 固有分闸时间 燃弧时间　7. 明显断开点 隔离　8. 隔离开关 屋外 额定电流　9. 短路 可靠接地　10. 铜

2.2 选择题

1. B　2. A　3. A　4. C　5. C　6. B　7. D　8. B　9. A　10. D

2.3 判断题

1. √　2. ×　3. ×　4. ×　5. √　6. ×　7. √　8. ×　9. √　10. √

2.4 问答题

1. 如果验算的结果电流互感器不能满足 10% 的误差要求，则要采用将两个型号及变比相同的电流互感器串联使用，这样可使允许二次阻抗增大。因为在相同的二次负载阻抗和二次电流的前提下，二次端电压是不变的(端电压等于电流乘阻抗)，让一个电流互感器来负担，端电压就是一个互感器的端电压，若让两个电流互感器来负担，这端电压是两个互感器串联后总的端电压，此时，每个互感器只分到 1/2 的端电压。端电压和二次电势有直接关系，它们间只差一个内阻抗压降，显然，端电压大，电势大，需要的激磁电流也大。而激磁电流大，互感器误差就大。所以，两个电流互感器串联使用时，每个互感器的端电压小，电势小，因而激磁电流占的比例小，电流互感器的误差也小。因此，两个电流互感器串联使用，可以承担更大的二次负载阻抗。

2. 用电压互感器辅助测量电压，实际上是用它的二次侧量代替所测的一次侧量，因为仪表接在二次侧，被测量却是在一次侧，而这中间必有误差。由于交流量都用向量表示，一个量既有数值又有相位问题，所以，从电压互感器二次所测的量折算到一次去代替一次量，就有电压数值上的误差(称电压误差)和角度即相位误差(称角误差)问题。这些误差与激磁电流的大小、负荷值的大小及负荷的功率因数等有关。

由于电压互感器的误差随它的负荷值改变而变化，所以其容量(实际上即供给负荷的功率)是和一定的准确度相适应。一般说的电压互感器的额定容量指的是对应于最高准确度的容量。容量增大，准确度会降低，铭牌上也标出其他准确度时的对应容量。

电压互感器的准确度分为0.2、0.5、1和3.0。0.2级用于实验室精密测量，一般发电厂和变电所的测量和保护常用0.5级和1级即可。

铭牌上还标着一个“最大容量”，这是由热稳定(长期工作时允许发热条件)确定的极限容量。但一般都不会使负荷达到这个容量。

3. 要监察交流系统各相对地绝缘，实际上是测各相对地电压，这就需要电压互感器的一次侧中性点接地。但一般三相三柱式电压互感器只能有 $Y/Y_{\circ}$ 接线，不能将一次侧中性点抽出接地，所以不能用来监察交流系统对地绝缘。一侧中性点为什么不能抽出接地，原因是如果把三相三柱式电压互感器用于中性点不接地或经消弧线圈接地的系统中，而其接线又为 $Y_{\circ}/Y_{\circ}$ 的话，则当系统发生单相接地故障时，将使电压互感器线圈过热，有损坏的可能。如对中性点不接地系统，当C相发生单相接地时，C相对地电压为零，A相和B相对地电压升高$\sqrt{3}$倍。这时出现零序电压。在零序电压作用下，中性点接地的一次侧零序电流是可以流通的。由于三相的零序磁通是同相位的，在三柱铁心中互相“顶牛”，只能以空气、油和箱壁为其回路，因为空气磁阻很大，故零序磁铁将引起很大的零序空载电流，这就好像一个铁心线圈抽掉铁心时，线圈中电流增大一样。这个零序电流比正序空载电流大好几倍。电压互感器的一次线圈导线较细，在发生单相接地的情况下长久使用时，由于线圈过度发热，将会烧毁。在这种情况下，电压互感器的高压熔断器不一定能断，因熔断器熔件的熔断电流往往比这时的电流值大。因此，三柱式电压互感器的中性点一般不引到箱外，以免出错。

4.(1)提高电弧静态伏安特性；

(2) 增大电路负载电阻值；

(3) 采用合适的强迫电流过零线路，利用交流电弧熄灭原理灭弧。

5. 真空开关是利用高度真空进行绝缘和灭弧的真空开关电器的统称。根据用途和要求的不同，它可分为真空断路器、真空负荷开关和真空接触器。

真空开关的特点如下：

(1) 在密封的真空容器中熄弧，电弧和炽热气体不会向外界喷溅，因此不会污染周围环境。

(2) 真空的绝缘强度高，熄弧能力强，所以触头行程很小，一般均在几毫米以内，因此操动机构的操作功率小，机构简单，使整个开关的体积减小、重量减轻。

(3) 熄弧时间短，弧压低，电弧能量小，触头损耗小，开断次数多，使用寿命长，一般可达20年左右。

(4) 动导杆惯性小，适用于频繁操作。

(5) 开关操作时几乎没有噪声，振动轻微，适用于城区或要求安静的场所使用。

(6) 灭弧介质或绝缘介质为真空，因而与海拔高度无关，同时没有火灾和爆炸的危险，因此，使用安全。

(7) 在真空开关管的使用年限内，触头部分不需要维修检查，即使维修检查，所需时间也很短。

(8) 结构简单，维护工作量小，维护成本低，仅为少油断路器的1/20。

(9) 具有多次重合闸功能，适合配电网中应用要求。

(10) 开断能力强，目前开断短路电流已达到50 000A。

因此，35kV 变电站内的主开关设备，有条件时尽可能选用真空断路器。

6.（1）应考虑使用场合。真空开关尽管能适应频繁操作的要求，但在制造上有其各自不同的标准，如果使用中超出产品的规定，也是不合适的。

一般来说，真空接触器仅适用于频繁通断的条件，由于它的开断容量小，当用在短路容量大的回路时，应与熔断器串在一起，构成真空组合开关来使用。当长时通电容量不够时，则应选用能满足频繁动作要求的真空断路器。

当作为户外负荷开关使用时，应选用配电真空开关，这种开关往往作为配电线路的自动开关。由于配电线的波阻抗数值较低，即使截流值较高，也不会产生有害的过电压。而用其就地直接控制小容量电动机，则将会产生较高的过电压而危害电动机的绝缘。这时就应该使用真空接触器，并把它装在室外的箱体里。

（2）在恶劣环境使用时应加强封闭。真空开关尽管触头部分是密封的，不会因潮气、灰尘、有害气体等影响而降低其开断性能。但是，在特别恶劣的环境中使用时，真空开关管的密封部分、金属部分，特别是波纹管，还是会受到影响而有可能使真空度降低。因此，在这种恶劣环境中使用时，应把开关封闭在箱体内，使真空开关管不与酸性气体等接触。

（3）经常检查真空开关机构及本体的导电回路。真空开关管的寿命很长，在寿命期间，一般情况下不必进行真空检查。根据规程要求，在结合设备试验时作绝缘耐压检查，通过绝缘耐压强度的方法来判断气体残漏情况。但是，对真空开关的机构及本体的导电回路还必须经常性的检查，才能确保良好的使用状态。

（4）抑制操作过电压。由以上可知，真空断路器与真空接触器在电路中担负的任务不同，所以它们的触头材料也不同。真空断路器注重使用能开断大短路电流能力的触头材料，而真空接触器则注重使用截流值低的触头材料。因此，对后者不必担心截流过电压问题，而对前者要采取措施抑制电感性负荷产生的截流过电压(即操作过电压)如安装金属氧化物避雷器等。

7. 采用 SF_6气体作为绝缘和灭弧介质的断路器称为 SF_6断路器。其特点如下：

（1）SF_6气体的良好绝缘特性，使 SF_6断路器结构设计更为紧凑，电气距离小，节省空间，而且操作功率小，噪声小。

（2）SF_6气体的良好灭弧特性，使 SF_6断路器触头间燃弧时间短，开断电流能力大，触头的烧损腐蚀小，触头可以在较高的温度下运行而不损坏。

（3）SF_6断路器的带电部位及断口均被密封在金属容器内，金属外部接地，更好地防止意外接触带电部位和防止外部物体侵入设备内部，设备可靠。

（4）SF_6气体在低气压下使用时，能够保证电流在过零附近切断，电流截断趋势减至最小，避免截流而产生的操作过电压，降低了设备绝缘水平的要求，并在开断电容电流时不产生重燃。

（5）SF_6气体密封条件好，能够保持 SF_6断路器内部干燥，不受外界潮气的影响。

（6）SF_6气体是不可燃的惰性气体，这可避免 SF_6断路器爆炸和燃烧，使变电站的安全可靠性提高。

（7）SF_6气体分子中根本不存在炭，燃弧后，使 SF_6断路器内没有炭的沉淀物，所以可以消除炭痕，避免绝缘击穿。

（8）SF_6断路器是全封闭的，可以适用于户内、居民区、煤矿或其他有爆炸危险的场所。

8. 目前工程上应用的绝缘子，大多数是电瓷绝缘子或玻璃绝缘子。近十来年，一种新的绝缘子正在发展，它的组成材料既不是陶瓷，也不是玻璃，而是有机合成材料，所以人们称之为合成绝缘子，也称非陶瓷绝缘子、塑料绝缘子或聚合物绝缘子。合成绝缘子的结构主要是采用一种具有高强度的玻璃纤维棒(玻璃钢棒)作为中间芯棒，芯棒外面套上用硅胶作的伞裙，然后在制造过程中，把棒与伞裙粘结成整体，通过高温硫化成型，再在两端配上金属帽制造而成。合成绝缘子的式样与瓷横担或棒式绝缘子基本相似。

合成绝缘子的优点如下：

（1）电气性能和机械性能都比电瓷绝缘子好；

（2）重量比电瓷绝缘子轻，金属部件少；

（3）伞裙的直径可以增大、数量可以增多，与棒式电瓷绝缘子相比，在相同的长度下，合成绝缘子的泄漏比距可以增大很多，并且硅橡胶有憎水性的特点，所以防污性能好；

（4）合成绝缘子的制造程序方便，容易实现自动化生产。

合成绝缘子的缺点如下：

（1）电瓷绝缘子已经积有一个世纪的运行经验，且运行可靠，而合成绝缘子的运行时间很短，还不太成熟；

（2）目前合成绝缘子的制造成本比电瓷绝缘子高；

（3）合成绝缘子在长期的户外运行中，要耐受大自然(如雨、雪、风、霜、露、结冰、太阳光的曝晒、紫外线的照射、温度的变化等)、电场、化学腐蚀，局部放电以及臭氧和电弧的作用，它的这些耐受能力都不及电瓷绝缘子，而且合成绝缘子长期荷重下吸水性和蠕变性等抗老化的性能都缺乏经验。因此，究竟它是否能具有像电瓷绝缘子那样的优良稳定性能，还需通过长期的实际运行来考验。

9. 引起污闪的原因主要是由于绝缘子表面存在着脏污导电的水膜，所以解决这个问题的方法之一是阻止这个导电水膜形成。一般来说，在绝缘子表面涂上一层绝缘油(如变压器油、凡士林等)就可以起到把雨雾附在绝缘子表面上的水分积聚成一粒一粒互不相连的水珠(憎水性)的作用，这就可以阻止水分连成导电的水膜，达到不让绝缘子绝缘电阻下降、泄漏电流增大、防止污闪的目的。但是绝缘油混入杂质后，绝缘电阻因受潮下降得很快，局部泄漏电流大增，由此产生的热量可能会使易燃的油质燃烧起来，燃烧后的灰烬是不绝缘的炭粒，它又使绝缘再继续下降，这样发展下去，剧烈的燃烧会使瓷裙炸裂，并会导致闪络事故。

我国在20世纪50年代末期曾经推行过使用凡立水、松香、凡士林及变压器油等作为防污涂料，实践证明这些涂料效果不好，不久便被淘汰，后来才选用有机硅油(硅脂)。

有机硅油是一种高分子化合物，由人工使硅元素和碳氢化合物相结合而成。它是非极性的电介质，电气性能比变压器油好，无色无味的液体，其品种有像水一样淡薄和没有粘性的，也有像饴糖般浓、像胶水一样有黏性的。它有很多优点，如物理、化学性能稳定，能耐受紫外线、电晕、酸碱的作用等，它还有一个特点就是耐弧性能好，因为本身是难燃的物质，即使被电弧烧灼之后，残余的灰烬变成二氧化硅，它仍旧是绝缘的。与矿物油被燃烧后的残余物碳粒不同，二氧化硅覆盖在电瓷表面不会降低绝缘电阻。有机硅油有与石蜡相似的憎水性(又称斥水性)，具有将水分积聚成一粒粒互不相连的水珠的作用，而且无毒。因此，有机硅油是一种比较理想的防污涂料。

10. 由于硅油是液体，表面张力很小，不论它的黏度有多大，涂在绝缘子上仅留下薄薄的一层油膜。把它使用在污秽地区时，灰分落在涂层上，吸收了一部分硅油，然后又被风刮掉，一天一天不断地下去，加上日晒、雨淋，薄薄的硅油涂层很快就会干枯、消失殆尽。所以硅油涂层的寿命就显得很短，一般是3个月到半年。为了解决这个问题，以二氧化硅(白炭黑)作填充剂加入硅油内，然后加工制成不易流动变薄的稠厚膏状物(如像凡士林、雪花膏一样)，这种物质便于在绝缘子表面上涂敷稍厚的涂层，该物质就是硅脂。增加其寿命的措施是把涂层加厚，并不是采取增加硅油的黏度，硅油的黏度要求选用在1 000厘沲以下，制成硅脂粘手的程度要与润滑剂相近，否则选择的黏度过高，涂刷和清扫都很不方便。涂层加厚以后，就可以增加它吸收灰分的能力，延长干枯的时间，从而增长了它的寿命。

一定厚度的涂层，在落灰多的地区，寿命就短些，在落灰量相同的地区，涂层厚的寿命就长些。经验证明，厚度为0.25mm的硅脂涂层寿命约在1年左右，厚度达1 mm的硅脂涂层寿命可达3年。

11. 运行中的电流互感器二次回路都是闭路的。电流互感器在二次闭路的情况下，当一次电流为额定电流时，互感器铁心中的磁通密度仅 600～1 000T。这是由于二次电流产生的磁通和一次电流产生的磁通互相去磁的结果，所以，使铁心中的磁通密度能维持在这个较低的水平。

如果将电流互感器二次开路，一次仍有电流时，因为产生二次磁通的二次电流消失，故对一次磁通去磁的这部分磁通没有了，于是，铁心中磁通急剧增加，使铁心达到饱和状态(开路时，当一次电流为额定电流时，铁心中的磁通密度可达 14 000～18 000T)，此时磁通随时间变化的波形变为平顶波。由于感应电势与磁通的变化率成正比，磁通变化的快，感应电势就大，所以在每个周期中磁通由正值经零变为负值或相反的变化过程中，因为变化速度很快，感应电势很高，故电势的波形就成为一尖顶波，作用二次绕组就出现了高电压，达几千伏甚至更高。

由于二次开路时铁心严重饱和，导致以下后果：

(1) 产生很高的电压，对设备、运行人员造成危险；

(2) 铁心损耗增加，严重发热，有烧坏的可能；

(3) 铁心中产生剩磁，使电流互感器误差增大。

所以电流互感器在运行中不允许开路的。但运行中或调试过程中因不慎或其他原因造成二次开路时，有关表计(如电流表、功率表)有变化或指示为零，若是端子排螺丝松动或互感器二次端头螺丝松时，还有可能有打火现象，随着打火、表计指针也可能有摇摆。发现二次有开路现象时，一般处理方法是：转移负荷，能停电处理的尽量停电处理，若不能停电时，开路若在互感器处，限于安全距离，人不能靠近处理，只能降低负荷电流，渡过高峰后再停电处理；如果是盘后端子排螺丝松动，可站在绝缘垫上，戴绝缘手套，用绝缘螺丝刀，果断迅速地拧紧螺丝。

实际中也往往发生电流互感器二次确实开路，但并未发生严重的后果，其原因是一次轻载或根本一次就无负荷。

12. 3kV、6kV、10kV 系统的电压互感器高压侧熔断器熔断是常见的，主要原因如下：

(1) 系统发生单相间歇电弧接地。由于这时会出现过电压，可达正常相电压的 3～3.5 倍，可能使电压互感器的特性饱和，激磁电流急剧增加，引起高压侧熔断器熔断。

(2) 铁磁谐振。当系统在某种运行方式、某种条件下，可能产生铁磁谐振，这时也会产生过电压，有可能使电压互感器谁玩激磁电流增加几十倍，从而引起高压侧熔断器熔断。

(3) 电压互感器本身内部有单相接地或相间短路故障。

(4) 二次侧发生短路而二次侧熔断器未熔断时，也可能造成高压侧熔断器熔断。

13. 电压互感器一次侧(高压侧)装熔断器的作用是：

(1) 防止高压系统(即电压互感器所接的那个电压等级的系统)受电压互感器本身或其引线上故障的影响；

(2) 保护电压互感器本身。但装高压侧熔断器不能防止电压互感器二次侧过流的影响。因为熔丝的截面积是根据机械强度的条件而选的最小可能值，其额定电流比电压互感器的额定电流大很多倍，二次过流时可能断不了。所以，为了防止电压互感器二次回路中短路所引起的持续过电流，在电压互感器的二次侧还得装低压熔断器。

装于室内配电装置的高压熔断器，是装有石英填料的，能截断 1 000MVA 的短路功率。

在 35kV 的屋外配电装置中，电压互感器的高压熔断器常采用较便宜的羊角熔断器，还配有相应的限流电阻。限流电阻的作用是限制电压回路短路时的电流，使羊角熔断器可靠地切断电弧，此外也可起维持母线电压的作用。羊角熔断器本身的断流容量很小，仅能切断 12～15A 的电流。

在 110kV 及以上的配电装置中，电压互感器高压侧不装熔断器。这是由于高压系统灭弧问题较大，高压熔断器制造较困难，价格也昂贵，且考虑到高压配电装置相间距离大，故障机会较少，故不装设。

二次侧短路的保护由二次侧熔断器担负。二次侧出口是否装熔断器有几个特殊情况：

(1) 二次开口三角的出线一般不装熔断器。这是唯恐接触不良发不出接地信号，因为平常开口三角端头无电压，无法监视熔断器的接触情况。但也有的供零序过电压保护用的开口三角出线是装熔断器的。

(2) 中线上不装熔断器。这是避免熔丝熔断或接触不良使断线闭锁失灵，或使绝缘监察电压表失去指示故障的作用。

(3) 接自动电压调整器的电压互感器二次侧不装熔断器。这是为了防止熔断器接触不良或熔断时调整器误动作。

(4) 110kV及以上的电压互感器二次侧现在一般都装空气小开关而不用熔断器。

二次侧熔断器选择原则：

(1) 熔丝的熔断时间必须保证在二次回路发生短路时，小于保护装置动作时间；

(2) 熔断器的容量应满足以下条件：熔丝额定电流应大于最大负荷电流，且取可靠系数为1.5。

一般屋内配电装置的电压互感器二次侧可选用250V、10/4安的熔断器，屋外装置的电压互感器二次侧可选用250V、15/6安的熔断器。

14. 在运行中，有时遇到电压互感器高压熔断器熔丝突然熔断，或电压互感器本身放炮、烧毁而一时查不出原因；在电力系统送电操作中，有时发现母线电压指示不正常或出现接地信号，当时又看不出别的明显事故迹象，这都怎么回事呢？根据调查和分析，铁磁共振造成的过电流、过电压，往往是产生上述现象的主要原因。

简单地说，由铁心线圈和电容组成的回路，当电源的电压或电流发生变化时，电路中的电流、电压发生突变(“飞跃”)或不正常增大的现象，称为铁磁共振。

电力系统中产生铁磁共振的具体原因可归纳如下：

(1) 接线方式方面，该有电的联系的系统应具备如下的特点：①电源(变压器、发电机)的中性点不接地；②有星接的中性点接地的电压互感器；③母线及其有电的联系的系统有一定数值的等值电容。

(2) 电路中必须具有下述条件：①铁心电感的起始值和等值电容组成的自振频率小于并接近于共振频率。这样一来，若电感数值减小，回路的自振频率才能增加到恰好等于共振频率；②电路中电阻应小于某临界值；③非线性电感的变化范围应足够大。

(3) 具体设备方面的原因：①电压互感器的伏安特性不好，铁心过早饱和；②母线上接有空载架空线路或电缆线路，⑧开关检修质量不良，特别是三相不同时合闸等。

(4) 激发原因：①运行人员倒闸操作；②系统发生事故，如单相接地、单相断线等。

那么怎么防止和处理这种铁磁共振的异常现象呢？提几点办法，以供参考：

(1) 在电压互感器的开口三角形侧接上一个电阻，数值约几十欧，要小于$0.45x_j$(x_j是归算到低压侧的工频激磁感抗)。据现场经验，接一个灯泡在开口三角上就解决问题。

(2) 在母线上接入一定大小的电容器，使比值$\frac{x_C}{x_L}<0.01$，就可避免共振。

(3) 采用质量较好、铁心不易饱和的电压互感器，或改变电压互感器的接线方式。

(4) 改变可能产生铁磁共振的操作程序，避免在运行方式方面构成铁磁共振的条件。

(5) 提高开关检修质量，保证三相同时接通。

15. 因带铁心的电抗器在短路电流流过时将使铁心饱和，电感量减小(即电抗减小)而降低了限制短路电流的作用。若考虑在饱和情况下电抗器的电抗能够限制短路电流，则在正常负荷下，电抗将增大，从而使电抗器上的电压降也增大；同时铁心也会产生涡流损耗，使电抗器发热。如用无铁心的水泥电抗器，因其电感是与电流无关的常数，短路电流流过时不会降低限制短路电流的作用，也不存在铁心损耗，而且结构非常简单。因此，发电厂、变电所选用空心水泥电抗器。

第3章

3.1 填空题

1. 可靠性、灵活性、经济性 2. 汇集、分配 3. 提高供电的可靠性、灵活性 4. 内桥接线、外桥接线 5. 主变压器、联络变压器、自用变压器 6. 单母线分段、锅炉台数 7. 升压型、降压型 8. 小、大 9. 高压、低压 10. Y、D

3.2 选择题

1.C 2.D 3.C 4.B 5.A 6.C 7.B 8.C 9.B 10.C

3.3 判断题

1.× 2.× 3.√ 4.× 5.× 6.× 7.× 8.√ 9.√ 10.×

3.4 问答、分析题

1. 电气主接线是由多种电气设备通过连接线，按其功能要求组成的接收和分配电能的电路，也称电气一次接线或电气主系统。

主接线的基本形式可概括分为两大类。其一，是有母线式接线，包括单母线接线、双母线接线、一台半断路器接线，4/3 台断路器接线以及变压器母线组接线等。其二，是无母线式接线，包括单元接线、桥形接线及角形接线等。

2. 断路器和隔离开关的操作顺序为：接通电路时，先合上断路器两侧的隔离开关，再合断路器；切断电路时，先断开断路器，再拉开两侧的隔离开关。严禁在未断开断路器的情况下，拉合隔离开关。

这样规定的原因是：断路器具有完善的灭弧装置，而隔离开关没有灭弧装置，所以隔离开关不能带负荷操作。

3. 旁路母线是在检修出线断路器时，不中断该回路供电，正常时旁路母线不带电。

如答案图 3.1 为单母线带旁路接线：WP 为旁路母线，QF_P 为旁路断路器，QS_P 为旁路隔离开关。当需检修某线路断路器时，首先合上旁路断路器两侧的隔离开关，然后合上旁路断路器向旁路母线空载升压，检查旁路母线无故障后，再合上该线路的旁路隔离开关(等电位操作)。此后，断开该出线断路器及其两侧的隔离开关，这样就由旁路断路器代替了该出线断路器工作。

4. 两组母线之间接有若干串断路器，每一串有 3 台断路器，中间一台称作联络断路器，每两台之间接入一条回路，每串共有两条回路。平均每条回路装设一台半(3/2)断路器，故称一台半断路器接线，又称二分之三接线。

一台半断路器接线的主要优点：①可靠性高。②运行灵活性好。③操作检修方便。主要缺点：投资大、继电保护装置复杂。

在一台半断路器接线中，一般应采用交叉配置的原则，即同名回路应接在不同串内，电源回路宜与出线回路配合成串。这样交叉配置可保证供电的可靠性。

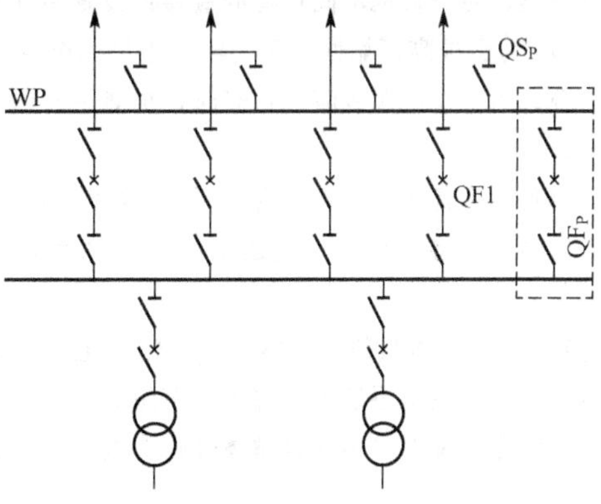

答案图 3.1 第 3 题图

5. 主变压器容量、台数直接影响主接线的形式和配电装置的结构。选择时主要考虑的因素包括输送功率的大小、馈线回路数、电压等级、与系统联系的紧密程度、运行方式及负荷的增长速度等因素，并至少要考虑 5 年内负荷的发展需要。

发电厂主变压器容量、台数的选择原则：①单元接线中的主变压器容量 S_N 应按发电机额定容量扣除本机组的厂用负荷后，留有 10% 的裕度选择，每单元的主变压器为一台。②接于发电机电压母线与升高电压母线之间的主变压器容量 S_N 按下列条件选择：a. 当发电机电压母线上的负荷最小时(特别是发电厂投入运行初期，发电机电压负荷不大)，应能将发电厂的最大剩余功率送至系统；b. 若发电机电压母线上接有 2 台及以上主变压器，当负荷最小且其中容量最大的一台变压器退出运行时，其他主变压器应能将发电厂最大剩余功率的 70% 以上送至系统；c. 当发电机电压母线上的负荷最大且其中容量最大的一台机组退出运行时，主变压器应能从系统倒送功率，满足发电机电压母线上最大负荷的需要。

变电所主变压器容量、台数的选择原则：变电所主变压器的容量一般按变电所建成后 5～10 年的规划负荷考虑，并应按照其中一台停用时其余变压器能满足变电所最大负荷 S_{max} 的 60%～70%(35～110kV 变电所为 60%；220～500kV 变电所为 70%)或全部重要负荷(当Ⅰ、Ⅱ类负荷超过上述比例时)选择。为了保证供电的可靠性，变电所一般装设 2 台主变压器；枢纽变电所装设 2～4 台；地区性孤立的一次变电所或大型工业专用变电所，可装设 3 台。

6. 短路是电力系统中常发生的故障，当短路电流通过电气设备时，将引起设备短时发热，产生巨大的电动力，因此它直接影响电气设备的选择和安全运行。为此，在设计主接线时，应根据具体情况采取限制短路电流的措施，以便在发电厂和用户侧均能合理地选择轻型电器和截面较小的母线及电缆。

通常采用限制短路电流的方法：①加装限流电抗器；②采用分裂绕组变压器；③采用适当的主接线方式及运行方式。

7. 220kV 系统的重要变电站，220kV 侧有 4 回进线，110kV 侧有 10 回出线且均为Ⅰ、Ⅱ类负荷，不允许停电检修出线断路器，所以 220kV 侧采用双母带旁母接线，110kV 侧亦采用双母带旁母接线。接线图略。

8. 答案略。

9. 自用电是指发电厂或变电所在生产过程中自身所使用的电能。尤其是发电厂，为了保证电厂的正常生产，需要许多由电动机拖动的机械为发电厂的主要设备和辅助设备服务，此外还要为运行、检修和试验提供用电负荷。

自用电是发电厂或变电所的最重要的负荷，其供电电源、接线和设备必须可靠，以保证发电厂或变电所的安全可靠、经济合理地运行。

10. 厂用电负荷按其重要性可分为Ⅰ、Ⅱ、Ⅲ类，事故保安负荷和不间断供电负荷五大类。对负荷进行分类，便于根据不同负荷的重要性设置不同的电源，以保证各类负荷供电的可靠性。

11. 为了提高可靠性，每一段厂用母线至少要由两个电源供电，其中一个为工作电源，另一个为备用电源。当工作电源故障或检修时，仍能不间断地由备用电源供电。厂用备用电源有明备用和暗备用两种方式。

明备用就是专门设置一台变压器(或线路)，它经常处于备用状态(停运)；暗备用就是不设专用的备用变压器。而将每台工作变压器的容量加大，正常运行时，每台变压器都在半载下运行，互为备用状态。

12. 对自用电接线的基本要求：①供电可靠、运行灵活；②接线简单清晰、投资少、运行费用低；③尽量缩小厂用电系统的故障停电范围，各机、炉的厂用电源由本机供电；④厂用电接线应与发电厂电气主接线紧密配合，体现其整体性；⑤电厂分期建设时厂用电接线具有合理性，便于分期扩建或连续施工。

第 4 章

4.1 填空题

1. 机械强度下降、接触电阻增加、绝缘性能下降 2. 按正常工作条件选择、按短路条件校验 3. 辛卜生公式法(实用计算法)、等值时间法 4. 导热、对流、辐射 5. 矩形、管形、槽形 6. 铜、铝

7. 水平布置、垂直布置 8. 按最大工作电流选择、按经济电流密度选择 9. 支柱绝缘子、穿墙套管 10. 5A、1A

4.2 选择题

1.C 2.B 3.C 4.A 5.D 6.A 7.B 8.A 9.B 10.C

4.3 判断题

1.× 2.× 3.√ 4.× 5.√ 6.× 7.√ 8.× 9.√ 10.×

4.4 问答、分析题

1. 电流通过导体和电气设备时，将引起发热。发热不仅消耗能量，而且导致电气设备的温度升高，从而产生不良的影响。使导体机械强度下降、接触电阻增加及绝缘性能下降。为了保证电气设备可靠地工作，必须对导体的发热加以研究。

由正常工作电流引起的发热称为长期发热，由短路电流引起的发热称为短时发热。导体长期发热时，由正常工作电流产生的热量，一部分使导体升温，另一部分散失到周围空气中，最后达到稳定温升，一般温度较低。导体短路时发热的特点是短路电流大，发热时间短，可以认为这是一个绝热过程，即导体产生的热量，全部用以使温度升高，最后温度较高。

2. 导体长期允许电流是根据长期发热确定的，导体长期通过电流 I 时，稳定温升为 $\tau_W=\dfrac{I^2R}{\alpha F}$

由此可知：导体的稳定温升，与电流的平方和导体材料的电阻成正比，而与总换热系数及换热面积成反比。根据上述，可计算出导体的载流量。

提高导体载流量的措施：减小导体的电阻、增大散热面积、提高散热系数

3. 短时发热时，导体的发热量比正常发热量要多得多，导体的温度升得很高。计算短时发热量的目的，就是确定导体可能出现的最高温度，以判定导体是否满足热稳定。

4. 当电气设备通过短路电流时，短路电流所产生的巨大电动力对电气设备具有很大的危害性。①载流部分因电动力而振动，或者因电动力所产生的应力大于其材料允许应力而变形，甚至使绝缘部件(如绝缘子)或载流部件损坏；②电气设备的电磁绕组受到巨大的电动力作用，可能使绕组变形或损坏；③巨大的电动力可能使开关电器的触头瞬间解除接触压力，甚至发生斥开现象，导致设备故障。因此，电气设备必须具备足够的动稳定性，以承受短路电流所产生的电动力的作用。

第5章

5.1 填空题

1. 成套式 2. 屋内配电装置 成套配电装置 3. 最小安全净距 4. 半高型 5. 直角三角形 6. 品字形 7. SF_6全封闭组合电器 8. 可移动式

5.2 选择题

1.A 2.B 3.A 4.D 5.D 6.A 7.C 8.C

5.3 判断题

1.× 2.× 3.× 4.× 5.√ 6.× 7.× 8.√

5.4 问答题

1. 配电装置各部分之间，为确保人身和设备的安全所必需的最小电气距离，称为最小安全净距。在这一距离下，无论在正常最高工作电压或出现内、外部过电压时，都不致使空气间隙被击穿。

A_1 和 A_2 是最基本的最小安全净距，即带电部分对接地部分之间和不同相的带电部分之间的空间最小安全净距。

2. 配电装置按电气设备装设的地点不同，可分为屋内配电装置和屋外配电装置；按其组装方式，又

可分为装配式和成套式。

屋内配电装置就是将电气设备安装在屋内。⑴优点：①由于允许安全净距小和可以分层布置而使占地面积较小；②维修、巡视和操作在室内进行，可减轻维护工作量，不受气候影响；③外界污秽空气对电气设备影响较小，可以减少维护工作。⑵缺点：房屋建筑投资较大，建设周期长，但可采用价格较低的户内型设备。

屋外配电装置将电气设备安装在屋外。⑴优点：①土建工作量和费用较小，建设周期短；②与屋内配电装置相比，扩建比较方便；③相邻设备之间距离较大，便于带电作业。⑵缺点：①与屋内配电装置相比，占地面积大；②受外界环境影响，设备运行条件较差，须加强绝缘；③不良气候对设备维护和操作有影响。

装配式配电装置是指在现场将各个电气设备逐件地安装在配电装置中。⑴优点：①建造安装灵活；②投资少；③金属消耗量少。⑵缺点：①安装工作量大；②施工工期长。

成套配电装置是指由制造厂将开关电器、互感器等组装成独立的开关柜(配电屏)，运抵现场后只需对开关柜(配电屏)进行安装固定，便可建成配电装置。⑴优点：①电气设备布置在封闭或半封闭的金属(外壳或金属框架)中，相间和对地距离可以缩小，结构紧凑，占地面积小；②所有电气设备已在工厂组成一体，如 SF_6全封闭组合电器、开关柜等，大大减小现场安装工作量，有利于缩短建设周期，也便于扩建和搬迁；③运行可靠性高，维护方便。⑵缺点：耗用钢材较多，造价较高。

3. 配电装置的设计应满足下述基本要求：

(1) 可靠性；(2)便于操作、巡视和检修；(3)安全性；(4)经济性；(5)考虑扩建

4. 屋内配电装置，按其布置型式可分为3类。

(1) 三层式。三层式是将所有电气设备分别布置在三层中(三层、二层、底层)，将母线、母线隔离开关等较轻设备布置在第三层，将断路器布置在二层，电抗器布置在底层。其优点是安全、可靠性高，占地面积少；缺点是结构复杂，施工时间长，造价较高，检修和运行维护不大方便，目前已较少采用。

(2) 二层式。二层式是将断路器和电抗器布置在一层，将母线、母线隔离开关等较轻设备布置在第二层。与三层式相比，它的优点是造价较低，运行维护和检修方便，缺点是占地面积有所增加。三层式和二层式均用于出线有电抗器的情况。

(3) 单层式。单层式是把所有设备布置在底层。优点是结构简单，施工时间短，造价低，运行、检修方便；缺点是占地面积较大，通常采用成套开关柜，以减少占地面积。

5. 根据电气设备和母线布置的高度，屋外配电装置可分为中型配电装置、高型配电装置和半高型配电装置。

(1) 中型配电装置。中型配电装置是将所有电气设备都安装在同一个平面内，并装在一定高度的基础上，使带电部分对地保持必要的高度，以使工作人员能在地面上安全活动；母线所在的水平面稍高于电气设备所在的水平面，母线和电气设备均不能上、下重叠布置。中型配电装置布置比较清晰，不易误操作，运行可靠，施工和维护方便，造价较省，并有多年的运行经验，其缺点是占地面积过大。中型配电装置广泛用于110～500kV电压等级，且宜在地震烈度较高的地区采用。

(2) 高型配电装置。高型配电装置是将一组母线及隔离开关与另一组母线及隔离开关上下重叠布置的配电装置，可以节省占地面积50%左右，但耗费钢材较多，造价较高，操作和维护条件较差。在地震烈度较高的地区不宜采用高型。高型配电装置适用于220kV电压等级。

(3) 半高型配电装置。半高型配电装置是将母线置于高一层的水平上，与断路器、电流互感器、隔离开关上下重叠布置，其占地面积比普通中型减少30%。半高型配电装置介于高型和中型之间，具有两者的优点，除母线隔离开关外，其余部分与中型布置基本相同，运行维护仍较方便。半高型配电装置适用于110kV电压等级。

6. SF_6封闭式组合电器是SF_6全封闭式组合电器是以SF_6为结缘和灭弧介质，以优质环氧树脂绝缘

子作支撑元件的成套高压电气设备。它由断路器、隔离开关、接地开关、互感器、避雷器、母线、电缆终端出线套管等元件，按电气主接线的要求，连成一体密封在充有 SF_6 气体绝缘的壳体内，形成一个整体的组合电器，它实现了变电装置的小型化、封闭化。

但由于其制造工艺及成本较高，价格昂贵。今后随着我国制造水平的提高和成本的降低，将逐步得到广泛的推广和采用。目前我国封闭电器的使用电压以 110kV 为起点，在技术经济条件比较合理时，在下列情况下选用是适宜的。

(1) 在布置场地特别狭窄的地区：如峡谷水电厂、地下开关站、位于市内的变电所等；

(2) 在严重污染地区；

(3) 在高海拔地区，当加强外绝缘困难时；

(4) 高烈度地震区；

(5) 重冰雹、大风、风沙地区。

SF_6 封闭式组合电器有如下特点：

(1) 占地面积小、突出优点是小型化和大幅度节省占地面积，与普通中型户外的配电装置占地面积之比，一般为 1/10。

(2) 避免污染和高海拔的影响，由于封闭电器带电部分密封在壳内，电气绝缘不受外界环境的影响；故可使用在严重污秽的地区或高海拔地区。

(3) 维护工作量少，检修周期长。SF_6 封闭式组合电器制造精密。SF_6 气体的泄漏指标一般每年为 1%，补气周期为 5～10 年一次；不需要定期清扫绝缘子，维修工作量大为减少。由于 SF_6 是惰性气体，在电弧高温作用下也很少分解，断路器触头在 SF_6 气体中没有氧化问题。电弧压降特别低、电弧能量小，因而在开断过程中触头烧损轻微。可长期连续使用、检修周期很长，可达 10～20 年一次。封闭电器的运行维护工作主要是监视 SF_6 气压，平时除正常倒闸操作外，几乎没有什么维护工作量。SF_6 封闭式组合电器是制造厂成套供应，安装十分方便。

(4) 运行安全、可靠性高。SF_6 是不燃烧气体，没有火灾危险，开断电弧时气体被电弧引起的压力上升缓慢，上升幅度小，因而一般没有爆炸危险。而常规电器则有可能发生火灾和爆炸。全封闭组合电器外壳屏蔽接地，没有触电危险，也不会发生电晕干扰和静电感应等问题。

SF_6 封闭电器虽有很多优点，但检修措施要求严密。SF_6 气体虽是一种十分稳定的无毒气体，但在断路器工作过程中 SF_6 经电弧高温作用会产生 SF_4，它与水、氧反应产生含毒(或腐蚀)物质。因此，SF_6 组合电器，在制造安装、检修中水分、氧气控制必须严格注意。在检修时要有防护措施，以防止吸入有毒气体中毒。检修时预防措施应从以下几个方面考虑：

(1) 采用高效率压缩和真空泵回收污染的 SF_6 气体，并清洗设备内腔。

(2) 安装 SF_6 封闭式组合电器的配电室应有适当的通风装置，以便排除有害气体和换进新鲜空气。特别是当 SF_6 封闭式电器解体时，尤需进行适当的通风，以便降低室内有害气体浓度，需要指出的是，SF_6 气体及其有害杂质的比重比空气大，它聚集在比较低的地方。

例如：电缆沟或和地下室，工作人员要注意在这些地方可能受害的危险。设计人员在设计过程中，通风机的设置数量、地点和安装高度应考虑上述特点。

(3) 当 SF_6 全封闭组合电器解体时，检修人员应戴防毒面具。并等 20～30min，待空气中有害杂质排出扩散，浓度降低后再开展工作。

7. 成套变电站用来从高压系统向低压系统输送电能，可作为城市建筑、生活小区、中小型工厂、市政设施、矿山、油田及施工临时用电等部门、场所的变配电设备。成套变电站是由高压开关设备、电力变压器和低压开关设备三部分组合构成的配电装置。有关元件在工厂内被预先组装在一个或几个箱壳内，具有成套性强、结构紧凑、体积小、占地少、造价低、施工周期短、可靠性高、操作维护简便、美观、适用等优点。

8. 箱式变电站(以下简称箱变)是一种能深入负荷中心作为受电和配电的新型成套设备。它适应电力系统输变电设备向无油化、小型化、低损耗、低噪声、成套化、无污染、免维护的方向发展。目前主要用于3～35kV配电系统。

箱变由高压开关设备、变压器、低压开关设备和功率补偿装置(必要时)等组成在一个或几个箱体内，其特点如下：

(1) 结构紧凑，投资省，占地少。由于箱变是将配电装置的几大部分布置于封闭的箱体内，通过优化设计，合理组合，各部件之间的绝缘距离大大减小。压缩了占地面积和占地空间。箱变占地约6～$10m^2$，可直接放置在绿化带上。例如500kVA的箱变，其外形尺寸仅为2 090mm×1 370mm×1 500mm。有关设计资料表明，与传统土建型变电站相比，采用箱变可减少占地约80%，并省去征地及建房费用约60%。

(2) 安装方便，建造快速。箱变的主要组件和二次配线均在制造厂组装，并经调试和出厂试验合格后运到现场，安装时只需将其吊放在土建基座上加以固定，一天内即可装好投运，安装大大简化，工作量大大减少，加快了施工进度，缩短了安装工期，节省了施工费用，具有显著的经济价值。

(3) 具有较高的可靠性和安全性。一般常规式变电站的电气设备，由于长期处于户外，其绝缘和导体易因受大气的污染而劣化。而箱变由于结构设计的特点，导体、内部绝缘、接触部分等完全封闭在箱体内，外壳的防护等级一般可以做到IP2X和IP3X，或者更高，不易受外界污染影响，不易因风尘、雨淋、盐害、雾害、动物及外力造成的损害和事故，可靠性高。箱变没有裸露带电导体暴露于箱外，不会引起外物短路和触电危险。高压侧有完备的五防措施，安全性较高。

(4) 通用互换性强。箱变的高低压方案齐全，高低压之间线路方案可任意组合；高低压设备及元件可选用各种名优或进口产品；变压器可选用干式或油浸式变压器，电气元件通用性和互换性强。

(5) 操作维修方便。各室均有自动照明装置，变压器室有轨道和变压器小车，便于变压器的安装、更换，打开箱门即可对高低压室进行维护。

(6) 进出线灵活。高压引入采用电缆或架空线，低压引出采用电缆，引入、引出电缆可直埋或沟道敷设至高压电源及用户，也可引至电杆上。

第6章

6.1 填空题

1. 跳闸　2. 事故 预告　3. 音响 光字牌　4. 展开接线图　5. 手动准备跳闸 自动合闸　6. 1.5　7. 跳闸　8. 等电位　9. 瞬时信号　延时信号　10. 中间放大元件

6.2 判断题

1. √　2. √　3. ×　4. ×　5. √　6. ×　7. √　8. ×　9. √　10. ×

6.3 问答题

1. 交、直流回路都是独力系统。直流回路是绝缘系统，而交流回路是接地系统。若共用一条电缆，两者之间容易发生短路，影响可靠性。

2. (1)增加二次电缆截面；(2)串接备用电流互感器使允许负载增加1倍；(3)改用伏安特性较高的二次绕组；(4)提高电流互感器变比。

3. (1) 应有对控制电源的监视回路。断路器的控制电源最为重要，一旦失去电源断路器便无法操作。因此，无论何种原因，当断路器控制电源消失时，应发出声、光信号，提示值班人员及时处理。对于遥控变电站，断路器控制电源的消失，应发出遥信。

(2) 应经常监视断路器跳闸、合闸回路的完好性。当跳闸或合闸回路故障时，应发出断路器控制回路断线信号。

(3) 应有防止断路器“跳跃”的电气闭锁装置，发生“跳跃”对断路器是非常危险的，容易引起机构损伤，甚至引起断路器的爆炸，故必须采取闭锁措施。断路器的“跳跃”现象一般是在跳闸合闸回路同时接通时才发生。“防跳”回路的设计应使得断路器出现“跳跃”时，将断路器闭锁到跳闸位置。

(4) 跳闸、合闸命令应保持足够长的时间，并且当跳闸或合闸完成后，命令脉冲应能自动解除。因断路器的机构动作需要有一定的时间，跳合闸时主触头到达规定位置也要有一定的行程，这些加起来就是断路器的固有动作时间，以及灭弧时间。命令保持足够长的时间就是保障断路器能可靠的跳闸、合闸。为了加快断路器的动作，增加跳、合闸线圈中电流的增长速度，要尽可能减小跳、合闸线圈的电感量。为此，跳、合闸线圈都是按短时带电设计的。因此，跳合闸操作完成后，必须自动断开跳合闸回路，否则，跳闸或合闸线圈会烧坏。通常由断路器的辅助触点自动断开跳、合闸回路。

(5) 对于断路器的合闸、跳闸状态，应有明显的位置信号。故障自动跳闸、自动合闸时，应有明显的动作信号。

(6) 断路器的操作动力消失或不足时，例如弹簧机构的弹簧未拉紧，液压或气压机构的压力降低等，应闭锁断路器的动作，并发出信号。

SF_6气体绝缘的断路器，当SF_6气体压力降低而断路器不能可靠运行时，也应闭锁断路器的动作并发出信号。

(7) 在满足上述要求的条件下，力求控制回路接线简单，采用的设备和使用的电缆最少。

4. 根据运行方式、操作情况、气候影响进行判断可能接地的处所，采取分段处理的方法，以先信号和照明部分后操作部分，先室外部分后室内部分为原则。在切断各专用直流回路时，切断时间不得超过 3s，不论回路接地与否均应合上。当发现某一专用直流回路有接地时，应及时找出接地点，尽快消除。

查找直流接地的注意事项如下：

(1) 查找接地点禁止使用灯泡寻找的方法；

(2) 用仪表检查时，所用仪表的内阻不应低于 2 000Ω/V；

(3) 当直流发生接地时，禁止在二次回路上工作；

(4) 处理时不得造成直流短路和另一点接地：

(5) 查找和处理必须有两人同时进行。

拉路前应采取必要措施，以防止直流失电可能引起保护及自动装置的误动。

5. (1) 直流系统两点接地有可能造成保护装置及二次设备误动；

(2) 直流系统两点接地有可能使得保护装置及二次设备在系统发生故障时拒动；

(3) 直流系统正、负极间短路有可能使得直流熔断器熔断；

(4) 由于近年生产的保护装置灵敏度较高，当控制电缆较长时，若直流系统一点接地，亦可能造成保护装置的不正确动作，特别是当交流系统也发生接地故障，则可能对保护装置形成干扰，严重时会导致保护装置误动作；

(5) 对于某些动作电压较低的断路器，当其跳(合)闸线圈前一点接地时，有可能造成断路器误跳(合)闸。

6. 不允许。电缆屏蔽层在开关场及控制室两端接地可以抵御空间电磁干扰的机理是当电缆为干扰源电流产生的磁通所包围时，如屏蔽层两端接地，则可在电缆的屏蔽层中感应出电流，屏蔽层中感应电流所产生的磁通与干扰源电流产生的磁通方向相反，从而可以抵消干扰源磁通对电缆芯线上的影响。

由于发生接地故障时开关场各处地电位不等，则两端接地的备用电缆芯会流过电流，对不对称排列的工作电缆芯会感应出不同的电动势，从而对保护装置形成干扰。

第7章

7.1 填空题

1. 铁心　2. 超过额定容量　3. 绝缘材料　4. 机械强度　5. 1/3　6. 绝缘老化　7. 冲击合闸　8. 1.5　9. 高温　10. 反比

7.2 选择题

1.D　2.D　3.B　4.C　5.A　6.C

7.3 判断题

1.√　2.×　3.√　4.×　5.×　6.√　7.×　8.√　9.×　10.√

7.4 问答题

1. 变压器发热时的特点：

(1) 变压器的发热主要由铁心、高压绕组、低压绕组产生的热量引起的；

(2) 在散热过程中，会引起各部分的温度差别很大；

(3) 大容量变压器的损耗量大，单靠箱壁和散热器已不能满足散热要求，往往需采用强迫油循环风冷或强迫油循环水冷或强迫油循环导向冷却等冷却方式来改善散热条件。

2. 等值老化原则是指在一部分时间内，根据运行要求，容许绕组温度大于98℃，而在另一部分时间内，使绕组的温度小于98℃，只要使变压器在温度较高的时间内所多损耗的寿命(或预期寿命)，与变压器在温度较低时间内所少损耗的寿命相互补偿，这样变压器的预期寿命可以和恒温98℃运行时等值。换句话说，等值老化原则就是使变压器在一定时间间隔T(1天或1年)内绝缘老化或所损耗的寿命等于在时间间隔T内恒定温度98℃时变压器所损耗的寿命。

3. 变压器正常容许过负荷的条件是：①保证在指定的时间段内(1天或1年)，变压器绝缘的损耗等于额定损耗；②最大负载不应超过额定容量的1.5倍；③上层油温不超过95℃；绕组最热点温度不超过140℃。满足此条件变压器可长期运行。

4. 等值空气温度就是指某一空气温度，在一定时间间隔内如维持此温度不变，当变压器带恒定负荷时，绝缘所遭受的老化等于空气温度自然变化时和同样恒定负荷情况下的绝缘老化。由于高温时绝缘老化的加速远大于低温时绝缘老化的延缓，因此等值空气温度不同于平均温度，它比平均气温大一个Δ数值。

5. 变压器并列运行时，通常希望它们之间没有平衡电流；负荷分配与额定容量成正比，与短路电抗成反比；负荷电流的相位相互一致。要做到上述几点，就必须遵守以下条件：

(1) 并列运行的变压器各侧绕组的额定电压相等，即变比相等；(2)额定短路电压相等；(3)绕组接线组别相同。

上述三个条件中，第一条和第二条不可能绝对满足，一般规定变压比的偏差不得超过±0.5%，额定短路电压相差不得大于±10%。

6. 投运前应做的准备：

(1) 对新投运的变压器以及长期停用或大修的变压器，在投运之前，应重新按部颁《电气设备预防性试验规程》进行必要的试验。绝缘试验应合格，并符合基本要求的规定，值班人员还应仔细检查并确定变压器在完好状态，应具备带电运行条件，有载开关或无载开关处于规定位置，且三相一致；各保护部件、过电压保护及继电保护系统处于正常可靠状态。

(2) 新投运的变压器必须在额定电压下做冲击合闸试验，冲击五次；大修或更换改造部分绕组的变压器则冲击三次。在有条件的情况下，冲击前变压器的最好从零起升压，而后再进行正式冲击。

7. 变压器运行中的异常情况一般有以下几种：(1)声音异常。①变压器的声音比平时增大；②变压器有杂音；③变压器有放电声音；④变压器有水沸腾声；⑤变压器有爆裂声；⑥变压器有撞击声和摩擦声；(2)油温异常。(3)油位异常。(4)变压器外观异常。(5)颜色、气味异常。

8.（1）消耗材料少。因为变压器所用硅钢片和铜线的量是和线圈的额定感应电势和额定电流有关，即和线圈的容量有关，自耦变线圈容量降低，所耗材料也减少。

（2）成本低。

（3）损耗少、效率高。由于铜线和硅钢片用量减少，在同样的电流密度及磁通密度时，自耦变的铜耗和铁耗都比双卷变减小，因此，效率就高。

（4）便于运输和安装。因为它比同容量的双卷变重量轻、尺寸小，占地面积也小。

（5）提高了变压器的极限制造容量。变压器的极限制造容量一般受运输条件限制，在相同的运输条件下，自耦变的容量可以比普通双卷变制造得大一些，因而提高了极限制造容量。

不过，在电力系统中采用自耦变压器，也会带来不利的影响。其缺点如下：

（1）使系统短路电流增加。由于自耦变压器的高、中压线圈之间有自耦联系，其电抗比普通变压器小。因此，在电力系统中采用自耦变后，将使三相短路电流显著增加。又由于自耦变压器的中性点必须直接接地，同时高，中压线圈又有自耦联系，故又将使系统的单相短路电流也大大增加，有时甚至会超过三相短路电流。这样一来，影响电气设备的选择，且在单相短路时加大了对通信线路的干扰。

（2）造成调压上一些困难。这些困难主要也是因其高、中压线圈有自耦联系引起的。目前自耦变可能的调压方式有三种，第一种，在自耦变压器线圈内部装设带负荷改变分接头位置的调压装置；第二种，在高压与中压线圈的公用中性点内接入附加调压设备；第三种，在中压线路上装设附加变压器。而这三种方法不是目前制造设备上存在困难、不经济，就是运行中有缺点(如影响第三线圈的电压)，都未达到理想的解决。

（3）使继电保护复杂。这是因为自耦变的高、中压线圈有共同的中性点以及它的线圈的负荷运行方式比较特殊所致。例如，自耦变的零序过流保护必须考虑到在中压或高压侧系统内接地故障时，流经自耦变的零序电流的影响，而其过负荷保护应根据其各种过负荷的可能性进行具体设计，而自耦变的负荷分配方面的运行方式与普通变压器有显著的不同。

（4）使线圈的过电压保护复杂。由于高、中压线圈的自耦联系，当任一侧落入一个与该侧绝缘水平适应的雷电冲击波时，另一侧出现的过电压冲击波的波幅则可能超出该侧的绝缘水平。为了避免这种现象的发生，有的地方采取自耦变的高、中压两侧出线端都装设一组避雷器。

尽管自耦变压器用在电力系统中有一些缺点，但世界各国对自耦变的应用还是非常重视的，这和发展超高压电力系统紧密相连的。随着电力系统容量、电压的发展，以及发电厂、变电所容量的增加，提高变压器单位容量和降低变压器的造价和损耗，有十分重要的意义。而自耦变在电力系统中之所以能逐渐获得广泛应用的原因，正是由于它比同容量的普通变压器造价低、损耗小、重量轻、体积小之故。因为自耦变只能用于中性点直接接地的电力系统中，因此，对于我国来说，它只能用来连接电压为110kV及以上的电网。

自耦变压器可以装在降压变电所，也可装在升压变电所。在降压变电所可以充分发挥它的效益，因为利用高、中压线圈的自耦联系，通过自耦变传递的传输功率可以大于变压器本身的容量。在升压变电所装自耦变时，发电机只能接在自耦变的第三线圈上，这样一来，自耦变用在升压变电所内就不像装降压变电所内那样能够充分发挥其效益。因为自耦变的第三线圈和其他两线圈无电路上的联系，因此，它的容量应做得与传输功率相等，即与发电机送出的功率相等，这就失去了自耦变线圈本身容量比经它所传输的功率小的优点。但尽管如此，在升压变电所中装自耦变还是有好些优点，如：

（1）供电灵活。因为除了将第三线圈所连接的发电机的功率送出外，还可以利用高、中压线圈的自耦联系，补充传输一部分功率。

（2）降低变电所的造价名因为自耦变的中压侧也可以向高压侧传输功率。这样，附近的几个小电厂可用较低的电压把电送到一个中心电厂，再由这个电厂的自耦变送到较高一级的电网中去，各小电厂的升压变电所就不需装设较高一级电压的变压器了。这不但可以降低变压器投资，而且还可以减少高压开关设备的投资。

(3) 减少变压器的损耗。因三卷自耦变比普通三卷变的损耗要小，故用自耦变后，对电网经济运行有好处。

如今，110kV及以上系统中自耦变得到了广泛的应用。

9. 断路器运行中的巡视检查项目包括：油断路器中油的检查；表计观察；断路器导电回路和机构部分的检查；瓷套检查及操动机构的检查。

10. 断路器常见异常运行情况有：断路器拒绝合闸；电动操作不能分闸；事故情况下断路器拒绝跳闸；断路器误动作；断路器油位异常；断路器过热及断路器跳合闸线圈冒烟。

断路器拒绝合闸故障的处理方法步骤为：①判定是否由于故障线路保护后加速动作跳闸；②检查电气回路各部位情况，以确定电气回路是否有故障；③检查确定机械方面是否有故障；④故障原因不明的处理。

事故情况下断路器拒绝跳闸故障的处理方法步骤为：①根据事故现象，可判别是否属断路器“拒跳”事故；②确定断路器故障后，应立即手动拉闸。

断路器误跳闸故障的处理方法步骤为：①及时、准确地记录所出现的信号、象征；②对于可以立即恢复运行的，如人员误碰、误操作，或受机械外力振动，保护盘受外力振动引起自动脱扣的误跳，如果排除了开关故障的原因，应根据调度命令，恢复断路器运行；③若由于对其他电气或机械部分故障，无法立即恢复送电的，则应联系调度将误跳断路器停用，转为检修处理。

断路器误合闸故障的处理方法步骤为：①经检查确认为未经合闸操作；②如果拉开误合的短路器后，断路器又再“误合”，应取下合闸熔断器，分别检查电气方面和机械方面的原因，联系调度将断路器停用作检修处理。

11. 隔离开关常见异常运行情况及处理方法：

① 隔离开关过热。隔离开关接触不良，或者触头压力不足，都会引起发热。隔离开关发热严重时，可能损坏与之连接的引线和母线，可能产生高温而使隔离开关瓷件爆裂。

发现隔离开关过热，应报告调度员设法转移负荷，或减少通过的负荷电流，以减少发热量。如果发现隔离开关发热严重，应申请停电处理。

② 隔离开关瓷件破损。隔离开关瓷件在运行中发生破损或放电，应立即报告调度员，尽快处理。

③ 带负荷误拉、合隔离开关。在变电所运行中，严禁用隔离开关拉、合负荷电流。

a. 误分隔离开关。发生带负荷拉隔离开关时，如刀片刚离刀口(已起弧)，应立即将隔离开关反方向操作合好。如已拉开，则不许再合上。

b. 误合隔离开关。运行人员带负荷误合隔离开关，则不论何种情况，都不允许再拉开。如确需拉开，则应用该回路断路器将负荷切断以后，再拉开隔离开关。

④ 隔离开关拉不开、合不上

运行中的隔离开关，如果发生拉不开的情况，不要硬拉，应查明原因处理后再拉。查清造成隔离开关拉不开的原因并处理后，方可操作。隔离开关合不上或合不到位，也应该查明原因，消除缺陷后再合。

12. 电流互感器在运行中的巡视检查项目包括：

①电流互感器有无异声及焦臭味；②电流互感器连接接头有无过热现象；③电流互感器瓷套应清洁，无裂痕和放电声；④注油的电流互感器油位应正常，无渗漏油现象；⑤对充油式的电流互感器，要定期对油进行试验，以检查油质情况，防止油绝缘功能降低；⑥对环氧式的电流互感器，要定期进行局部放电试验，以检查其绝缘水平，防止爆炸起火；⑦检查电流互感器一、二次侧接线应牢固，二次绕组

应该经常接上仪表，防止二次侧开路；⑧有放水装置的电流互感器，应定期进行放水，以免雨水积聚在电流互感器上；⑨检查电流表的三相指示值应在允许范围内，不允许过负荷运行；⑩检查户内浸膏式电流互感器应无流膏现象。

13. 电压互感器在运行中的巡视检查项目有：①电压互感器本体故障，包括高压熔断器熔体连续熔断2～3次(指10～35kV电压互感器)；内部发热，温度过高；内部有放电声或其他噪声；电压互感器严重漏油、流胶或喷油；内部发出焦臭味、冒烟或着火；套管严重破裂放电，套管、引线与外壳之间有火花放电。②电压互感器一次侧高压熔断器熔断；③电压互感器二次侧熔丝熔断(或电压互感器小开关跳闸)。

14. 导体与绝缘子的巡视项目有：

母线的运行按标准进行巡视检查。一般是监视电压、电流是否在标准范围内，母线连接器有无发热打火花现象，运行温度是否在允许范围内，母线表面的尘埃及氧化物状况，连接螺钉有否松动等。

绝缘子应按运行标准的要求进行巡视检查与维护，巡视检查时应观察绝缘子，瓷横担脏污情况，瓷质有否裂纹，破碎，有否钢脚及钢帽锈蚀，钢脚弯曲，钢化玻璃绝缘子有否自爆等。

附录1

电力工程设计常用文字符号

附表 1－1 电气设备文字符号

文字符号	中文含义	英文含义	旧符号
A	装置，设备	evice，equipment	—
A	放大器	ampliffier	FD
APD	备用电源自动投入装置	auto-put-imto device of reserve-source	BZT
ARD	自动重合闸装置	auto-reclosing devise	ZCH
C	电容；电容器	electric capacity；capacitor	C
F	避雷器	arrester	BL
FU	熔断器	fuse	RD
G	发电机；电源	generator；source	F
GN	绿色指示灯	green indicator lamp	LD
HDS	高压配电所	high-voltage distribution substation	GPS
HL	指示灯，信号灯	indicator lamp，pilot lamp	XD
HSS	总降压变电所	head step-down Substation	ZBS
K	继电器；接触器	relay；contactor	J；C，JC
KA	电流继电器	current relay	LJ
KAR	重合闸继电器	auto-reclosing relay	CHJ
KG	气体继电器	gas relay	WSJ
KH/KR	热继电器	heating relay	RJ
KM	中间继电器 辅助继电器	medium relay auxiliary relay	ZJ
KM	接触器	contactor	C，JC
KO	合闸接触器	closing contactor	HC
KR	干簧继电器	reed relay	GHJ
KS	信号继电器	signal relay	XJ
KT	时间继电器	time-delay relay	SJ

续表

文字符号	中文含义	英文含义	旧符号
KU	冲击继电器	impulsing relay	CJJ
KV	电压继电器	voltage relay	YJ
L	电感；电感线圈	inductance；inductive coil	L
L	电抗器	reactor	L，DK
M	电动机	motor	D
N	中性线	neutral wire	N
PA	电流表	ammeter	A
PE	保护线	protective wire	—
PEN	保护中性线	protective neutral wire	N
PJ	电度表	Waft-hour meter，var-hour meter	Wh，varh
PV	电压表	Voltmeter	V
Q	电力开关	power switch	K
QA	自动开关(低压断路器)	auto-switch	ZK
QDF	跌开式熔断器	drop-out fuse	DR
QF	断路器 低压断路器(自动开关)	circuit-breaker low-voltage lcircuit-breaker(auto-switch)	DL ZK
QK	刀开关	knife-switch	DK
QL	负荷开关	load-switch	FK
QM	手动操作机构辅助触点	auxiliary contact of manual operating	—
QS	隔离开关	mechanism	GK
R	电阻；电阻器	switch-disconnector；resistance；resistor	R
RD	红色指示灯	red indicator lamp	HD
RP	电位器	potential meter	W
S	电力系统	electric power system	XT
S	启辉器	glow starter	S
SA	控制开关	control switch	KK
SA	选择开关	selector switch	XK
SB	按钮	push-button	AN
STS	车间变电所	shop transformer substation	CBS
T	变压器	transformer	B
TA	电流互感器	current transformer	LH
TAN	零序电流互感器	neutral-current transformer	LLH
TV	电压互感器	voltage transformer	YH
U	变流器	converter	BL
U	整流器	rectifier	ZL

续表

文字符号	中文含义	英文含义	旧符号
V	二极管	diode	D
V	晶体(三极)管	transistor	T
W	母线；导线	busbar；wire	M；I，XL
WA	辅助小母线	auxiliary small-busbar	—
WAS	事故音响信号小母线	accident sound signal small-busbar	SYM
WB	母线	busbar	M
WC	控制小母线	control small-busbar	KM
WF	闪光信号小母线	Flash-light signal small-busbar	SM
WFS	预告信号小母线	forecast signal small-busbar	YBM
WL	灯光信号小母线	lighting signal small-busbar	DM
WL	线路	line	I，XL
WO	合闸电源小母线	switch-on source small-busbar	HM
WS	信号电源小母线	signal source small-busbar	XM
WV	电压小母线	Voltage small-busbar	YM
X	电抗	reactance	X
X	端子板，接线板	terminal block	—
XB	连接片；切换片	link；switching block	LP；QP
YA	电磁铁	electromagnet	DC
YE	黄色指示灯	yellow indecator lamp	UD
YO	合闸线圈	clossing operation coil	HQ
YR	跳闸线圈，脱扣器	opening operation coil，release	TQ

附表 1-2　物理量下角标的文字符号

文字符号	中文含义	英文含义	旧符号
a	焦	annual，year	n
a	有功	active	a，yg
Al	铝	Aluminium	Al，L
al	允许	allowable	yx
av	平均	average	pj
C	电容；电容器	electric capacity；capacitor	C
c	计算	calculate	js
c	顶棚，天花板	ceiling	DP
cab	电缆	cable	L
cr	临界	critical	lj
Cu	铜	Copper	Cu，T

续表

文字符号	中文含义	英文含义	旧符号
d	需要	demand	x
d	基准	datum	j
d	差动	differential	cd
dsq	不平衡	disequilibrium	bp
E	地；接地	earth；earthing	d；jd
e	设备	equipment	S，SB
e	有效的	efficient	yx
ec	经济的	economic	j，jt
eq	等效的	equivalent	dx
es	电动稳定	electrodynamic stable	dw
FE	熔体，熔件	fuse-element	RT
Fe	铁	Iron	Fe
FU	熔断器	fuse	RD
h	高度	height	h
h	谐波	harmonic	—
i	任一数目	arbitrary number	i
i	电流	current	i
ima	假想的	imaginary	jx
k	短路	short-circuit	d
KA	继电器	relay	J
L	电感	inductance	L
L	负荷，负载	load	H，fz
L	灯	lamp	D
l	线	line	l，x
l	长延时	long-delay	l
M	电动机	motor	D
m	最大，幅值	maximum	m
man	人工的	manual	rg
max	最大	maximum	max
min	最小	minimum	min
N	额定，标称	rated，nominal	e
n	数目	number	n
nat	自然的	natural	zr
np	非周期性的	non-periodic，aperiodic	f-zq
oc	断路	open circuit	dl

续表

文字符号	中文含义	英文含义	旧符号
oh	架空线路	over-head line	K
OL	过负荷	over-load	gh
op	动作	operatmg	dx
OR	过流脱扣器	over-current release	TQ
p	有功功率	active power	P，yg
p	周期性的	periodic	zq
p	保护	protect	J，b
pk	尖峰	peak	jf
q	无功功率	reactive power	q，wg
qb	速断	quick break	sd
QF	断路器(含自动开关)	circuit-breaker	DL(含 ZK)
r	无功	reactive	r，Wg
RC	室空间	room cabin	RC
re	返回，复归	return，reset	f，fh
rel	可靠	reliability	k
S	系统	system	XT
s	短延时	short-delay	—
saf	安全	safety	aq
sh	冲击	shock，impulse	cj，ch
st	启动	start	q，qd
step	跨步	step	kp
T	变压器	transformer	B
t	时间	time	t
TA	电流互感器	current transformer	LH
tou	接触—	touch	jc
TR	热脱扣器	thermal release	R，RT
TV	电压互感器	Voltage transformer，potential transformer	YH
u	电压	Voltage	u
w	结线，接线	Wiring	JX
w	工作	work	gz
w	墙壁	wall	qb
WL	导线，线路	Wire，line	l，XL
x	某一数值	a number	x
XC	[触头] 接触	contact	jc
α	吸收	absorption	α

续表

文字符号	中文含义	英文含义	旧符号
ρ	反射	reflection	ρ
θ	温度	temperature	θ
Σ	总和	total，sum	Σ
τ	透射	transmission	τ
ϕ	相	phase	ϕ，p
0	零，无，空	Zero，nothing，empty	0
o	停止，停歇	stoping	o
o	每(单位)	per(unit)	o
0	中性线	neutral wire	0
0	起始的	initial	0
o	周围(环境)	ambient	o
o	瞬时	instantaneous	o
30	半小时［最大］	30min［maximum］	30

附录2

常用电气设备数据与系数

附表 2-1　10kV 干式变压器技术数据

型　　号	额定容量/kVA	额定电压/kV 高压	额定电压/kV 低压	连接组	损耗/kW 空载	损耗/kW 短路	空载电流/%	阻抗电压/%	总体质量/kg
SC10-30/10	30	6，6.3，6.6，10，10.5，11（±5%或±2×2.5%）	0.4	Yyn0 或 Dyn11	170	620	350	4	350
SC10-50/10	50				240	860	475		475
SC10-80/10	80				320	1 210	650		650
SC10-100/10	100				350	1 370	810		810
SC10-125/10	125				410	1 610	900		900
SC10-160/10	160				480	1 860	1 010		1 010
SC10-200/10	200				550	2 200	1 120		1 120
SC10-250/10	250				630	2 400	1 330		1 330
SC10-315/10	315				770	3 030	1 480		1 480
SC10-400/10	400				850	3 480	1 840		1 840
SCB10-500/10	500				1 020	4 260	2 420		2 420
SCB10-630/10	630				1 180	5 120	2 810		2 810
SCB10-630/10	630				1 130	5 200	2 420	6	2 420
SCB10-800/10	800				1 330	6 060	2 790		2 790
SCB10-1000/10	1 000				1 550	7 090	3 570		3 570
SCB10-1250/10	1 250				1 830	8 460	4 360		4 360
SCB10-1600/10	1 600				2 140	10 200	4 910		4 910
SCB10-2000/10	2 000				2 400	12 600	5 710		5 710
SCB10-2500/10	2 500				2 850	15 000	7 160		7 160
SCB10-2000/10	2 000				2 280	14 300	5 610	8	5 610
SCB10-2500/10	2 500				2 700	17 250	6 860		6 860
SCB10-2000/10	2 000				2 230	15 400	5 780	10	5 780
SCB10-2500/10	2 500				2 650	18 600	6 450		6 450
SCZ10-200/10	200	6，6.3，6.6，10，10.5，11（±4×2.5%）			560	2 240	1 890	4	1 890
SCZ10-250/10	250				680	2 500	2 000		2 000
SCZ10-315/10	315				850	3 150	2 200		2 200

续表

型　　号	额定容量/kVA	额定电压/kV 高压	额定电压/kV 低压	连接组	损耗/kW 空载	损耗/kW 短路	空载电流/%	阻抗电压/%	总体质量/kg
SCZ10-400/10	400				950	3 700	2 590		2 590
SCZB10-500/10	500				1 120	4 500	3 220	4	3 220
SCZB10-630/10	630				1 290	5 360	3 660		3 660
SCZB10-630/10	630				1 250	5 470	3 200		3 200
SCZB10-800/10	800	6，6.3，6.6，10，10.5，11(±4×2.5%)	0.4	Yyn0 或 Dyn11	1 460	6 470	3 420		3 420
SCZB10-1000/10	1 000				1 710	7 650	4 120		4 120
SCZB10-1250/10	1 250				2 010	6 200	5 000	6	5 000
SCZB10-1600/10	1 600				2 360	10 840	5 390		5 390
SCZB10-2000/10	2 000				2 640	13 290	7 160		7 160
SCZB10-2500/10	2 500				3 140	15 810	8 600		8 600
S9-30/10	30				0.13	0.60	2.4		355
S9-50/10	50				0.17	0.87	2.2		470
S9-63/10	63				0.20	1.04	2.2		515
S9-80/10	80				0.25	1.25	2.0		605
S9-100/10	100				0.29	1.50	2.0		670
S9-125/10	125				0.35	1.75	1.8		760
S9-160/10	160				0.42	2.10	1.7	4	895
S9-200/10	200				0.50	2.50	1.7		1 010
S9-250/10	250	6，6.3，10(±5%)	0.4	Yyn0	0.59	2.95	1.5		1 200
S9-315/10	315				0.70	3.50	1.5		1 385
S9-400/10	400				0.84	4.20	1.4		1 640
S9-500/10	500				1.0	5.0	1.4		1 880
S9-630/10	630				1.23	6.0	1.2		2 830
S9-800/10	800				1.45	7.20	1.2		3 260
S9-1000/10	1 000				1.72	10.0	1.1	4.5	3 820
S9-1250/10	1 250				2.0	11.8	1.1		4 525
S9-1600/10	1 600				2.45	14.0	1.0		5 185
S7-630/10	630				1.30	8.1	2.0	4.5	2 385
S7-800/10	800				1.54	9.9	1.7		3 060
S7-1000/10	1 000				1.80	11.6	1.4		3 530
S7-1250/10	1 250				2.20	13.8	1.1		3 795
S7-1600/10	1 600				2.65	16.5	1.3		4 800
S7-2000/10	2 000	10±5%	6.3	Yd11	3.10	19.8	1.2		5 395
S7-2500/10	2 500				3.65	23	1.2	5.5	6 340
S7-3150/10	3 150				4.40	27	1.1		7 775
S7-4000/10	4 000				5.30	32	1.1		9 210
S7-5000/10	5 000				6.40	36.7	1.0		10 765
S7-6300/10	6 300				7.50	41	1.0		13 045

续表

型号	额定容量/kVA	额定电压/kV		连接组	损耗/kW		空载电流/%	阻抗电压/%	总体质量/kg
		高压	低压		空载	短路			
SF7-8000/10	8 000	10±2×2.5%	6.3	Yd11	11.5	45	0.8	10	17 290
SF7-10000/10	10 000				13.6	53	0.8	7.5	19 070
SF7-16000/10	16 000				19	77	0.7	7	28 300
SZ9-200/10	200	6，6.3，10(±4×2.5%)	0.4	Yyn0	0.52	2.60	1.6	4	1 180
SZ9-250/10	250				0.61	3.09	1.5		1 370
SZ9-315/10	315				0.73	3.60	1.4		1 555
SZ9-400/10	400				0.87	4.40	1.3		1 780
SZ9-500/10	500				1.04	5.25	1.2		2 030
SZ9-630/10	630				1.27	6.30	1.1	4.5	2 960
SZ9-800/10	800				1.51	7.56	1.0		3 360
SZ9-1000/10	1 000				1.78	10.50	0.9		4 090
SZ9-1250/10	1 250				2.08	12.00	0.8		4 800
SZ9-1600/10	1 600				2.54	14.70	0.7		5 350

注：1. S三相。

2. 绕组外绝缘介质：C—成型固定浇注式；CR—成型固定包封式。

3. 绕组导线：B—铜箔，L—铝；LB—铝箔。

4. 调压方式：Z—有载调压。

附表2-2　35kV双绕组变压器技术数据

型号	额定容量/kVA	额定电压/kV		连接组	损耗/kW		空载电流/%	阻抗电压/%	总体质量/t
		高压	低压		空载	短路			
S9-50/35	50	35(±5%或±2×2.5%)	0.4	Yyn0	0.25	1.18	2.0	6.5	0.84
S9-100/35	100				0.35	2.10	1.9		1.17
S9-125/35	125				0.40	1.95	2.0		1.33
S9-160/35	160				0.45	2.80	1.8		1.34
S9-200/35	200				0.53	3.30	1.7		1.44
S9-250/35	250				0.61	3.90	1.6		1.66
S9-315/35	315				0.72	4.70	1.5		1.85
S9-400/35	400				0.88	5.70	1.4		2.15
S9-500/35	500				1.03	6.90	1.3		2.48
S9-630/35	630				1.25	8.20	1.2		3.22
S9-800/35	800				1.48	9.50	1.1		3.87
S9-1000/35	1 000				1.75	12.00	1.0		4.60
S9-1250/35	1 250				2.10	14.50	0.9		4.96
S9-1600/35	1 600				2.50	14.50	0.8		5.90
S9-800/35	800	35(±5%或±2×2.5%)	3.15 6.3 10.5	Yd11	1.48	8.80	1.1	6.5	3.87
S9-1000/35	1 000				1.75	11.00	1.0		4.60
S9-1250/35	1 250				2.10	14.50	0.9		4.96
S9-1600/35	1 600				2.50	16.50	0.8		5.90
S9-2000/35	2 000				3.20	16.80	0.8		6.26
S9-2500/35	2 500				3.80	19.50	0.8		6.99

续表

型号	额定容量/kVA	额定电压/kV 高压	额定电压/kV 低压	连接组	损耗/kW 空载	损耗/kW 短路	空载电流/%	阻抗电压/%	总体质量/t
S9-3150/35	3 150	35，38.5（±5%或±2×2.5%）	3.15 6.3 10.5	Yd11	4.50	22.50	0.8	7	8.90
S9-4000/35	4 000				5.40	27.00	0.8		9.60
S9-5000/35	5 000				6.50	31.00	0.7		11.15
S9-6300/35	6 300				7.90	34.5	0.7	7.5	13.10
SF7-8000/35	8 000	35±2×2.5% 38.5±2×2.5%	6.3 6.6 10.5 11	YNd11	11.5	45	0.8	7.5	16.50
SF7-10000/35	10 000				13.6	53	0.8		19.63
SF7-12500/35	12 500				16.0	63	0.7		21.41
SF7-16000/35	16 000				19.0	77	0.7	8	29.39
SF7-20000/35	20 000				22.5	93	0.7		
SF7-25000/35	25 000				26.5	110	0.7		
SF7-31500/35	31 500				31.6	132	0.6		41.32
SF7-40000/35	40 000				38.0	174	0.6		47.90
SF7-75000/35	75 000	35±2×2.5%	6.3	YNd11	57.0	310		10.5	79.50
SSP7-8000/35	8 000	38.5±2×2.5%	10.5		11.5	45		7.5	
SZ7-1600/35	1 600	35±3×2.5%	6.3 10.5	Yd11	3.05	17.65	1.4	6.5	
SZ7-2000/35	2 000				3.60	20.80	1.4		7.35
SZ7-2500/35	2 500				4.25	24.15	1.4		8.85
SZ7-3150/35	3 150	35±3×2.5% 38.5±3×2.5%	6.3 10.5	Yd11	5.05	28.90	1.3	7	9.23
SZ7-4000/35	4 000				6.05	34.10	1.3		10.91
SZ7-5000/35	5 000				7.25	40.00	1.2		13.25
SZ7-6300/35	6 300				8.80	43.00	1.2	7.5	15.10
SFZ7-8000/35	8 000	35±3×2.5% 38.5±3×2.5%	6.3 6.6 10.5 11	YNd11	12.3	47.5	1.1	7.5	16.8
SFZ7-10000/35	10 000				14.5	56.2	1.1		
SFZ7-12500/35	12 500				17.1	66.5	1.0	8	27.9
SFZ7-16000/35	16 000				20.1	80.8	1.0		
SFZ7-20000/35	20 000				23.8	97.6	0.9		
SFZ7-25000/35	25 000				28.2	115.5	0.9		

附表 2-3 63kV 双绕组变压器技术数据

型号	额定容量/kVA	额定电压/kV 高压	额定电压/kV 低压	连接组	损耗/kW 空载	损耗/kW 短路	空载电流/%	阻抗电压/%	总体质量/t
S7-630/63	630	60 63 66	6.3,6.6,10.5，11	Yd11	2.0	8.4	2.0	8.0	5.32
S7-1000/63	1 000				2.8	11.6	1.9		6.40
S7-1250/63	1 250		10.5，11		3.2	14.0	1.8		7.02
S7-1600/63	1 600		3.15,6.3,6.6,10.5,11	YNd11	3.9	16.5	1.8		8.01
S7-2000/63	2 000		6.3,6.6,10.5，11	Yd11	4.6	19.5	1.7		9.49
S7-2000/63	2 000			Yyn0	4.6	19.5	1.7		9.49

续表

型　号	额定容量/kVA	额定电压/kV		连接组	损耗/kW		空载电流/%	阻抗电压/%	总体质量/t
		高压	低压		空载	短路			
S7-2500/63	2 500	60 63 66	6.3, 6.6, 10.5, 11	Yd11	4.6	19.5	1.6		
S7-3150/63	3 150				6.4	27.0	1.5		11.04
S7-4000/63	4 000				7.6	32.0	1.4		13.17
S7-5000/63	5 000				9.0	36.0	1.3		14.71
S7-630/63	630	60 63 66 (±2× 2.5%)	0.4	Yyn0	2.0		2.0	9.0	5.29
S7-1000/63	1 000		6.3, 6.6, 10.5, 11	YNd11	2.8	11.6	1.9		6.28
S7-2000/63	2 000			Yd11	4.6	19.5	1.7		9.59
S7-6300/63	6 300			YNd11	11.6	40.0	1.2		18.62
S7-8000/63	8 000				14.0	47.5	1.1		21.10
S7-10000/63	10 000				16.5	56.0	1.1		26.60
S7-12500/63	12 500				19.5	66.5	1.1		
S7-16000/63	16 000				23.5	81.7	1.0		
S7-20000/63	20 000				27.5	99.0	0.9		40.08
S7-25000/63	25 000				32.5	117.0	0.9		
S7-31500/63	31 500				38.5	141.0	0.9		49.8
SF7-8000/63	8 000				14.0	47.5	1.1		19.90
SF7-10000/63	10 000				14.0	47.5	1.1		19.90
SF7-10000/63	10 000				16.5	56.0	1.1		22.74
SF7-12500/63	12 500		3.3		19.5	66.5	1.0		25.7
SF7-16000/63	16 000		6.3, 6.6, 10.5, 11		23.5	81.7	0.9		26.7
SF7-20000/63	20 000				27.5	99.0	0.9		34.7
SF7-25000/63	25 000				32.5	117.0	0.9		37.9
SF7-31500/63	31 500				38.5	141.0	0.8		50.0
SF7-40000/63	40 000				46.0	165.5	0.8		53.0
SF7-50000/63	50 000				55.0	205.0	0.7		
SF7-6300/63	6 300				65.0	247.0	0.7		
SFP7-50000/63	50 000				55.0	205.0	0.7		67.1
SFP7-63000/63	63 000				65.0	260.0	0.7		81.3
SFP7-90000/63	90 000				68.0	320.0	1.0		100.4
SL7-630/63	630	60 63 66 (±5%)	6.3, 6.6, 10.5, 11	Yd11 YNd11	2.0	8.4	2.0	8.0	
SL7-1000/63	1 000				2.8	11.6	1.9		6.62
SL7-1600/63	1 600				3.9	16.5	1.8		
SL7-2000/63	2 000				4.6	19.5	1.7		
SL7-2500/63	2 500				5.4	23.0	1.6		
SL7-3150/63	3 150			YNd11	6.4	27.0	1.5		10.45
SL7-4000/63	4 000				7.6	32.0	1.4		
SL7-5000/63	5 000				9.0	36.0	1.3		

续表

型号	额定容量/kVA	额定电压/kV		连接组	损耗/kW		空载电流/%	阻抗电压/%	总体质量/t
		高压	低压		空载	短路			
SL7-6300/63	6 300	60 63 66 (±2×2.5%)	6.3, 6.6, 10.5 11	YNd11	11.0	40.0	1.2	9.0	16.90
SL7-8000/63	8 000				14.0	47.5	1.1		19.80
SL7-10000/63	10 000				16.5	56.0	1.1		23.90
SL7-12500/63	12 500				19.5	66.5	1.0		29.60
SL7-16000/63	16 000				23.5	81.7	1.0		36.30
SL7-20000/63	20 000				27.5	99.0	0.9		40.10
SL7-25000/63	25 000				32.5	117.0	0.9		45.14
SL7-31500/63	31 500				38.5	141.0	0.8		53.96
SL7-40000/63	40 000				46.0	165.0	0.8		64.8
SL7-50000/63	50 000				55.0	205.0	0.7		
SL7-63000/63	63 000				65.0	247.0	0.7		
SZ7-6300/63	6 300	60 63 66 (±8×1.25%)	6.3, 6.6, 10.5, 11	YNd11	12.5	40.0	1.3	9.0	24.0
SZ7-8000/63	8 000				15.0	47.5	1.2		
SZ7-10000/63	10 000				17.8	56.0	1.1		31.01
SZ7-12500/63	12 500				21.0	66.5	1.0		33.8
SZ7-16000/63	16 000				25.3	81.7	1.0		36.2
SZ7-20000/63	20 000				30.0	99.0	0.9		45.2
SZ7-25000/63	25 000				35.5	117.0	0.9		46.07
SZ7-31500/63	31 500				42.2	141.0	0.8		108.4
SFZ7-6300/63	6 300				12.5	40.0	1.3		
SFZ7-8000/63	8 000				15.0	47.5	1.2		
SFZ7-10000/63	10 000				17.8	56.0	1.1		31.01
SFZ7-12500/63	12 500				21.0	66.5	1.0		33.8
SFZ7-16000/63	16 000				25.3	81.7	1.0		36.2
SFZ7-20000/63	20 000				30.0	99.0	0.9		45.2
SFZ7-25000/63	25 000				35.5	117.0	0.9		46.07
SFZ7-31500/63	31 500				42.2	141.0	0.8		108.4
SFZ7-40000/63	40 000				50.5	165.5	0.8		
SFZ7-50000/63	50 000				59.7	205.0	0.7		81.1
SFZ7-63000/63	63 000				71	247	0.7		73.1
SFPZ7-63000/63	63 000	60, 63, 66	6.3, 6.6, 10.5, 11	YNd11	71	247	0.7		73.1
SFZL7-31500/63	31 500				141	422	0.8		67.5
SFZ8-5000/69	5 000	69	13.2	Dyn1	9.5	40	1.3	9.0	17.62
SFZ10-10000/69	10 000				13.3	56.8	1.1	7.5	26.62

附表 2-4　110kV 双绕组变压器数据

型　号	额定容量/kVA	额定电压/kV 高压	额定电压/kV 低压	连接组	损耗/kW 空载	损耗/kW 短路	空载电流/%	阻抗电压/%	总体质量/t
SF7-6300/110	6 300				11.6	41	1.1		21.7
SF7-8000/110	8 000				14.0	50	1.1		
SF7-10000/110	10 000				16.5	59	1.0		26.1
SF7-12500/110	12 500				19.6	70	1.0		29.8
SF7-16000/110	16 000				23.5	86	0.9		31.5
SF7-20000/110	20 000				27.5	104	0.9		39.3
SF7-25000/110	25 000		6.3，6.6 10.5，11		32.5	123	0.8		
SF7-31500/110	31 500	110±2×2.5% 121±2×2.5%			38.5	148	0.8		58.6
SF7-40000/110	40 000				46.5	174	0.8		31.4
SF7-75000/110	75 000				75.5	300	0.6		89.2
SFP7-50000/110	50 000			YNd11	55.0	216	0.7		69.4
SFP7-63000/110	63 000				65.0	260	0.6		80.4
SFP7-90000/110	90 000				85.0	340	0.6	10.5	
SFP7-120000/110	120 000				106.0	422	0.5		
SFP7-120000/63	120 000		13.8		106.0	422	0.5		101.7
SFP7-180000/63	180 000	121±2×2.5%	15.75		110.0	550			128.9
SFQ7-20000/110	20 000				27.5	104	0.9		
SFQ7-25000/110	25 000				32.5	123	0.8		
SFQ7-31500/110	31 500	110±2×2.5% 121±2×2.5%	6.3，6.6 10.5，11		38.5	148	0.8		
SFQ7-40000/110	40 000				46.0	174	0.7		
SFPQ7-50000/110	50 000				55.0	216	0.7		
SFPQ7-63000/110	63 000				65.0	260	0.6		
SZ7-6300/110	6 300				12.5	41	1.4		
SZ7-8000/110	8 000	110±8×1.25%	6.3，6.6 10.5，11	YNd11	15.0	50	1.4		30.3
SFZ7-10000/110	10 000				17.8	59	1.3		
SFZ7-12500/110	12 500				21.0	70	1.3		
SFZ7-16000/110	16 000				25.3	86	1.2		40.9
SFZ7-20000/110	20 000				30.0	104	1.2		45.4
SFZ7-25000/110	25 000	110±8×1.25%			35.5	123	1.1		
SFZ7-31500/110	31 500				42.2	148	1.1		50.3
SFZ7-40000/110	40 000				50.5	174	1.0		
SZ7-8000/110	8 000				15.0	50	1.4		
SFZ7-10000/110	10 000		6.3，6.6 10.5，11	YNd11	17.8	59	1.3		25.4
SFZ7-12500/110	12 500				21.0	70	1.3		
SFZ7-16000/110	16 000	110±3×2.5% 121±3×2.5% 110±$\frac{4}{2}$×2.5% 121±$\frac{4}{2}$×2.5%			25.3	86	1.2		
SFZ7-20000/110	20 000				30.0	104	1.2		38.6
SFZ7-25000/110	25 000				35.5	123	1.1		
SFZ7-31500/110	31 500				42.2	148	1.1		50.0
SFZ7-40000/110	40 000				50.5	174	1.0		69.0

续表

型号	额定容量/kVA	额定电压/kV 高压	额定电压/kV 低压	连接组	损耗/kW 空载	损耗/kW 短路	空载电流/%	阻抗电压/%	总体质量/t
SFZ7-63000/110	63 000	$110\pm_{6}^{7}\times1.25\%$	38.5		71.0	260	0.9	10.5	98.1
SFPZ7-50000/110	50 000	121±2×2.5%	6.3，6.6，10.5，11		59.7	216	1.0		81.1
SFPZ7-63000/110	63 000				59.7	260	0.9		94.0
SFZQ7-20000/110	20 000				30.0	104	1.2		
SFZQ7-25000/110	25 000				35.5	123	1.1		75.3
SFZQ7-31500/110	31 500				42.2	148	1.1		68.2
SFZQ7-31500/110	31 500	115±8×1.25%			42.2	148	1.1		
SFZQ7-40000/110	40 000	110±8×1.25%			50.5	174	1.0		
SFPZQ7-50000/110	50 000				59.7	216	1.0		
SFPZQ7-63000/110	63 000				71.0	260	0.9		

附表 2-5 220kV 双绕组变压器技术参数

型号	额定容量/kVA	额定电压/kV 高压	额定电压/kV 低压	连接组	损耗/kW 空载	损耗/kW 短路	空载电流/%	阻抗电压/%	总体质量/t
SFP7-31500/220	31 500	220±2×2.5% 242±2×2.5%	6.3，6.6 10.5，11	YNd11	44	150	1.1	12.0	
SFP7-40000/220	40 000				52	175	1.1	12.0	95
SFP7-50000/220	50 000				61	210	1.0	12.0	103
SFP7-63000/220	63 000				73	245	1.0	13.0	119
SFP7-90000/220	90 000		10.5，11 13.8		96	320	0.9	12.5	154
SFP7-120000/220	120 000				118	385		12.0	171
SFP7-120000/220	120 000	242±2×2.5%	10.5		118	385		11.2	144
SFP7-120000/220	120 000		13.8		118	385		13.6	140
SFP7-150000/220	15 0000	230±2×2.5%	10.5		140	450		13.6	152
SFP7-150000/220	150 000	220±2×2.5%	11，13.8		140	450	0.8	13.0	199
SFP7-180000/220	180 000	242±2×2.5%	13.8		160	510		13.3	167
SFP7-180000/220	180 000	242±2×2.5%	66		130	571		13.1	166
SFP7-180000/220	180 000	242±2×2.5%	15.75	YNd11	160	510	0.7	14.0	226
SFP7-240000/220	240 000				200	630		14.0	197
SFP7-240000/220	240 000	$242\pm_{3}^{1}\times1.25\%$			200	630		14.0	251
SFP7-250000/220	250 000	220±4×2.5%			162	615		13.1	274
SFP7-360000/220	360 000	242±4×2.5%	18		195	860		14.0	252
SFP7-360000/220	360 000		20		195	860		14.0	246
SFP7-360000/220	360 000	236±4×2.5%			180	828		13.1	263
SFPZ7-31500/220	31 500	220±8×1.25%	6.3，6.6，10.5，11，35，38.5	Yd11	48	150	1.1	12～14	
SFPZ7-40000/220	40 000				57	175	1.0		
SFPZ7-50000/220	50 000				67	210	0.9		
SFPZ7-63000/220	63 000				79	245	0.9		
SFPZ7-90000/220	90 000		10.5，11，35，38.5		101	320	0.8		
SFPZ7-120000/220	120 000				124	385	0.8		

续表

型号	额定容量/kVA	额定电压/kV		连接组	损耗/kW		空载电流/%	阻抗电压/%	总体质量/t
		高压	低压		空载	短路			
SFPZ7-150000/220	150 000	220±8×1.25%	10.5，11，35，38.5	YNd11	146	450	0.7		
SFPZ7-180000/220	180 000				169	520	0.7		
SFPZ7-90000/220	90 000	230±8×1.25%	69		104	359		13.4	158
SFPZ7-120000/220	120 000	220±8×1.25%			124	385		15.0	171
SFPZ7-120000/220	120 000		38.5		124	385	0.8	13.0	196
SFPZ7-180000/220	180 000		69		169	520	0.7	14.0	234

附表 2-6　330～500kV 双绕组变压器技术数据

型号	额定容量/kVA	额定电压/kV		连接组	损耗/kW		空载电流/%	阻抗电压/%	总体质量/t
		高压	低压		空载	短路			
SFP7-90000/330	90 000		10.5		90	303	0.60		
SFP7-120000/330	120 000		13.8		112	375	0.60		
SFP7-150000/330	150 000		13.8		133	445	0.55		
SFP7-180000/330	180 000	363±2×2.5%	15.75	YN	153	510	0.55	14～15	
SFP7-240000/330	240 000	345±2×2.5%	15.75	yn0	190	635	0.50		
SFP7-360000/330	360 000		20	d11	260	890	0.50		
SFP1-240000/550	240 000	550±2×2.5%	15.75	YNd11	165	680	0.23	14	265
DFP-240000/550	240 000	$550/\sqrt{3}$	20		162	600	0.7	14	235

附表 2-7　110kV 三绕组变压器技术数据

型号	额定容量/kVA	额定电压/kV			连接组	损耗/kW		空载电流/%	阻抗电压/%			总体质量/t
		高压	中压	低压		空载	短路		高中	高低	中低	
SS7-6300/110	6 300	$110\pm_{6}^{7}\times1.25\%$		38.5	YNyn0 d11	14.0	53	1.3			6.5	
SS7-8000/110	8 000					16.5	63	1.3				
SFS7-10000/110	10 000	110±2×2.5% 121±2×2.5%	35±2×2.5% 38.5±2×2.5%	6.3 6.6 10.5 11		19.8	74	1.2	10.5	17～18		34.2
SFS7-12500/110	12 500					23.0	87	1.2				
SFS7-16000/110	16 000					28.0	106	1.1				40.4
SFS7-20000/110	20 000					33.0	125	1.1				50.0
SFS7-25000/110	25 000					38.2	148	1.0				55.1
SFS7-31500/110	31 500					46.0	175	1.0				61.1
SFS7-40000/110	40 000					54.5	210	0.9				
SFS7-31500/110	31 500	$110\pm_{1}^{3}\times2.5\%$	38.5±2×2.5%	10.5		46.0	162					61.0
SFPS7-50000/110	50 000	110±2×2.5% 121±2×2.5%	35±2×2.5% 38.5±2×2.5%	6.3 6.6 10.5 11		65.0	250	0.9				
SFPS7-63000/110	63 000					77.0	300	0.8				
SFSQ7-20000/110	20 000					33.0	125	1.1				
SFQ7-25000/110	25 000					38.5	148	1.0				
SFSQ7-31500/110	31 500					46.0	175	1.0				
SFSQ7-40000/110	40 000					54.5	210	0.9				
SFSQ7-16000/110	16 000	110±2×2.5%	38.5±2×2.5%	6.3 10.5		28.0	106		10.5	18		41.4
SFSQ7-31500/110	31 500					46.0	175		17.5	10.5		70.3

续表

型号	额定容量/kVA	额定电压/kV			连接组	损耗/kW		空载电流/%	阻抗电压/%			总体质量/t
		高压	中压	低压		空载	短路		高中	高低	中低	
SFPSQ7-50000/110	50 000	110±2×2.5%	35±2×2.5%	6.3，6.6	YNyn0 d11	65.0	250	0.9	10.5	17～18		
SFPSQ7-63000/110	63 000	121±2×2.5%	38.5±2×2.5%	10.5，11		77.0	300	0.8				
SSZ7-6 00/110	6 300	110±8× 12.5%	38.5±2× 2.5%	6.3 6.6 10.5 11		15.0	53	1.7				
SSZ7-8000/110	8 000					18.0	63	1.7				
SFSZ7-10000/110	10 000					21.3	74	1.6				44.9
SFSZ7-12500/110	12 500					25.2	87	1.6				44.1
SFSZ7-16000/110	16 000	110±8× 1.25%	38.5±2× 2.5%	6.3 6.6 10.5 11		30.3	106	1.5				
SFSZ7-20000/110	20 000					35.8	125	1.5				59.8
SFSZ7-25000/110	25 000					42.3	148	1.4				
SFSZ7-31500/110	31 500					50.3	175	1.4				70.8
SFSZ7-40000/110	40 000					54.5	210	1.3				103.4
SFSZ7-31500/110	31 500	$110\pm8\times1.25\%$	$38.5\pm^{1}_{3}\times2.5\%$	11		50.3	175	1.4	10.5	17～8	6.5	84.8
SFSZ7-31500/110	31 500	$110\pm^{10}_{6}\times1.25\%$	10.5	6.3		50.3	175	1.4				72.7
SFSZ7-31500/110	31 500	110±8×1.25%				50.3	175		16.5	10	6	69.0
SFSZ7-40000/110	40 000	$110\pm^{10}_{6}\times1.25\%$	37±5%	6.3		54.5	210	1.3	10.5	18	6.5	103.4
SFSZ7-50000/110	50 000	110±8×1.25%	38.5±5%	10.5		71.2	250					85.8
SFSZ7-63000/110	63 000	$110\pm^{10}_{6}\times1.25\%$	37.5±2.67%	10.5，11		84.0	300					127.5
SFSZ7-8000/110	8 000	$110\pm^{4}_{2}\times2.5\%$ $121\pm^{4}_{2}\times2.5\%$ 110±3×1.25%	38.5±2×2.5%	10.5		18.0	63	1.7	降压 1.5 升压 17～18	降压 17～18 升压 10.5	6.5	
SFSZ7-10000/110	10 000					21.3	74	1.6				
SFSZ7-12500/110	12 500					25.2	87	1.6				
SFSZ7-16000/110	16 000					30.3	106	1.5				44.3
SFSZ7-20000/110	20 000					35.8	125	1.5				50.3
SFSZ7-25000/110	25 000	121±3×2.5%	38.5±2×2.5%	10.5	YNyn0 d11	42.3	148	1.4	降压 10.5 升压 17～18	降压 17～18 升压 10.5	6.5	
SFSZ7-31500/110	31 500					50.3	175	1.4				66.3
SFSZ7-16000/110	16 000	110±8×1.5% 110±8×1.25% 121±8×1.36% 121±8×1.25%		6.3 6.6 10.5 11		30.3	106	1.5				
SFSZ7-20000/110	20 000					35.8	125	1.5				58.7
SFSZ7-25000/110	25 000					42.3	148	1.4				
SFSZ7-31500/110	31 500					50.3	175	1.4				77.1
SFSZ7-40000/110	40 000		38.5±5%			60.2	210	1.3				82.1
SFSZ7-50000/110	50 000					71.2	250	1.3				96.5
SFSZ7-63000/110	63 000					84.7	300	1.2				110.8
SFPSZ7-50000/110	50 000	110±8×1.25%	38.5±2×2.5%	6.3，6.6，10.5，11		71.2	250	1.3	10.5	17～18		107.2
SFPSZ7-63000/110	63 000					94.7	300	1.2				127.2
SFPSZ7-63000/110	63 000	$110\pm^{10}_{6}\times1.25\%$	37.5±2.67%	10.5		84.0	300			18		127.5
SFPSZ7-75000/110	75 000	110±8×1.25%	38.5±5%	10.5		80.0	385		22.5	13	8	124.5
SFSZQ7-20000/110	20 000	110±8×1.25%	38.5±2×2.5%	6.3 6.3 10.5 11		35.8	125	1.5	10.5	17～18	6.5	
SFSZQ7-25000/110	25 000					42.3	148	1.4				
SFSZQ7-31500/110	31 500					47.7	166	1.4				86.4
SFSZQ7-40000/110	40 000		38.5±5%			60.2	200	1.3				107.2
SFPSZQ7-50000/110	50 000					71.2	250	1.3				
SFPSZQ7-63000/110	63 000					84.7	300	1.2				

附表 2-8　220kV 三绕组变压器技术数据

型号	额定容量/kVA	容量比/%	额定电压/kV			连接组	损耗/kW		空载电流/%	阻抗电压/%			总体质量/t
			高压	中压	低压		空载	短路		高中	高低	中低	
SFPS7-120000/220	120 000	100/100/100	$220\pm{}_{1}^{3}\times 2.5\%$	121	38.5	YNyn0 d11	133	480	0.8	14.4	24.0	7.6	175
SFPS7-120000/220	120 000	100/100/67		115	38.5					14.0	23.0	7.0	197
SFPS7-120000/220	120 000	100/100/50		121	10.5，11					14.0	23.0	7.0	197
SFPS7-150000/220	150 000	100/100/100	242±2×2.5%	121	38.5		157	570	0.7	22.9	13.6	8.0	
SFPS7-150000/220	150 000	100/100/50	$220\pm{}_{1}^{3}\times 2.5\%$	38.5±5%	11	YNd11yn0	157	570		22.5	14.2	7.9	188
SFPS7-180000/220	180 000	100/100/67		115	37.5		200	650		13.6	23.1	7.6	214
SFPS7-180000/220	180 000	100/100/50	220±2×2.5%	121	10.5		178	650		14.0	23.0	7.0	247
SFPS7-240000/220	240 000	100/100/100	242±2×2.5%	121	15.75		175	800		25.0	14.0	9.0	258
SFPS3-120000/220	120 000	100/100/100	242±2×2.5%	121	10.5		148	640	0.9	22～24	12～14	7～9	203
SSPS3-120000/220	120 000	100/100/100	$240\pm{}_{3}^{1}\times 2.5\%$										
SFPSZ7-63000/220	63 000		220±8×1.25%	38.5±5%	11	YNyn0 d11	79	290		13.3	21.5	7.1	140
SFPSZ7-90000/220	90 000			121	38.5		92	390		14.4	24.2	7.8	168
SFPSZ7-120000/220	120 000	100/100/67		121	10.5，11		144	480		14.5	23.2	7.2	168
SFPSZ7-120000/220	120 000	100/100/50		121	11		144	480	0.8	12.6	22.0	7.6	173
SFPSZ7-120000/220	120 000			121	38.5		144	480	0.8	12.6	22.0	7.2	173
SFPSZ7-120000/220	120 000	100/100/100		115	10.5		90	425	0.8	13.3	23.5	7.7	168
SFPSZ7-120000/220	120 000	100/100/67	220±8×1.25%	115	38.5		144	480	0.9	14.0	23.0	7.0	221
SFPSZ7-120000/220	120 000	100/100/50		121	10.5，11		118	425	0.8	14.0	23.0	7.0	186
SFPSZ7-120000/220	120 000	100/100/100	220±8×1.5%	121	11，38.5		144	480	0.9	13.0	22.0	7.0	221
SFPSZ7-120000/220	120 000			121	11，38.5		144	480		14.0	24.0	7.6	189
SFPSZ7-150000/220	150 000		220±8×1.25%	121	11，38.5	YNyn0 d11	170	570		24.4	14.2	8.4	247
SFPSZ7-150000/220	150 000			115	10.5		170	570		12.4	22.8	8.4	201
SFPSZ7-150000/220	150 000			38.5±5%	10.5		144	480		13.7	23.8	8.1	175
SFPSZ4-90000/220	90 000	100/100/100	220±8×1.5%	121	11		121	414	1.2	12～14	22～24	7～9	182
SFPSZ4-120000/220	120 000	100/100/100	220±8×1.25%	121	10.5，38.5		155	640	1.2				231

附表 2-9　220kV 三绕组自耦变压器技术数据

型号	额定容量/kVA	容量比/%	额定电压/kV			连接组	损耗/kW				空载电流/%	阻抗电压/%		
			高压	中压	低压		空载	短路				高中	高低	中低
								高中	高低	中低				
OSFPS3-63000/220	63 000	100/100/50	$220\pm{}_{3}^{1}\times 2.5\%$	121	38.5	YNa0yn0	39.6	220	190	186	0.43	9.1	33.5	22
OSFPS3-90000/220	90 000				11	YNa0d11	49.2	290	216.9	242.3	0.5	9.23	34.5	22.7
OSFPS3-90000/220	90 000		360±2×2.5%	110	37		50	310			0.6	8～10	28～34	18～24
OSFPS3-90000/220	90 000		220±2×2.5%	121										
OSFPS3-90000/220	90 000													
OSFPS7-120000/220	120 000	100/100/50	220±2×2.5% $220\pm{}_{1}^{3}\times 2.5\%$		38.5	YNa0d11 YNa0yn0	70	320			0.6	8～10	28～34	18～24
OSFPS7-120000/220	120 000													
OSFPS7-120000/220	120 000													
OSFPS7-120000/220	120 000													

续表

型号	额定容量/kVA	容量比/%	额定电压/kV			连接组	损耗/kW				空载电流/%	阻抗电压/%		
			高压	中压	低压		空载	短路				高中	高低	中低
								高中	高低	中低				
OSFPS3-120000/220	120 000	100/100/50	220±2×2.5%	121	11	YNa0d11	59.7	359.3	354	285	0.8	8.7	33.6	22
OSFPS3-120000/220	120 000		220±2×2.5%		10.5		69.6	428			0.7	12.4	11.1	16.3
OSFPS7-120000/220	120 000	100/100/50	220±2×2.5%	121	38.5	YNa0yn0	71	340			0.6	9.0	32	22
OSFPS7-120000/220	120 000		$220\pm_{1}^{3}\times2.5\%$		38.5	YNa0yn0	70	320				8.2	33	22
OSFPS7-120000/220	120 000		$220\pm_{7}^{10}\times2.5\%$		38.5	YNa0d11	82	320				8.5	37	25
OSFPS3-150000/220	150 000		220±2×2.5%		11	YNa0d11	82	380				10	17	11
OSFPS7-180000/220	180 000	100/100/67	220±2×2.5%	115	37.5	YNa0d11	105	515				13.0	13	18

附表 2-10 330kV、500kV、750kV 三绕组变压器技术数据

型号	容量比	额定电压/kV			连接组	损耗/kW		空载电流/%	阻抗电压/%			质量/t
		高压	中压	低压		空载	负载		高中	高低	中低	
OSFPSZ-150000/330	100/100/26.7	345±8×1.25%	121	10.5	Y_N，a0，d11	73	453	0.2	11.1	29.0	17.0	202
OSFPSZ7-240000/330	100/100/30	345±8×1.25%	121	10.5	Y_N，a0，d11	121	580		11.0	25.0	12.0	228
OSFPSZ7-360000/330	100/100/25	363	242	11	Y_N，a0，d11	89	666		12.3	49.4	34.6	253
DFPS-250000/500	100/100/20.7	$510/\sqrt{3}$	135	36.75	I，I0，.I0	268	900		16.0	38.5	19.6	286
DFPSZ-360000/500	100/100/11	550	246	35	Y_N，a0，d11	180	870	0.4	10.0	41.0	26.0	325
DFPSZ-167000/500	100/100/40	$500/\sqrt{3}$	133	35	I，a0，.I0	65	347	0.3	12.1	27.3	19.6	164
DFP-500000/750	100/100/30	$765/\sqrt{3}$	200	66	I，a0，.I0	92.8	827		13.8	50.6	33.6	322

附表 2-11 钢芯铝绞线长期允许载流量(A)

导线型号	最高允许温度/℃		导线型号	最高允许温度/℃	
	+70	+80		+70	+80
LGJ-10	86		LGJQ-150	450	455
LGJ-16	108	105	LGJQ-185	505	518
LGJ-25	138	130	LGJQ240	605	651
LGJ-35	183	175	LGJQ-300	690	708
LGJ-50	215	210	LGJQ-300(1)		721
LGJ-70	260	265	LGJQ-400	825	836
LGJ-95	352	330	LGJQ-400(1)		857
LGJ-95*	317		LGJQ-500	945	932
LGJ-120	401	380	LGJQ-600	1 050	1 047
LGJ-120*	351		LGJQ-700	1 220	1 159
LGJ-150	452	445	LGJJ-150	450	468
LGJ-185	531	510	LGJJ-185	515	539
LGJ-240	613	610	LGJJ-240	610	639
LGJ-300	765	690	LGJJ-300	705	758
LGJ-400	840	835	LGJJ-400	850	881

注：1. 最高允许温度+70℃的载流量，基准环境温度为+25℃，无日照。

2. 最高允许温度+80℃的载流量，系按基准环境温度为+25℃、日照 0.1W/cm^2、风速 0.5m/s、海拔 1 000m 辐射散热系数及吸热系数为 0.5 条件计算的。

3. 某些导线有两种绞合结构。带 * 者铝芯根数少(LGJ 型为 7 根，LGJQ 型为 24 根)，但每根铝芯截面较大。

附表 2-12 裸导体载流量在不同海拔高度及环境温度下的综合校正系数

导体最高允许温度	适用范围	海拔高度/m	实际环境温度/℃						
			+20	+25	+30	+35	+40	+45	+50
+70℃	屋内矩形、槽形、管形导体和不计日照的软导线		1.05	1.00	0.94	0.88	0.81	0.74	0.67
+80℃	计及日照时屋外软导线	1 000 及以下	1.05	1.00	0.95	0.89	0.83	0.76	0.69
		2 000	1.01	0.96	0.91	0.85	0.79		
		3 000	0.97	0.92	0.87	0.81	0.75		
		4 000	0.93	0.89	0.84	0.77	0.71		
	计及日照时屋外管形导体	1 000 及以下	1.05	1.00	0.94	0.87	0.80	0.72	0.63
		2 000	1.00	0.94	0.88	0.81	0.74		
		3 000	0.95	0.90	0.84	0.76	0.69		
		4 000	0.91	0.86	0.80	0.72	0.65		

附表 2-13 SF_6 及真空断路器技术参数

型号	额定电压/kV	额定电流/A	额定开断电流/kA	极限通过电流峰值/kA	热稳定电流/kA
LW-500/2500	500	2 500	40	100	40(3s)
LW_1-220/2000	220	2 000	31.5	80	31.5(4s)
LW_1-220/2000	220	2 000	40	100	40(4s)
LW_1-220/3150	220	3 150	31.5	80	31.5(4s)
LW_1-220/2500	220	3 150	40	100	40(4s)
LW_2-132/2500	132	2 500	31.5, 40	80, 100	31.5, 40(4s)
LW_2-220/2500	220	2 500	31.5, 40, 50	80, 100, 125	31.5, 40, 50(4s)
LW-110Ⅰ/2500	110	2 500	31.5	125	50(3s)
LW_6-110Ⅱ/3150	110	3150	40	125	50(3s)
LW_6-220/3150	220	3 150	40	100	40(3s)
LW_6-220/3150	220	3 150	50	125	50(3s)
LW_6-500/3150	500	3 150	40	100	40(3s)
LW_6-500/3150	500	3 150	50	125	50(3s)
LW_6-500RW/3150	300	3 150	40	100	40(3s)
LW_6-500RW/3150	500	3 150	50	125	50(3s)
SFM_{110}-110/2000	110	2 000	31.5	80	31.5(3s)
SFM_{110}-110/2500	110	2 500	40	100	40(3s)
SFM_{110}-110/3150	110	3 150	50	125	50(3s)
SFM_{110}-110/4000	110	4 000	50	125	50(3s)
SFM_{220}-220/2000	220	2 000	40	80	40(3s)
SFM_{220}-220/2500	220	2 500	50	80	50(3s)
SFM_{220}-220/3150	220	3 150	50	100	50(3s)
SFM_{220}-220/4000	220	4 000	63	125	63(3s)

续表

型　　号	额定电压/kV	额定电流/A	额定开断电流/kA	极限通过电流峰值/kA	热稳定电流/kA
SRM_{330}-330/2500	330	2 500	40	100	40(3s)
SFM_{330}-330/3150	330	3 150	50	125	50(3s)
SFM_{330}-330/4000	330	4 000	63	160	63(3s)
SFM_{500}-500/2500	500	2 500	40	100	40(3s)
SFM_{500}-500/3150	500	3 150	50	125	50(3s)
SFM_{500}-500/4000	500	4 000	63	160	63(3s)
$SFMT_{110}$-110/2000	110	2 000	40	80	31.5(3s)
$SFMT_{110}$-110/2500	110	2 500	50	100	40(3s)
$SFMT_{110}$-110/3150	110	3 150	63	125	50(3s)
$SFMT_{220}$-220/2000	220	2 000	31.5	80	31.5(3s)
$SFMT_{220}$-220/2500	220	2 500	40	100	40(3s)
$SFMT_{220}$-220/3150	220	3 150	50	125	50(3s)
$SMMT_{330}$-330/2500	330	2 500	31.5	100	40(3s)
$SFMT_{330}$-330/3150	330	3 150	40	125	50(3s)
$SFMT_{330}$-330/4000	330	4 000	50	150	63(3s)
$SMMT_{500}$-500/2500	500	2 500	40	100	40(3s)
$SFMT_{500}$-500/3150	500	3 150	50	125	50(3s)
$SFMT_{500}$-500/4000	500	4 000	63	150	63(3s)
ZN_4-10/1000	10	1 000	17.3	44	17.3(4s)
ZN_{12}-10/1250	10	1 250	31.5	80	31.5(3s)
ZN_{12}-10/1600	10	1 600	31.5	80	31.5(3s)
ZN_{12}-10/2000	10	2 000	40	100	40(3s)
ZN_{12}-10/2500	10	2 500	31.5	80	31.5(3s)
ZN_{12}-10/3150	10	3 150	55	125	50(3s)

参考文献

[1] 熊信银. 发电厂电气部分. 北京：中国电力出版社，2009.

[2] 王成江. 发电厂变电站电气部分. 北京：中国电力出版社，2013.

[3] 姚春球. 发电厂电气部分. 北京：中国电力出版社，2007.

[4] 刘宝贵. 发电厂变电所电气部分. 北京：中国电力出版社，2008.

[5] 林莘. 现代高压电器技术. 2版. 北京：机械工业出版社，2012.

[6] 张节荣，等. 高压电器原理及应用. 北京：清华大学出版社，1989.

[7] 孙鹏，马少华. 电器学. 北京：科学出版社，2012.

[8] 曹云东，等. 电器学原理. 北京：机械工业出版社，2012.

[9] 王季梅. 真空电弧理论及其测试. 西安：西安交通大学出版社，1995.

[10] 王其平. 电器电弧理论. 北京：机械工业出版社，1989.

[11] 牟道槐. 发电厂变电站电气部分. 2版. 重庆：重庆大学出版社，2006.

[12] 王士政，等. 发电厂电气部分. 3版. 北京：中国水利水电出版社，2002.

[13] 刘增良. 电气设备及运行维护. 北京：中国电力出版社，2007.

[14] 孙海彬. 电力发展概论. 北京：中国电力出版社，2008.

[15] 罗学琛. SF_6气体绝缘全封闭组合电器. 北京：中国电力出版社，1999.

[16] 张玉诸. 发电厂及变电所的二次接线. 北京：中国电力出版社，1980.

[17] 宋继成. 220～500kV变电所二次接线设计. 北京：中国电力出版社，1998.

[18] 阎东，卢明，等. 输电线路用复合绝缘子运行技术. 北京：中国电力出版社，2008.

[19] 西北电力设计院. 电力工程电气设计手册(第1册). 北京：中国电力出版社，1998.

[20] 弋东方. 电力工程电气设计手册(第1册). 北京：中国电力出版社，1992.

[21] 国家能源局. 220～750kV变电所设计技术规程(DL/T 5218—2012). 北京：中国电力出版社，2012.

[22] 中华人民共和国水利电力部. 高压配电装置设计技术规程(DL/T 5352—2006). 北京：中国电力出版社，2007.